国家卫生健康委员会"十三五"规划教材

教育部生物医学工程专业教学指导委员会"十三五"规划教材

全国高等学校教材

供生物医学工程等专业用

生物医学传感技术

主　审　彭承琳　王明时

主　编　王　平　沙宪政

副主编　史学涛　吴春生　阮　萍

U0208094

编　　者（以姓氏笔画为序）

万　浩	浙江大学	吴春生	西安交通大学
王　平	浙江大学	沙宪政	中国医科大学
王　晶	大连医科大学	张　素	上海交通大学
王学民	天津大学	陈庆梅	江西中医药大学
史学涛	第四军医大学	易长青	中山大学
刘晓冬	清华大学	胡　宁	重庆大学
刘加峰	首都医科大学	席建忠	北京大学
刘盛平	重庆理工大学	曹　东	广州中医药大学
阮　萍	广东药科大学	曾红娟	电子科技大学

人民卫生出版社

图书在版编目（CIP）数据

生物医学传感技术/王平,沙宪政主编. —北京：
人民卫生出版社,2018
全国高等学校生物医学工程专业首轮"十三五"规划
教材
ISBN 978-7-117-27104-2

Ⅰ.①生…　Ⅱ.①王…②沙…　Ⅲ.①生物传感器-
高等学校-教材　Ⅳ.①TP212.3

中国版本图书馆 CIP 数据核字（2018）第 182140 号

人卫智网	www.ipmph.com	医学教育、学术、考试、健康，购书智慧智能综合服务平台
人卫官网	www.pmph.com	人卫官方资讯发布平台

生物医学传感技术

主　　编：王　平　沙宪政
出版发行：人民卫生出版社（中继线 010-59780011）
地　　址：北京市朝阳区潘家园南里 19 号
邮　　编：100021
E - mail：pmph @ pmph.com
购书热线：010-59787592　010-59787584　010-65264830
印　　刷：北京盛通数码印刷有限公司
经　　销：新华书店
开　　本：850×1168　1/16　印张：20
字　　数：592 千字
版　　次：2018 年 11 月第 1 版　2024 年 7 月第 1 版第 2 次印刷
标准书号：ISBN 978-7-117-27104-2
定　　价：59.00 元

打击盗版举报电话：010-59787491　E-mail：WQ @ pmph.com
（凡属印装质量问题请与本社市场营销中心联系退换）

出版说明

生物医学工程(biomedical engineering,BME)是运用工程学的原理和方法解决生物医学问题,提高人类健康水平的综合性学科。它在生物学和医学领域融合数学、物理、化学、信息和计算机科学,运用工程学的原理和方法获取和产生新知识,促进生命科学和医疗卫生事业的发展,从分子、细胞、组织、器官、生命系统各层面丰富生命科学的知识宝库,推动生命科学的研究进程,深化人类对生命现象的认识,为疾病的预防、诊断、治疗和康复,创造新设备,研发新材料,提供新方法,实现提高人类健康水平、延长人类寿命的伟大使命。

1952年,美国无线电工程学会(IRE)成立了由电子学工程师组成的医学电子学专业组(Professional Group on Medical Electronics,PGME)。这是BME领域标志性事件,这一年被认为是BME新纪元年。1963年IRE和美国电气工程师学会(AIEE)合并组建了美国电气电子工程师学会(IEEE)。同时PGME和AIEE的生物学与医学电子技术委员会合并成立了IEEE医学和生物学工程学会(IEEE Engineering in Medicine and Biology Society,IEEE EMBS)。1968年2月1日,包括IEEE EMBS在内的近20个学会成立了生物医学工程学会(Biomedical Engineering Society,BMES)。这标志着BME作为一个新型学科在发达国家建立起来。

1974年南京军区总医院正式成立医学电子学研究室,后更名为医学工程科。这是我国第一个以BME为内涵的研究单位。1976年,以美籍华人冯元祯教授在武汉、北京开设生物力学讲习班为标志,我国的BME学科建设开始起步。1977年协和医科大学、浙江大学设置了我国第一批BME专业,1978年BME专业学科组成立,西安交通大学、清华大学、上海交通大学相继设置BME专业,1980年中国生物医学工程学会(CSBME)和中国电子学会生物医学电子学分会(CIEBMEB)成立。1998年,全国设置BME专业的高校17所。2018年,全国设置BME专业的高校约160所。

BME类专业是工程领域涵盖面最宽的专业,涉及的领域十分广泛。多学科融合是

BME 类专业的特质。关键领域包括：生物医学电子学，生物医学仪器，医学成像，生物医学信息学，生物医学材料，生物力学，仿生学，细胞、组织和基因工程，临床工程，矫形工程，康复工程，神经工程，制药工程，系统生理学，生物医学纳米技术，监督和管理，培训和教育。

BME 在国家发展和经济建设中具有重要战略地位，是医疗卫生事业发展的重要基础和推动力量，其涉及的医学仪器、医学材料等是世界上发展迅速的支柱性产业。高端医学仪器和先进医学材料成为国家科技水平和核心竞争力的重要标志，是国家经济建设中优先发展的重要领域，需要大量专业人才。

我国 BME 类专业设置四十余年，涉及高校一百多所，却没有一部规划教材，大大落后于当前科学教育发展需要。为此教育部高等学校生物医学工程类教学指导委员会（下称"教指委"）与人民卫生出版社（下称"人卫社"）经过深入调研，精心设计，启动"十三五"BME 类规划教材建设项目。

规划教材调研于 2015 年 11 月启动，向全国一百余所高校发出调研函，历时一个月，结果显示开设 BME 类课程三十余门，其中（因被调研学校没有回函）缺材料类相关课程。若计及材料类课程，我国 BME 类专业开设的课程总数约 40 门。2015 年 12 月教指委和人卫社联合召开了首次"十三五"BME 类规划教材（下简称"规划教材"）论证会。提出了生物医学与生物医学仪器、生物医学光子学、生物力学与康复工程、生物医学材料四个专业方向第一轮规划教材的拟定目录。确定了主编、副主编及编者的申报与遴选条件。2016 年 12 月教指委和人卫社联合召开了第二次规划教材会议。会上对规划教材的编著人员的审查和教材内容的审定进行了研究和落实。2017 年 7 月召开了第三次规划教材会议，成立了规划教材评审委员会（见后表），进一步确定编写的规划教材目录（见后表）和进度安排。与会代表一致认为启动和完成"十三五"规划教材是我国 BME 类专业建设意义重大的工作。教材评审委员会对教材编写提出明确要求：

（1）教材编写要符合教指委研制的本专业教学质量国家标准。

（2）教材要体现 BME 类专业多学科融合的特质。

（3）教材读者对象要明确，教材深浅适度。

（4）内容紧扣主题，阐明原理，列举典型应用实例。

本套教材包括三类共 18 种，分别是导论类 3 种，专业课程类 13 种，实验类 2 种。详见后附整套教材目录。

本套教材主要用于 BME 类本科，以及在本科阶段未受 BME 专业系统教育的研究生教学使用，也可作为相关专业人员培训教材使用。

彭承琳

　　男,1936 年 3 月生于四川省巴中市,重庆大学教授,博士生导师,生物医学工程学科学术带头人,曾任国家教委生物医学工程专业教学指导委员会委员,全国工科电子类专业教学指导委员会委员,重庆大学生物工程学院副院长,现任重庆大学生物工程学院兼职教授,教学督导专家组组长,重庆大学生物医学电子工程研究所所长,全国生物医学工程领域工程硕士教育协作组副组长,全国医疗器械评审专家委员会委员,重庆市生物医学工程学会名誉理事长,中国电子学会生物医学电子学会顾问,中国仪器仪表学会医疗仪器分会顾问,中国生物医学工程学会医学测量分会顾问,美国纽约科学院院士。

　　任《国际生物医学工程学杂志》、《国外医学生物医学工程分册》等10 余种杂志编委;在国内外学术刊物发表论文 100 余篇,主编教材 3部,包括国家级重点教材《生物医学传感器原理与应用》,参编教材《生物医学信号处理》和《生物医学工程进展》;获国家发明专利 9 项、实用新型专利 7 项,获省部级科技进步奖、技术发明奖、教学成果奖各 1 项;重庆大学伯乐奖及优秀教师奖获得者,共指导培养硕士生 112 名,博士生及博士后 23 名,有 2 名博士生获全国优秀博士论文提名奖;1993 年获国务院特殊津贴,2010 年获中国生物医学工程学会终身贡献奖。

王明时

男,1935年生,教授,博士生导师,黑龙江人,九三学社中央常委,天津大学生物医学工程学科创始人,曾任天津大学生命科学与工程研究院副院长,生物医学工程研究所所长,日本东京大学客座教授,曾任中国生物医学工程学会副理事长,教育部生物医学工程教学指导委员会主任,全国生物医学工程领域工程硕士指导委员会主任,中国生物医学工程学会生物医学传感技术分会主任委员,国家科技进步及发明奖评审委员等职,曾任第九届全国人大常务委员会委员。

1981年参加由教育部领导的第一部生物医学工程专业教学大纲制订工作。期间多次参加制定生物医学工程学科的教育大纲和培养目标以及专业教材编写的制定工作。长期从事以探索脑科学为核心的人体生理和病理信息检测和分析的研究。近30多年来承担并完成国家自然科学基金、"863"计划、国家重点攻关项目等约40项,在核心刊物上发表论文约200余篇,获得国家发明奖2项,省部级二等奖6项,国家发明专利7项;主编了《医用传感器与人体信息检测技术》《现代传感技术》《医院信息系统》等10本专著;培养博士和硕士研究生70余名,博士后4名。

王 平

1962 年 5 月出生,浙江大学生物医学工程系教授,博士生导师,求是特聘教授,国家杰出青年基金获得者,入选国家百千万人才工程,全国优秀科技工作者,全国百篇优秀博士论文提名奖获得者导师,获国务院政府特殊津贴,浙江省新世纪学术技术带头人重点培养人员和 151 人才一层次,浙江大学生物传感器国家专业实验室主任,生物医学工程教育部重点实验室主任。

1984、1987、1992 年在哈尔滨工业大学电气工程系电磁测量与仪器专业分别获学士、硕士和博士学位,1992—1994 年浙江大学仪器仪表博士后流动站博士后;2002 和 2005 年在美国西方储备大学和阿肯色大学等做访问学者。国际生物传感器与生物电子学会议组织委员会委员,国际嗅觉与化学传感技术学会成员,国际化学传感器会议组织委员会亚太区委员,亚洲化学传感器会议组织委员会委员,全国高校传感技术研究会副理事长,中国生物医学工程学会生物医学测量分会前主任委员,中国生物医学工程学会生物医学传感技术分会副主任委员,中国电子学会离子敏生物敏专业委员会副主任委员等。任国际刊物 *Microsystems & Nanoengineering*(*Nature* 子刊)、*Scientific Journal of Microelectronics* 等编委;*Biosensors & Bioelectronics*、*Sensors & Actuators A*,*B*、*IEEE Sensors Journal*、*Sensors Letters* 及 *Sensors and Materials* 等刊物特约编辑和审稿人;《传感技术学报》副主编、《中国生物医学工程学报》以及《国际生物医学工程杂志》等编委。

沙宪政

1963年2月出生,现任中国医科大学生物医学工程专业教授,中国医科大学公共基础学院院长,生物医学工程系主任,生物医学工程教研室主任,中国生物医学工程学会理事,中国生物医学工程学会生物医学传感技术分会主任委员,中国生物医学工程学会生物医学测量分会委员,辽宁省生命科学学会副会长。

1983年毕业于山东大学无线电电子学专业,在中国医科大学从教三十多年,主要致力于生物医学工程专业教学、科研和医疗器械研发工作。长期承担生物医学工程及相关专业生物医用传感器、医学电子仪器原理与设计、医疗器械标准化与不良反应监测、医用电子测量技术、电子技术等课程的教学工作。曾在美国加州大学圣地亚哥分校从事植入式葡萄糖传感器的应用研究,并在植入式葡萄糖传感器阵列结构和生物相容性研究方面取得一定成果。主持了国家自然科学基金、卫生部科研基金、辽宁省科研基金等资助项目10余项;发表科研论文近百篇;主持或参与自主研发酶-葡萄糖电极及血糖测量仪、无损深部温度计、经皮氧分压、电脑理疗仪等多种医疗器械,获得辽宁省医药卫生科技进步一等奖、辽宁省优秀教师、沈阳市五一劳动奖章等荣誉。

史学涛

　　1973年12月出生,教授,博士生导师,教育部生物医学工程专业本科生教学指导委员会委员,全军医学工程学专业委员会医疗设备创新研究分委员会委员,陕西省生物医学工程学会体外循环专业委员会常委。

　　长期承担生物医学工程专业本科生及研究生专业课程授课任务,作为副主编及参编国家规划教材各2部,获军队教学成果优秀奖励1项。同时长期从事生物电磁功能特性及成像新技术研究工作。先后承担或主持国家科技支撑计划课题、国家自然科学基金重点项目、军队重大项目在内的10余项课题的研究工作;获省科技进步奖一等奖、三等奖以及军队科技进步三等奖各1项;发表科研论文100余篇;作为第一或主要完成人获得国家发明专利30余项、医疗器械注册证2项、国际发明展览会金奖1项。

吴春生

　　1978年2月出生,研究员,博士生导师,西安交通大学医学部基础医学院医学工程研究所所长,入选陕西省百人计划青年项目和西安交通大学青年拔尖人才支持计划。2008—2009年美国加州大学洛杉矶分校联合培养博士生,2012—2015年获德意志学术交流中心博士后奖学金,在德国亚琛应用技术大学做博士后。

　　从事生物医学工程、生物物理学等交叉学科的教学与科研工作。作为副主编参与编写3部英文著作和教材,其中1部入选国家"十二五"高校统编教材;已发表论文50余篇,其中SCI收录30余篇;主持国家自然科学基金、省部自然科学基金、中国博士后科学基金等10余项科研项目;获多项国家发明专利授权;获得教育部自然科学二等奖、中国生物医学工程联合学术年会青年论文竞赛一等奖。

阮　萍

1964 年 7 月出生，教授，硕士生导师，广东药科大学生物医学工程系主任，广东省生物医学工程专业教学指导委员会副主任委员，广东省特色专业"生物医学工程"专业负责人，广东省卓越人才计划——医疗器械卓越工程师项目负责人，"广东省医药 3D 打印机及个性化医疗工程技术研究中心"主任，广东省食品药品监督管理局医疗器械专家委员会委员，广州市食品药品监督管理局医疗器械专家委员会委员，广东省科学技术奖评审专家，广东省高等教育教学成果奖评审专家。

从事教学科研工作 31 年，主讲生物医学传感技术、医学影像设备原理、医学物理学、模拟电子线路、血液流变学等。主编、副主编教材 10 多部，主持参与国家、省级科研课题 20 多项，发表学术论文 50 多篇，获得国家专利多项。

前　言

21世纪,科学技术创新以如此快的速度发展,渗透到了我们生活的各个方面。这一点在生物医学工程领域尤其突出。生物医学传感技术是生物医学工程领域的一个重要研究方向,也是当前国际上发展最为迅速的生命科学与人工智能领域中智能感知的重要研究内容,该技术有效地促进了传感技术在生物医学领域的基础研究、疾病的诊断和治疗等领域的广泛应用。

本书是按照国家卫健委与教育部生物医学工程专业教指委首套全面规划的生物医学工程教材的要求编写的。适用于生物医学工程专业本科生和本科为非生物医学工程专业的研究生,以及对生物医学工程学科感兴趣的读者。教材注重把生物医学传感技术涉及的基本理论、方法原理以及目前发展较成熟的技术进行提炼、归纳、整合,并对其在生物医学中的应用进行了详尽描述,以便使读者能较系统、全面地了解和掌握相关知识。内容编排上由浅入深、循序渐进、文字简练、重点突出,注重基础知识与实际应用的有机结合。

本教材共七章,包括人体生理信息和传感技术的基础知识、物理量传感技术、化学量传感技术、生物量传感技术以及新型生物医学传感技术。每章附有思考题,配套的数字资源附有同步练习题,供读者练习选用。本教材的推荐学时数为48~50学时,其中讲课2.5学时/周、0.5学时实验课/周,共计3学分。

本教材由国内从事生物医学传感技术研究并具有丰富教学经验的老师经多次讨论和分工编写而成,由生物医学传感技术的老前辈,天津大学的王明时教授和重庆大学的彭承琳教授担任主审。在此,对参与本教材编写的教师以及参与教材编写和校对的研究生高凡、高克强、甘颖、梁韬、魏鑫伟、王敏、胡琼文、盛佳婧、张旭升、张钧煜等表示衷心的感谢。由于生物医学传感技术不断地发展,新的理论方法和技术快速涌现,再加之编著者学识水平及时间有限,教材中难免存在一些歧义和不足,敬请读者给予批评指正。

王　平　沙宪政

2018年9月4日

目 录

第一章　绪　论

生物医学传感技术是生物医学与传感技术相互交叉与渗透而发展起来的一门交叉技术。现代信息科学与生命科学领域中对于生物体更深层次机制方面的研究与分析，探索人体生理与疾病机制、分子识别与基因探针、神经信息与药物快速筛选等对传感技术的更高追求以及医疗保健与早期诊断、快速诊断与床边监护、在体监测与离体监测等对医疗仪器的迫切需要，都促使了生物医学传感技术的不断发展和进步。与此同时，快速兴起的微电子与光电子技术、分子生物学、生化分析等新兴学科的发展也为生物医学传感技术的进步源源不断地注入着新的活力。因此，现代生物医学传感技术的发展始终呈现着旺盛的生命力。本章主要概括介绍生物传感器技术的基本概念、发展状况、主要特点和未来的发展趋势。

第一节　生物医学传感技术的概念

一、生物医学传感器的定义

我国制定的国家标准"传感器通用术语"中对传感器（sensors）的定义是："能感受（或响应）规定的被测量并按照一定规律转换成可用信号输出的器件或装置。传感器通常由直接响应于被测量的敏感元件和产生可用信号输出的转换元件（换能器）以及相应的电子线路所组成"。随着现代电子技术、光电子技术及通信技术的发展，在各种"可用信号"中，电信号最便于处理、传输、显示和记录。因此，可把传感器狭义地定义为：能把外界非电信号转换成电信号输出的器件或装置。生物医学传感器（biomedical sensors）是一类特殊的电子器件，它能把各种被观测的生物医学中的非电量转化为易观测的电量，扩大人的感官功能，是构成各种医疗分析、诊断仪器及设备的关键部件。生物医学传感技术包括传感器和信号检测与处理技术，体框图如图 1-1-1 所示。

二、生物医学传感器的分类

生物医学传感与检测技术是获取人体生理病理信息的关键技术，是生物医学工程学的重要分支学科。参考国内外文献，根据要检测的人体生理信息的种类，生物医学传感器可以分为：物理量、化学量和生物量传感器三大类。

1. **物理（量）传感器**　用于测量和监护生物体主要是人体的血压、呼吸、脉搏、体温、心音、呼吸频率、血液的黏度、流速、流量等物理量。

2. **化学（量）传感器**　用于生物体中气味分子、氧和二氧化碳含量，体液（血液、汗液、尿液等）中的 pH 值（H^+），Na^+、K^+、Ca^{2+}、Cl^- 以及重金属离子等化学量的测量。

3. **生物（量）传感器**　用于生物体中组织、细胞、酶、抗原、抗体、受体、激素、胆酸、乙酰胆碱、五羟色胺、DNA 与 RNA 以及其他各类蛋白质等生物量的检测。

由于传感器的种类很多，所以分类方法也较多。目前，按传感器的基本效应分：物理型、化学型、

1

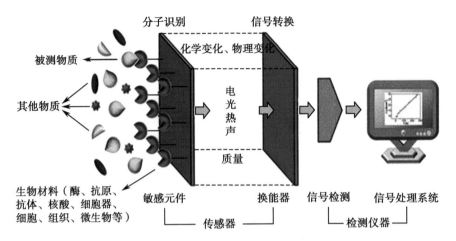

图 1-1-1 生物医学传感技术总体框图

生物型;按构成原理分:结构型、物性型;按能量关系分:能量转换型(自源型)、能量控制型(外源型);按工作原理分:如应变式、光电式、电动式、热电式、压电式、压阻式、电化学式、光导式等;按输出量分:模拟式、数字式以及电阻式、电感式和电容式等;按输入被测量分:物理量、化学量、生物量;按具体的输入被测量分,可以是位移、加速度、温度、流量、压力、气体、离子以及葡萄糖、细胞传感器等。不同层次的生物医学传感,需用不同尺寸的传感器,按尺寸划分有常规传感器(毫米级及以上,可用于组织以及体外检测)、微型传感器(微米级,可用于细胞外监测)、纳米传感器(可用于细胞内、细胞核监测)。

　　为便于阅读和编排,本书在章的分类上采用了按输入被测量的分类方法,即检测物理量的物理传感器、检测化学量的化学传感器以及检测生物量的生物传感器。而在各章内,则采用按工作原理或输出量的分类方法分别介绍每一种具体的传感器。

　　在许多场合,有时也将以上几种分类方法综合起来使用,如应变式压力传感器、压阻式压力传感器、压电式加速度传感器等。为便于传感器标记,目前国内采用大写汉语拼音字母和阿拉伯数字作标记代号,采用下列4部分构成的标记方法:主称、被测量、原理、序号。例如 CWY-WL-10,是序号为 10 的电涡流位移传感器;CY-YZ-2A 是序号为 2A 的压阻压力传感器;CA-YD-5 是序号为 5 的压电式加速度传感器。由于传感器技术的多样化发展给传感器的分类造成了困难,上述的分类方法各有优缺点。目前国内外尚没有统一的分类方法。

　　目前,在国际上,物理传感器已经实用化,化学传感器也多已达到实用水平,生物传感器虽有一些已经应用到临床,但大多数尚处于实验开发阶段。随着微电子学、光电子学以及量子化学和分子生物学与传统传感技术相结合,用于检测复杂生物体的生物传感器的研究将展现广阔的前景,生物医学传感器也将继续向微型化、多参数、实用化发展。微电子和微加工技术以及纳米技术的进步,将推动集微传感器、微处理器和微执行器于一体的微纳芯片系统的推广和应用。

三、生物医学传感技术的作用

　　生物医学传感技术的研究主要是围绕着如何提高生物学的研究水平和医学诊疗技术的深入而展开的。众多生物医学和物理、化学、电子以及材料上的重要发现和发明都很快在生物医学传感器领域获得了重要的应用,如微结构和集成细胞分子检测传感器、药物分析和筛选传感器、微纳米植入传感探针等。微电子和加工技术的发展,使传感器可以微型化并与微处理器等电路集成在一个硅片上,促进了集微传感器、微处理器与微执行器于一块芯片上的生物医学分析微纳芯片系统的问世和发展。

　　生物医学传感技术涉及到传感器技术、低噪声和抗干扰技术、信号提取、分析与处理技术等许多工程信息技术,同时它也依赖于生命科学(如细胞生理、分子生物学、病理和药理等)的研究进展。由于生物医学传感技术研究对象的多样化(物理量、化学量与生物量等)以及生物体尤其是人体检测中的特殊性(个体差异、随机性等),使这个领域的研究呈现多样性和复杂性。但任何一个物理量、化学量和生物量的传感技术的新进展,对推动整个生命科学和信息科学的研究以及新型诊断及治疗仪器的发明都具有重要意义。

第二节　生物医学传感技术的发展

一、国内外发展状况

生物医学传感器是电子信息技术与生物医学杂交的产物,本身具有旺盛的生命力。医疗保健高层次的追求和生命科学深层次的研究,为生物医学传感技术的发展提供了客观条件。目前,医学传感器的发展正在改变传统的检测模式,形成了智能、微型、多参数、遥控、无创的发展趋势,并取得了相应的技术突破。其他的新型传感器如 DNA 传感器、光纤传感器和生物组织传感器也逐渐被开发出来,发达的医学传感器技术革命将有助于促进现代医学的发展。生物医学传感技术的国内外发展状况主要介绍以下几个方面:

1. **非侵入式检测**　医生在提取患者体液如血液、尿液、唾液、汗液等时,通常是采用侵入式或直接从体外提取的。但是临床上通常会有连续测量的需求,为了能够进行连续测量,开发不同类型的无创或微创体液检测技术就显得非常重要。

非侵入式检测是指检测过程中没有或几乎没有侵入体内。非侵入式检测不仅容易被用户接受,而且更可靠,操作方便,出现感染的可能性也相对降低。非侵入式检测传感器应具有较高的灵敏度、精度、抗干扰和信噪比。无损监测是最受欢迎的监测方法,并受到广泛关注。目前,经皮血气传感器在无创监测方面已经取得重大进展,它们可以用来检测血糖、尿素等。国际生物医学研究传感器技术的发展与生物医学的发展是同步的,主要问题都是如何提高临床技术的发展与促进生物医学的研究。

生物传感器是采用生物材料如蛋白质、细胞和组织作为敏感元件用于检测物理化学信号的生物分析设备。生物医学和物理学、化学、电子学的持续研究发展以及特殊敏感材料的发明,促使生物传感器的快速发展,如微结构和生物医学传感器的集成,生物芯片、纳米传感器等。

2. **多参数检测**　在临床医学中,记录各种生理参数的多参数传感器通常有助于临床诊断。多参数传感器是小体积、多功能的检测系统,它采用单传感器系统同时测量多个参数。多参数传感器在一个芯片上集成了多种敏感元件,由于这些敏感元件的工作条件都相同,所以很容易对系统做出补偿和纠正。与其他传感器相比,它具有更高的灵敏度、稳定性,更小的尺寸,更轻的重量和更低的成本。

使用离散传感器时,串行操作难以克服监测效率低的缺点,不能满足不同参数在时间和空间上同时监测的需求。集成技术为多参数传感器创造了条件。在 20 世纪 80 年代初,英国研究人员发明了一种集成式血液电解质传感器,这种集成传感器能同时对 5 个参数(Na^+、K^+、Ca^{2+}、Cl^- 和 pH)进行检测。在 20 世纪 80 年代末,一些研究人员设计了光寻址电位传感器用于监测多种生化指标的参数。

现在,随着人们生活水平的提高,诊断和治疗方法也需要不断向前发展。多参数检测传感器在生物医学领域中的应用将更有意义,尤其是微机电系统在更精准和小型化方面发展迅速。显然,物理传感器将变得更加微型化,具有更高的精度和集成度,也将更加多功能化。

3. **在体检测和离体检测**　在体检测是为了检测活体的结构和功能,而离体检测主要是为了检测血液、尿液,或活的组织离体病理。这些技术在临床检测中非常重要。在进行组织的切片、血液、气体的检测和分析时,可以定量分析这些物质的组成和含量,并评估它们是否正常或是否含有一些致病微生物。

离体检测要求检测精度高、响应快。由于需要检测的物质类别很多,因此大多数自动化检测需要最大程度地利用样品和试验试剂。基于上述需求,目前,已经开发出了许多检测方法。除了常规临床分析方法的进步,微量元素检测与跟踪、超微量激素检测、分子水平与细胞水平检测技术、生物传感器微系统开发与应用、癌细胞自我识别、染色体自动分类、DNA 自动分析、嗅觉和味觉量的检测等新技术也有了很大的提高。

随着临床生化分析重要性的不断提高和分析样品数量的增加,离体检测正趋向于多功能连续自动检测。各种不同类型的自动生化分析装置,将随着计算机的发展而迅速改进。离体检测涉及基因工程、蛋白质工程、生物传感器技术、图像分析技术及其自动化测量等众多领域。

在体检测通常是在活体中实时监测生理和病理状态。体内监测提供了其他检测方式所不能获得的重要信息。随着传感器技术的进步,监测技术也不断被发现提出。植入传感器可以从体内发送生理信息到外部,导管传感器可以连续检测血管内血液或心脏中的气体或离子。在体监测的主要的问题是如何提高传感器与器官组织的生物相容性。

脑机接口,是大脑和外部设备之间的直接通讯通路。脑机接口往往旨在协助、增强或修复人类的认知、感觉或者运动功能。神经义肢是使用人工装置来取代受损的人体神经系统或感觉器官的功能,它是神经科学关注的区域。神经义肢通常是一种连接神经系统的装置。神经义肢可以连接到任何神经系统的一部分如周围神经,而脑机接口通常指一类与中枢神经连接的系统。

此外,分子系统中的传感器可以识别蛋白质,处理器可以确定基因的结构,执行器可以切割或结合基因。分子系统的设计与合成是一个药物与药理学的新课题。抗癌药物的研究正向这方面发展。

这项研究在两方面取得了成果:一种形式是穿过皮肤和人体组织的电磁波和红外光,这两者都是内外信息的耦合方法。内部和外部信息交换的常用方法是利用一种回声响应,检测植入体内的能量,并且通过来自离体的控制装置将检测到的信号发送到体外,以便以后处理。另一种形式是发送刺激或程序控制信号进入身体,并用耦合线圈接收身体外的信号。以植入式体温检测仪为例,为了检测体温,石英晶体应该在体内植入,磁耦合线圈置于外部,线性调频信号被放置在体外,体温和晶振的响应频率成正比,以此来测量温度。测量误差能被控制在 0.1℃ 以内,而且长时间测量有较好的稳定性。

4. **微纳系统** 现代传感器已经从传统的结构设计和制造转向了技术微型化,生物医学已进入分子时代。随着生命科学的研究不断深入,传感器的检测参数在不断变化之中,由系统、器官、组织、细胞乃至大分子,类型也由机械传感器、物理传感器、化学传感器、生物传感器发展至分子传感器,如表1-2-1 所示。

表 1-2-1 生物医学传感器的发展过程

时间	传感器	尺寸
20 世纪 60 年代	真空管	常规传感器(厘米级)
20 世纪 70 年代	晶体管	小型传感器(毫米级)
20 世纪 80 年代	微电子	微型传感器(微米级)
20 世纪 90 年代	分子电子	分子传感器(亚微米级)
21 世纪初	纳米电子	纳米传感器(纳米级)

微传感器是由微机械技术制成,包括光刻和腐蚀。其敏感成分只有微米级那么小。微型传感器可以进入部分人体,而传统的传感器无法获取内脏和疾病内部具体信息。此外,由于微型传感器非常小,它大大减小了干扰和人体正常生理活动对它的影响,使得实测值更真实可靠。采用硅技术,就有可能将 CPU(中央处理器)和微型传感器集成在同一硅芯片上,从而促进智能微型传感器技术的进步。微系统是一种由硅芯片、微处理器和微执行器集成化的微型传感器。

从技术水平看,传感器小型化和电子器件微型化正以同样的速度发展。研究人员发明的纳米电极,其针尖直径为纳米尺寸,它在细胞核检测中的应用已经被提上了日程。纳米技术涉及许多先进技术领域的学科,研究尺寸在 1~100nm 的物质结构和性质。这项技术的关键是如何控制分子产生物质,这也被称为分子生产过程。因此,纳米技术为生物传感器与兼容纳米器件中的功能敏感材料带来了新的机遇。它也为分子检测与诊断提供了希望。由于纳米材料结构的特殊性,纳米材料具有一定的效应,主要是微观尺寸效应和界面效应。纳米生物传感器将在传感和检测技术中起着重要的作用,因为它不同于典型的传感器,具有特定的生物学效应。

微机电系统(micro-electro-mechanical system,MEMS)和纳机电系统(nano-electro-mechanical system,NEMS)系统的特点是机电一体化、微型化和智能化,尺寸可以小到数毫米以下,一般将尺寸为 1~10mm 的称为小型 MEMS,尺寸为 10μm~1mm 的称为微型 MEMS,尺寸为 10nm~10μm 的称为超微型 MEMS,尺寸为 10nm 以下称为 NEMS。MEMS 中的微型传感器和微型动作器都是在集成电路基础上用光刻或化学腐蚀技术制成,且采用三维刻蚀方法。从而使 MEMS 中的马达、传感器、信息处理及控制电路都可集成在一小片芯片上。MEMS 内部还可有自测试、自校正、数字补偿和高速数字通信等功能,因而能满足体内检测装置实现高可靠性、高精度及低成本的基本条件。各国研究者首先建议将 MEMS 应用于生命科学及体内诊疗上。美国麻省理工学院预测 MEMS 在医学上应用的领域包括:载有 CCD 相机和微型元件的 MEMS 可以进入人类无法达到的场合观测环境并存储和传输图像;可用于清通患脑血栓患者的被堵塞动脉;可用于接通或切断神经;进行细胞级操作;实现微米级视网膜手术等精细外科手术;进行体内检测及诊断等。

5. 仿生传感器 近几十年来,随着人工智能、传感器设计、材料科学、微电路设计、软件科学等关键科学领域的发展,传感技术已经可以越来越多地应用于人体方面。随着大量的仿生嗅觉传感器的发明以及传感器阵列技术的发展,使得人工嗅觉技术在许多新的方面具有潜在的应用。如农业、化妆品、环境、食品、制造业,尤其是生物医学领域。由于人体在不同的状态会产生不同的代谢产物,其中某些产物又会通过呼吸的方式排出体外,这使得通过人体呼出气体来检测疾病成为可能。例如,糖尿病酮酸症患者会散发出腐烂苹果的气味;肝病患者的呼出气体会出现鱼腥味;肾衰竭患者的呼出气体中会出现尿液味道;肠道疾病患者呼出气体中可能会出现粪便的臭味。

嗅觉和味觉作为人类的两种基本感官,在日常生活中起着非常重要的作用。电子鼻和电子舌,是通过模仿动物的嗅觉和味觉来检测气味和其他化学成分的,由于其在生物医药、食品工业和环境保护应用中具有潜在商业价值,很多实验室现在对电子鼻和电子舌也进行了更加深入的研究。生物嗅觉领域的实验和观察是开发新药物芳香检测的重要步骤。在发明电子鼻之前,动物的嗅觉被作为一种检测人类疾病的手段。大概从 1989 年开始,人类开始对狗能嗅到人类疾病的现象进行研究,发现狗的嗅觉能直接发现人类的膀胱癌、肺癌、乳腺癌、前列腺癌等,进一步的研究发现各类癌症的生物标志物比其他类型的疾病都要多。世界范围内越来越多的研究正在试图从生物嗅觉中建立人工嗅觉系统。电子鼻检测技术具有快速、简便、低成本等特点。电子鼻检测技术采用的传感器有金属氧化物半导体传感器、声表面波传感器、石英晶体微天平传感器等。金属氧化物半导体传感器通常用来检测分子量较小的挥发性有机物,如检测丙酮、乙醇、甲醇等。声表面波传感器通常被用来检测分子质量较大的挥发性有机物。电子鼻检测系统具有检测快捷方便、检测成本低、检测快速等优点,但是由于电子鼻系统对于检测气体无特异性,故不能用于定性检测。

6. 光技术 如今越来越多光化学传感器的使用,正在挑战电子技术长期以来在传感器研制开发中的统治地位。以细菌检测生物传感器为例,过去 20 年中,光传感器约占 35%,而电化学传感器约占 32%,压电传感器约占 16%,形成这种局面的原因主要有两方面:一是化学发光、生物发光和细胞光通信为敏感膜的研制开拓了新思路;二是光敏器件与光导纤维技术的快速发展。从目前的趋势看,几乎所有的传感器都可以用光纤实现。目前,光传感器已经日趋成熟,应用领域在不断扩大,技术水平不断提高,应用前景十分广阔。光传感器同其他类型传感器相比,具有响应速度快、灵敏度高、抗电磁干扰能力强、体积小等特点。因此,它已成为其他类型传感器的强大竞争者,引起了各国的高度重视,一些发达国家投入相当大的人力、物力和财力开发和应用这一技术。

二、应用领域

生物医学传感器的应用领域主要包括:医学图像分析诊断、便携式和临床诊断、实验室分析应用。目前生物医学传感技术的主要应用领域如图 1-2-1 所示。

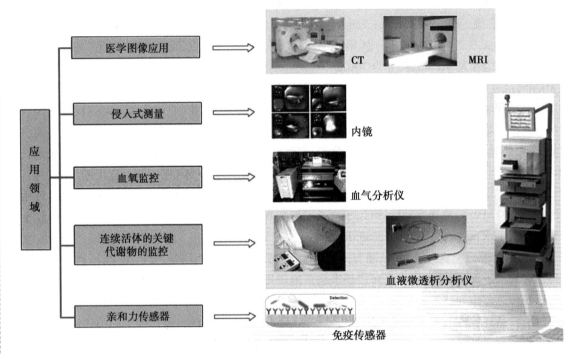

图 1-2-1　生物医学传感技术的主要应用领域

1. **生物医学图像**　传感器的应用不仅使计算机在生物医学图像(超声、CT、MRI 等)的应用变为可能,而且使得计算机辅助图像处理进入传统的图像处理领域。

2. **便携诊断仪器**　如血压计、温度计、血糖仪等,目前使用广泛,在传感器的应用方面属于低成本的商业实用性传感器,其数据存储和处理使临床和测量参数的非固定监控成为可能。

3. **介入式测量**　传感器的微型化使血管内的参数(如血压、温度、流速)的直接连续监控成为可能,这是临床诊断新的实用工具。虽然商业产品已经投入到实际应用中,但它们的实用潜力还没有被完全的开发。生物医学传感技术通过在快速探测、高灵敏度和专门化领域的提高而在公众健康医疗中起着重要的作用。临床医生或患者也需要一种途径来监控不同种疾病在患者体中的关键代谢物的浓度。

4. **血糖、血氧监控**　血管内的和经皮的传感器同样已经商业化了,但是它们的应用实际上还是有限的。非入侵式的血氧计操作简单可靠,主要是依靠物理传感器,避免了内科医师在应用前面两种技术时可能出现的风险。

5. **连续代谢物监控**　传感器在人体内连续工作一段时间,提供体液浓度的信息,可用来建立实时反馈控制和治疗,此项重要的突破已经应用到了葡萄糖微透析系统的传感器中。

6. **亲和性传感器**　近年来最重要的突破是亲和性传感器已获得商业成功。免疫传感器的药学研究和 DNA 芯片的遗传诊断已应用到了活体测试,由此可见生物医学传感器的应用的多样性,与此同时,任何传感器的研究和发展都必须与不同传感器类型以及它们各自对应的检测技术紧密地结合。

第三节　生物医学传感技术的作用

生物医学检测技术对于人体信号检测具有很好的特异性,是一种非侵入式的、安全可靠的检测手段。近几年,该项技术已经成为重点研究项目。非侵入式检测无创或微创,容易被人们所接受,可以帮助研究者长期实时监测研究对象的生理状态,便于临床检查、监测和康复评估。非侵入式检测已然成为生物医学检测技术的重要组成部分。

生物医学检测研究包含一些特殊的检测方法,如低噪声抗干扰技术,信号采集、分析和处理技术,检测系统,模拟电路和数字电路,计算机硬件与软件,脑机接口技术等。同时,它还依赖于生命科学的发展(如细胞生理学、神经生理学、生物化学等)。在生物医学检测技术中,研究对象的多样性使得该领域的研究方向非常分散。然而,任何在生理量或生物医学量上的检测方法的提升都将会极大地推动整个生命科学的发展以及新型诊疗设备的发明。

一、多学科交叉创新研究

目前,一般将生物医学传感器归为一类特殊的光学或电子器件,但与常规的光学或电子器件相比,它又要复杂得多,这主要是由其本身的特点决定的。

1. 跨学科研究 作为一门活跃的学科,生物医学传感技术结合了电子科学与生物医学两个领域的技术。它既能满足早期快速诊断、床边监测、体内监测及更先进的医疗保健需求,也能为基因探针,分子识别,神经递质和调质的检测及更先进的科学研究提供不可或缺的支持。微电机技术,生物技术,分子生物学,光子学技术等发展中的学科为生物医学传感技术奠定了基础。在这一背景下,生物医学传感技术得到了重大快速的发展。

2. 基础研究与技术创新 1970 年,传感器开始步入科学技术领域,专注于新产品的开发。基础研究更加关注先进、高水平的产品探究过程。其主要目标是为了研究分子识别机制,提高信噪比,掌握界面过程,缩短响应时间。在成果转化过程中,各种各样的加工技术包括精密机械加工、半导体技术、化学蚀刻及生物技术等都被应用到了技术创新中。

3. 敏感材料和成膜技术 传感器敏感膜的核心成分由敏感材料和基质材料组成。常见的成膜技术:半导体薄膜、厚膜和分子束外延用于物理传感器敏感膜的构建;物理吸附与嵌入技术、化学交联和分子组装用于化学传感器敏感膜的构建;多酶系统膜,单克隆抗体膜,导体膜和 LB 膜用于生物化学敏感膜的构建。

4. 知识密集性 传感器的设计、制作与应用会涉及一系列学科。以化学传感器为例,敏感材料的设计需要量子化学的知识,材料合成需要掌握超分子化学、主-客机化学和生物技术的知识;成膜技术需要了解表面化学、物理界面和分子组装技术;传送装置的研制会涉及微电子技术、光电子技术和精密机械加工技术。

5. 高度可靠性 由于生物传感器直接与人体接触,它必须具有高度的可靠性,确保万无一失。在美国,食品与药物管理局(Food and Drug Administration,FDA)对这类传感器的监管极为严格,投入市场前必须证明长期使用该种传感器对人体无害并能提供可靠的监测数据。如检测体液的传感器应能抗体液腐蚀且易清洗,嵌入或植入式传感器应与人体具有良好的生物相容性。

6. 工艺精细 精细的工艺是研制高精度传感器必不可少的条件。例如基于集成技术的矩阵传感器,需要特殊的可植入技术以保证在长时间的浸泡中不产生渗漏与变形;敏感膜与器件表面的耦合需要精细的工艺,精密机械加工需要结合机械方法和化学方法。传感器不仅仅是一个产品,更是一件精细的艺术品。

二、生物相容性与医学可靠性

与其他传感器不同,生物医学传感器会直接与组织或血液接触,因此,在设计这类传感器时,必须要考虑组织相容性和血液相容性。

制作传感器需要解决的首要问题就是材料的选择。传感器中的金属材料必须是惰性金属,如不锈钢、钛合金;传感器中的聚合物材料必须是生物相容性良好的材料,如聚甲基丙烯酸甲酯、硅树脂。

组成传感器结构的所有材料必须严格挑选,避免插入动物体内之后产生严重的宿主反应。由于植入式传感器需要根据检测对象的解剖结构进行相应的调整,因此对材料的刚柔性也提出了相应的要求。

其次,生物医学传感器在进入临床应用之前,都需要经过一系列的动物实验和临床试验的验证。目前,尽管我们已经选择了惰性及有害性最小的材料,但由于植入式传感器所处的生理环境不同,为安全起见,依旧需要对生物相容性进行完整的测试。

最后,我们需要运用生物学方法对宿主反应进行评估。体内生物相容性可以通过分析细胞群状态、测量代谢细胞的分泌情况以及分析组织的形态学变化和植入区域的囊厚度来进行评估。

除此之外,许多生物样本如酶、蛋白质、细胞、组织需要在体外进行分析,将其固定在传感器表面的同时需要保持其生物活性。因此,在设计生物医学传感器时,传感器的体外生物相容性也应纳入考虑范围内。

第四节　生物医学传感技术的发展趋势

国际上生物医学传感技术的研究是同步或超前于生物医学发展的,其重大前沿课题一般都是围绕如何提高诊疗技术与深化生物医学研究展开的。众多生物医学和物理、化学、电子以及材料上的发现和发明都很快在生物医学传感领域获得重要的应用,如微结构和集成生物医学传感器、生物芯片、纳米传感器等。

我国生物医学传感技术虽然起步较晚,但是发展较快。1986 年国务院发布的传感器技术白皮书中明确地安排了发展有关生物医学传感技术的规划,国家自然科学基金项目、863、973 等科技计划都安排了生物医学传感技术的研究内容,在中国科学院系统建立了传感技术联合国家重点实验室,在教育部系统中建立了生物传感器国家专业实验室、化学生物传感与计量学国家重点实验室和新型传感器教育部重点实验室等。在这些实验室中都开展了生物医学传感技术的研究工作。在教育部所属的大学和各部委所属的研究所中也开展了有关生物医学传感技术的研究。

参考有关专家学者的著作,本节将介绍生物医学传感技术的发展趋势。

一、仿生技术服务人体健康

1. **仿生传感器**　人体是各种传感器云集之处,这些人体传感器具有灵敏度高、选择性好、集成度高等特点,研制仿生传感器是发展生物医学传感技术的重要方向。目前国内外已研制出多种具有生物体功能的仿生传感器,如仿生材料传感器、细胞组织传感器、受体分子传感器、神经元传感器等。细胞和组织传感器使用固定化的生物活体细胞和组织结合传感器或换能器,用来检测细胞胞内或胞外以及组织的微环境微生理代谢化学物质、细胞动作电位变化或与免疫细胞等特异性交互作用后产生的响应。

细胞和组织传感器由两个主要关键部分所构成,一部分是来自于活体的细胞和组织,该部分为细胞传感器的信号接收或产生部分,另一部分属于传感器件或电子(光学)器件部分,主要为物理信号转换器件。如何提取、分离、纯化细胞和组织以及设计与检测细胞和组织所匹配的传感器件,如何使细胞和组织与器件表面耦合紧密、结合精确而且响应快速以及保持细胞组织的活性和寿命等,是细胞和组织传感器的关键技术。此外,设计性能良好的电子和光学器件以实现细胞和组织信号的精确转换和高信噪比的检测等也是该类传感器的关键技术(图 1-4-1)。

2. **人体健康检测传感器**　使用医用传感器进行人体信息检测,有着与其他测量明显不同的特殊性:无创伤测量和安全、可靠测量等。近年来无创伤测量方法成为重要研究课题,对生物体不造成创伤或仅仅引起轻微创伤,这种技术易于被受试者接受,特别是在人体或实验动物活体的原位进行的无创及微创检测,有利于保持被测对象的生理状态,有利于进行生理、生化参数的长期和实时监测,因而便于在临床检查、监护和康复评价中广泛应用,现已成为生物医学传感技术的重要发展方向之一。

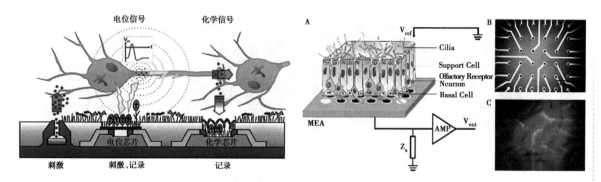

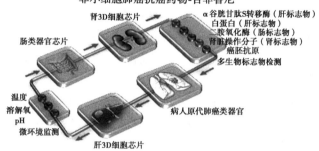

图 1-4-1　细胞、组织和类器官仿生传感技术原理示意图

图 1-4-2　用于人体健康监测的呼吸气体及其冷凝物检测的原理

3. 人体康复医学传感器　人体是各种传感器云集之处,这些人体传感器具有灵敏度高、选择性好、集成度高等特点,因此,模仿人体的生物感受器去研制人体感官修复传感器成为现代生物医学传感技术的一个重要发展方向。人体感官损伤和功能修复传感器的研究是通过研究和利用生命有机体的分子和结构来设计和改进传感器的工艺,使传感器具有某些生物体的独特性能,从而可以部分或全部修复和取代残疾人的感官。该类传感器目前在康复工程和人机接口技术等方面具有广阔的应用前景(图 1-4-3)。

二、生物医学前沿探索与智慧医疗

1. 智能人工脏器　智能人工胰腺的问世,为人工脏器的智能化提供了先例。一个脏器与其他的组织和器官之间保持着多方面的联系,现行的人工脏器,只赋予该脏器单一的功能,割断了原有脏器同其他组织器官的联系,而装备了传感系统、微系统或分子系统的智能人工脏器有望保持正常脏器的全面功能。异体器官移植中面临难以克服的排斥反应问题,在植入的异体器官上装备抗排斥反应的分子系统是解决这一难题的有效途径。

2. 基因探测　基因调控着细胞的活动和人的生老病死,基因探测被认为是当代生命科学的核心技术之一。基因探测目前采用传统的生化方法、基因探针。这些方法的缺点是操作繁复,效率低,研

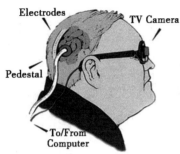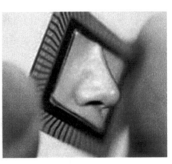

图 1-4-3 用于人体感官损伤修复的传感器

制 DNA、RNA 传感器是解决这些问题的有效途径,这些研究正在积极进行。

3. **分子脑研究** 大脑活动的物质基础是以神经递质与神经调质为主的系列分子事件,监测这些分子事件是深化分子脑研究的重要手段。递质与调质的特点之一,是其一般含量甚微(皮克级),因此在体连续传感检测这些物质的难度是很大的。分子系统中的传感器可以识别蛋白质,处理器可据此确定基因的结构(DNA 序列),执行器可以对基因进行切割拼接,即分子系统可以调控基因,影响生命过程,干预生老病死。设计并合成分子系统是医药学面临的新任务,抗癌药的研究已在沿着这一方向前进。

4. **远程医疗传感网络系统** 远程医疗(telemedicine)是使用生物医学传感技术、远程通信技术、影像技术、电子技术和计算机多媒体技术等发挥大型医学中心医疗技术和设备优势对医疗卫生条件较差的及特殊环境提供远距离医学信息和服务。它包括远程诊断、远程会诊及护理、远程教育、远程医疗信息服务等所有医学活动。远程医疗包括远程传感器、影像学、远程诊断及会诊、远程护理等医疗活动。该领域的发展需要研制小型和便携的生物医学传感器及其医疗仪器,进一步完善传感器网络平台,建立患者的医疗信息数据库,通过无损、可靠、便捷的传感器获得患者健康状态的实时和经常性信息和监控,使医生和患者都能方便快速获取和查找信息,实现多个患者的实时远程检测诊断。

5. **生物芯片和微流控技术** 目前医院检验科配备的各种生化分析仪器,体积庞大,价格昂贵(以万美元计),绝大部分依赖进口。按照发展省钱的生物医学工程的构思,国内外都注重发展低投入,高产出的检验仪器,它们具有价格低廉、操作与携带方便等优点,性价比较同类大型精密仪器高出一个数量级。生物芯片和微流控技术可实现对人体生化参数的快速检测,此技术的出现有助于降低生化检测分析的成本。

三、传感器检测技术的发展趋势

1. **床边监测** 通常的采样、送检到提出报告,最快也需要半个小时,这对于争取时间抢救危重患者与做好外科手术等是极其不利的。针对上述问题,目前已开发了床边监测用传感器,床边监测用传感器应简单、坚固、结实、轻便、能连续或半连续运转,便于一般医护人员操作。

2. **无损监测** 是患者最容易接受的监测方式,是当前生物医学传感技术中受到普遍关注的实际问题。目前取得的进展有经皮血气传感器无损监测血气(CO_2、O_2 等),利用非抽血测量(即通过抽负压或渗透技术使血液中的低分子渗出)检测血糖、尿素等。

3. **在体监测** 可以实时、定点、动态、长期观测体内所发生的生理病理变化过程。在体监测所提供的信息是无与伦比的。伴随着传感技术的进展出现了多种多样的在体监测技术:植入式传感器可将体内的信息发射或传送至体外;导管式传感器可连续传感血管内或心脏内的血气/离子。在体监测目前存在的主要问题是如何改进传感器与组织的相容性。

4. **细胞内监测** 细胞是人体的基本单位,人体的主要生理生化过程是在细胞内进行的,监测细胞内的离子事件与分子事件,已成为当前生命科学中的热点课题。监测离子事件的离子选择性微电极(Ca^{2+}、K^+、Na^+、Cl^-、Mg^{2+}、Li^+等)技术已渐趋成熟,而监测分子事件的分子选择性微电极也在开发之中。

(王平　沙宪政)

思考题

1. 传感器的通常定义是什么?
2. 根据被测量划分可将生物医学传感器分成哪几类?
3. 举例说明生物医学传感包括哪些新的技术和特点。
4. 举例说明生物医学传感有哪些典型应用与特殊要求。
5. 简述生物医学传感技术的发展趋势。

参考文献

1. Giaever I,Keese CR. A morphological biosensor for mammalian cells. Nature,1993,366:591-592.
2. Gründler P. Chemical Sensors. Germany:Springer,2007.
3. Mohanty SP,Kougianos E. Biosensors:a tutorial review. IEEE Potentials. 2006,25:35-40.
4. El-ali J,Sorger PK,Jensen KF. Cells on chips. Nature,2006,442:403-411.
5. Wang P,Liu QJ. Biomedical Sensors and Measurement. Germany:Springer,2011.
6. Wang P,Liu QJ. Cell-based Biosensors:Principles and Applications. USA:Artech House Press Inc,2010.
7. 王平,叶学松. 现代生物医学传感技术. 杭州:浙江大学出版社,2003.
8. 王平,细胞传感器. 北京:科学出版社,2007.
9. 王平,刘清君. 生物医学传感与检测. 杭州:浙江大学出版社,2010.
10. 陈星,刘清君,王平译. 生物医学传感技术.. 北京:机械工业出版社,2014.

人体生理信息与生物医学基础

生物医学传感技术的应用对象是生命体,而"活"的生物有其异于常用工业检测的特殊性。深入了解研究人体生理信息产生的原因、传导过程及其与传感器的相互作用,是正确进行信息检测的前提。任何有效的测量都要求把被测信息和测量装置本身进行统一。另外,如何在纷繁复杂的人体信息中,提取感兴趣的信号并加以利用,是传感技术向智能化发展的方向。此外,利用各种信息可以相互转化的特点,研究和开发新型的高灵敏度传感器,发展新型的物理、化学和生物传感器以及相应的检测技术也是十分必要。

第一节　人体的生理信息与分析

人体的生理信息是多维的,且具有很强的相关性,利用对标志性参数的检测,可快速了解人体的生理状态。而医学技术的进步也依赖于检测手段的丰富,同时也对检测系统提出了更高的要求,如精度、实时性、空间尺寸及特征的识别等。这不仅需要对人体信息进行多方面了解,也对工程学测量方案的熟练应用提出了更高的要求,才能设计出面向不同使用需求的高适应性医用传感器。

一、人体生理信息与诊断

（一）诊断与生理信息

传统的医学诊断由于受到手段的限制,往往是通过先学习后实践,再总结形成经验的方法进行诊断。虽然经验是经过多年的积累而形成的可信规律,但如何应用这些经验却因人而异。这种情况,必然造成同病不同诊的结果。这在特殊的情景和不危害人生命的情况下(例如中医保健),还是可行的。但在大多数情况下,尤其是当我们的检测是以"治病"为目的时,这种方法的风险是不可控的。所以获得足够多的且能准确反映人体生理状态的信息是诊断的依据,也是正确施治的前提。

医学仪器的发展,实际就是人的感官和脑功能的拓展。它利用传感器将检测客观化,利用计算机把医师的经验科学化。现代医学仪器可以十分准确地拾取和反映人体生理状态的信息,因此确诊率大大提高。而人工智能及互联网技术的引入使一些疑难疾病和偶发的疾病的诊断成功率及速度得到提高。

在现代化的医院中,医生在对患者进行诊断和治疗的过程中,首先进行的就是人体信息的采集工作,如测量体温、血压、心率、脉搏、心电以及血、尿的化验等,以进行初步判断。如果必要,还要进行更深入的检查,比如图像检查,以获得形态信息。从信息量的角度来看,图像所包含的信息要比数据和曲线所包含的信息丰富得多。无论是测定一般生理参数,还是借助于其他载体重建生物体器官的图像,都需要使用大量的工程技术。传感技术负责定性或定量地拾取各种生理信息,后续的处理技术负责对信息的加工、重建、综合分析等。由上述方法构成的整体我们称之为医学仪器,而由多个仪器组成的网络,构成人体信息检测的系统。

（二）人体生理信息的种类

人体生理状态的参数,大体上可分为物理量、化学量和生物量三大类。物理量包括各器官的生物电信息、磁信息、压力、振动、速度、流量、温度、形态等;化学量包括 O_2、CO_2、CO、H_2O、NH_3、K^+、Na^+、Ca^{2+} 等多种参量;生物量包括酶、抗原、抗体、激素、神经递质、DNA(deoxyribonucleic acid)和 RNA(ribonucleic acid)等。利用生物体对不同波长电磁波的响应,可以探测生物体内部的状态,进而进行成像,这也属于物理量的范围。

从使用的角度来看,现代医学是建立在解剖及定量分析科学的基础上,基于上述思想设计的医学仪器,也能很快被医生接受,并得到很好的发展和应用。如成像仪器就是很好的例证:通过改变光源参数,出现了超声、荧光、红外、电阻、X 线、MR(magnetic resonance)、放射性核素成像;通过改变显示方式,由 2D 向 3D、4D 转化,并由直接观察逐渐发展成各种虚拟成像;通过血流或示踪物的标记,由普通的解剖成像逐渐向功能方向发展;通过多信息融合,可以进行高精度测量和实时空间定位成像。

表 2-1-1　人体生理信息的种类

器官几何形状	振动	压力	速度	流量	温度	生物电	生物磁	化学量	生物量
心脏几何形状、胃几何形状、肾几何形状、血管直径等	心音、肠鸣音、呼吸音、血管音等	血压、心内压、颅内压、胸腔内压、脊髓压、胃内压、血管内压、肠内压、膀胱内压、眼内压、咬合压等	血流速度、排尿速度、神经传导速度等	血流量、呼吸流量、尿流量等	体表温度、口腔温度、血液温度、直肠温度、其他脏器温度等	细胞电位、心电、脑电、肌电等	心磁、脑磁、胃磁等	O_2、CO、CO_2、N_2、H_2O、NH_3、Na^+、K^+、Ca^{2+}等	酶、抗原、抗体、激素、神经递质、DNA、RNA等

表 2-1-1 列出了一些人体信息,是目前进行诊断时常需要测量的、能够表征人体某些生理状态的信息。应该强调指出,随着技术的进步,诊断中需要测量的人体信息会越来越多。

医学仪器的发展是以人体信息的检测水平为前提的。但这些仪器在某些方面往往不能令人满意,主要是拾取人体信息的手段不能达到理想的状态。在测量中作为信息入口的传感器,则往往决定着这种新检测方法能否实现。

同时,在现有传感技术无法突破的条件下,利用计算机技术进行信息处理,也可部分地提高检测的有效性和可行性,同时可将原来简单的数据可视化、立体化。也可以将从各种按新的原理进行测量的传感器得到的信息进行综合,从冗余的信息中提取具有标志性的数据加以利用,使诊断的结果更科学,漏诊的可能性更小。同时,应正确看待技术的局限性,无论是传感还是信息处理技术,人(医师)的能力有时是无可替代的,特别是和传统医学有关的测量手段,尚无法用工程的方法描述医师的感觉和处治思想。

二、细胞膜兴奋性

细胞是生物电活动的基础。细胞膜是一个具有复杂结构的半透性膜,对不同离子的转运能力和通透性能不同,因而造成细胞内外离子浓度的差异,进而产生跨膜电位差。

（一）动作电位的产生

各类细胞膜内外离子分布的共同特点是:膜内 K^+ 浓度较高,而膜外 Na^+ 浓度较高。表 2-1-2 为哺乳动物骨骼肌细胞内液和细胞外液中各种主要离子的浓度。

在生理条件下,上述离子浓度维持着动态平衡。在平衡时,因细胞内外的浓度差而引起的电位可由 Nernst 方程求得。在温度为 37℃ 时,对于两侧皆为一价的溶液,由浓度差而引起的电位差为:

表 2-1-2　哺乳动物骨骼肌细胞内、外液主要离子浓度

细胞内离子浓度（毫摩尔，mM）			细胞外离子浓度（mM）		
Na^+	K^+	Cl^-	Na^+	K^+	Cl^-
12.0	155.0	3.8	145.0	4.0	120.0

$$电位差[mV] = 61.6\lg\frac{膜一侧的离子浓度}{膜另一侧的离子浓度} \tag{2-1-1}$$

此方程可以简化为：

$$电位差[mV] = 61.6\lg\frac{U-V}{U+V} \tag{2-1-2}$$

式中：U——通过膜的负离子通透性；

V——通过膜的正离子通透性。

例如，被半透膜隔开的浓度不同的氯化钠溶液，由于半透膜对 Cl^- 的通透性大于对 Na^+ 的通透性，所以膜一侧 Cl^- 减少的速度比膜另一侧 Na^+ 增加的速度快。如果浓度比为 10∶1，则 Cl^- 及 Na^+ 的相对通透性分别为 65.4 和 43.6。把此值代入 Nernst 方程，则两溶液间的电位差为：

$$电位差[mV] = 61.6\lg\frac{65.4-43.6}{65.4+43.6} = 12(mV) \tag{2-1-3}$$

静息电位是指在细胞未受到刺激时，存在于细胞膜内外两侧的电位差，又称膜电位。通常规定膜外电位为零，肌肉及神经细胞静息时的膜电位为 $-70\sim-90mV$，称为极化状态。

实验表明，细胞在静息时，细胞膜只对 K^+ 有通透性。所以，细胞的静息电位就是由于 K^+ 向外扩散造成的，其值主要取决于细胞内外 K^+ 浓度的比值。实验结果和用 Nernst 公式计算的结果是吻合的，骨骼肌细胞的静息电位为 $-90mV$。

细胞在极化状态时，钠离子的通透性差（阻抗高），钠离子电流小。而钾离子的阻抗低，电流大。

在静息电位的基础上，细胞膜的通透性在短时间内发生一次短暂的、可逆性的改变，其膜电位的波动称为动作电位。

先是膜对 Na^+ 的通透性突然增大，Na^+ 将由浓度梯度的推动和膜内负电位的吸引，快速地进入膜内，使膜内电位升高，直到它所形成的膜内正电位能够阻止带正电的 Na^+ 不能再流入为止。这时，膜内外的电位差应相当于 Na^+ 的平衡电位，可用 Nernst 方程计算出来，相应的电位变化称为动作电位。

动作电位是否产生通常主要取决于刺激的强度和阈电位的大小。能够引起动作电位的最小刺激强度，称为刺激的阈值。阈电位值一般比静息电位高 $10\sim20mV$，对一般的神经和肌肉细胞而言，其阈电位为 $-50\sim-70mV$。图 2-1-1 为细胞受到刺激时产生动作电位的情形。

细胞静息电位为 $-90mV$，当外界对细胞进行超过阈值的刺激时，膜内负电位将迅速变为正电位，在短时间内就由 $-90mV$ 变到 $+20\sim+40mV$，这段急速上升的电位曲线称为除极相（去极化）。但刺激引起的膜电位翻转只是暂时的，它很

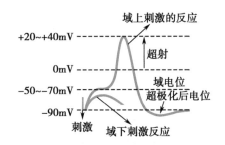

图 2-1-1　细胞响应刺激产生动作电位

快又恢复到原来的静息状态，称为复极相（复极化），此过程只持续 0.5~1.0 毫秒。

不同细胞的动作电位在基本特点上类似，但电位变化的幅度和持续时间各有不同，神经和骨骼肌细胞动作电位的持续时间为一至几毫秒，而心肌细胞的动作电位可持续数百毫秒。

图 2-1-1 为除极状态,即产生动作电位时形成的离子电流模型。由于外界刺激,半透膜对 Na^+ 的通透性突然增加,使得 Na^+ 电流增大,而在这一时刻半透膜对 K^+ 的通透性却没有明显变化,可视为仍基本保持原来的阻抗。

图 2-1-2 为细胞膜的模拟电路。尽管生物电流和电子学中定义的电流具有本质上的不同,但实验结果证明,这一模拟电路能够形象地反映兴奋性细胞膜的基本原理。著名的 Huxley-Hodgkin 模型就是基于类似的处理方法实现了细胞主要离子流及动作电位的定量刻画。

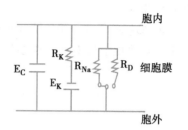

图 2-1-2 细胞膜的模拟电路

图 2-1-2 中,E_C 为细胞内对外部电压,E_K 为钾的 Nernst 电位,E_{Na} 为由膜内外 Na^+ 浓度差引起的 Nernst 电位,R_K 是膜对钾离子流的阻抗,R_{Na} 为膜对钠离子流的阻抗,R_D 为在除极化状态时,膜对 Na^+ 的阻抗。

(二)振荡现象与细胞群电位

除了上述动作电位(也称阈上行为)之外,还有神经元的阈下电活动,即在动作电位阈值之下膜电位的振荡现象。电共振(electrical resonance)是神经系统对特定频率进行振荡放大的现象,该现象可导致信号在特定频率放大,与电路系统的带通滤波器(包括电感、电容和电阻三种)功能类似。在1970年,Mauro 等整合了 K. Cole 的表观电感模型和 Hodgkin-Huxley 模型,首次对阈下振荡现象进行了定量分析。首先,作者采用了 H-H 模型中的线性化方案,扩展到动力学参数的速率常数刻画上;其次,作者将兴奋性膜的阈下活动处理成线性系统,与 Cole 的线性电路模拟概念对应。相关工作提示细胞膜电容和钾电流电感之间的耦联关系可能是振荡或共振产生的原因。2000年,Hutcheon 和 Yarom 定性分析得出离子通道能够产生电共振,产生条件包括了通道合适的反转电位、激活曲线和失活曲线。产生共振的充分条件以及相关的干涉调控仍有待进一步的研究。

上面谈到的是单个细胞电位变化的情况,它是人体产生电现象的基础。实际上,在使用电极测量人体各器官的电信息时,是检测多个细胞,即细胞群的宏电位。

细胞群是按一定的模式有机联系着的细胞组。当其中一个细胞受外界刺激而除极时,其电位变化将刺激与其相邻的细胞产生电位传递现象。细胞群内刺激的传递与除极电位的变化有两种典型的传递模式:同步方式和依次进行。在实际过程中,刺激的传递既有同步除极又有依次除极。使用电生理仪器进行检测时,传感器获得的电信息就是上述两种模式下的综合结果。

大脑中振荡信号的来源除细胞和分子级别的来源外,通常认为还有一重要来源:环路和系统。环路和细胞的特性均会影响到神经网络的节律,且两者无法完全孤立。这两种来源不仅与神经元间的相互连接有关,也与突触间的动态参数有关。来源于全局神经元电活动的低频信号主要由阈下振荡引起。不管阈下刺激是周期性的还是非周期性的,皮层神经元总可显现出相似的频率选择性。大脑的行为和感知状态可以由脑神经群在时空尺度上的节律表征。除神经元外,其他类别的细胞也能产生自发节律,包括胰岛 B 细胞和心肌细胞。这些节律性信号得到多方面的表现,如哺乳动物脑电的低频段(2~12Hz 之间)。

三、循环系统生理信息

血液循环系统是封闭的管道系统,主要功能是完成体内的物质运输,即运输营养物质、代谢产物、氧和二氧化碳等,并在机体各个部位通过毛细血管进行物质交换,从而保证机体新陈代谢的不断进行。心血管系统由心脏、动脉、毛细血管和静脉组成,心脏将血液泵出,并由血管将血液分配到各器官和组织,血液在心血管系统中按一定的方向流动,最后回到心脏,完成血液的循环。因而了解循环系统的一系列生理信息具有重要的意义。其中检测的内容也较多:血液成分中带有的化学及生物信息、血液理化特征(如黏度)、血液中有形成分的形貌学特征等。下面就常见的几种参数作以下介绍:

（一）心电

1. 心肌细胞的跨膜电位 是指心肌细胞内外两侧的电位差,包括静息状态下的静息电位和兴奋时的动作电位。人的心室肌细胞的静息电位约为−90mV。当心肌细胞由静息状态进入兴奋时,即产生动作电位。

2. 心电的传播 窦房结(sinoatrial node)按时(60~80 次/分)发出心电信号,通过前、中、后结间束和心肌把电信息传播给房室结,这个电信息刺激心房收缩。房室结为一个特殊区,组织呈网状,分支较多,故传递电信息的速度仅为 0.02m/s,这一重要的延时,可使心房收缩完毕时心室才开始收缩。房室结把电信息继而传给左右束支,左右束支以 4m/s 的速度把信息传递给左、右心室与浦氏纤维。它可刺激心室收缩。

3. 心电波形与心电图 心脏周围的组织及体液都可以导电,被称为容积导体,而且是三维空间的导体。从理论上讲,将两个测量电极放在体表的任何两个部位,都可测得因心脏变化而引起的体表电变化。但为了使用的方便,按照电极在人体上安放位置和连接方式,还是规定了统一的导联方法。常用的导联方法有 12 种。这些导联都获得几个基本心电波形,把这些波形记录下来就是心电图(electrocardiogram,ECG)。图 2-1-3 是正常人的心电波形模式图。

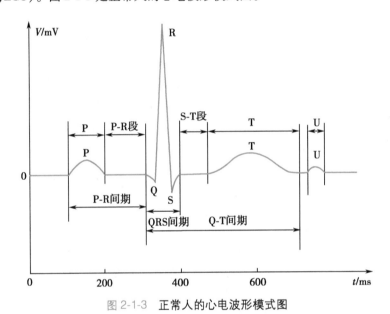

图 2-1-3 正常人的心电波形模式图

图中:

P 波:代表左、右心房兴奋时所产生的电变化,因心房电向量方向不同而互相抵消了一部分,故其幅度不大。

P-R 间期:代表心房兴奋到心室开始兴奋经过的时间,一般成年人为 0.12~0.20 秒。

QRS 波群:代表心室兴奋传播过程的电位变化,一般在 0.06~0.10 秒之间。

T 波:反映心室复极过程的电变化。

QT 间期:指由 QRS 波群起点到 T 波终点,由心室开始除极到完成所需时间,在心率为 75 次/分时,Q-T 间期小于 0.4 秒。

U 波:在 T 波出现后经 0.02~0.04 秒可能出现的波,大都在 0.05 毫秒以下。

心电信号幅度不等。R 波最大,约为 1mV;U 波最小,约为 500μV。其频率在 0.05~300Hz 之间。

对心电波形的分析在临床上有着重要价值,患有心律失常、心肌梗死、冠脉功能异常、心肌障碍及心室肥大症的人,其心电波形均较正常人有明显的变化。目前,病态的心电图约有 300 余种典型的图库,可以用于疾病的鉴别诊断。

（二）心音

在心动周期中,心肌收缩、瓣膜启闭、血液流速改变形成的涡流和血液撞击心室壁及大动脉壁引起的振动,可通过周围组织传递到胸壁,用听诊器或传感器便可在胸部某些部位检测到,这就是心音（heart sound）,也可记录为心音图。心音发生在心动周期的一些特定时期,其音调和持续时间也有一定的特征。正常心脏在一次搏动过程中,可产生四个心音,通常用听诊的方法只能听到第一和第二心音;在某些青年人和健康儿童身上可听到第三心音;用心音图可记录到四个心音。

第一心音发生在心缩期,在心尖搏动处（左第五肋间锁骨中线上）检测信号最强,标志着心室收缩的开始,频率较低,持续时间也较长,一般为0.1～0.12秒。心室收缩时,血流急速冲击房室瓣而返折,造成心室振动。第二心音由两部分组成,它是由收缩终了时主动脉与肺动脉根部血流的减速所造成的。在胸骨旁第Ⅱ肋间（即主动脉瓣和肺动脉瓣听诊区）听诊时最清楚,第三心音在第二心音后0.1～0.24秒出现,频率约为20～70Hz。第四心音发生在第一心音前,持续0.04秒。第四心音出现在心室舒张的晚期,是与心房收缩有关的一组发生在心室收缩期前的振动,也称心房音。正常心房收缩时一般不产生声音,但异常强烈的心房收缩和在左心室壁顺应性下降时,可产生第四心音。

用心音传感器可以测得各心音的持续时间、幅度、有无多余的心音,多余心音的特征,有无杂音以及杂音的持续时间和强度等。通过分析用心音传感器记录的心音波形图,可以判断出某些心脏疾病。所以说,心音是表征心脏生理状态的重要信息。

心脏的某些异常活动可以产生杂音或其他异常的心音。可以说,任何异常心音的产生,均可以在解剖学上有所反应。因此,听取心音或记录心音图对于心脏疾病的诊断具有重要意义。

（三）血压

血管内的血液在血管壁单位面积上垂直作用的力称为血压（blood pressure）。血压的数值为血液对血管壁的绝对压力与大气压力的差值,又称指示压力。血压的单位,国际标准计量单位是帕（Pascal,符号为Pa）,即牛顿/平方米（N/m^2）,帕的单位较小,故血压数值常用千帕（kPa）表示。传统以毫米汞柱（mmHg）表示。在静脉测量时常采用mmH_2O来表示。在标准地心引力下,血压单位的换算关系为:1mmHg等于133.322Pa、1.36cmH₂O、1330×10⁻⁵N/cm²。

因为心脏搏血是脉动的,所以血管各部的内压力也是脉动的。此现象以动脉较为明显,而静脉则较为平稳。图2-1-4为各主要动脉的压力波形,其压力值用N/cm^2或mmH_2O或mmHg表示。

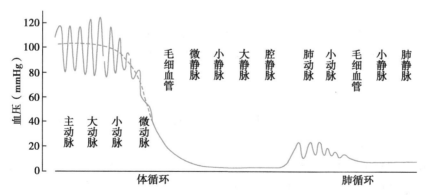

图2-1-4　正常人平卧时不同血管血压示意图

我国正常成人收缩压为90～140mmHg,舒张压为60～90mmHg。正常人肱动脉压力曲线如图2-1-5所示。动脉血压除了常用收缩压及舒张压表示其脉动压力变化外,还常使用平均血压:

$$平均血压 = 舒张压 + 动脉压/3 \tag{2-1-4}$$

在主动脉首端平均压为100mmHg,最小的动脉在首端动脉压为85mmHg,毛细血管首端约为

30mmHg,静脉首端约为 10mmHg。

血压的测量具有重要的临床意义。按测量方法大体分为三种,即直接测量、间接测量和比较测量。这将在以后章节详述。

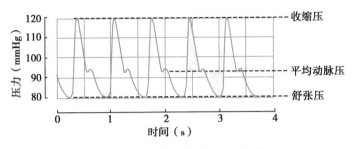

图 2-1-5 正常人肱动脉压力曲线

比较式血压测量法应用在不需要测得血压绝对值,而只需了解全身血液流动状态的场合,目的在于找出其影响血液流动的原因。一般只需在手指尖处测量其血流脉动的相对变化即可。故多采用光电传感器,用反射和透射的方法测量其相对变化。

(四)脉搏

脉搏是兼有振动和压力的复合信息,广义内容应该包括心尖搏动波、动脉波和静脉波。其共同的特点是频率甚低。

1. **心尖搏动波** 心尖搏动是心脏在收缩时心尖撞击胸壁形成的。同时记录心尖搏动波、心音、心电并进行分析可获得有用的临床数据。

2. **动脉波** 经常测量的动脉波是颈动脉波、锁骨下动脉波及腕脉波。动脉波测量相对来讲比较方便。因为大多是在浅表动脉外面的皮肤上进行的。正常动脉波形如图 2-1-6(a)所示,其中上升段表示主动脉因射血而压力迅速上升;下降段表示射血期后动脉内压力下降;在下降段中,由于血管的回弹,动脉压再次稍有上升,在下降段中形成一个小波,因呈峡谷状而称之为降中峡。

脉搏形状反映患者的病变情况。当主动脉瓣开放不全时,输出速度慢,上升段慢,幅度降低,如图 2-1-6(b)。当主动脉瓣关闭不全时,使上升及下降段均较陡,且无降中峡,如图 2-1-6(c)。血管弹性不良而硬化时,上升及下降段也均呈陡峭状,如图 2-1-6(d)。

当采集近心端的动脉时,采集的波形以心脏信息为主,当采集桡动脉时,它带有的信息就不仅是心脏的搏动,血管的弹性、血液的流变性、外周阻力等因素均会影响其表现。在中医现代化研究中,在对桡动脉施加一定压力使其产生形变的情况下,不仅能得到血管的弹性信息,而且由于干扰了血流,也得到了血管外周阻力、旁路流动等信息。中医常从位、数(次)、形、势等方面进行分析和归纳。脉位指脉搏跳动显现的部位和长

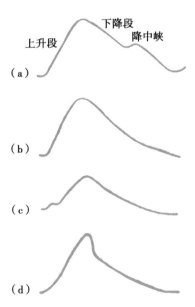

图 2-1-6 动脉波形
(a)正常脉搏;(b)主动脉瓣开放不全脉搏;(c)主动脉瓣关闭不全脉搏;(d)血管弹性不良而硬化

度(如浮脉、沉脉、长脉、短脉);脉次指脉搏跳动的次数和节律(均匀者如迟脉、数脉,不均匀者如促脉、结脉、代脉);脉形指脉搏跳动的形态,如大小、软硬等形状(如按波幅大小分的洪脉、细脉、按脉管弹性分弦脉、濡脉、缓脉);脉势指脉搏的强弱、流畅等的趋势(如按指感力量分的虚脉、实脉,按流利度分的滑脉、涩脉等)。这就要求在设计脉搏压力传感器时,要对其灵敏度、频响、拾取压力的方向、空

间分布、信息处理等做认真的考虑。

（五）血流

血液在单位时间内流过血管某一截面的容积叫做血流量，又称容积速度。

在心脏的一个搏动周期内，血流量有规律地波动。瞬时血流量的单位通常为 ml/s。一段时间内血流量的平均值称为平均血流量，其单位通常以 L/min 表示。血流量 Q 是血流速度 v 对血管内截面积的积分。即血流量的大小和被测血管的直径和血流速度有关。

从心脏开始沿血流方向，血管的总截面积是不同的，主动脉段截面积最小，到毛细血管时，其截面积总和约为主动脉的 800 倍。截面积虽然不同，但总的流量在各截面却相同，结果使得血流速度在各段差别甚大。血流在动脉处呈明显的脉动状态，而在毛细血管处则呈匀速流动状态，在设计传感器时，要把速度及频率的变化作为基本参数来考虑。图 2-1-7 为血流、血管内压及血管截面积之间关系的示意图。

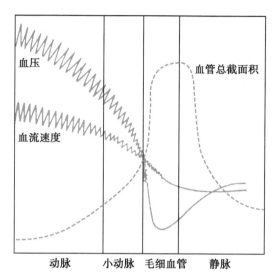

图 2-1-7　血流速度、血压、血管截面积的关系

血流速度的测量，临床上可以了解血行障碍及其程度；对心脏功能及动脉硬化进行判定；评价治疗效果、药物疗效。经常需要测量的量有血管内血流速度的分布、血流速度、血流量的分时平均值及血流分配情况等。

血液的测量方法大体上分为侵袭法及非侵袭法两大类，如表 2-1-3 所示。目前应用最广、最有前途的是利用超声多普勒原理来测量血流，其中包括连续多普勒和脉冲多普勒两种，是非侵袭法中最常用的方法。可和图像配合测出血管直径，用变频法测出绝对血流速度、流速分布及血流量，并与实时的超声成像融合，指示出具体的流速部位及其流向、速度分布等。

表 2-1-3　血流测量方法的分类

	原理		血流检出信息	适用范围	诊断内容
	方法	方式			
侵袭法	磁电法	导管式 体外激励式	血流速度,血压,血流量,血管内径	大动脉,大静脉,冠状动脉,肾,颈	血流障碍,血管阻力,管壁硬化
	热		血流速度	大动脉,冠血流,肌血流,静脉	血流障碍
	激光	多普勒光导纤维显示	血流速度	冠状动脉,胃,大动脉	心肌梗死,血行障碍
	超声波	导管法	血流速度	中、大动脉	
非侵袭法	超声波	多普勒脉冲	血流分布	心,肾,颈,四肢,肝,静脉	血流障碍,狭窄度、心泵血功能、瓣疾病、容积弹性率
		M 系列变频	血流速度		
		波 D 法+断层	血流速度		
		量化频率调制	血流速度,血管径,血流量		

续表

原理		血流检出信息	适用范围	诊断内容
方法	方式			

	方法	方式	血流检出信息	适用范围	诊断内容
非侵袭法	RI法	闪烁计数法,间隙法	血流量,血流速度,血流分布	肺,四肢,心肌,肝,肾,脑局部	局部血行障碍、凝血状态
	NMR法	脉冲法	血流量		
	稀释法	间隙中断法	分时血流量	静脉	血行障碍、心泵血功能
	激光			视网膜,皮肤血流	血行障碍
	温度记录	红外线扫描	血流状态	皮肤血流	血行障碍、癌诊断

四、呼吸系统生理信息

机体与外界环境之间的气体交换过程称为呼吸。通过呼吸,机体从外界环境摄取新陈代谢所需要的 O_2,排出代谢所产生的 CO_2。人和高等动物的呼吸全过程由三个环节组成:

(1)外呼吸:指外界环境与血液在肺部实现的气体交换。它包括肺通气(肺与外界的气体交换)和肺换气(肺泡与血液之间的气体交换)两个过程。

(2)气体在血液中的传输。

(3)内呼吸:指血液及组织液与组织细胞之间的气体交换。因此,在呼吸系统中临床需要测量的参数除了一些表征外呼吸状况的物理量外,还有表征气体交换状况的某些化学参数。

(一)肺容量

肺容量是指肺容纳的气体量。肺容量随着呼吸气量变化而变化,所以测定肺容量有助于了解通气情况。通常选择平静呼吸时和最深呼吸时进出肺的气量作为测定对象。

若用肺量计记录平静呼吸时肺容量的变化曲线,可将各呼气终点连成一线,称此线为呼吸基线(图 2-1-8)。这条线由功能余气量的多少而确定,对正常人来讲相对恒定,如因肺气肿造成肺弹性回缩力降低,则基线上移。

肺的总容量(total lung capacity,TLC)是指最大容气量,即肺活量与余气量之和。

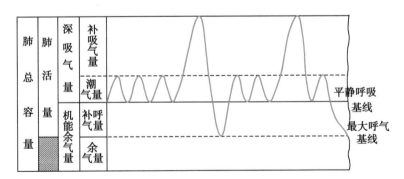

图 2-1-8 肺容量的组成

肺活量(vital capacity,VC)是指尽量吸气后能呼出来的气量,余气量(residual volume,RV)是指最大呼气后残留在肺内的总容量,潮气量(tidal volume,TV)是在平静呼吸时,每次吸入或呼出的气量,其值与年龄、性别、身材、习惯有关。在平静吸气后,再做最大吸气时,所能增添吸入的气量称之为补吸气量(expiratory reserve volume,ERV)。同理,在平静呼气后再做最大呼气时所再能呼出的气量称为补呼气量。用肺量计记录呼吸曲线,将最大呼气终点连成一直线,此线称之为最大呼气基线。它反映膈肌上升幅度、胸廓弹性阻力和细支气管关闭状态等因素的状况。腹水、妊娠、肺气肿及支气管痉挛等情况,可从呼气基线的变化上反映出来。

每分钟进肺或出肺的气体总量称每分通气量,其值为潮气量与呼吸频率之积,最大通气量和时间肺活量关系密切。据研究,从时间肺活量可算出最大通气量,其公式为:

$$最大通气量(L) = 0.0302 \text{ 第一秒时间肺活量} + 10.85 \qquad (2\text{-}1\text{-}5)$$

一般在肺功能测验中,常以最大通气量和通气贮量百分比作为衡量通气功能好坏的主要指标。其通气贮量百分比的计算法为:

$$通气贮量的百分比 = \frac{最大通气量 - 每分平均通气量}{最大通气量} \times 100\% \qquad (2\text{-}1\text{-}6)$$

在肺活量测量中,一般采用记录法。换气量测量经常采用磁电式传感器,通过磁电式传感器测量压差的办法测得气体流速,进而对流速积分来求得换气量。

(二)呼吸气体的成分

呼吸的主要目的是进行气体的代谢交换。气体交换是指肺泡和血液间、血液和组织间 O_2 和 CO_2 的交换。在肺中,这种交换是在毛细血管血液和肺泡之间进行的。

当混合气体和组织表面接触时,气体分子不断地撞击液体表面并进入液体,溶解于液体中,而溶解的气体分子也不断从液体中逸出。溶解的气体分子从溶液中逸出的力,称为溶解气体的张力。某一气体溶解于某种液体中的量,与这一气体的分压成正比。

每一种气体的分压在总压力中所占的百分比,相当于该气体在总气体中所占的容积百分比,所以知道大气压力值及某种气体所占的容积百分比,就可知道其分压值,如表 2-1-4 所示。

表 2-1-4　大气中各气体的容积百分比及分压值

气体	O_2	CO_2	H_2O(气态)	N_2	合计
容积百分比	20.71	0.04	1.25	78.0	100.0
分压 P(mmHg)	157.4	0.3	9.5	592.8	760.0

在一定分压下,当气体分子的溶解和逸出的速度相等时,溶解气体的张力也等于这一分压,以 mmHg 表示。现将肺泡气、血液和组织中 O_2 和 CO_2 的分压(张力)列于表 2-1-5。

表 2-1-5　肺泡气、血液和组织内的 O_2 和 CO_2 分压值(mmHg)

	肺泡气	静脉血	动脉血	组织
O_2 分压	102	40	100	30
CO_2 分压	40	46	40	50

有了肺泡气、静脉血、动脉血间的分压差,才能维持 O_2 和 CO_2 间的正常交换。所以在临床中测量氧分压(partial pressure of oxygen,PO_2)及二氧化碳分压(partial pressure of carbon dioxide,PCO_2)是十分重要的。

呼吸气体成分的测定需要连续进行。因为呼吸气体的成分变化较快,故要求选用时间常数小的气体传感器。一般是用记录的办法把分析结果记录下来。一种方法是利用能够识别不同气体成分的传感器,可以把气体中的各种成分检测出来。另一种方法是在各种混合气体中用物理或化学方法排除掉不需测量的气体,只对需要测量的气体进行测量。

由于多原子性分子的振动频率及振动方式皆不同,因而对红外线的吸收情况也不同,据此可测得

混合气体中的 O_2 和 CO_2 的浓度。

五、神经系统生理信息

神经系统调节着体内各器官及各生理过程,通过神经调节,各系统和器官还能对内、外环境变化做出迅速而完善的适应性反应,调整其功能状态,满足当时生理活动的需要,以维持整个机体的正常生命活动。神经系统一般分为中枢神经系统和周围神经系统两大部分,前者是指脑和脊髓部分,后者则为脑和脊髓以外的部分。

(一)神经纤维的传导功能

中枢神经系统主要由神经元及神经胶质构成。神经元是一种特殊的细胞,具有接受刺激、传递信息和处理信息的功能。它是有着突起的细胞,其中一种细长的突起——由轴突(从数十微米至一米多)延长而成的纤维,称为轴突神经纤维。它是专用于传导冲动的。在反射活动中,它把感受器的兴奋传至中枢,又把中枢的兴奋传到人体各处。

在传导冲动时,神经纤维将发生一系列的电变化。当神经纤维兴奋时,在静息电位的基础上,会发生一次短暂的可传播的电位变化,称为动作电位。其特点是极其短暂,很快恢复到静息电位水平,形成一个尖峰,称此电位为峰电位。

在完全恢复到静息电位前,膜电位还要经历一些较小而缓慢的波动,称为后电位。

(二)大脑皮质的生物电活动

大脑皮质的神经元具有生物电活动。将测量电极放在头皮上或直接放在大脑皮质上都可测得同样的脑电图。但后者比前者振幅大 10 倍,称为自发电活动脑电图(electroencephalogram,EEG)。

脑电的正常波形很不规则,通常根据频率、振幅的不同把脑电波区分为四种基本波形,如图 2-1-9 所示。

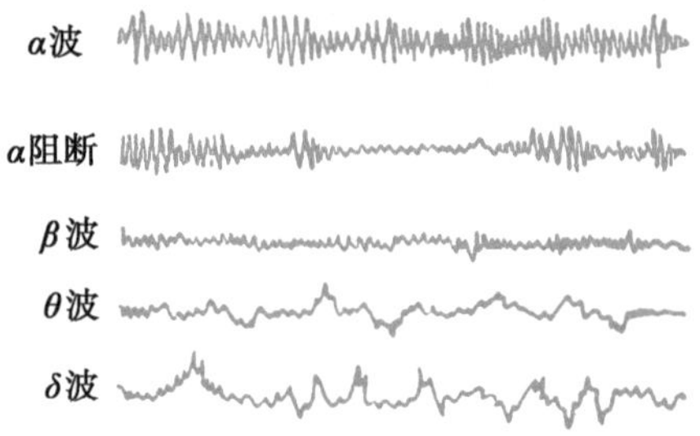

(1) α 波:频率为 8~13Hz,振幅为 20~100μV,在安静闭目时即出现。波幅呈现由小到大,再由大到小的梭状。在枕叶皮层最为显著,睁眼思考问题时或接受其他刺激时立即消失而呈快波(β 波),这一现象称为 α 波阻断。

(2) β 波:频率 14~30Hz,波幅 5~20μV,在额叶和顶叶较为显著,在睁眼思考问题时出现,表示大脑皮质处于紧张活动或兴奋状态。

图 2-1-9　脑电波形

(3) θ 波:频率 4~7Hz,振幅为 100~150μV,在困倦时出现,表示中枢神经处于抑制状态,可在颞叶和顶叶记录到。

(4) δ 波:频率为 0.5~3.5Hz,振幅约为 20~200μV。出现在成人入睡后,或处于极度疲劳、深度麻醉、缺氧和大脑有器质性病变时出现,在颞叶或枕叶比较明显。

此外,清醒状态下专注于某一事时,常见一种较 β 波更高的 γ 波,其频率为 30~80Hz,振幅范围不定,而在睡眠时还可以出现另一些波形较为特殊的正常脑电波,如驼峰波、σ 波、λ 波、κ-复合波、μ波等。

一般而言,脑电波由高幅慢波转变为低幅快波,表示兴奋状态的增强。在临床上,可借助脑电波的变化诊断皮质肿瘤及癫痫病。

另外一种采集脑电的方法是皮层诱发电位,它是指感觉传入大脑系统或脑的某一部位受刺激时,在皮层一定部位或某一局限区域引出的电位变化。皮层诱发电位可通过刺激感受器、感觉神经或感觉传导途径的任一部位引出。常见的皮层诱发电位有躯体感觉诱发电位(somatosensory evoked potential,SEP)、听觉诱发电位(auditory evoked potential,AEP)和视觉诱发电位(visual evoked potential,VEP)等。

各种诱发电位均有其一定的反应形式。躯体感觉诱发电位一般可区分出主反应、次反应和后发放三种成分。主反应为先正后负的电位变化,在大脑皮层的投射有特定的中心区。主反应出现在一定的潜伏期之后,即与刺激有锁时关系(lock time relationship)。潜伏期的长短由刺激部位离皮层的距离、神经纤维的传导速度和所经过的突触数目等因素决定。次反应是跟随主反应之后的扩散性续发反应,可见于皮层的广泛区域,即在大脑皮层无中心区,与刺激亦无锁时关系。后发放则为主、次反应之后的一系列正相周期性电位波动。由于皮层诱发电位常出现在自发脑电活动的背景上,因此较难分辨;但由于主反应与刺激具有锁时关系,而诱发电位的其他成分和自发脑电均无此关系,因此应用计算机将电位变化叠加和平均处理能使主反应突显出来,而其他成分则互相抵消。利用记录诱发电位的方法,可了解各种感觉在皮层的投射定位。诱发电位也可在颅外头皮上记录到,临床上测定诱发电位对中枢损伤部位的诊断也具有一定价值。

(三)兴奋由神经向肌肉的传递

躯体运动最基本的反射中枢在脊髓,在脊髓中,存在大量的运动神经元,它们的轴突经前根离开脊髓后直达所支配的肌肉。兴奋由神经向肌肉的传递是通过运动终板进行的。

正常肌肉在完全松弛的情况下不出现电活动,肌肉运动时电位波形比较复杂。它们是由单相、双相、三相及多相混合而成的,见图 2-1-10(b)。在正常肌电图中双相及三相占80%,单相占15%,多相电位通常小于4%。在肌肉轻度用力时,只能记录到稀疏的单个运动电位,称单纯相,见图 2-1-11(a)。中等用力收缩时,频率及幅度均增加,电压波形密集,以至难以分辨波形,称混合相,见图 2-1-11(b)。若肌肉做最大用力收缩时,则波形频率更高,波形重叠复杂,称为干扰相,见图 2-1-11(c)。

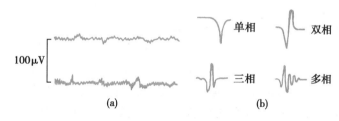

图 2-1-10 微终板电位
(a)电极插入运动终板;(b)肌肉运动电位波形

当运动单位发生各种病理变化时,就会出现异常肌电图,临床由肌电图可判断神经肌肉的功能是否正常,以及神经肌肉疾病发生的部位、性质和程度等。

(四)传导速度的测定

测量周围神经的传导速度时,需要有刺激。刺激是由刺激电极来进行的。通常的刺激强度必须由该部位的阈值来决定。当测量左腿的运动神经传导速度时,首先在膝后部给予刺激,从脚侧用针电极或体表电极检出反应电位。测量从刺激传到脚部的时间,再把刺激移到踝后部进行刺激,再测量所经时间,将两点的时间差除以传导距离,即为运动神经的传导速度,运动神经传导速度的测量和感觉神经传导速度的测定如图 2-1-12。

图 2-1-11 不同程度用力时的肌电图
(a)单纯相;(b)混合相;(c)干扰相

在小指处施加刺激,在腕、肘、腋、颈沿感觉神经安置电极,可分别测到因刺激而引起的神经传导电位,见图 2-1-12(a)。第一点处最早接到,第四点处最后接到,图 2-1-12(b)显示了由刺激点到各点的距离以及相应的传导波形。利用同样的方法可以测得传导时间。

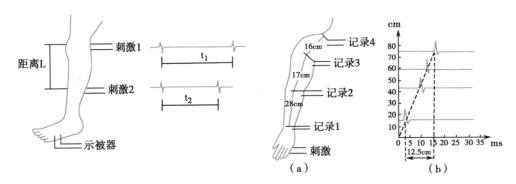

图 2-1-12　运动神经传导速度的测量与感觉神经传导速度的测量
（a）各测量点的距离；（b）刺激点到各点的距离以及相应传导波形

六、消化系统生理信息

人的消化系统由消化道和消化腺组成,其主要生理功能是对食物进行消化和吸收,为机体的新陈代谢提供营养物质、能量以及水和电解质。此外,消化器官还有重要的内分泌和免疫功能。

（一）消化系统的运动

消化道对食物的消化有两种方式:一种是通过消化道肌肉的收缩运动将食物磨碎,另一种是通过消化腺分泌的消化液完成的。这里仅简述第一种方式。

消化运动是从咀嚼开始的,通过吸吮动作,使口腔内空气稀薄,压力降低到比大气压低 100～150mmHg,这不仅可使食物顺利入口,且有利于分泌唾液。

吞咽是一种复杂的反射性动作。它有一系列按顺序发生的过程,在食管和胃之间,虽然在解剖上并未发现有括约肌,但用测压法可以观察到,在食管与胃贲门连接处之上,有一段长约 4～6cm 的高压区,其内压力一般比胃高出 5～10mmHg,是阻止胃内容物逆流入食管的屏障,起到了类似括约肌的作用。当食物经过食管时,刺激食管壁上的机械感受器,可反射性地引起该食管胃括约肌舒张,因而食物能进入胃内。

胃的作用是贮存食物,通过蠕动将食物与消化液混合,并把食物推入小肠。因此胃的运动形式首先表现为容受性舒张,即通过迷走神经引起胃底和胃体部肌肉的舒张,完成贮存食物的功能。其次是紧张性收缩,它是一种持续很长时间的缓慢的紧张性收缩,而且逐渐加强,使胃腔内形成一定的压力,这种压力有助于胃液的渗入。食物进入胃后 5 分钟,蠕动即开始,蠕动波从贲门开始向幽门传播。这种波的频率约是 3 次/分,约需 1 分钟可达到幽门。通过蠕动波把食物推入十二指肠。有趣的是,当食物进入十二指肠时,由于在十二指肠中存在的感受器的作用,使胃运动逐渐减慢。

小肠的运动形式包括紧张性收缩、分节运动及蠕动三种。此外,还有一种常见的进行速度很快（2～25cm/s）而传播距离较远的蠕动,称为蠕动冲。

大肠运动则少而缓。其运动形式有:袋状往复运动、分节推进运动、多袋推进运动和蠕动。任何一种运动都是完成其功能所必需的。

（二）消化系统的电节律

在消化道中,除口腔、咽、食管上端的肌肉和肛门外括约肌是骨骼肌外,其余部分都由平滑肌组成。它具有肌肉组织的共同特性,如兴奋性、传导性和收缩性,同时又具有其自身的特点。具有舒缩迟缓、富有伸展性、紧张性、有节律性收缩、对电刺激不敏感、对温度变化、化学和牵张等刺激的敏感性较高等特点。胃运动是胃肌本身电活动及神经反射共同作用的结果。

1. 胃的基本电节律　起源于胃的大弯上部,沿纵行肌向幽门方向传播,每分钟约 3 次,其传播速度由大弯向幽门逐渐加快。胃的基本电节律并不一定伴随有胃肌收缩,但在基本电节律基础上产生的动作电位可引起胃肌收缩。目前认为,基本电节律可能是决定胃蠕动频率、速度和方向的重要因素。

2. 神经对胃运动的控制　中枢神经系统支配胃的传出神经,包括迷走神经和交感神经。刺激交感神经使胃的基本电节律的频率降低,传导速度降低,同时减弱环行肌的收缩力。胃在多数情况下处于迷走神经兴奋的影响之下。刺激迷走神经可使基本电节律传播加快,并加强胃肌的收缩。

3. 小肠平滑肌的基本电节律　用电极记录小肠平滑肌的电变化,发现小肠每一节段的纵行平滑肌都有自发的节律性电活动,其频率约为 11 次/分。从十二指肠到回肠末端,基本电节律的频率逐渐下降。实际上在小肠的全长中,基本电节律分成几个频率段,它影响着小肠分节运动且呈梯度变化。

(三)消化系统内压的测量

对食管、胃、肠的内部压力的测定有着重要的临床意义。近些年随着传感器技术的发展,测量压力的传感器可以做得很小。消化系统内压的测量比较方便。这些传感器的共同特点是可直接把压力信息转变成电的信息,并进行显示与记录。

1. 食管内压的测定　图 2-1-13 为用管式法测得的在咽下食物时的喉头、食管及胃各部分压力变化的情况。

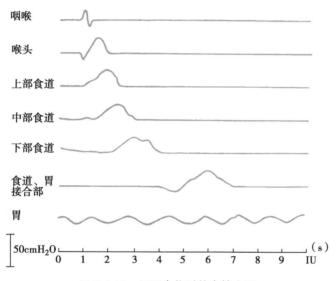

图 2-1-13　咽下食物时的食管内压

2. 胃肠内压测定　胃运动波形的记录,对判断胃病变很有价值。但内镜的普及使测量胃运动曲线的价值有所降低。

有一种新的测量胃、肠内压的方法——遥测记录法。这种方法使用一种表面光滑的很小的壳体,内装膜片或压阻传感器和发射电路。把此装置吞入咽下,它在体内可随时把测得的压力变化通过无线电发射机发射到体外。利用同样的方法,可以测得小肠内压。

七、感觉器官生理信息

高等动物最主要的感觉器官有眼(视觉)、耳(听觉)、皮肤(触觉)、鼻(嗅觉)、舌(味觉),根据感受器分布部位的不同,可分为内感受器和外感受器。内感受器感受机体内部的环境变化,而外感受器则感受外界的环境变化。外感受器还可进一步分为远距离感受器和接触感受器,如视、听、嗅觉感受器可归属于远距离感受器,而触、压、味觉感受器和温度感受器则可归类于接触感受器。

特殊感觉器官对于不同类型的刺激具有极高的灵敏度,结合脑的功能,可以得到完整的信息。本节重点介绍视、听觉以及触觉的相关生理参数。且这些感受器均与神经系统相关,有较强的自适应性,当刺激强度变弱后,能自动提高灵敏度,反之则降低。

(一)眼的电生理

在人脑所获得的外界信息中,至少有 70% 以上来自于视觉(vision)。通过视觉系统,我们能感知外界物体的大小、形状、颜色、明暗、动静、远近等。

视觉的外周感觉器官是眼,人眼的适宜刺激是波长为 380～760nm 的电磁波,视网膜含有对光刺激高度敏感的视杆细胞和视锥细胞,能将外界光刺激所包含的视觉信息转变成电信号,并在视网膜内进行编码、加工,由视神经传向视觉中枢作进一步分析,最后形成视觉。

1. 眼的解剖　正常人眼是一个直径 24mm 的近似球形的器官,视网膜位于眼球的后部,是眼的感觉部分。

眼的透光部分是角膜、前房、晶状体和玻璃体腔,光线依次穿过这些结构把物体成像在视网膜上。前房有透明的房水,玻璃体腔充满透明胶体。由于房水的作用,得以维持正常眼压(20～25mmHg),使眼球有恰当的膨胀,以保持光学系统的必要尺寸,把像成在视网膜上。

2. 眼的电生理

(1)眼的静息电位:如果把一灵敏度甚高的电流计的两极接在眼球的角膜和巩膜,则发现电流从角膜流向巩膜,这说明角膜电位要比巩膜电位高。而且在用光照射时,此电流并不变化,说明是和光强无关的静止电流。把眼球放在糖溶液中或压迫眼球时,其电位将升高。

(2)眼的活动电位:当视网膜受到闪光刺激时,在一个探测电极(放在角膜上)和放在头部的其他位置(如前额)的参考电极之间,有一种特征性短暂的电位变化。称此电位变化为视网膜电图(electroretinogram,ERG)。视网膜电图是外在电位波形,来自更复杂的、散布的生物电信号源,是视网膜电活动的副产物。图 2-1-14 是人眼对 2 秒闪光反应的视网膜电波形。

当光刺激强度增大时,视网膜电图的波形也增大,特别是 b 波的增大更为显著。如果将刺激强度增大超过某个值时,ERG 就不再增大,甚至变小。在未超过此值前,光刺激强度和反应间的关系如图 2-1-15 所示。

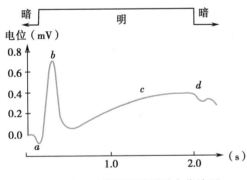

图 2-1-14　人眼视网膜活动电位波形

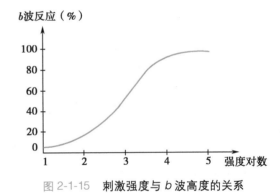

图 2-1-15　刺激强度与 b 波高度的关系

(3)暗适应及明适应:人从日光中进入暗室时,最初任何物体都看不清楚。经过一段时间,才逐渐恢复视觉。这种变化称为暗适应(dark adaptation)。反之,人从暗室处突然到强光下,最初感到一片耀眼的光亮,不能视物,稍待片刻,才能恢复视觉。此现象称为明适应(light adaptation)。

暗适应是人眼在暗处对光的敏感度逐渐提高的过程。令受试者从明处进入暗室,改变最弱可见闪光的亮度,可测定人眼在暗适应过程中的阈值的改变。

(4)视野:用单眼固定地注视前方一点时,该眼所能看到的空间范围,称为视野(visual field)。视野的最大界限应以它和视轴形成的夹角的大小来表示。在同一光照条件下,用不同颜色的目标物测得的视野大小不一,白色视野最大,其次为黄蓝色,再次为红色,绿色视野最小。临床上检查视野可帮助诊断眼部和中枢神经系统的一些病变。

(二)听觉器官的生理参数

1. 声音　听觉(hearing)是人耳接受 16Hz～20kHz 的机械振动波,由声波刺激所引起的感觉。感觉器官可分为外耳、中耳、内耳三个部分。声音由外耳道、中耳再传到内耳中的耳蜗。耳蜗的螺旋器上的毛细胞是听觉的感受器,它能接受刺激而兴奋,产生神经冲动。该冲动通过第八对脑神经到达脑的听觉中枢而产生听觉。

当声源发出振动时,就会在周围空气中造成疏密波,而形成音压。人感受声波的压强范围为 $0.0002 \sim 1000 dyn/cm^2$。对于每一种频率的声波,都有一个刚能引起听觉的最小强度,称为听阈。当声音的强度在听阈以上继续增加时,听觉的感受也相应增强,但当强度增加到某一限度时,它引起的将不单是听觉,同时还会引起鼓膜的疼痛感觉,这个限度称为最大可听阈。

声波强度不同,人的感觉便有音强音弱的不同;声波频率不同,人的感受便有音调高低之分。在临床上常常使用响度这一术语,它是指人的听觉器官对不同物理强度声音的感觉强弱,并不表示声波的物理强度。

2. 耳蜗的生物电现象　从内耳导出的电位有三种,一是静息电位,二是耳蜗微音器电位,三是由微音器激发的耳蜗神经动作电位。

(1) 耳蜗静息电位:把微电极推进耳蜗,当微电极进入螺旋器时,产生 $-40mV$ 电位,这是螺旋管内静息电位。当微电极插入蜗管内时,反而出现了 $80 \sim 100mV$ 的电位,通常称之为蜗管内静息电位。其和为耳蜗静息电位。实验证明,阻断血管或使耳蜗缺氧,都会使耳蜗静息电位下降。

(2) 耳蜗微音器电位:耳蜗接受声音刺激后,就类似微音器那样,可以把机械能转换为电能。这样的电位变化叫做微音器电位。这种电位的特点是它的波形、频率同刺激的声波非常相似。在神经性耳聋或听神经退化后,微音器电位仍存在。

(3) 耳蜗神经动作电位:将引导电极放在内耳圆窗附近,用短声刺激,可获得如图 2-1-16 所示的耳蜗神经动作电位。它是在耳蜗微音器电位之后出现的。

3. 听力测定　只要确定了声音强度标准,就可以测出听觉器官在不同频率下的敏感度,并可用阈值表示其听力。临床上最常用的方法是纯音电测的方法。

测定听力时,声强单位用对数值表示。声强不用绝对单位,而用相对单位。以人听觉阈值的平均值为标准声强,用分贝 dB 来表示,设 I_0 为标准音强度,I 为预测音强度,则

$$N_{dB} = 10 lg \frac{I}{I_0} \qquad (2\text{-}1\text{-}7)$$

而声强和声压的平方成正比,故也可写成

$$N_{dB} = 10 lg \frac{P^2}{P_0^2} = 20 lg \frac{P}{P_0} \qquad (2\text{-}1\text{-}8)$$

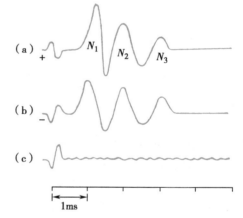

图 2-1-16　**耳蜗神经动作电位**
(a) 动作电位随刺激强度的变化;(b) 微音器电位随声音位相的改变,耳蜗神经动作电位的位相不变;(c) 用白噪声遮蔽听觉时,短声刺激产生微音器电位,不产生神经动作电位

即可通过压力测量来测量声强。上述方法的缺点是要靠被测人的主诉,所以不够准确。客观的方法应该是:用某种频率的声音做条件刺激,在皮肤电反射的基础上建立条件反射,而后以是否出现皮肤电反射作为客观标准来测量听力。

(三) 触觉的生理信息

1. 触觉生理基础　广义上说,触觉(touch-sense)应包括力觉、压觉、冷热觉、滑觉、接触觉等一些重要的感觉。触觉是人体发展最早、最基本的感觉,也是人体分布最广、最复杂的感觉系统。触觉是接触、滑动、压觉等机械刺激的总称。

2. 皮肤的生理结构与功能　皮肤是人类的重要感觉器官,它包括:表皮层;由胶原纤维和弹性纤维组成的真皮层;感受器;皮下组织;及皮肤附属物。其中,真皮里有许多可以感受外界刺激的感觉神经末梢,使皮肤能感受冷热触痛等外界刺激,各种皮肤感受器接受刺激后产生兴奋,经传入神经纤维

（又叫感受神经纤维）传到神经中枢（脊髓），脊髓发出的神经冲动由传出神经纤维（又叫运动神经纤维）传到效应器，完成反射活动。可见，在皮肤感受外界刺激的整个过程中真皮里的感受器起了主要作用，因此真皮成为人工研究模仿的主要对象。

八、其他生理参数及其测量

（一）产妇特有的生理现象

产妇在分娩时，子宫体肌肉周期、反复地进行收缩，形成阵痛。阵痛分三期：子宫肌肉收缩开始并逐渐增强，称为增进期；收缩达到极限并维持一段时间，称为极期；收缩逐渐减弱，称为减退期，如图2-1-17 所示。

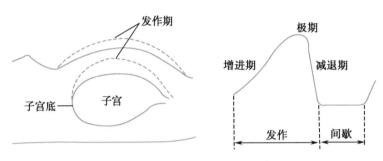

图 2-1-17　子宫收缩状态

上述阵痛经过一段间歇后，再次开始发作，而且发作得越来越频繁。经过一段休止时间，则开始分娩。分娩时的阵痛称之为分娩阵痛。到胎儿开始娩出时的阵痛为开口阵痛，一般在这段时间用阵痛计监测。在娩出胎儿的过程中，因母体的活动，其他杂音很容易混入，所以在娩出段的监测是较困难的。

同时，由于产妇在生产过程中，会产生一些特殊的生理活动，如清代王燕昌《医存》记载"妇人两中指顶节之两旁，非正产时则无脉，……若此处脉跳，腹连腰痛，一阵紧一阵，二目乱出金花，乃正产之时也。"薛己《女科撮要》指出："欲产之时，但觉腹内转动……试捏产母手中指中节或本节跳动，方与临盆，及产矣。"利用此现象，检测平时无脉的中指中节或本节两旁出现的脉搏跳动，如图2-1-18，可以作为临产的参考。

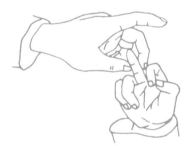

图 2-1-18　切中指离经脉法

（二）胎儿心脏活动的测量

在妊娠早期，胎儿心脏活动不显著，难以用一般听诊器听到。在此时期多用超声仪器探查，或做胎儿心电图和胎儿心音图，据此来判断胎儿状态。在以下三种情况下要做胎儿心活动的测量：胎儿存活的确定；胎儿脉搏紊乱的诊断；分娩监测（包括早期发现假死）。

胎儿心电图一般从母体腹部测得，也可以从子宫腔内或胎儿本身的诱导测量获得。

一种导联方法把正极置于母体头部，负极置于母体足部；另一种导联方法把正极置于母体腹部左侧，负极置于母体腹部右侧。地线应置于母体的侧腹部，这种统一规定，对正确判断胎儿状态是必要的，见图2-1-19。

使用传感器采到的往往是原始信息，在这些信息中不仅有人们需要的信息，而且混杂着一些干扰信号。为了把有用信息从这种原始信息中提取出来，就需要根据信息的特征进行数据处理，有的可能引入人工智能技术，这些内容目前已形成一门单独的学科。

这些被测的生理信息原则上可分为两大类，即确定性信息和非确定性信息。确定性信息是指可以相当精确地用明确的数学关系式来描述的信息。而且在相同的测试条件下，多次试验可以在一定精度下重复出现。非确定性信息则不同，它不能用明确的数学关系式来描述。即使在相同的试验条

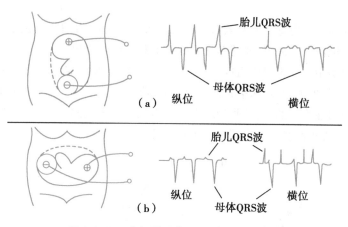

图 2-1-19　电极放置位置及胎儿位置判定
（a）正极置于母体头部，负极置于母体足部；（b）正极置于母体腹部左侧，负极置于母体腹部右侧

件下进行多次试验，其试验结果也各不相同。也就是说信息的出现不服从确定性规律，由过去的数据不能准确地预测其未来。这种信息因人而异。即使是同一人，在不同的时刻也不同，难以从观察结果中总结信息的特征和规律，信息是随机出现的。因而一般又把非确定性信息称之为随机信息。

第二节　细胞与分子生物学基础

生物医学传感技术所测量到的指标，其源头来自于细胞和分子水平上的变化。目前的生物医学传感技术已经发展到细胞和分子水平，了解分子生物医学基础对理解宏观水平的生物医学信息变化有重要参考意义。

一、细胞

细胞（cell）是生物体的基本结构单位，除了病毒以外，所有的生物都是由细胞及其产物组成。细胞一般分为原核和真核细胞，无论是原核还是真核细胞，都由细胞膜包被、内含细胞核或拟核、细胞质、细胞器等组成，图 2-2-1 为真核细胞的示意图。生物体内所发生的信息传递与质能转换过程都是在细胞内或细胞间进行的。

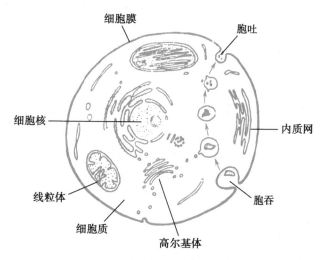

图 2-2-1　真核细胞

（一）细胞核

细胞核可认为是细胞中最大的细胞器，它含有细胞生命活动的主要遗传物质，是细胞结构和功能的控制中心。如图 2-1-1 所示，细胞核由双层核膜包覆的核千层、核基质、染色质、核仁等内含物组成。原核细胞与真核细胞最大的区别在于原核细胞的细胞核没有核膜包被，被称为拟核。内核膜表面有核千层，它为核被膜和染色质提供结构支架；外核膜表面附着有核糖体，并与粗面内质网相连，参与蛋白质的合成。转录在核膜内进行、翻译在核膜外开展。染色质主要由核内 DNA 和蛋白质组成。核仁是核糖体前身，主要参与核糖体 RNA 的合成和核糖体的形成。核基质包括核液与核骨架两部分，为细胞核活动提供内部环境和支持。

（二）细胞膜

细胞膜使细胞成为内环境稳定的开放系统。细胞膜作为屏障为细胞提供了独立的内环境,此外还为细胞提供内外环境信息交流等,如营养物质的输入和废物的排出。

所有的细胞膜都是脂质和蛋白质组成,最丰富的膜脂质是磷脂,磷脂由极性端与非极性端构成。极性端是亲水的,指向膜外侧,而疏水端指向内侧,构成脂质双分子层。细胞膜还是多种成分的载体,糖蛋白的蛋白端是埋藏在膜内的,而糖脂的脂端是连接在膜外表面的,它们具有识别外来受体或信号的作用(图2-2-2)。此外细胞膜还携带了多种生化成分如胆固醇等。

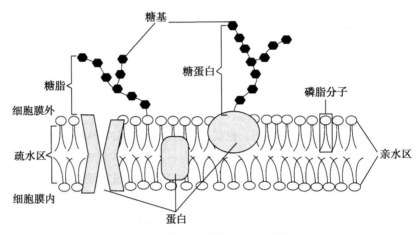

图2-2-2　**糖蛋白、糖脂与细胞膜的结合**

细胞膜多种成分有序地且不对称地组装在一起,起着基板的作用。由于细胞膜的液晶结构,这些器件还可以做相对的运动。膜的有序性、不对称性和相对运动对生物适应膜内外环境变化、有选择性的物质跨膜运输、电子传递和信号转导等具有重要意义。

（三）细胞器

真核细胞含有多种细胞器,一般包括内质网、高尔基体、溶酶体、线粒体等,其中植物细胞还含有叶绿体和液泡,高等动物和低等植物还含有中心体。其中线粒体与叶绿体是质能转化与存储的场所。常见的形式是通过呼吸作用或光合作用将化学能或光能转换为化学能储存于糖原的化学键和ATP的高能磷酸键中。供给电子的反应或将质子由膜内泵出膜外为提供能量,接受电子的反应或当质子由膜外流入膜内为获取能量。

综上所述,细胞是一个自动控制系统。如果从信息科学与技术考虑,一个自控系统是由传感器(sensor)、计算机(computer)与执行器(actuator)组成。联系到生物体,传感器是由生物传感器(biosensor)组成,则对于一个细胞而言:细胞膜(membrane)便具有传感器的功能;细胞核(nucleolus)具有了计算机的功能,细胞器(organelles)则具有执行器的功能。在细胞系统中,细胞核内的关键成分是基因(gene);细胞膜上的重要分子是受体(receptor)和离子通道(ion channel);酶(enzyme)则在细胞器中发挥重要作用。

（四）细胞工程

细胞工程是以细胞为对象,应用生命科学理论,借助工程学原理与技术,有目的地利用或改造生物遗传性状,以获得特定的细胞、组织产品或新型物种的一门综合科学技术。广泛应用于动植物快速繁殖技术,新品种培育,细胞工程生物制品,细胞疗法与组织修复。以干细胞为例以探讨干细胞在细胞疗法与组织修复中的作用。

干细胞(stem cell)是一类具有自我复制和分化潜能的细胞,根据分化潜能的不同可分为全能干细胞(totipotent)、多能干细胞(pluripotent)、寡能干细胞(multipotent)、单能干细胞(unipotent)。干细胞具有再生分化的能力,利用干细胞修复或替换受损细胞组织和器官,以及刺激机体自身细胞的再生功能等，在医学界被称为万用细胞。在体外诱导培养干细胞、定向分化为各种细胞、组织和器官为科学研究及临床治疗带来了巨大的应用前景。

二、基因

基因（gene）是具有遗传效应的脱氧核糖核酸（DNA）片段，除某些病毒的基因由核糖核酸（RNA）构成外，多数生物的基因由 DNA 构成，在染色体上呈线性排列，是遗传物质的最小单位。基因调控着人的生老病死，认识基因，研究基因，是生物医学传感技术的重要任务之一。

（一）核酸

根据化学组成不同，核酸可分为核糖核酸（RNA）与脱氧核糖核酸（DNA）。核酸由核苷酸重复排列组合而成，核苷酸是核酸的基本单位。核苷酸由磷酸、碱基和核糖组成，碱基分为嘌呤碱与嘧啶碱；核糖分为核糖与脱氧核糖，三种成分的结构式见图 2-2-3。

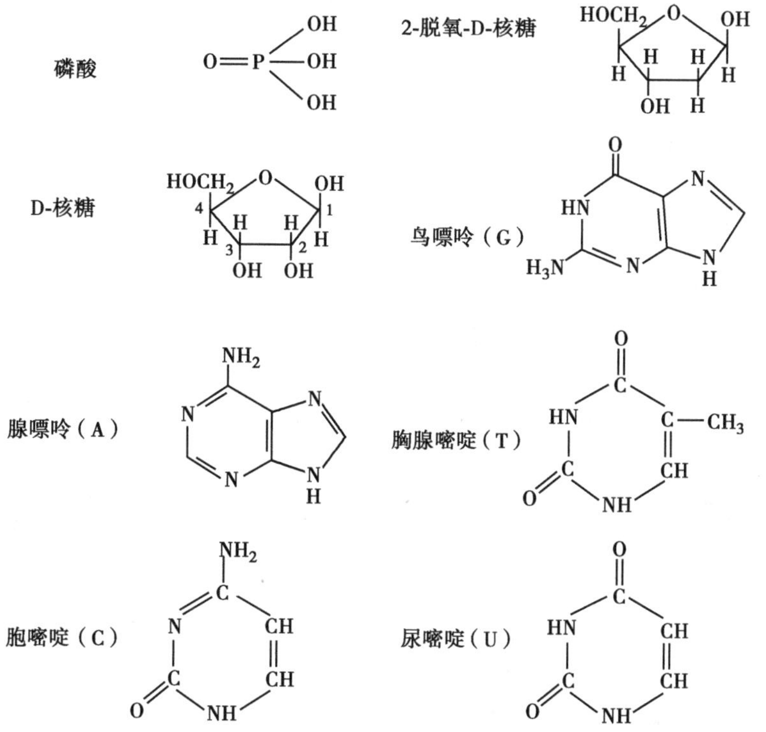

图 2-2-3　核苷酸三种成分的结构式

1. 脱氧核糖核酸（DNA）　是由许多脱氧核苷酸按一定碱基顺序彼此用 3′，5′-磷酸二酯键相连构成的长链，其化学结构具有下述特点。

两条脱氧多核苷酸链反向平行盘绕形成的双螺旋结构，即：

$$\begin{matrix} 5' & \downarrow & \uparrow & 3' \\ 3' & & & 5' \end{matrix}$$

分子链是由互补的核苷酸配对组成的，两条链依靠氢键结合在一起，即：

A—T

C—G

DNA 分子的结构见图 2-2-4。碱基序列是决定 DNA 分子遗传信息的关键部分，其简单表示方法可以用下述两种方式之一：

$$
\begin{array}{cc}
{}^{5'}C & G^{3'} \\
T & A \\
A & T \\
G & C \\
C & G \\
G & C \\
G & C \\
{}_{3'}A & T_{5'}
\end{array}
\qquad 或 \qquad
\begin{array}{l}
{}^{5'}CTAGCGGA^{3'} \\
{}^{3'}GATCGCCT^{5'}
\end{array}
$$

DNA 分子的数目、长度(核苷酸的数目)、形态(线性或圆形)、在胞内的位置等随细胞的种类而异。影响 DNA 性质的因素是多方面的,除了碱基序列外,还同螺旋的圈数、聚集的状态等有关。

2. 核糖核酸(RNA) 由核糖核苷酸经磷酸二酯键缩合而成的单链分子。不同于 DNA,RNA 的碱基由 U(uracil,尿嘧啶)代替 T。碱基互补配对方式为:

$$
\begin{array}{c}
A—U \\
C—G
\end{array}
$$

细胞中主要含有三种类型的 RNA,即:

rRNA:核糖体 RNA,是形成核糖体结构的一部分并参与蛋白质合成。

tRNA:转运 RNA,是蛋白质合成中作为 mRNA 与氨基酸之间的连接物。

mRNA:信使 RNA,携带编码蛋白质氨基酸序列的核酸序列。

(二)蛋白质合成

蛋白质合成包括两个重要步骤,即:

1. 转录(transcription) 是以 DNA 的一条链为模板,在 RNA 聚合酶(RNA polymerase)的催化下,以 4 种碱基(ATP、CTP、GTP 和 UTP)为原料,按碱基配对原则合成一条 RNA 分子的过程。转录时并非 DNA 分子全部被转录,而是当中的某一区段被转录,此区段即为基因。

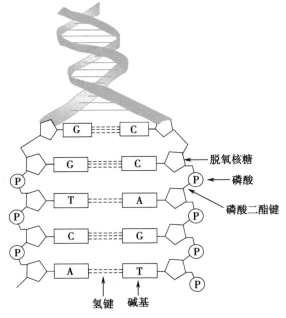

图 2-2-4 DNA 分子结构示意图

2. 翻译(translation) 是根据遗传密码的中心法则,以 mRNA 为直接模板,tRNA 为氨基酸运载体,核糖体为装配场所,共同协调将游离的碱基装配成对应的特定氨基酸序列的过程。蛋白质合成过程可简化示于图 2-2-5 中。

(三)基因重组

基因重组技术是在体外采用限制性内切酶切割 DNA 片段和质粒 DNA 产生缺口,借助连接酶重组 DNA 分子。再将重组的 DNA 注入载体,繁殖放大并使基因克隆。

1. 基因突变 指由电离辐射、电磁辐射、化学物质诱导等作用产生的基因序列异常改变。以上的方法主要诱导基因的随机突变,而基因重组技术使导入精确的突变成为可能,例如通过体外特异突变基因,并将突变基因片段导入到生物体,由此可产生一种特定突变生物体。由于从基因到蛋白质的调控关系,一些基因突变能引起细胞癌变。人体的基因中本来也存在有癌基因,但由于没有活化,不表达出来,一旦受到活化也可发生癌症。

2. CRISPR-Cas9 基因编辑技术 CRISPR-Cas9(clustered regularly interspaced short palindromic

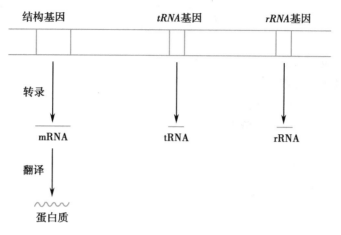

图 2-2-5　蛋白质合成

repeats-CRISPR-associated protein 9），被称为规律成簇间隔短回文重复相关蛋白 9，它是一种高效精确的基因编辑器，可以用来删除、添加、抑制或激活目的基因，实现了内源性基因特异性重组。

CRISPR-Cas9 系统主要包括：上游的前导序列 L（leader），不连续的重复序列 R（repeat）与长度相似的间区序列 S（spacers）间隔排列而成的 CRISPR 簇，以及一系列 CRISPR 相关蛋白基因 Cas。其原理在于通过单一核苷酸向导 RNA（nucleotide single guide RNA，sgRNA）特异性识别定位于目的 DNA 序列，并与内切酶 Cas9 结合形成复合物，Cas9 特异性剪切目的基因，切断的 DNA 被细胞内的 DNA 修复系统修复，通过修复途径，基因编辑技术可以实现三种基因改造，即基因敲除，特异突变和基因插入。

该技术优势在于可以快速、简单、高效地实现内源性基因的编辑改造，为科学研究和基因治疗的临床应用带来了无限的想象空间。

三、受体

人体对内外环境化学或生物物质的识别与受体密切相关，受体是生物体感受激素、神经递质、药物等化学或生物信号分子〔可称为配体（ligand）〕并引起细胞功能的分子感受器。受体根据细胞分布位置分为细胞膜受体和细胞内受体两大类。存在于细胞膜与细胞器膜上的糖蛋白就是一种表达丰富且功能重要的受体。

受体一般含有至少两个活性结构域，其一为特异性识别并结合配体的结构域，这一结构域是配体-受体调控在人体生理调节的靶向性基础；其二为产生应答反应的结构域，在受体与配体结合后，该结构域可触发后续生化过程，导致靶细胞产生对应的生物效应。

配体-受体作用的过程简图如图 2-2-6 所示。

其中配体包含激素、神经递质、药物、血液气体等。调控器包括接合体、G-蛋白与基因等。执行器或效应器的工作包括离子分子

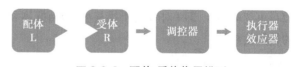

图 2-2-6　配体-受体作用模型

的转运，酶的活化与失活，蛋白质的合成，神经递质的释放，激素的分泌，ATP 的合成与分解，抗体的分泌等。

（一）配体-受体的剂量-效应关系

配体与受体的结合遵守热力学中的化学平衡关系，这对于配体来说存在剂量-效应关系，如下所示：

$$L+R \underset{k_2}{\overset{k_1}{\rightleftharpoons}} LR \tag{2-2-1}$$

于是
$$K_d = \frac{k_2}{k_1} = \frac{[L][R]}{[LR]} \qquad (2\text{-}2\text{-}2)$$

式中：k_1——结合速率常数；

k_2——解离速率常数；

$[L]$——游离配体的浓度；

$[R]$——未结合的受体的浓度；

$[LR]$——受体配体复合物的浓度；

K_d——解离平衡常数。

取受体总浓度$[R_t] = [R] + [LR]$

得到
$$[LR] = \frac{[L][R_t]}{[L] + K_d} \qquad (2\text{-}2\text{-}3)$$

式（2-2-3）可反映受体配体之间的剂量效应关系。即$[L][R_t]$反映剂量，$[LR]$反映效应。从式（2-2-3）可知，后续的效应以前面的 L 与 R 的结合为前提。

由此式还可知$[LR]$同K_d有关。K_d反映 L 与 R 的亲和力。K_d愈小，效应愈大。

受体对配体的选择性是评价它们结合的特异性的重要参数。这可由下述分析中得知。

设 I 为与 R 的竞争抑制剂，并取
$$[I_t] = [LI] + [I] \qquad (2\text{-}2\text{-}4)$$

同理
$$[LI] = \frac{[L][I_t]}{[L] + K_I} \qquad (2\text{-}2\text{-}5)$$

式中 K_I 为干扰剂与配体的平衡常数。

结合式（2-2-3），
$$\frac{[LI]}{[LR]} = \frac{[I_t]}{[L] + K_I} \times \frac{[L] + K_d}{[R_t]} = \frac{[L] + K_d}{[L] + K_I} \times \frac{[I_t]}{[R_t]} \qquad (2\text{-}2\text{-}6)$$

如果
$$[I_t] = [R_t] \text{、} [L] \ll K_d \text{、} [L] \ll K_d$$

则
$$\frac{[LI]}{[LR]} \approx \frac{K_d}{K_I}$$

如果
$$K_d \ll K_I$$

则$[LI]$可忽略不计，即 I 对 R 的干扰甚小，即当配体和受体的 K_d 远小于其他竞争抑制剂时，配体和受体的特异性越强。

（二）受体-配体识别

受体-配体识别涉及多方面的因素，包括键型、基团、分子的大小、立体结构等。从识别机制来讲，受体-配体识别是如下几种作用综合的结果：

（1）物理作用：从热力学的观点看，在未结合前，配体或受体，或二者构型的自由能是较大的，结合后复合物的自由能会降低。

（2）化学作用：配体和受体的结合通常可通过离子键、氢键、范德华力、疏水相互作用等实现，这也是最被广泛认可的一种效应。

（3）空间效应：通常是受体分子的构型中备有一个空穴，而此空穴的尺寸刚好能嵌入被受容的离子，例如 K^+ 嵌入缬氨霉素等。

除上述几种识别机制外，还有几种机械类比模型可以形象地描述受体-配体识别过程：

（1）铸模模型：配体像浇铸一样嵌入模内，例如 Fe^{3+} 嵌入卟啉环内、Co^{3+} 嵌入维生素 B_{12} 内等。这种结合实际上是不可逆的。

（2）锁匙模型：匙为配体，锁为受体。它们当中的一方，一般能做相对移动。例如，细胞色素 P-450 中的甾醇，前者可以移动。

（3）手套模型：把配体类比作手，受体类比为手套，例如 Ca^{2+} 与钙调蛋白的结合，这种结合是可逆的。与上述两种类型相比有下述一些特点：选择特异性较差；结合与解离的速度较快；转换信息的范围较大。

（三）受体的功能

通常多数的受体分子是嵌合在细胞膜上的，它们是细胞重要的"感受器官"。通过适配生物体内各种各样的调节器和效应器，在细胞内发生的各种过程都离不开受体的作用。

（1）环境信息的感受器和换能器：例如视网膜上的光受体就是采集环境光信号的分子器件；舌头上的辣椒素受体就是感受辣味的分子器件，同时也起到将辣味转换为电信号的换能器作用。

（2）细胞通信的接口：例如在神经电脉冲的传递中，两个神经元之间主要是通过神经递质来完成的。这一过程是由前一级的神经元释放出的神经递质，与下一级的神经元上的相应受体结合，使得下一级神经元产生电活动，下一级神经元在后续传递中又可释放出神经递质结合再下一级神经元上的受体，如此递进实现神经信息在神经元间的传递。在这里膜上的特定受体起到了神经元之间的接口作用。

（3）免疫活动的起点：受体广泛参与到免疫活动中。B 淋巴细胞与 T 淋巴细胞是免疫系统的重要成分。在这两种细胞的表面都存在着大量的受体。抗原侵入人体后首先便要与这些受体结合，活化此细胞产生相应的抗体并使能分泌此抗体的细胞大量增殖。

（4）药物的靶点：受体是药物设计的重要靶点，也是药物作用于生物体的分子基础。广义来讲，药物可以看做是一类特殊的配体，而药物作用的分子可看作是对应的受体。

（四）受体改造在生物学的应用

受体作为细胞的"器官"，广泛调控着各类细胞活动。通过基因工程等手段有目的性地设计和改造受体后，可使得细胞或生物完成特定的生化过程，以满足不同的工程需求。受体改造的思想在合成生物学中占有重要地位，有利于我们更为深入系统地理解和利用生命体运行规律，目前已有多种受体改造成功案例：

（1）光控基因环路系统用于治疗糖尿病：Ye 等设计了一套光控基因环路系统，包含光感受器和效应器，其中光感受器为一类 G 蛋白偶联受体——视黑素（melanopsin），可将光信号转换为化学信号；效应器为胰高血糖素样肽-1（glucagon-like peptide 1，GLP-1）基因启动器。将该系统植入糖尿病模型小鼠后，给予特定波长的光启动该系统，可发现模型小鼠血液中 GLP-1 和胰岛素表达量显著提升，起到显著降血糖的效果。

（2）细胞特异性的给药系统：传统药物对于内源性受体如 AMPA 受体等无法做到细胞特异性，Shields 等利用细菌中天然存在的一种酶和小分子的识别机制，制作了一套细胞特异性给药系统（drugs acutely restricted by tethering，DART）。经过工程改造的细菌酶（Halo Tag）具有细胞膜靶向，利用病毒载体的细胞特异性启动方式将其表达在特定细胞中，同时将特异性识别的小分子链接到 AMPA 受体阻断剂上。在低浓度给药情况下，Halo Tag 捕获小分子，使得 AMPA 受体阻断剂在特定细胞的浓度比周围游离浓度高 100~1000 倍。这一套给药系统中 Halo Tag 和特异性识别小分子可以看做是工程化的配体-受体系统。Shields 等利用该系统发现帕金森病运动障碍由 D2 神经元的 AMPA 受体放电异常引起，为理解和治疗帕金森病带来新的认识和工具。

四、离子通道

离子通道是一类特殊跨膜糖蛋白，它们在细胞膜上形成亲水性蛋白质结构的微孔道，跨越细胞膜的双层脂膜结构,进而能够沟通细胞内外物质的交流,使得带电离子得以跨膜转运。离子通道是神经、肌肉等兴奋性细胞电活动的物质基础,如图2-2-7所示。

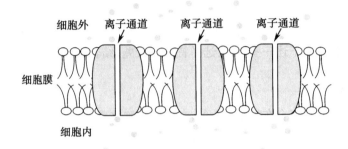

图 2-2-7　细胞膜上离子通道示意图

（一）离子通道的特性

1. 选择性　由于每种离子通道本身具有特殊的结构,因此,每一种离子通道只能优先某种离子通过,而另一些离子不容易通过,这一特性称为离子通道的选择性。根据离子通道的选择性命名可将离子通道分成钠通道、钾通道、钙通道和氯通道等类型,各种类型的离子通道又分成若干亚型,例如钙通道可分成 T 型、L 型、N 型及 P/Q 型四种亚型,而钾离子通道具有更多不同的亚型。

选择性作为离子通道的一个重要特性,其主要取决于两个因素:一是通道的最小直径与通透状态的离子直径的相对大小,只有当通道最小直径大于某离子直径时,该离子才能通过;另一个因素是通道中亲水性孔道的带电基团和离子电荷的性质,组成亲水性孔道的氨基酸若带较多正电荷,则阳离子不易通过。反之,阴离子不易通过。

2. 门控特性　离子通道通常至少存在开放与关闭两种状态,有些通道还存在一种介于开放和关闭之间的失活状态。通道的开关由控制闸门决定,闸门的变化使通道开放或关闭的过程称为门控,如图2-2-8所示。一般情况时,离子通道处于关闭状态,只在一定的条件下才开放。处于关闭状态的通道在受到适当的刺激后,会进入开放状态,这个过程称为激活;有些通道开放后逐渐进入关闭状态并在此过程中存在一定的不应期,此过程称为失活。

目前,研究比较清楚的门控机制有 2 种,分别称为电压门控和配体门控,相应地,这些通道分别称为电压门控离子通道和配体门控离子通道。此外,还存在一些机械门控通道、温度敏感通道、光敏感通道等,但相对而言,这些类型的通道机制研究还不是十分清楚。

（二）离子通道的功能

离子通道的功能主要包括:①容许形状、大小及电性适当的离子从通道通过,完成离子从高浓度向低浓度方向的跨膜运动;②在神经、肌肉等兴奋性细胞中,离子通道还能够维持静息电位,调控去极化和复极化,从而决定细胞的兴奋性、不应性和传导性;③钙离子通道激活时可使细胞内钙浓度增加,进而引起神经元兴奋、肌肉收缩、腺体分泌等一系列生理效应;④作为细胞感受器感受温度、机械、光及各种配体的信息,并转换为电信号;⑤维持细胞正常体积,在不同渗透压环境中,离子通道和转运系统可以调节离子及水分的进出,从而保护细胞,防止损伤。

因此,离子通道在许多细胞活动中都起关键作用,它是生物电活动的基础,在细胞内和细胞间信号传递中起着重要作用。

除上述简单功能外,离子通道在现代生物学中也发挥着其他重要的功能。

1. 离子通道病与药物设计　所谓离子通道病是指因离子通道的结构或功能异常引起的疾病。

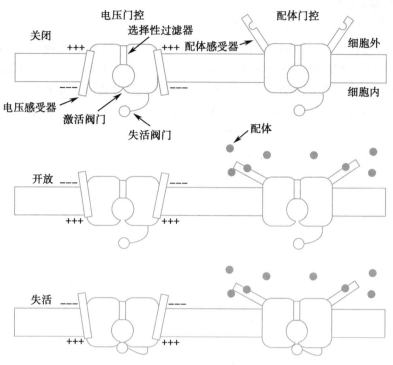

图 2-2-8　离子通道关闭、开放、失活示意图

随着基因组测序工作的完成,更多的离子通道基因已被鉴定出来,离子通道基因约占 1.5%,至少有 400 个基因编码离子通道。相应地由于离子通道功能改变所引起的中枢及外周疾病也越来越受到重视。

以离子通道作为靶标的药物现占总靶标的 5%,而潜在的离子通道靶标药物将占总靶标的 25%,因此开发离子通道为靶标的药物将具有广阔的市场前景。已知与离子通道有关的疾病主要有:癫痫、心律失常、糖尿病、高血压、舞蹈症、帕金森病等。

2. 基于离子通道的光遗传技术实现生物学微观操控　光遗传技术是指结合光学与遗传学手段,精确控制特定神经元活动的技术,该技术是近十年来最伟大的生物学技术之一。目前绝大多数光遗传操作都是通过在靶细胞中表达光敏离子通道,利用光照操控离子通道的开放,从而控制细胞膜电位,达到对细胞选择性兴奋或抑制的目的。其中,最典型的用于激活神经元的光敏感通道蛋白是 ChR2(channelrhodopsin-2),该通道在蓝光激发下被激活,阳离子内流入细胞,神经元去极化,诱发动作电位,从而激活神经元。反之,使用类似的方法也能抑制神经元的活动。近期,基于光遗传学发展出了光遗传学疗法。其中,将光遗传技术同新型无线微芯片相结合,将为帕金森及抑郁症等疾病提供新的治疗途径。

3. 离子通道作为生物感受器组件　鉴于离子通道的开关特性和离子通透特性,将其嵌入类似细胞膜的器件当中,通过测试膜系统的导电特性,就能实现生物传感功能。例如,将离子通道与敏感膜相结合开发出一种纳米生物传感器,通过检测膜组件的导电性来探测空气中的病原体,监测环境污染情况。另有研究借助氧化铁纳米颗粒,通过无线电波的加热实现对热敏感通道 TRPV1 的操控,构建出在体控制胰岛素分泌的系统,为糖尿病患者的血糖控制提供新的途径。

五、抗体

免疫系统在受到外源物质刺激后通常会产生免疫球蛋白(抗体),特异性地与外源物(抗原)发生结合,并调动免疫系统其他部门清除外源物。这里的免疫球蛋白(immunoglobulin,Ig)就是指具有抗体(antibody,Ab)活性或在化学结构上与抗体相似的球蛋白。

（一）抗体的基本结构

抗体分子的基本结构是一个 Y 字形的四肽链结构,由两条相同的重链(heavy chain,H)和相同的轻链(light chain,L)借助二硫键连接而成。重链由 450~550 个氨基酸残基组成,分子量约为 50~75kD,其结合有不同量糖基,所以属于糖蛋白;轻链约含有 214 个氨基酸,分子量约为 25kD。每一个抗体的重链决定了它的类或型,因此根据重链的不同,可将抗体分为 IgM、IgD、IgG、IgA 和 IgE 五类。

抗体在结构上分为可变区(variable region,V 区)和恒定区(constant region,C 区)。可变区位于蛋白的氨基端(N 端),占轻链约 1/2 或重链约 1/4,这段区域氨基酸的排列顺序随抗体的特异性不同而有所变化。在重链和轻链的 V 区内各有三个区域的氨基酸组成顺序高度可变,这些区域称为高变区(hypervariable region,HVR),高变区是抗体与抗原(表位)特异性结合的位置,这些高变序列与抗原表位在空间结构上互补,故又称为互补决定区(complementarity-determining region,CDR)。恒定区在蛋白的 C 端,占轻链的 1/2 和重链的 3/4,其氨基酸数量、种类、排列顺序及含糖量较为稳定,所以称为恒定区(图 2-2-9)。

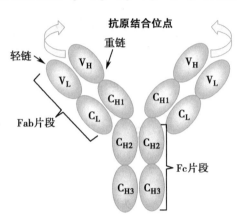

图 2-2-9　抗体的结构示意图
包括 2 条完全相同的重链(V_H-C_{H1}-C_{H2}-C_{H3})，2 条完全相同的轻链(V_L-C_L)以及 2 个位于重链和轻链顶部的抗原结合位点

如果用木瓜蛋白酶将免疫球蛋白在重链二硫键位置处近氨基端切断,就会得到两个相同的抗原结合片段(fragment antigen,Fab)和一个可结晶片段(fragment crystallizable,Fc)。抗体分子的关键部分主要是 Fab 段构成的抗原结合位点(antigen binding sites),每条 Fab 片段是由一整条轻链(V_L 和 C_L)和部分重链(V_H 和 C_{H1})组成。抗原利用抗原决定簇(由抗原产生的部分结构)和抗体的相互作用,有很高的结合亲和力。相互作用的强度是由抗原决定簇和抗体结合位点的互补程度决定的。抗原-抗体复合物(Ag-Ab complex)中的结合力主要是非共价力,如静电作用、氢键、疏水键和范德华力等。

由于免疫球蛋白抗体可以为单体、二聚体和五聚体,故其结合抗原表位数目不同。当可变区与抗原结合后,其 Fc 段变构,从而发挥其他生物学活性,比如调理作用、激活补体等。可变区本身可以中和毒素、阻断病原入侵。

（二）抗原、抗体反应的规律

(1)特异性:抗原决定簇和抗体分子 V 区间各对分子的引力是它们特异性结合的物质基础,这种结合的高度特异性是各种血清学反应及其应用的理论依据。

(2)可逆性:抗原-抗体间的结合仅是一种物理结合,故在一定条件下是可逆的。反应的平衡常数 k 值反映了抗原抗体间结合能力,因此也被用来表示抗体的亲和力。

$$Ag + Ab \underset{k_2}{\overset{k_1}{\rightleftharpoons}} AgAb \tag{2-2-7}$$

$$k = \frac{k_1}{k_2} = \frac{[AgAb]}{[Ag][Ab]} \tag{2-2-8}$$

式中:k_1 为正反应速度常数,k_2 为逆反应速度常数。

抗原-抗体复合物解离取决于两方面的因素,一是抗体对相应抗原的亲和力;二是环境因素对复合物的影响。高亲和性抗体的抗原结合点与抗原表位在空间构型上非常适合,两者结合牢固,不容易解离。反之,低亲和性抗体与抗原形成的复合物较易解离。在环境因素中,凡是减弱或消除抗原-抗体亲和力的因素都会使逆向反应加快,复合物解离增强。如 pH 改变、离子强度增加、温度升高等。改变 pH 和离子强度是最常用的促解离方法,免疫技术中的亲和层析就是以此为根据纯化抗原或抗体的。

（3）定比性:在抗原-抗体特异性反应时,生成结合物的量与反应物的浓度有关,只有在两者分子比例合适时才会出现最强的反应。以沉淀反应为例,若向一排试管中加入一定量的抗体,然后依次向各管中加入递增量的相应可溶性抗原,因为大多数抗体是两价的,而抗原是多价的,两者互相联结成为具有立体结构的巨大网格状聚集体,形成肉眼可见的沉淀物。但当抗原或抗体过量时,由于其结合价不能相互饱和,就只能形成较小的沉淀物或可溶性抗原抗体复合物。根据所形成的沉淀物及抗原抗体的比例关系可绘制出反应曲线。从图 2-2-10 可见,曲线的高峰部分是抗原-抗体分子比例合适的范围,称为抗原-抗体反应的等价带。在此范围内,抗原-抗体充分结合,沉淀物形成快而多。其中某一比例下反应最快,沉淀物形成最多,上清液中几乎无游离抗原或抗体存在,称为最适比。在等价带前后分别为抗体过剩带(前带)和抗原过剩带(后带),由于抗原-抗体比例不适合,沉淀物量少,上清液中可测出游离的抗

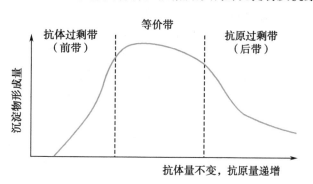

图 2-2-10　免疫反应的比例性

体或抗原。如果抗原或抗体极度过剩则无沉淀物形成,这种现象称为带现象。

（4）阶段性:抗原与抗体的反应一般有两个明显的阶段,第一阶段的特点是时间短(一般仅数秒);第二阶段的时间长(从数分钟至数小时或数天),第二阶段的出现受多种因子的影响,如抗原-抗体的比例、pH、温度、电解质和补体等,两个阶段间并无严格的界限。

（5）条件依赖性:抗原-抗体反应的最佳条件一般为 pH=6~8、温度 37~45℃。适当振荡,以及用生理盐水做电解质等亦可促进反应进行。

（三）抗体的生物功能

（1）识别并特异性结合相应抗原:抗体的超变区与抗原决定簇的立体结构必须吻合才能结合,抗体与抗原的结构具有高度的特异性。抗体分子特异结合抗原后,在体内可介导多种生理和病理效应,清除病原微生物或导致免疫病理损伤。例如 IgG 和 IgA 可中和外毒素,保护细胞免受毒素作用;病毒的中和抗体可阻止病毒吸附和穿入细胞从而阻止感染相应的靶细胞;分泌型 IgA 可抑制细菌黏附到宿主细胞;B 细胞膜表面的 IgM 和 IgD 是 B 细胞识别抗原的分子基础,能特异性识别抗原分子。抗体在体外与抗原发生特异性结合,是免疫传感器的识别基础。

（2）激活补体:补体是动物血清中具有类似酶活性的一组蛋白质,具有潜在的免疫活性,激活后能表现出一系列的免疫生物活性,能够协同其他免疫物质直接杀伤靶细胞和加强细胞的免疫功能。抗体与相应抗原结合后,借助暴露的补体结合点去激活补体系统,激发补体的溶菌、溶细胞等免疫作用。

（3）结合细胞表面的 Fc 受体:Ig 可以通过与多种细胞表面均有的 Ig Fc 段的受体结合并通过受体细胞发挥各种不同的作用。如 IgG、IgA 等抗体的 Fc 段与中性粒细胞、巨噬细胞上的对应 Fc 受体结合,从而增强吞噬细胞的吞噬作用;IgE 的 Fc 段可与肥大细胞和嗜碱性粒细胞表面的高亲和力受体结合,促使这些细胞合成和释放生物活性物质,引起介导型超敏反应。

（4）具有抗原性:抗体分子是一种蛋白质,也具有刺激机体产生免疫应答的性能。不同的免疫球蛋白分子,具有不同的抗原性。

（四）多克隆抗体和单克隆抗体

抗体在疾病诊断、免疫治疗和基础研究中发挥着至关重要的作用。使用特异性抗原免疫动物制备对应抗体使得人们具备了获取高特异性、均质性抗体的能力,这一类抗体在疾病诊断和基础研究中

应用广泛。

1. 多克隆抗体（polyclonal antibody，pAb）　天然抗原分子通常含有多个抗原表位，因而在刺激机体的免疫系统时会相应地产生含有多种针对不用抗原表位的抗体，这些抗体混杂在一起就称为多克隆抗体（多抗）。其优势是来源广泛、制备简单、作用全面。但特异性较低、不宜大量制备等劣势限制了其应用范围。

2. 单克隆抗体（monoclonal antibody，mAb）　解决多克隆抗体特异性较低的方案是制备针对单一抗原表位的抗体，利用可产生单一抗原表位活性抗体的 B 细胞与可无限增殖的骨髓瘤细胞融合，形成的杂交瘤细胞同时具备了在体外大量扩增的能力和分泌特异性抗体的能力。由此制备出的杂交瘤细胞仅能合成并分泌单一抗原表位的特异性抗体，称为单克隆抗体（单抗）。单抗相比于多抗具有结构均一、纯度高、特异性强、交叉反应少、可大量制备等优势。

3. 单克隆抗体的应用　单克隆抗体技术是 20 世纪免疫学的一项里程碑式的突破，这项技术不仅极大地丰富了基础研究的靶向方法，还发展成为临床诊断和治疗的一种重要手段。

作为临床诊断工具，单克隆抗体由于其高特异性、高均一性等特点，广泛应用于病原微生物、肿瘤、细胞因子等多种生物活性物质的检测中。利用单克隆抗体制作的生物传感器已发展为检测试剂盒的一大类。例如肝炎病毒、禽流感病毒单克隆抗体检测试剂盒、CD4/CD8 白血病分型检测试剂盒等。

单克隆抗体经过改造后还可用作特异性靶向工具。去除单克隆抗体 Fc 段后，抗体不会再与 Fc 段受体结合，抗原性降低，不良反应减少。在此基础上融合显像配件（如放射性核素），可用作肿瘤的体内显像诊断；融合药物后（如融合药物脂质体等），可用作靶向给药工具等。

作为治疗用药物，在肿瘤、自身免疫疾病及病毒感染等多个领域，单克隆抗体已经成为重要的药物设计方案。例如贝伐单抗（bevacizumab）就是一种重组的人源化 IgG1 单克隆抗体，通过抑制人类血管内皮生长因子活性起到抑制肿瘤血管生成作用；再比如 PD-1 单克隆抗体可用于 PD-L1 高表达的肺癌、黑色素瘤等疾病的治疗等。

六、酶

酶是生物体的分子执行器，它执行催化各种生化过程的任务。从生物化学的观点来看，酶是一种生化催化剂。酶通常是由蛋白质构成的，它分为两种情况，一种是由单纯的蛋白质构成的，通常称为酶；另一种是由脱辅基酶蛋白与辅助因子合并而成的，通常称为全酶。一般来说它们对催化的底物（substrate）具有选择性，加速生化反应的速率但不能改变此反应的方向与其生成物。一种细胞中所含有的酶的种类是由基因决定的并由此决定该细胞的功能。酶催化的活性通常用"在 25℃时正常测量条件下每分钟催化 $1\mu M$ 的底物所需要的酶量"来表示。酶催化活性受 pH、温度等因素的影响。

（一）酶催化的动力学

酶催化动力学是关于酶活性的定量描述或催化反应的数学分析。限于篇幅这里只就一些简单的情况加以介绍。

1. 催化反应的速率与底物浓度的关系　酶催化的历程可用式（2-2-9）表示：

$$E+S \underset{k_2}{\overset{k_1}{\rightleftharpoons}} ES \overset{k_3}{\longrightarrow} E+P \tag{2-2-9}$$

式中：E——游离的酶；

　　　S——底物；

　　　ES——酶-底物复合物；

　　　P——产物；

　　　k_1——ES 生成的速率常数；

k_2——ES 离解为 E 与 S 的速率常数；

k_3——ES 离解为 E 与 P 的速率常数。

取 $[E_t]=[E]+[ES]$，$[E_t]$ 为酶的总浓度。

经过转换，可得：

$$[ES]=\frac{k_1[E_t][S]}{k_1[S]+k_2+k_3}\tag{2-2-10}$$

V 为 P 的生成速率，可得：

$$V=k_3[ES]=\frac{k_1k_3[E_t][S]}{k_1[S]+k_2+k_3}=\frac{k_3[E_t]}{1+\frac{k_2+k_3}{k_1[S]}}\tag{2-2-11}$$

令

$$\frac{k_2+k_3}{k_1}=k_m,$$

式中 k_m 为米氏常数（Michaelis constant）。

可得

$$V=\frac{k_3[E_t]}{1+\frac{k_m}{[S]}}\tag{2-2-12}$$

当 $[S]$ 足够大，
$$[E_t]=[ES],\frac{k_m}{[S]}\rightarrow 0$$

可得 $V=V_{max}=k_3[E_t]$，其中 V_{max} 为最大速率。

这样可得
$$V=\frac{V_{max}}{1+\frac{k_m}{[S]}}\tag{2-2-13}$$

或
$$V=\frac{V_{max}[S]}{[S]+k_m}\tag{2-2-14}$$

式（2-2-14）称为 Michealis-Menten 方程。

2. Michealis-Menten 方程的变换

若取
$$V=\frac{1}{2}V_{max}$$

则有
$$V=\frac{V_{max}}{2}=\frac{V_{max}}{1+\frac{k_m}{[S]}}$$

于是
$$1+\frac{k_m}{[S]}=2$$

$$k_m=[S]$$

因此米氏常数（k_m）的物理意义是当催化速率为最大速率的二分之一时的底物浓度。k_m 是酶与底物亲和力的一种测度。k_m 愈小，ES 愈易形成。

为了使用上的方便常将 Michaelis-Menten 方程进行线性变换。

（1）Lineweaver-Burk 双倒数变换：

$$\frac{1}{V}=\frac{1}{V_{max}}+\frac{k_m}{V_{max}}\cdot\frac{1}{[S]}$$

$$(y=b+mx)$$

（2-2-15）

式中：m——直线的斜率；

　　　b——在 y 轴上的截距；

　　　a——在 x 轴上的截距；

$$b=1/V_{max},m=k_m/V_{max},a=-1/k_m$$

图 2-2-11（a）表示了此变换的图形。

（2）Eadie-Hofstee 变换：

$$V=V_{max}-k_m\cdot\frac{V}{[S]}\qquad(2\text{-}2\text{-}16)$$

$$(y=b+mx)$$

图 2-2-11（b）是此变换的图示。$b=V_{max},a=V_{max}/k_m,m=-k_m$。

3. 酶抑制的表达　这里所说的酶抑制是指抑制剂（I）对酶催化底物的干扰。存在两种情况：

（1）竞争性抑制：竞争性抑制剂有两类：第一类抑制剂与底物具有结构上的相似

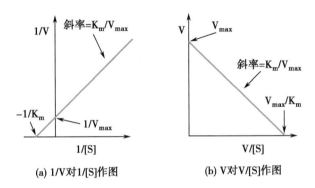

图 2-2-11　Michaelis-Menten 方程线性变换

（a）Lineweaver-Burk 双倒数变换，1/V 对 1/[S]作图；（b）Eadie-Hofstee 变换，1/V 对 V/[S]作图

性，二者竞相争夺酶分子上的活性结合位点，从而产生酶活性的可逆抑制作用；另一类竞争性抑制剂与底物的结构并无相似之处，会在酶活性位点以外的地方结合，一旦结合，会引发酶构象变化而无法再与底物结合。在竞争性抑制过程中，抑制剂与底物在酶分子上的结合是相互排斥的，这时，有下述关系：

$$E+I \Longrightarrow EI$$

$$\frac{[E][I]}{[EI]}=k_1$$

$$V=\frac{V_{max}}{1+\frac{K_m}{[S]}\left(1+\frac{[I]}{k_i}\right)}$$

$$\frac{1}{V}=\frac{1}{V_{max}}+\frac{k_m}{V_{max}}\left(1+\frac{[I]}{k_i}\right)\frac{1}{[S]}$$

$$(y=b+mx)$$

（2-2-17）

（2）非竞争性抑制：在非竞争性抑制过程中，底物与抑制剂能结合于同一酶分子上的不同位置，三者形成中间络合物，阻碍产物的生成，从而降低酶催化反应速率，这时，存在下述关系：

$$E+S \Longrightarrow ES$$

$$E+I \Longrightarrow EI$$

$$ES + I \Longleftrightarrow ESI$$

$$V = \frac{V_{max}}{\left(1 + \dfrac{k_m}{[S]}\right)\left(1 + \dfrac{[I]}{k_i}\right)}$$

$$\frac{1}{V} = \frac{1}{V_{max}}\left(1 + \frac{[I]}{k_i}\right) + \frac{k_m}{V_{max}}\left(1 + \frac{[I]}{k_i}\right) \cdot \frac{1}{[S]}$$

$$(y = b + mx)$$

(2-2-18)

　　无抑制时、竞争性抑制时与非竞争性抑制时的
Lineweaver-Burk 的图示比较见图 2-2-12。从其斜率与截距
的差异可以看到两种抑制剂的影响及其区别。

　　对酶抑制的表述可反映酶催化的选择性。图 2-2-12 中
的三条直线中,反映出一种酶的选择性也是有限的。无论
是存在竞争性抑制剂或非竞争性抑制剂时都存在不同程度
的干扰。

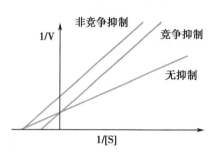

图 2-2-12　竞争与非竞争抑制的图示

（二）酶催化的机制

　　酶作为一种生物催化剂,它既具有催化剂的共同特
征——加速反应的速率而本身又不是反应物或产物,又具有自己独有的一些特征——分子识别与位
点识别。

　　（1）反应性:在任何反应中,反应物分子必须突破一定的能垒,成为活化的状态,才能发生变化,
形成产物。这种提高低能分子达到活化状态的能量,称为活化能。酶正是通过降低反应活化能来帮
助反应物快速达到过渡态,从而加速了反应进程。因为有酶的参与,反应物到产物的反应途径发生了
变化,而不同的反应途径对应着不同的吉布斯自由能,酶能够降低反应的自由能,从而促进了反应的
发生。

　　（2）特异性:催化特异性是酶最显著的特点。这种特异性包括底物的特异性与产物的特异性,即
所催化的底物与所生成的产物都是特定的。这种特异性可划分为族特异性与绝对特异性。前者是指
一种酶可催化一族底物,例如,乙醇脱氢酶可催化醇类的氧化。后者是指一种酶只能催化一种底物,
这是常见的情况。

　　酶催化的特异性来源于酶与底物的结构,酶的催化活性位点与底物的结合活性位点相互匹配构
成了特异性识别的基础。酶与底物之间的分子识别同配体与受体之间的识别在原则上是一致的,可
以互相借鉴。

　　酶的立体化学结构是构成其特异性的又一重要因素。例如,L-氨基酸与 D-氨基酸的化学式是相
同的,但二者的立体结构不同,前者的氧化需要 L-氨基酸氧化酶的介导,后者需要 D-氨基酸氧化酶的
介导。

（三）酶的功能

　　酶广泛参与到新陈代谢的方方面面中,是细胞内一类重要的调节器和执行器。其主要功能包括:

　　（1）介导电子与质子的转移:电子与质子的转移是生物体内最基本的生化过程,而这些过程都是
由酶来介导的。例如,氧化酶介导电子的转移,脱氢酶介导质子或电子的转移,这些是氧化还原的
基础。

　　（2）修饰基因与蛋白质:为了完善某些生命物质的功能,有时需要对其进行修饰。而这类重要职
能通常需要酶来执行,主要工作包括被修饰位点的识别及引入或脱除某些基团。限制性内切酶是典
型的代表。

　　（3）发挥化学放大作用:放大作用是生物体内常见的现象,而酶是化学放大作用的典型代表。这

种作用可在同晶体管的放大作用的对比中清楚地看出来(图 2-2-13)。

从图 2-2-13 中可以看出,基极的信号幅度改变很小,而集电极的输出信号改变却很大,这就是晶体管的放大作用。与之相对应,酶的浓度或活性稍有改变,则获得的产物却是大量的,这就是它的生物化学放大作用。

(四)酶生物传感器

酶生物传感器是将固定化酶作为生物敏感元件,信号转换器作为信号处理元件。酶促反应发生时产生的物理化学信号被转换成电信号,由此就构成了生物传感系统。酶的高特异性使得酶传感器具有较高的选择性,能够直接在复杂样品中进行测定。酶生物传感器在环境监测、食品分析、生物医学及军事上都有广泛应

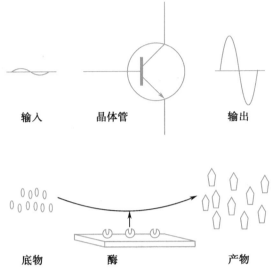

图 2-2-13　酶与晶体管的对比

用。例如应用葡萄糖氧化酶制作的葡萄糖传感器已经成为一种成熟的血糖测试仪;利用乳酸氧化酶制作的乳酸传感器在体育项目中应用广泛;利用醇脱氢酶制作的乙醇传感器可以用于测试酒驾等。

由于酶的这些特异功能,酶学和酶技术得到快速的发展与广泛的应用。天然酶的提取与纯化、人工酶的设计与合成,酶制剂在诊断与治疗中的应用,酶试剂在分析化学中的应用,固相酶在传感技术与生物技术中的应用等,正日益受到人们的重视。

(刘晓冬　王学民)

思考题

1. 用一个体积较大的温度传感器测量腋下温度,可能产生什么样的测量结果?
2. 有一些失聪患者尚残余部分听力,设计一种帮助此类患者恢复听力的助听器,主要说明其传感器设计,简述工作原理、电路框图及封装、使用供电等问题。
3. 简述离子通道选择性和门控的机制,并比较离子通道与受体的异同。
4. 比较多克隆抗体和单克隆抗体的异同。
5. 简述酶催化反应的特性。

参考文献

1. 王明时. 医用传感器与人体信息监测. 天津:天津科学技术出版社,1987.
2. Hille B. Ion Channels of Excitable Membranes. 3rd ed. Oxford,UK,Oxford University Press,2001.
3. Yamanaka S. The winding road to pluripotency (Nobel Lecture). Angew Chem Int Ed Engl,2013,52:13900-13909.
4. 朱大年,王庭槐. 生理学. 北京:人民卫生出版社,2013.
5. 黄庆安. 传感技术学报. 南京:东南大学-中国微米纳米技术学会,2014.
6. Deisseroth K. Optogenetics:10 years of microbial opsins in neuroscience. Nature neuroscience,2015,18:1213-1225.
7. Heidenreich M,Zhang F. Applications of CRISPR-Cas systems in neuroscience. Nat Rev Neurosci,2016,17:36-44.

第三章　生物医学传感技术基础

生物医学传感技术涉及传感器的基本特性、工作原理、检测技术等。不同的检测对象，需采用不同类型的传感器和检测方法。不同原理的传感器，采用的检测技术以及对其性能的评价方法是相同或类似的。因此，本章将传感器的基本特性、检测系统以及评价传感器和检测系统性能的方法作为传感器和检测技术的基础内容予以单独介绍。

第一节　传感器的基本性能指标

传感器的基本特性是指其转换信息的能力和性质，这种能力和性质常用传感器输入和输出的对应关系来描述。根据传感器所测量的量（物理量、化学量及生物量等）相对时间的变化，可将输入信号分为静态量和动态量两大类。所谓静态量是指不随时间变化的信号或变化极其缓慢的信号（准静态），而动态量是指随时间变化的确定性信号或随机信号。对静态量和动态量的测试，选择或设计的传感器能否不失真地反映输入信号，主要取决于它的两个基本特性——静态特性和动态特性。静态特性是指当测量静态量时，传感器的输出量与输入量间的关系。动态特性是指传感器对随时间变化的输入信号的响应特性。本节将讨论传感器的静态特性和动态特性。

一、静态特性及其数学模型

不考虑蠕变、迟滞和不稳定性等因素的传感器，其静态特性的数学模型可用多项式代数方程表示：

$$Y = a_0 + a_1 X + a_2 X^2 + a_3 X^3 + \cdots + a_n X^n \tag{3-1-1}$$

式中：X——传感器的输入量；

　　　Y——传感器的输出量；

　　　a_0——零偏；

　　　a_1——传感器灵敏度；

　　　$a_0, a_2, a_3 \cdots a_n$——非线性的待定常数。

1. **理想线性特性**　静态特性一般表达式（3-1-1）中，$a_0, a_2, a_3, \cdots, a_n = 0$ 的情况，为理想线性特性的传感器，其静态特性为：

$$Y = a_1 X \tag{3-1-2}$$

$a_1 = Y/X = K$ 为传感器的静态灵敏度。传感器理想线性特性的曲线为一过原点的直线，如图 3-1-1（a）所示。

2. **仅含奇次项非线性因素的特性**　具有此种特性传感器的数学模型为

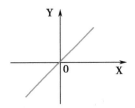
（a）理想线性特性曲线

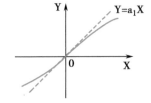
（b）仅含奇次项的特性曲线

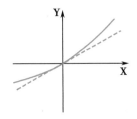
（c）仅含偶次项的特性曲线

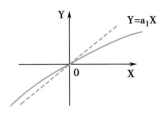
（d）一般情况的特性曲线

图 3-1-1　传感器的静态特性曲线

$$Y=a_1X+a_3X^3+\cdots+a_{2n+1}X^{2n+1} \tag{3-1-3}$$

此时传感器静态特性的曲线为图 3-1-1（b）所示，它是关于原点对称的一条曲线 $Y(X)=-Y(-X)$，在原点附近有较宽的线性区，近似理想特性。一些差动传感器就是利用这一特性，使线性得到改善，同时灵敏度提高一倍。

3. 仅含偶次项非线性因素的特性　具有此种特性传感器的数学模型为

$$Y=a_1X+a_2X^2+a_4X^4+\cdots+a_{2n}X^{2n} \tag{3-1-4}$$

该数学模型的曲线如图 3-1-1（c）所示，这种特性曲线没有对称性，线性范围窄，传感器设计中不采用这种特性。

4. 一般情况　实际传感器由于设计原理和制作工艺的原因会有一定程度的非线性特性，此时传感器的静态特性如式（3-1-1），曲线如图 3-1-1（d）所示。当传感器具有此静态特性时，就必须在传感器中或后接电路中进行非线性补偿。

二、静态特性的指标

传感器静态特性品质的指标主要有线性度、灵敏度、精度、迟滞、重复性等。传感器的静态特性是在静态标准条件下进行校准的，静态标准条件是指没有加速度、振动、冲击（除非这些量本身就是被测量）；环境温度在（20±5）℃；相对湿度不大于85%；大气压力为（101.3±8）kPa。在这种条件下，用高一级精度的仪器对传感器进行往复循环测试，所得数据列成表格或画成曲线——静态校准曲线。静态特性指标可以从传感器的静态特性校准曲线得到。

1. 线性度　也叫非线性误差。传感器静态校准曲线与作为基准的拟合直线的最大偏差（Δ_{max}）与传感器满量程（Y_{FS}）输出值的比值的百分比称为传感器的线性度，通常用最大相对误差表示：

$$\varepsilon=\pm\frac{\Delta_{max}}{Y_{FS}}\times100\% \tag{3-1-5}$$

式中：ε——线性度（非线性误差）；

　　　Δ_{max}——输出平均值与拟合直线的最大偏差；

　　　Y_{FS}——满量程输出值。

拟合直线的选取方法很多，这里只介绍常用的两种，一种是采用理论直线作为拟合直线来确定传感器的线性度。此种方法在阐明传感器的线性度时比较明确和方便。所谓理论直线即式(3-1-1)所示静态特性方程式的第一种情况，$Y=a_1X$，由此式求得的线性度称为理论线性度。图3-1-2为理论线性度的示意图。

另外一种方法就是用最小二乘法拟合直线，所得的线性度称最小二乘法线性度。图3-1-3为最小二乘法线性度的示意图。

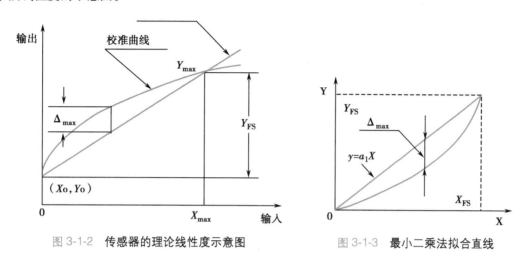

图 3-1-2　传感器的理论线性度示意图　　　图 3-1-3　最小二乘法拟合直线

2. 灵敏度　传感器输出量的变化量 ΔY 与对应的输入量的变化量 ΔX 的比值，定义为传感器的静态灵敏度。灵敏度通常用 K 来表示

$$K=\frac{\Delta Y}{\Delta X} \tag{3-1-6}$$

线性传感器的静态灵敏度在整个测量范围内是一常数，如图3-1-4(a)所示。非线性传感器的静态灵敏度则随输入量的变化而变化。传感器的静态灵敏度可从静态校准线上求得，线性传感器的校准线的斜率就是其静态灵敏度，如图3-1-4(b)所示。

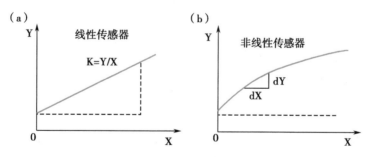

图 3-1-4　传感器的静态灵敏度曲线
（a）线性传感器；（b）非线性传感器

灵敏度的另一个不可忽视的指标，是灵敏度界限。灵敏限指输入量的变化不致引起输出量有任何变化的量值范围。例如光纤式导管末端血压传感器加小于 1mmHg 的压力时无输出，则其灵敏限为 1mmHg。

3. 迟滞　说明传感器的正向（输入量增大）和反向（输入量变小）特性的不一致程度，亦即对应于同一大小的输入信号，传感器在正、反行程输出的数值不相等。迟滞一般由实验确定，在数值上用输出值在正反行程间的最大偏差与满量程的百分比表示，见图3-1-5。

$$\delta_H=\pm\frac{\Delta H_{\max}}{Y_{FS}}\times100\% \tag{3-1-7}$$

式中：ΔH_{max}——输出值在正反行程间最大偏差。

4. 重复性 表示传感器在输入量按同一方向作全量程连续多次变动时所得特性曲线的不一致程度，如图 3-1-6 所示。特性曲线一致，重复性好，误差也小。重复性的产生与迟滞现象有相同的原因。

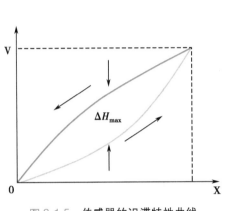

图 3-1-5 传感器的迟滞特性曲线　　　　　图 3-1-6 传感器的重复性特性曲线

5. 零点漂移 传感器无输入或在某一输入值不变时，每隔一段时间（例如 10 毫秒、1 秒、1 分、1 小时等）对传感器输出进行读数，其输出偏离零值（或原指示值）的大小即为零点漂移，一般用与满量程的比值表示：

$$零漂 = \frac{\Delta Y_0}{Y_{FS}} \times 100\% \tag{3-1-8}$$

6. 温漂 表示温度变化时，传感器输出值的偏离程度。一般以温度变化 1℃时，输出最大偏差与满量程之比表示：

$$温漂 = \frac{\Delta_{max}}{Y_{FS} \times \Delta T} \tag{3-1-9}$$

7. 测量范围 由被测量最小值和最大值两个极值所限定的范围。因为传感元件测量范围有一定限度，转换电路的工作范围也有限制。

三、动态特性及其数学模型

传感器动态特性是指传感器对于随时间变化的输入信号的响应特性。对于任何传感器，只要输入量是时间的函数，则其输出量也应是时间的函数。传感器的时间响应可分成两个部分，即瞬态响应和稳态响应。瞬态响应是指传感器从初始状态到达最终状态的响应过程。稳态响应指的是时间趋于无穷大时，传感器的输出状态。在传感器动态特性的研究中，既要研究传感器的瞬态响应，同时也要研究传感器的稳态特性，以确定传感器跟踪输入量的误差大小。在传感器所检测的生理量中，大多数生理信号都是时间的函数。为了获得真实的人体信息，传感器不仅应有良好的静态特性，还应有良好的动态响应，其输出量随时间变化的曲线与被测量随同一时间变化的曲线一致或者相近。因为实际的被测量随时间变化的形式可能是各种各样的，所以在研究动态特性时输入"标准"信号来分析传感器的响应特性。标准输入信号有两种：正弦和阶跃信号。

1. 传感器动态特性的数学模型和传递函数 为了分析传感器的动态特性，必须建立数学模型，用数学中的逻辑推理与运算方法来研究系统的动态响应型，对于线性系统的动态响应研究，最广泛使用的数学模型是线性常系数微分方程式。只要对微分方程求解，就可得到动态特性指标。数学模型

为常系数线性微分方程:

$$a_n \frac{d^n Y(t)}{dt^n} + a_{n-1}\frac{d^{n-1}Y(t)}{dt^{n-1}} + \cdots\cdots + a_1\frac{dY(t)}{dt} + a_0 Y(t)$$

$$= b_m \frac{d^m X(t)}{dt^m} + b_{m-1}\frac{d^{m-1}X(t)}{dt^{m-1}} + \cdots\cdots + b_1\frac{dX(t)}{dt} + b_0 X(t)$$

(3-1-10)

式中:$Y(t)$——输出量;

$\quad X(t)$——输入量;

$\quad t$——时间;

$\quad a_0, a_2, a_3\cdots\cdots a_n, b_0, b_1, b_2\cdots\cdots b_n$——常数。

传递函数是以代数形式描述传感器信息传递特性,它是描述线性定常系统输入-输出关系的一种函数。

由于求解高阶微分方程很困难,常采用拉普拉斯变换(简称拉氏变换)的方法将时域的数学模型(微分方程)转换成复数域的数学模型(传递函数),微分方程变成代数方程,求解方程就容易了。传递函数在数学上的定义是:初始条件为零时,输出函数拉氏变换与输入函数拉氏变换的比,对式(3-1-10)进行拉氏变换得

$$H(s) = \frac{Y(s)}{X(s)} = \frac{b_m s^m + b_{m-1}s^{m-1} + \cdots\cdots + b_1 s + b_0}{a_n s^n + a_{n-1}s^{n-1} + \cdots\cdots + a_1 s + a_0}$$

(3-1-11)

为求出传感器的传递函数,首先得分析传感器的工作机制并建立物理模型,然后根据物理模型建立数学模型,再假设系统的初始状态为零,用微分方程求拉氏变换,最后求出传递函数。传递函数以代数形式表征了系统的动态特性,根据它可列出系统的频率响应函数(幅频和相频表达式)。传感器的传递函数描述了一个动态变化的被测信号通过传感器后会产生怎样的变化,从而可以进一步分析传感器的误差。

2. 传感器的稳态响应特性　传感器对正弦输入信号的稳态响应称为频率响应。频率响应法是在某一频率范围内通过改变输入信号的频率来研究传感器输出特性变化的方法。当输入信号为正弦波时,输出信号 Y 随着时间的增长,暂态响应部分逐渐衰减以至消失,经过一段时间后,只剩下正弦波稳态输出。观察输入信号 $X(t)$ 和输出信号 $Y(t)$,可以发现,在稳态时 $X(t)$ 和 $Y(t)$ 的频率相同,但幅度不等,并有相位差。图 3-1-7 表示了传感器对正弦输入信号的响应特性曲线。

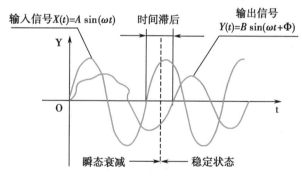

图 3-1-7　传感器对正弦输入信号的稳态响应

在分析系统或传感器的频率响应时,通常采用图示的方法,即将一个正弦传递函数用两幅图像来表示。其中一幅是幅值频率图,称为幅频特性曲线;另一幅是相位频率图,又称为相频特性曲线。图 3-1-8、图 3-1-9 即为幅频、相频特性曲线,它描绘了正弦输入时频率的响应情况。有时也用对数坐标来表示幅频及相频特性。其优点是可以将幅值的相乘转化为相加,在有限的长度上代表较宽的频率范围。传感器的频率传递函数 H,令 $s = j\omega$,则有:

$$H(j\omega) = \frac{Y(j\omega)}{X(j\omega)} = \frac{b_m(j\omega)^m + b_{m-1}(j\omega)^{m-1} + \cdots\cdots + b_1(j\omega) + b_0}{a_n(j\omega)^n + a_{n-1}(j\omega)^{n-1} + \cdots\cdots + a_1(j\omega) + a_0}$$

(3-1-12)

式中 $j=\sqrt{-1}$；ω——角频率。

（1）幅频特性：以 ω 为自变量，以 $A(\omega)$ 为因变量的曲线称为幅频特性曲线。

$$A(\omega)=|H(j\omega)| \tag{3-1-13}$$

（2）相频特性：以 ω 为自变量，以 $\varphi(\omega)$ 为因变量的曲线称为相频特性曲线。

$$\Phi(\omega)=\arctan H(j\omega) \tag{3-1-14}$$

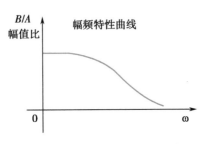

图 3-1-8　传感器的幅频特性曲线图

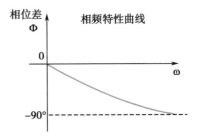

图 3-1-9　传感器的相频特性曲线图

3. 传感器的频率响应特性指标

（1）频率响应范围：指在对数幅频特性曲线上幅值衰减小于 3dB 时所对应的频率范围，如图 3-1-10 所示。

（2）幅值误差：在频响范围内与理想传感器相比产生的幅值误差。

（3）相位误差：在频响范围内与理想传感器相比产生的相位误差。

4. 传感器的瞬态响应特性

传感器的瞬态响应是时间响应。研究传感器的动态特性时，有时需要从时域中对传感器的响应和过渡过程进行分析。这种分析方法是时域分析法，传感器对所加激励信号响应称瞬态响

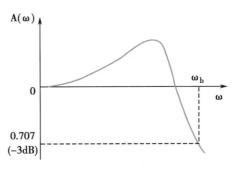

图 3-1-10　传感器的频率响应特性指标

应。传感器动态特性的时域分析法是在已知传感器的传递函数的前提下，借助于拉普拉斯反变换求得输出对输入时间响应的一种数学方法。

设传感器的传递函数为

$$H(s)=\frac{Y(s)}{X(s)} \tag{3-1-15}$$

则输出量的拉普拉斯变换为 $H(s)$ 与 $X(s)$ 的乘积：

$$Y(s)=H(s)\times X(s) \tag{3-1-16}$$

输出量对输入量的时间响应 $Y(t)$ 则是式（3-1-16）的拉普拉斯反交换，即

$$Y(t)=L^{-1}[Y(s)] \tag{3-1-17}$$

常用激励信号有阶跃函数、斜坡函数、脉冲函数等。通常，在阶跃输入作用下测定传感器的动态性能的时域指标。为了便于分析传感器的响应特性，在做过渡过程实验时，通常采用标准初始条件——保持传感器工作在线性范围内，传感器最初处于静止状态，而且输入量和输出量对时间的各阶导数都等于零。实际应用传感器的时间响应在达到稳态以前，常常表现为阻尼振荡过程。图 3-1-11

笔记

为一阶系统在单位阶跃信号输入时的响应曲线。图 3-1-12 为高阶传感器在单位阶跃信号输入时的响应曲线,从中可以定义下述时域性能指标:

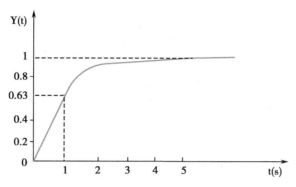

图 3-1-11　一阶系统在单位阶跃信号输入时的响应曲线

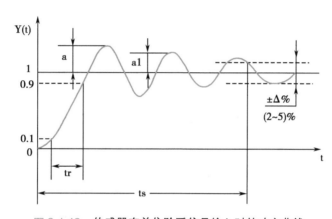

图 3-1-12　传感器在单位阶跃信号输入时的响应曲线

(1)时间常数 τ:指传感器输出值达到稳态值的 63.2% 时所需的时间。

(2)上升时间 t_r:指传感器输出值从稳态值的 10% 上升到 90% 所需的时间。

(3)响应时间 t_s:输出值响应到达稳定并保持在允许误差范围 $\pm\Delta\%$ 内所需的时间。

(4)超调量 α:超过稳态输出值的最大输出量值,叫做最大超调量 $\alpha = Y_{max} - Y_c$。通常采用 $(\alpha / Y_c) \times 100\%$ 表示。

(5)迟延时间 t_o:指传感器输出值第一次达到稳态值的 50% 时所需的时间。

(6)衰减度 ψ:指相邻两个波峰(或波谷)高度下降百分数的 $(\alpha - \alpha_1)/\alpha \times 100\%$。

上述时域性能指标中 τ、t_s、t_r 是反映系统响应速度的指标。ψ、α 说明了系统的相对稳定性。应当指出,上述性能指标并非在任何情况下都采用。例如在过阻尼系统中,就无需采用衰减度和超调量。

四、典型环节的动态特性

按照传感器数学模型微分方程或传递函数的阶次,可将传感器动态特性的研究分为零阶传感器、一阶传感器和二阶传感器等三种基本类型。这不仅仅因为绝大部分的医学传感器的传递函数或数学模型具有这三种典型的形式,而且更复杂、更高阶的传感器的特性也能用这三种类型近似表示。对上述三种类型的传感器动态特性的分析中,将采用阶跃信号和正弦信号作为其典型实验信号,并分别用时域分析法和频率响应法分析它们的特性。

1. **零阶传感器**　令传感器的一般微分方程式(3-1-10)中的各阶微分项为零,得到零阶系统的数学模型如下:

$$a_0 Y(t) = b_0 X(t) \qquad (3\text{-}1\text{-}18)$$

其传递函数为:

$$H(s) = \frac{b_0}{a_0} = k \qquad (3\text{-}1\text{-}19)$$

其中 k 为常数,称为静态灵敏度。零阶传感器具有理想的动态特性。

图 3-1-13 所示是一种最简单的传感器:电位器式传感器。L 为可变电阻器的总长度,x 为实际测量位置处可变电阻的长度,则输出电压 U_{sc} 和位移量 x 的关系为:

$$U_{sc} = \frac{U_{sr}}{L} x = kx \qquad (3\text{-}1\text{-}20)$$

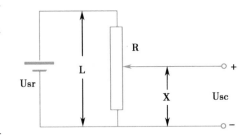

图 3-1-13 理想化的电位计位移传感器

如果用 $y(t)$,$x(t)$ 分别代表随时间 t 变化的输出量和输入量,式(3-1-20)可表示为:

$$a_0 y(t) = b_0 x(t) \qquad (3\text{-}1\text{-}21)$$

式(3-1-20)或式(3-1-21)中 $k = \dfrac{U_{sr}}{L} = \dfrac{b_0}{a_0}$ 是传感器的静态灵敏度。因为它不含输出量的导数项,故称为零阶微分方程,它所代表的传感器称为零阶传感器。

2. **一阶传感器** 令传感器的一般微分方程式(3-1-10)中的一阶微分项以上各阶微分项为零,得到一阶系统的数学模型如下:

$$a_1 \frac{dY(t)}{dt} + a_0 Y(t) = b_0 X(t) \qquad (3\text{-}1\text{-}22)$$

或

$$\tau \frac{dY(t)}{dt} + Y(t) = KX(t) \qquad (3\text{-}1\text{-}23)$$

传递函数:

$$H(s) = K/(1+\tau s) \qquad (3\text{-}1\text{-}24)$$

式中:$K = b_0/a_0$——传感器的静态灵敏度;

$\tau = a_1/a_0$——传感器的时间常数。

一阶传感器的单位阶跃响应:

$$Y(t) = K(1 - e^{-t/\tau}) \qquad (3\text{-}1\text{-}25)$$

幅频特性:

$$A(\omega) = \frac{K}{\sqrt{1+(\omega\tau)^2}} \qquad (3\text{-}1\text{-}26)$$

相频特性:

$$\Phi(\omega) = \arctan(-\omega\tau) \qquad (3\text{-}1\text{-}27)$$

一阶传感器幅频和相频特性曲线如图 3-1-14 所示

3. 二阶传感器　二阶系统的数学模型如下:

$$a_2 \frac{d^2Y(t)}{dt^2} + a_1 \frac{dY(t)}{dt} + a_0 Y(t) = b_0 X(t)$$

$$（3\text{-}1\text{-}28）$$

或　　　$$\frac{1}{\omega_0^2}\frac{d^2Y(t)}{dt^2} + \frac{2\xi}{\omega_0}\frac{dY(t)}{dt} + Y(t) = KX(t)$$

$$（3\text{-}1\text{-}29）$$

式中:$w_0 = \sqrt{a_0/a_2}$——固有频率;

$\xi = a_1/(2\sqrt{a_0 a_2})$——传感器阻尼比;

$K = b_0/a_0$——传感器静态灵敏度。

传递函数:

$$H(s) = \frac{\omega_0^2 K}{s^2 + 2\xi\omega_0 s + \omega_0^2}\qquad（3\text{-}1\text{-}30）$$

幅频特性:

$$A(\omega) = \frac{K}{\sqrt{[1-(\omega/\omega_0)^2]^2 + 4\xi^2(\omega/\omega_0)^2}}\qquad（3\text{-}1\text{-}31）$$

相频特性:

$$\Phi(\omega) = -\arctan\left[\frac{2\xi(\omega/\omega_0)}{1-(\omega/\omega_0)^2}\right]\qquad（3\text{-}1\text{-}32）$$

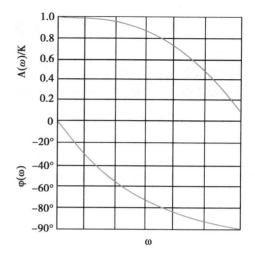

图 3-1-14　一阶传感器幅频和相频特性曲线

二阶传感器幅频和相频特性曲线如图 3-1-15 所示

（1）当 $\omega/\omega_0 \ll 1$ 时:测量动态参数和测量静态参数是一样的。

（2）当 $\omega/\omega_0 \gg 1$ 时:$A(\omega)$ 接近于零,而 φ 接近于 180°,被测参数的频率高于其固有频率很多时,传感器没有响应。

（3）当 $\omega/\omega_0 = 1$,且 $\xi \to 0$ 时:传感器出现谐振,即 $A(\omega)$ 有极大值,波形的幅值和相位都会产生严重的失真。

（4）阻尼比 ξ 对频率特性有很大影响:ξ 增大,频率响应的最大值逐渐减小,并且出现最大值的频率也略有减小。当 $\xi > 1$ 时,幅频特性曲线只是一条递减曲线,不再出现凸起的峰。由此可见,幅频特性的平直段的宽度与 ξ 有密切关系。当 $\xi = 0.707$ 左右时,幅频特性的平直段最宽。在一定的 ξ 值下,$0 < \xi < 1$ 的欠阻尼系统比临界阻尼系统（$\xi = 1$）更快地达到稳态值。过阻尼系统（$\xi > 1$）反应迟钝,动作缓慢,所以一般系统大都设计成欠阻尼系统,ξ 取值一般为 0.6~0.8。

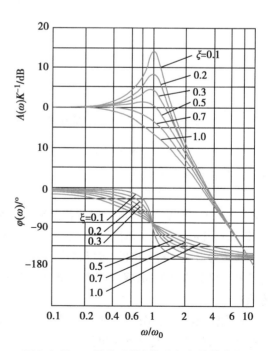

图 3-1-15　二阶传感器幅频和相频特性曲线

第二节　生物医学传感器检测技术

生物医学传感器检测技术是利用传感器的方法去获取生物体的物理、化学和生物信号,为了定量和定性地检测这些信号,离不开传感器的检测系统。

一、传感器检测系统的基本构成

一般由传感器(敏感元件),测量电路及输出机构(结果的显示,记录或输出)三个部分组成传感器检测系统。例如测量某物体的重量时,我们将物体置于压敏电阻上,这时候压敏电阻的阻值将与物体的重量有一定的规律联系,将力学量转换为电信号。然后通过信号处理电路解析这个规律,然后将电信号进行转换放大等步骤,最终通过输出机构将结果显示在屏幕上。传感器检测系统的组成如图3-2-1所示。

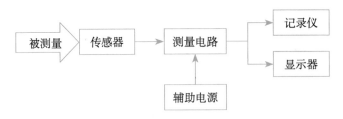

图 3-2-1　传感器检测系统的组成示意图

现在,随着微处理技术的发展,出现了带有微处理机的智能传感检测系统,其组成如图3-2-2所所示。

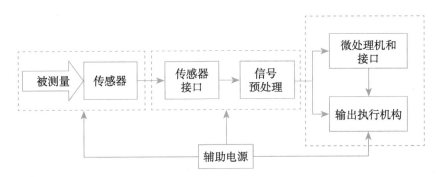

图 3-2-2　带有微处理机的智能传感检测系统组成示意图

与传统的传感检测系统相比,智能传感器具有出色的自我诊断和恢复功能,而且量程较宽,可以应对并改善非线性情况。

1. **传感器**　是非电量检测系统中的关键元件,一般为敏感元件构成。敏感元件是一种按照物理定律(如光电、热电、压电)和一定的转换规律将被测量转换为易于测量的物理量(如电信号等)的器件,传感器既可以是单个敏感元件,也可以是多个敏感元件的组合。

从传感器变换特征出发,可以将传感器按输出性质分为参量型传感器和发电型传感器。参量型传感器又可分为电阻、电感、电容传感器等;发电型传感器的输出为电压或电流,包括光电、电磁、压电传感器等。

2. **测量电路**　如图3-2-3所示,测量电路可分为传感器接口和信号预处理两个部分。传感器接口通常由参量变换、传感器输出信号调制、阻抗匹配部分组成,信号预处理部分通常由运算、解调、滤波、A/D(模数)变换、D/A(数模)变换组成。传感器接口将传感器所获取的被测特征信号提取出来,然后通过信号预处理变换为能进行显示或输出的信号。

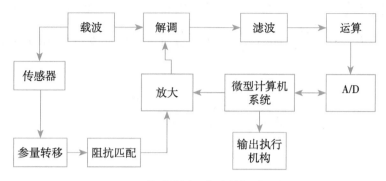

图 3-2-3 传感器测量电路的组成示意图

3. 输出机构 检测系统的输出按信号的类型可分为 A 型或 D 型输出。模拟(A)信号传输一般为电压或电流信号,数字(D)信号一般为脉冲序列。信号的传输方式又可以分为有线传输和无线传输,有线传输因为精确度高所以是最常见的,无线传输适用于远距离或者导线不宜使用的场合。

二、调制解调技术

调制是指将信号源(传感器输出信号)的信息进行处理后加到载波上,通过改变载波的幅度、相位或者频率,使输出信号变为适合于信道传输形式的一种技术。在传感器测量系统中,进入测量电路的除了传感器输出的测量信号外,还往往有各种噪声,为了便于区别信号与噪声,往往给测量信号赋予一定特征,这也是调制的一种功能。通常信号源会含有直流分量和频率较低的频率分量,其中放大器的噪声电压、直流放大电路的温漂和零漂等现象会严重影响实验结果的精确度。因此需要对信号源进行调制,将其转变为一个幅度、相位、频率的变化与信号源信号的变化相对应的交流信号。这种经过调制的载波信号被称为已调信号,载送交变信号的高频振荡波被称为载波,而信号源则被称为调制信号。相反,从已调信号中恢复出原调制信号的过程,叫做解调。

在信号调制的实际应用中,通常使用一个高频正弦信号作为载波信号。一个正弦信号有幅值、频率、相位三个参数,可以对这三个参数进行调制,分别称为调幅、调频和调相。调幅信号的数学表达式可写为:$U_s = (U_m + mx)\cos\omega_c t$。其中有一种常用的调幅方法为双边带调幅,其假设调制信号 X 是角频率为 Ω 的余弦信号 $X = X_m\cos\Omega t$,因为其载波信号中不含调制信号 X 的信息,因此可以取 $U_m = 0$,只保留两个边频信号,化简后可得其数学表达式为 $U_s = U_{xm}\cos\Omega t \cos_c\omega t$。对应的信号图如图 3-2-4 所示。

调幅信号的电路调制方法有多种,例如通过直流供电实现调制、机械或光学的方法实现调制等。例如直流电桥的调制,其中 F 为压力,R_1、R_2、R_3、R_4 分别为四个电阻,U 为外加电源,U_0 为调制信号。调制信号 $U_o = \dfrac{U}{4}\left(\dfrac{\Delta R_1}{R_1} - \dfrac{\Delta R_2}{R_2} + \dfrac{\Delta R_3}{R_3} - \dfrac{\Delta R_4}{R_4}\right)$。其示意图如图 3-2-5 所示。

某些晶体(固体或液体)在外加电场中,随着电场强度的改变,晶体的折射率会发生改变,这种现象称为电光效应,其中会用到偏振片和晶体。其中 U 为施加在电光晶体上的电压,U_π 为半波电压,γ_{63} 为

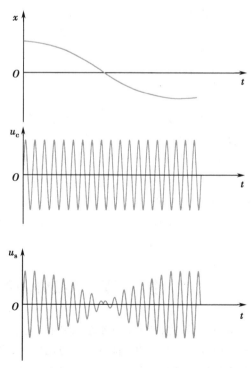

图 3-2-4 从上到下依次为调制信号、载波信号、双边带调幅信号示意图

电光系数。$I_{(in)}$ 为输入电流，$I_{(out)}$ 为输出电流，φ 为起偏器和检偏器夹角，n_0 为折射率。

有 $\Delta\varphi = \dfrac{2\pi}{\lambda} n_o^3 \gamma_{63} U = \dfrac{\pi U}{U_\pi}$，$\dfrac{I_{(out)}}{I_{(in)}} = \sin^2\left(\dfrac{\Delta\varphi}{2}\right) = \sin^2\left(\dfrac{\pi U}{2U_\pi}\right)$。通过此方法的调制示意和结果图如图 3-2-6。

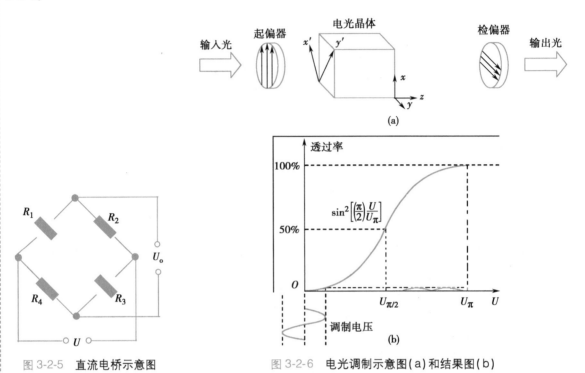

图 3-2-5 直流电桥示意图   图 3-2-6 电光调制示意图(a)和结果图(b)

三、接口和数字信号处理

　　测量电路中通常涉及一系列接口与数字信号处理的部分。传感器的某些电参数如电容、电感等发生变化，需要相应的接口电路将其转换为电压或电流等易于测量的信号，通过窄带滤波放大等方法后，使用相应的解调方法得到被测变量。然后对传感器进行阻抗匹配，将高输出阻抗的传感器通过一个高输入阻抗的运放从而变成低阻输出，减少传感器输出信号所受到的测量电路输入阻抗影响。

　　数字信号处理则包括运算、解调、滤波、A/D（模数）变换和 D/A（数模）变换。运算电路包含比例运算电路、加减运算电路、积分微分运算电路等，其目的是将信号的线性和非线性进行变换。解调是将调制后信号变为可测信号，然后通过一个滤波器对信号的频率进行筛选，使信号中感兴趣的部分通过、其他部分极大衰减从而滤除信号中噪声部分。最后，为了发挥数字信号处理技术的作用，需要将之前所得到的模拟信号通过 D/A 转换器转换为可以被计算机进行处理的数字信号。如果测量系统后续还连接了执行器件，则还需要一个 A/D 转换器将测量后的数字信号再转换回模拟信号。

第三节　传感器检测系统性能改善的方法

　　从传感器检测系统的基本组成来看，整个系统的误差主要由三个基本部分综合而成：提高测试系统测量精度是改善检测性能的主要方法之一，提高检测系统的可靠性也是一个重要环节，另外提高检测电路的抗干扰能力也是一项重要措施。总的来说，传感器的性能受到多个方面的影响，以下是一些改善传感器性能的方法。

笔记

一、改善传感器的性能

1. 结构、材料与参数的合理选择　根据实际的需要和可能,合理选择材料和结构来设计传感器,确保主要指标,同时考虑到性价比,保证在满足使用要求的基础上追求较高指标。

2. 平均技术　误差平均效应在光栅传感器等栅状传感器中得到了广泛应用。利用多个传感器单元同时感受被测量,对其输出进行求平均值可以提高传感器的信噪比;同理对多次采样的数据进行平均处理可以减少随机误差。

3. 差动技术　是非常有效的一种方法,在电阻式传感器、电感式传感器和电容式传感器中都应用了此种方法。差动技术不仅可以抵消共模误差,而且减小了输出信号的非线性,提高了灵敏度。

4. 稳定性处理　稳定性是指传感器在一个较长时间内保持性能不变的能力。造成传感器性能不稳定的原因是随着时间的推移或环境条件的变化,构成传感器的各种材料与元器件性能将发生变化。为了提高传感器性能的稳定性,应该对材料、元器件或传感器整体进行必要的稳定性处理。如果测量要求较高,也应当对附加的调整元件、后接电路的关键元器件等进行抗老化处理。

5. 零示法、偏差法与微差法　零示法是一种利用电学平衡原理的方法。已知标准量直接与被测量进行比较,调节被测量直至指零仪表指零,即此时被测量与标准量相等。该方法的优点是精确度较高,而缺点是时耗较长。偏差法是先对标准器具标定仪器刻度,再输出被测量,按照仪器示值确定被测量值。此方法时耗较短,但精确度略低。微差法综合了以上两种方法,先将被测量与标准量进行比较,取得差值后再用偏差法测量得到差值。以上方法的使用均可以减少系统误差。

6. 智能化、集成化与信息融合　智能传感器的最大特点是将传感器检测信息的功能与微处理器的信息处理功能有机地进行融合,与传统传感器相比,智能传感器的主要特点是:高精度、宽量程、多功能化、高可靠性、高性价比、自适应能力、微型化、微功耗和高信噪比等。

集成化是将 A/D 转换电路,ROM 存储器等集成在一个芯片上,使得系统更简明的一种操作,例如智能型温控器等。智能集成传感器的总线技术以传感器作为从机,通过专用总线接口与主机进行通讯,传输数据。

信息融合是指将集成处理的多传感器信息进行合成,形成一种对外部环境或被测对象某一特征的表达方式。单一传感器只能获得被测对象的某部分特征,通过多传感器进行融合后可以更加完善且准确地反映被测对象的特征。

7. 补偿与校正　利用电子技术通过线路(硬件)或者采用微型计算机通过软件来实现来进行补偿与校正。例如压力传感器的非线性补偿如下。

首先需要测出传感器在使用范围内的实际传输特性曲线,如图 3-3-1 所示:

(1)软件校正方法:首先将实际传输特性曲线分为若干个区段(曲线非线性大的部分区段可尽可能多一些),然后找出各区段的端点电压值和端点压力值并计算出各区段的传输系数 K,其中 K 值的计算方法为:计算出该区段的上下端点电压值之差 ΔV 和上下端点压力值之差 ΔP,然后将 ΔV 除以 Δp 得到 K。之后将各区段的端点电压值、端点压力值和传输系数 K 值列表存入存储器内。

(2)软件校正的测量的原理:首先由程序控制系统测出传感器在外加压力作用下输出的电压值 V,再求出 V 与对应区段的下端点电压之差,然后除以该区段的传输系数 K,最后加上该区段的下端点压力值得到相应的外加压力的值。如测出的 V 值在第一区段内,则相应的外加压力值为 $P=(V-V_1)/K_1+P_1$。其计算示意图如图 3-3-2。

8. 屏蔽、隔离与干扰抑制　采用屏蔽、隔离与干扰抑制技术可以有效削弱或消除外界影响因素对传感器的作用,将在下一小节进行讨论。

二、改善检测电路的抗干扰能力

将提高检测电路的抗干扰能力的方式分为两种:消除或抑制干扰源、阻断干扰的传输途径耦合。

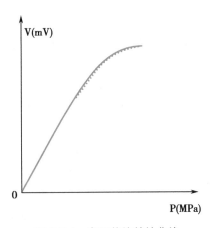

图 3-3-1　实际传输特性曲线

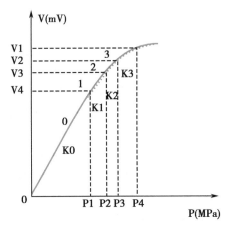

图 3-3-2　实际传输特性曲线计算示意图

1. 消除或抑制干扰源　主要有滤波和相位检波(两种方法,其中滤波可以滤除各种外接干扰所引起的噪声以及多余的不需要的信号,提高信噪比。根据信号源可以分为模拟滤波器和数字滤波器,然后细分为低通、高通、带通、带阻、全通滤波器。理想的滤波器情况如图 3-3-3。

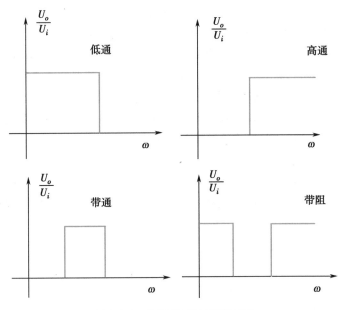

图 3-3-3　理想的滤波器情况图

但一般情况下无法达到理想情况。

滤波器根据是否接入电源分为无源和有源两种,无源滤波器组成简单,但带负载能力差,且特性不理想,边沿不陡。有源滤波电路中可加电压串联负反馈,使输入输出之间具有良好的隔离;而且除滤波外,还可放大信号。但有源滤波不宜用于高频、高电压、大电流,且使用时需外接直流电源。以无源低通滤波器和有源低通滤波器为例。

无源低通滤波器:其比值系数 $H(s)$ 的计算公式为 $H(s)=\dfrac{1}{RC \cdot s+1}$。

图 3-3-4 为其示意图和波形图。

当电流流过含有电阻 R_1 和 R_F 的有源低通滤波器:有 $\dot{U}_{-}=\dfrac{R_1}{R_1+R_F} \cdot \dot{U}_o,\ \dot{U}_{+}=\dfrac{\dfrac{1}{\mathrm{j}\omega C}}{R+\dfrac{1}{\mathrm{j}\omega C}} \cdot \dot{U}_i=$

笔记

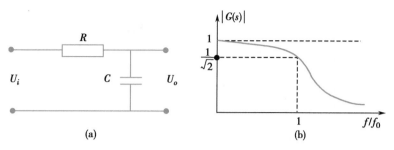

图 3-3-4　无源低通滤波器示意图(a)及波形图(b)

$\dfrac{1}{1+j\omega RC}\cdot\dot{U}_i$,

由于 $\dot{U}_+=\dot{U}_-$,所以输出电压 U_o 和 输入电压 U_i 的比值有,$\dfrac{U_o}{U_i}=\left(1+\dfrac{R_F}{R_1}\right)\dfrac{1}{1+j\omega RC}$。

其幅频特性 $\dfrac{U_o}{U_i}=\left(1+\dfrac{R_F}{R_1}\right)\dfrac{1}{\sqrt{1+\left(\dfrac{\omega}{\omega_0}\right)^2}}$ $\left(\omega_0=\dfrac{1}{RC}\right)$,相频特性 $\varphi=-arctg\dfrac{\omega}{\omega_0}$。

图 3-3-5 为示意图和波形图。

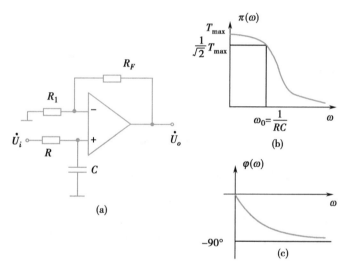

图 3-3-5　有源低通滤波器示意图(a)、波形图(b)和(c)

该电路特点为当 $\omega=0$ 时,$\dfrac{U_o}{U_i}=\left(1+\dfrac{R_F}{R_1}\right)$;当 $\omega=\omega_0$ 时 $\dfrac{U_o}{U_i}=\left(1+\dfrac{R_F}{R_1}\right)$。

2. 阻断外部干扰　途径包括屏蔽、隔离和接地。屏蔽技术分为以下三种:

(1)静电屏蔽:用一个金属罩(铜、铝)把信号源或测量电路包封起来并接地,使屏蔽盒内的电力线不会传到外部,同时避免了外部电场对电路的影响,起到抑制干扰源的作用。

(2)驱动屏蔽:将被屏蔽导体的电位,经严格的1:1电压跟随器去驱动屏蔽层导体的电位,而使两者电位相等,可以有效地抑制由于分布电容引起的静电耦合干扰。

(3)电磁屏蔽:电磁场屏蔽是利用屏蔽体阻止电磁场在空间传播的一种措施。其原理是利用高频电磁场在屏蔽导体内产生电涡流,电涡流产生的反磁场抵消高频干扰磁场。屏蔽罩接地,则兼具静电屏蔽作用。其示意图如图 3-3-6。

隔离技术的实质是将干扰通道切断,从而达到隔离干扰的目的。例如集成隔离放大器,其输入、输出和电源电路之间,在电流上和电阻上彼此隔离而没有直接的电路耦合,而是利用变压器耦合实现载波调制。图 3-3-7 为集成隔离器原理图。

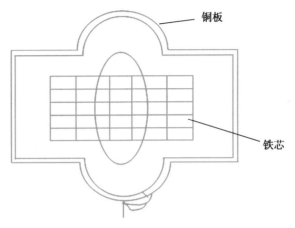

图 3-3-6 电磁屏蔽示意图

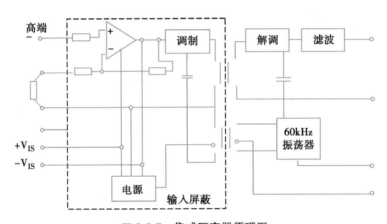

图 3-3-7 集成隔离器原理图

常见的隔离技术还有光电隔离、继电器隔离和布线隔离等。

良好的接地技术可以很好地抑制系统内部噪声耦合,消除各电路电流流经公共地线时所产生的噪声电压,以及免受电磁场和电位差的影响。按接地目的可以将接地技术分为安全接地和工作接地两种,要注意交流地线、功率地线同信号地线不能共用,接地点的数量一般为高频电路就近多点接地,低频电路一点接地。

第四节 传感器及检测系统的误差分析

一、测量误差和分类

测量的目的是希望通过测量获得被测量的真实值,但在测量过程中,由于测量设备、测量对象、测量方法和测量者都不同程度受到自身和周围各种因素的影响,以及测量过程中需要对测量对象施加作用,即测量过程一般都会改变被测对象原有的状态,因此造成被测参数的测量值与真实值不一致,两者的不一致程度用测量误差来表示。测量误差就是测量值与真实值之间的差值,它反映测量质量的好坏。所谓真值,是指一定的时间及空间条件下,某被测量所体现的真实数值。

(一)测量误差的表示方法

1. 绝对误差 是指测量所得到的测量值与被测量的真值之差。

$$\Delta = x - x_0 \qquad (3\text{-}4\text{-}1)$$

式中 Δ——绝对误差;

x_0——真值,其可为相对真值或约定真值;

x——测量值。

绝对误差表明了被测量的测量值与实际值间的偏离程度和方向。

由于真值是无法求得的,在实际测量中,常用某一被测量多次测量的平均值,或上一级标准仪器测量所得的示值来代替真值 x_0,称为约定真值。

2. 相对误差　常用来表示测量精度的高低,相对误差有两种。

(1)实际相对误差 δ:是用绝对误差 Δ 与被测量的真值 x_0 的百分比来表示,即

$$\delta = \frac{\Delta}{x_0} \times 100\% \tag{3-4-2}$$

(2)满度相对误差(引用误差):是用绝对误差 Δ 与仪器满度值 x_m 的百分比来表示的相对误差,即

$$\gamma = \frac{\Delta}{x_m} \times 100\% \tag{3-4-3}$$

在检测领域,检测仪器的精度等级是由引用误差大小划分的。通常用最大引用误差去掉正负号和百分号后的数字来表示精度等级,精度等级用符号 G 表示。为统一和方便使用,国家标准 GB 776—76"电测量指示仪表通用技术条件"规定,测量指示仪表的精度等级 G 分为 0.1、0.2、0.5、1.0、1.5、2.5、5.0 七个等级,这也是工业检测仪器常用的精度等级。

例如,0.2 级表示引用误差的最大值不超过±0.2%。

(二)测量误差的来源

1. 方法误差　是指由于测量方法不合理所引起的误差。如用电压表测量电压时,没有正确地估计电压表的内阻对测量结果的影响而造成的误差。在选择测量方法时,应考虑现有的测量设备及测量的精度要求,并根据被测量本身的特性来确定采用何种测量方法和选择哪些测量设备。

2. 理论误差　是由于测量理论本身不够完善而采用近似公式或近似值计算测量结果时所引起的误差。例如,传感器输入输出特性为非线性但简化为线性特性,传感器内阻大而转换电路输入阻抗不够高,或是处理时采用略去高次项的近似经验公式,以及简化的电路模型等都会产生理论误差。

3. 测量仪器误差　是指测量仪器本身以及仪器组成元件不完善所引入的误差。如仪器刻度不准确或非线性,测量仪器中所用的标准量具的误差,测量仪器本身电气或机械性能不完善,仪器、仪表的零位偏移等。为了减小测量装置误差应该不断地提高仪器及组成元件本身的质量。

4. 环境误差　是测量仪器的工作环境与要求条件不一致所造成的误差。如温度、湿度,大气压力,振动,电磁场干扰,气流扰动等引起的误差。

5. 人为误差　是由于测量者本人不良习惯、操作不熟练或疏忽大意所引起的误差。如念错读数、读刻度示值时总是偏大或偏小等。

在测量工作中,对于误差的来源必须认真分析,采取相应措施,以减小误差对测量结果的影响。

(三)误差的分类

根据测量数据中的误差所呈现的规律,将误差分为三种,即系统误差、随机误差和粗大误差。这种分类方法便于测量数据的处理。

1. 系统误差(system error)　在相同条件下多次测量同一被测量值时,其误差的绝对值和符号保持恒定;或者在条件改变时,按某一确定的规律变化的误差,称为系统误差。其误差值不变的又称为定值系统误差,误差值变化的则称为变值系统误差。

系统误差产生的原因主要有:测量系统本身性能不完善而产生的误差;检测设备和电路等安装、布置、调整不当而产生的误差;测量过程中因温度、气压等环境条件发生变化所产生的误差;测量方法

不完善或者测量所依据的理论本身不完善等原因所产生的误差等。

2. 随机误差（random error） 在同一测量条件下，多次重复测量同一量值时，每次测量误差的绝对值和符号都以不可预知的方式变化，但就误差的总体而言，具有一定的统计规律性，这种误差称为随机误差。随机误差服从统计规律，如正态分布、均匀分布等。

随机误差产生原因主要是一些微小因素，如温度波动、振动、电磁场扰动等不可预料和控制的微小变量。随机误差只能用概率论和数理统计方法计算它出现可能性的概率。而且随机误差不可能修正，但在了解其统计规律性之后，可以控制和减少它们对测量结果的影响。

3. 粗大误差（abnormal error） 明显超出规定条件下的预期值的误差称为粗大误差。粗大误差一般是由于操作人员粗心大意、操作不当或实验条件没有达到预定要求就进行实验等造成的。如读错、测错、记错数值、受较大的电磁干扰或使用有缺陷的测量仪表等。含有粗大误差的测量值称为坏值或异常值，根据一定的判断规则，所有的坏值在数据处理时应剔除掉。

在测量中，系统误差、随机误差、粗大误差三者同时存在，但是它们对测量过程及结果的影响不同。根据其影响程度的不同，测量精度也有不同的划分。在测量中，若系统误差小，称测量的准确度高；若随机误差小，称测量的精密度高；若二者综合影响小，称测量的精确度高。

二、检测数据分析处理

检测数据分析处理是对测量所获得的数据进行深入的分析，找出变量之间相互制约、相互联系的依存关系，有时还需要用数学解析的方法，推导出各变量之间的函数关系。有限次测量而得到的测量数据的处理的任务就是求得测量数据的样本统计量，以得到一个既接近真值又可信的估计值以及它偏离真值程度的估计。

（一）随机误差数据分析处理

随机误差的处理任务是从随机数据中求出最接近真值的值（或真值的最佳估计值），对数据的可信赖的程度进行评定并给出测量结果。

1. 随机变量的特征参数

（1）数学期望：被测量 X 的数学期望，就是当测量次数 $n \to \infty$ 时，各次测量值的算术平均值

$$M(x) = \frac{1}{n} \sum_{i=1}^{n} x_i \quad (n \to \infty) \tag{3-4-4}$$

（2）方差和标准误差：方差是用来描述随机变量与其数学期望的偏离程度。设随机变量 x 的数学期望为 $M(x)$，则 x 的方差定义为：

$$\sigma^2(x) = \frac{1}{n} \sum_{i=1}^{n} \left[x_i - M(x) \right]^2 \tag{3-4-5}$$

标准误差 σ 定义为：

$$\sigma = \sqrt{\frac{1}{n} \sum_{i=1}^{n} \left[x_i - M(x) \right]^2} \tag{3-4-6}$$

标准误差也是描述随机变量与其数学期望的偏离程度的特征参数，它是在一定测量条件下随机误差最常用的估计值。

（3）随机误差的正态分布：实践和理论证明，当测量次数足够多时，随机误差服从正态分布。对某一产品作 n 次等精度重复测量，测量值序列 $x_1, x_2, x_3, \cdots, x_n$，设被测量的真值为 x_0，则随机误差定义为：

$$\delta_i = x_i - x_0 (i = 1, 2, \cdots, n) \tag{3-4-7}$$

则随机误差的概率密度函数为

$$p(\delta) = \frac{1}{\sigma\sqrt{2\pi}} \exp\left(-\frac{\delta^2}{2\sigma^2}\right) \tag{3-4-8}$$

因此随机误差的正态分布曲线如图 3-4-1 所示,图中的横坐标表示随机误差。

2. 有限次测量的数学期望和标准误差的估计值

（1）有限次测量的数学期望的估计值:在实际测量时,真值（随机变量 X 的数学期望）不可能得到,那么假设对被测量 X 进行有限 n 次等精度、无系统误差独立测量,测量结果为 $x_i (i = 1, 2, 3, \cdots, n)$,则该测量序列的算术平均值 $\bar{x}$ 是被测量 X 数学期望的最佳估计,称为最可信数值。

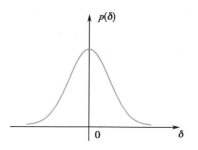

图 3-4-1　随机误差的正态分布曲线

$$\bar{x} = \frac{1}{n} \sum_{i=1}^{n} x_i \tag{3-4-9}$$

（2）算术平均值的标准误差:根据方差公式（3-4-7）,算术平均值的方差计算为

$$\sigma^2(\bar{x}) = \sigma^2\left(\frac{1}{n}\sum_{i=1}^{n} x_i\right) = \frac{1}{n^2}\sigma^2\sum_{i=1}^{n} x_i = \frac{1}{n}\sigma^2(X) \tag{3-4-10}$$

因此

$$\sigma(\bar{x}) = \frac{\sigma(X)}{\sqrt{n}} \tag{3-4-11}$$

算术平均值的标准误差是测量值的标准差的 $\frac{1}{\sqrt{n}}$ 倍,其离散程度比测量数据的离散程度小。

（3）有限次测量值的标准误差的估计:由于真值未知时,随机误差 δ 不可求,可用各次测量值与算术平均值之差——残余误差 v_i（残差）代替随机误差来估算有限次测量中的标准差,得到的结果就是有限次测量的标准误差 $\hat{\sigma}(x)$,它只是 $\sigma(x)$ 的一个估算值。

$$v_i = x_i - \bar{x} \tag{3-4-12}$$

用残余误差计算测量值标准误差的估计值——贝塞尔公式:

$$\hat{\sigma}(x) = \sqrt{\frac{1}{n-1} \sum_{i=1}^{n} v_i^2} \tag{3-4-13}$$

因此算术平均值标准偏差的估计值为:

$$\hat{\sigma}(\bar{x}) = \frac{\hat{\sigma}(x)}{\sqrt{n}} \tag{3-4-14}$$

式（3-4-14）表明,在 n 较小时,增加测量次数 n,可明显减小测量结果的标准差,提高测量的精密度。

3. 测量数据的置信度

（1）置信概率与置信区间：置信度是表征测量结果可信赖程度的一个参数，用置信区间和置信概率来表示。

置信区间（精确性）：估计真值以多大的概率包含在某一数值区间，该数值区间就称为置信区间。置信区间$[-a,+a]$是鉴定测量系统的设计误差指标，对于已有的检测系统，随机误差$\delta(x)$服从正态分布，标准误差$\sigma(x)$已知。置信区间可用标准误差的k倍来表示，即：$a=k\sigma(x)$，k称为置信系数（或置信因子）。置信概率（可靠性）：置信区间包含真值的概率称为置信概率P_a，也可称为置信水平。

（2）正态分布的置信概率：置信概率等于在置信区间对概率密度函数的定积分；随机误差出现的概率就是测量数据出现的概率；由于服从正态分布的概率密度函数具有对称性，随机误差概率公式为：

$$p(-a\leqslant\delta\leqslant a)=\int_{-a}^{+a}p(\delta)d\delta=2\int_{0}^{a}p(\delta)d\delta \tag{3-4-15}$$

正态分布，当$k=3$时

$$p(|\delta|<3\sigma)=\int_{-3\sigma}^{3\sigma}p(\sigma)d\delta=\int_{-3\sigma}^{3\sigma}\frac{1}{\sqrt{2\pi}\sigma}\exp\left(-\frac{\delta^2}{2\sigma^2}\right)d\delta=0.9973 \tag{3-4-16}$$

当置信因子$k=1$时，置信概率$p(\sigma)=0.6827$；$k=2$时，置信概率$p(2\sigma)=0.9545$。随机误差大于3σ概率为0.0027，几乎为零，即可以认为大于3σ的误差是不可能出现的。

按照上面分析，测量结果可表示为：

$$x=\bar{x}\pm k\hat{\sigma}(\bar{x}) \tag{3-4-17}$$

其中置信系数k，由概率分布和置信概率确定，一般取$2\sim3$，其置信区间对应置信概率为95.45%～99.73%。

（二）系统误差数据分析处理

1. 系统误差的发现 系统误差值不变的称为定值系统误差，变化的则称为变值系统误差。变值系统误差又有累进性系统误差和周期性系统误差等。

（1）定值系统误差的发现：对于定值系统误差，通常采用实验对比法发现和确定。实验对比法又分为标准器件法和标准仪器法两种。

1）标准器件法：用测量仪表对更高精度的标准器件（如标准砝码）进行多次重复测量。

2）标准仪器法：用更高精度等级的标准仪器和被标定仪器同时检测被测量。

除了采用标准器件法或标准仪器法，也可更换测量人员或改变测量方法等。分别测出两组或两组以上数据，然后对比其差异，即可判断是否含有定值系差，还可设法消除系统误差。

（2）变值系统误差的发现

1）累进性系统误差判据（马利科夫判据）：设对某一被测量进行n次等精度测量，按测量先后顺序得到一组测量值$x_1,x_2,\cdots,x_i,\cdots,x_n$，此组测量数据相对于算术平均值$\bar{x}$的残差$v$按测量的先后顺序排列为$v_1,v_2,\cdots,v_i,\cdots,v_n$，然后把$n$个残差分成前面一半以及后面一半数据分别求和，然后取其差值，有

$$\Delta=\sum_{i=1}^{k}v_i-\sum_{i=k+1}^{n}v_i \tag{3-4-18}$$

式中，v_i为残差，$v_i=x_i-\bar{x}$。若测量中含有累进性系统误差，则前后两部分的v_i值的和明显不同，即Δ值明显不为零，通常$|\Delta|\geqslant|v_{\max}|$。

2）周期性系统误差判据（阿贝-赫梅特判据）：用于发现周期性系统误差。此判据也是将在等精度重复测量下得到的一组测量 $x_1,x_2,\cdots,x_i,\cdots,x_n$，按顺序排列，并求出相应的残差 v_i。然后计算

$$A=\left|\sum_{i=1}^{n-1}v_iv_{i+1}\right| \tag{3-4-19}$$

若存在 $A>\sqrt{n-1}\cdot\sigma^2(x)$ 成立（$\sigma^2(x)$ 为测量数据序列的方差），则认为测量数据中含有周期性系统误差。

2. 系统误差的处理方法

（1）消除系统误差产生的根源：为减小系统误差的影响，应该从测试系统的设计时入手。选用合适的测量方法以避免方法误差；选择最佳的测量仪表与合理的装配工艺，以减小工具误差；选择合适的测量环境以减小环境误差。此外，还需定期的检查、维修和校正测量仪器以保证测量的精度。

（2）引入修正值法：该方法主要用于消除定值系统误差。在测量之前，通过对测量仪表进行校准，可以得到修正值，将修正值加入测量值中，即得到被测量的真值。由于修正值本身也存在误差，因此系统误差并没有完全消除，只是大大地被削弱了。

对于变值系统误差，应设法找出误差的变化规律，用修正公式或修正曲线对测量结果进行修正；对未知的系统误差，则按随机误差进行处理。

（3）采用特殊测量方法消除系统误差：在实际测量中，采用有效的测量方法对于消除系统误差也是非常重要的。常用的可消除系统误差的测量方法有直接比较法、替代法、等时距对称观测法及半周期法等。

（三）粗大误差数据分析处理

在无系统误差时，大误差出现的概率很小，对测量数据处理前，首先列出可疑数据，分析是否是粗大误差，若是，则应将对应的测量值剔除。

判别的准则是按照统计学方法，给定一个置信概率，确定相应的置信区间，凡超过置信区间的误差就认为是粗大误差，要予以剔除。粗大误差的常用判别准则如下：

（1）拉依达准则（3σ 准则）：误差大于 3 倍标准差的概率仅为 0.0027，如果测量值 x_k 的随机误差为 δ_k，且

$$|\delta_k|\geqslant3\sigma \tag{3-4-20}$$

则该测量值含有粗大误差，应予以剔除。

实际应用中用剩余误差 v_k 代替随机误差，标准差采用估计值，即：

$$|v_k|\geqslant3\hat{\sigma} \tag{3-4-21}$$

只适用于正态分布且测量次数较大（$n>10$）的情况，当 n 较小时，特别是当 $n\leqslant10$ 时，该准则失效。

（2）格拉布斯检验法：当测量数据中，测量值 x_k 的剩余误差 v_k 满足下面的条件时，则除去 x_k：

$$|v_k|>g_0(n,\alpha)\hat{\sigma}(x) \tag{3-4-22}$$

$g_0(n,\alpha)$ 是与测量次数 n、显著性水平 α 相关的临界值，可以查表获得。α 与置信概率 p 的关系为：$\alpha=1-p$。

（四）测量系统的误差合成

一个检测系统或一个传感器都是由若干部分组成。设各环节测量值为 $x_1,x_2,\cdots,x_n$，系统总的输入/输出关系为 $y=f(x_1,x_2,\cdots,x_n)$，而各部分又都存在测量误差。若已知各环节的误差而求总的误差，称为误差的合成。

由于随机误差和系统误差的规律和特点不同,误差的合成的处理方法也不同,下面分别介绍。

1. 系统误差的合成 由前述可知,系统总输出与各环节之间的函数关系为 $y=f(x_1,x_2,\cdots,x_n)$,各部分定值系统误差分别为 $\Delta x_1,\Delta x_2,\cdots,\Delta x_n$,则定值系统误差的合成 Δy 为

$$\Delta y = \frac{\partial f}{\partial x_1}\Delta x_1 + \frac{\partial f}{\partial x_2}\Delta x_2 + \cdots + \frac{\partial f}{\partial x_n}\Delta x_n \tag{3-4-23}$$

2. 随机误差的合成 由 n 个环节组成的测量系统或传感器,各部分的标准偏差为 $\sigma_{x1},\sigma_{x2},\cdots,\sigma_{xn}$,则随机误差的合成表达式为

$$\sigma_y = \sqrt{\left(\frac{\partial f}{\partial x_1}\right)^2\sigma_{x1}^2 + \left(\frac{\partial f}{\partial x_2}\right)^2\sigma_{x2}^2 + \cdots + \left(\frac{\partial f}{\partial x_n}\right)^2\sigma_{xn}^2} \tag{3-4-24}$$

3. 总合成误差 设检测系统和传感器的系统误差和随机误差均为相互独立的,则总的合成误差 ε 表示为

$$\varepsilon = \Delta y \pm \sigma_y \tag{3-4-25}$$

对于生物医学传感器的误差有时不能单纯讨论传感器本身的误差,也要考虑生物体应用环境带来的误差。一是生理作用引起的误差,例如,把压力传感器放进血管时,需要进行麻醉外科手术,在麻醉条件下,麻醉的生理作用会严重扰乱血压使之偏离正常值。这种误差不是传感器带来的,必须另加考虑,否则影响测量结果的准确性。二是传感器的使用造成生理变化引起的误差,例如,光电脉搏传感器的使用,由于传感器的光学效应改变了温度,使血管的流动发生变化,从而影响测量。分析生物医学传感器的误差应考虑更多的生物学问题,才能正确测量。

三、检测方法和检测系统分类

由被测量与标准量相比获得测量值的方法,称为测量方法。针对不同测量任务进行具体分析以找出切实可行的测量方法,这对测量工作是十分重要的。根据获得测量值的方法可分为直接测量与间接测量;根据被测量变化快慢可分为静态测量与动态测量;根据测量传感元件是否与被测介质接触可分为接触测量与非接触测量;根据测量系统是否向被测对象施加能量可分为主动式测量系统与被动式测量系统等,下面介绍几种常用的检测方法。

(一)检测方法

1. 直接测量法、间接测量法与组合测量法 在使用传感器进行测量时,对读数不需要经过任何运算就能直接表示测量所需要结果的测量方法称为直接测量。直接测量的优点是测量过程简单而又迅速,缺点是测量精度不高。

在使用仪表或传感器进行测量时,对与测量有确定函数关系的几个量进行测量,将被测量代入函数关系式,经过计算得到所需要的结果,这种测量称为间接测量。间接测量手续较多,花费时间较长,一般用在直接测量不方便或者缺乏直接测量手段的场合。

若被测量必须经过求解联立方程组,才能得到最后结果,则称这样的测量为组合测量。组合测量是一种特殊的精密测量方法,操作手续复杂,花费时间长,多用于科学实验或特殊场合。

2. 偏差测量法、零位测量法与微差测量法 用仪表指针的位移(偏差)决定被测量的量值,这种测量方法称为偏差测量法。应用这种方法测量时,仪表刻度事先用标准器具标定。在测量时,输入被测量,按照仪表指针在标尺上的示值,决定被测量的数值。这种方法测量过程比较简单、迅速,但测量结果准确度较低。

用指零仪表的零位指示检测测量系统的平衡状态,在测量系统平衡时,用已知的标准量决定被测量的量值,这种测量方法称为零位测量法。零位式测量的优点是可以获得比较高的测量精度,但测量

过程比较复杂,费时较长,不适用于测量迅速变化的信号。

微差式测量是综合了偏差式测量与零位式测量的优点而提出的一种测量方法。它将被测量与已知的标准量相比较,取得差值后,再用偏差法测得此差值。应用这种方法测量时,不需要调整标准量,而只需测量两者的差值。微差式测量的优点是反应快,而且测量精度高,特别适用于在线控制参数的测量。

(二)检测系统

1. 检测系统构成　检测系统是传感器与测量仪表、变换装置等的有机组合。它是传感技术发展到一定阶段的产物,随着计算机技术及信息处理技术的发展,检测系统所涉及的内容也不断得以充实。图 3-4-2 所示的是检测系统原理结构框图。

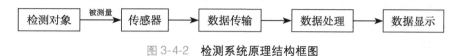

图 3-4-2　检测系统原理结构框图

检测系统中的传感器是感受被测量的大小并输出相对应的可用输出信号的器件或装置;数据传输环节用来传输数据;数据处理环节是将传感器输出信号进行处理和变换,如对信号进行放大、运算、线性化、A/D 或 D/A 转换,变成另一种参数的信号或变成某种标准化的统一信号等,使其输出信号便于显示、记录,既可用于自动控制系统,也可与计算机系统连接,以便对测量信号进行信息处理;数据显示环节将被测量信息变成人感官接受的形式,用以完成监控或分析的目的。测量结果可以采用模拟显示,也可采用数字显示或虚拟仪器显示,也可以由记录装置进行自动记录或由打印机将数据打印出来。

2. 开环检测系统与闭环检测系统　检测数据时,检测系统有以下两种结构:

(1)开环检测系统:全部信息变换只沿着一个方向进行,如图 3-4-3 所示。

图 3-4-3　开环检测系统框图

其中 x 为输入量,y 为输出量。k_1、k_2、k_3 为各个环节的传递系数,输入-输出关系为:

$$y = k_1 \cdot k_2 \cdot k_3 \cdot x \tag{3-4-26}$$

采用开环方式构成的测量系统,结构较简单,但各环节特性的变化都会造成测量误差。

(2)闭环检测系统:有两个通道,即正向通道和反馈通道,其结构如图 3-4-4 所示。

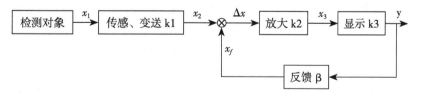

图 3-4-4　闭环检测系统框图

其中,Δx 为正向通道的输入量,β 为反馈通道的传递函数,正向通道的总传递系数 $k = k_2 k_3$。由图 3-4-4 可知

$$\Delta x = x_1 - x_f, \quad x_f = \beta y \tag{3-4-27}$$

$$y = k\Delta x = k(x_1 - x_f) = kx_1 - k\beta y \tag{3-4-28}$$

所以

$$y=\frac{k}{1+k\beta}x_1=\frac{1}{\frac{1}{k}+\beta}x_1 \tag{3-4-29}$$

当 $k \gg 1$ 时,则

$$y=\frac{1}{\beta}x_1 \tag{3-4-30}$$

显然,这时整个系统的输入-输出关系由反馈环节的特性决定,放大器等环节特性的变化不会造成测量误差,或者说造成的误差很小。

根据以上分析可知,在构成检测系统时,应将开环系统和闭环系统巧妙地组合在一起加以应用,这样才能达到所期望的目的。

3. 检测系统组建原则　检测系统的结构和规模随对象的特性、被测参数的数量、标准度要求的高低而不同,组建系统时应遵循以下原则。

(1) 开放式系统和规范化设计:尽可能选用符合国家标准的传感器,尽可能采用符合国际工业标准的总线结构和通信协议,并选用符合这些总线标准的功能模块组成开放式、可扩展的系统。

(2) 先总体后局部:根据系统的性能指标与功能要求,经过比较综合,然后制订出总体方案。总体方案中要确定各参数的检测方法和系统结构,将系统要实现的任务和功能合理地分配给硬件和软件,然后绘制系统硬件和软件总框图,再逐层向下分解成若干相对独立的模块,并定义各模块间的硬件和软件接口。

(3) 指标分解留有裕量:将系统的主要指标,如准确度、能耗、可靠性等合理地分配给各个模块。考虑到系统集成后各模块的相互影响及现场运行环境,总体指标的分解要留有充分的裕量,以利于系统日后的扩展。

(4) 性价比高:要根据设计要求及成本综合考虑来设计系统。一般都希望系统性能好、成本低。

第五节　传感器的生物相容性设计

长期以来在应用生物医学传感器过程中,必须应对的一个难题是生物相容性,它在本质上是材料与生物体相互的物理、化学和生物反应。生物相容性取决于材料的化学组成和表面形态。植入人体内的生物医用材料及各种人工器官、医用辅助装置等医学传感器,必须对人体无毒性、无致敏性、无刺激性、无遗传毒性和无致癌性,对人体组织、血液、免疫等系统不产生不良反应。因此,材料的生物相容性是研究设计首先考虑的重要问题,传感器必须与生物体内的化学成分相容,要求它既不会被腐蚀,也不会给生物体带来毒性。通常,设计植入式医用传感器时应考虑以下几个因素:①传感器必须与生物体内的化学成分相容,既不会被腐蚀,也不会给生物体带来毒性;②传感器的形状、尺寸和结构应适应被测部位的解剖结构,使用时不应损伤组织;③传感器要有与植入位置匹配的力学性能,在引入被测部位时,传感器不能损坏;④传感器要有足够的电绝缘性,即使在传感器损坏时,人体受到的电压仍须低于安全值;⑤传感器不能给生理活动带来负担,也不应干扰正常的生理功能;⑥植入体内长期使用的传感器,不应引起赘生物;⑦结构上要便于消毒。

一、生物相容性的概念和原理

1. 生物相容性概念　生物相容性是生物医用材料与人体之间相互作用产生各种复杂的生物、物理、化学反应的性质。生物相容性反应是指:植入物材料表面与组织、细胞、血液等短期或长期接触时,它们之间的相互作用产生的各种不同的反应,包括宿主反应和材料反应。生物相容性反应的分类见图 3-5-1。

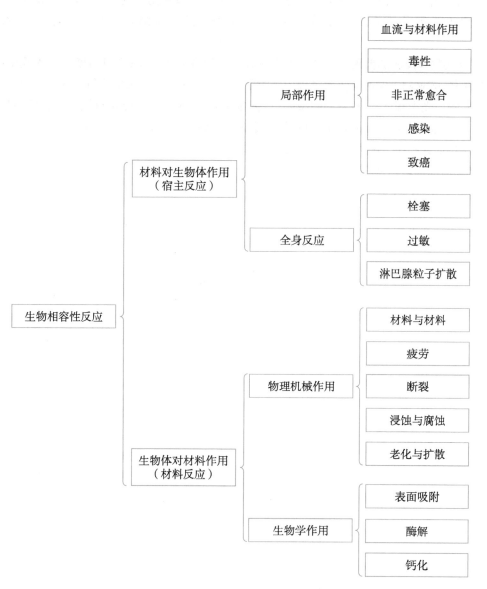

图 3-5-1 生物相容性反应的分类

2. 材料与机体相互作用的反应与结果 生物材料与机体相互作用的反应与结果见表 3-5-1。

表 3-5-1 生物医用材料与机体相互作用的反应与结果

生物医用材料的变化（材料反应）		生物体的反应和变化（宿主反应）	
物理性质的变化	大小、形状、弹性、强度、硬度、脆性、软化、相对密度、熔点、导电、硬化、磨耗、蠕变、热传导	急性全身毒性	过敏反应、毒性反应、溶血反应、发热反应、神经麻痹
		慢性全身毒性	毒性、致畸、免疫反应、功能障碍
化学性质的变化	亲水-疏水、pH、吸附性、溶出性、渗透性、反应性	急性局部反应	炎症、血栓形成、坏死、排异
		慢性局部反应	致癌、钙化、炎症、溃疡

生物医用材料与生物体的发生的作用有：①机械相互作用：摩擦、冲击、曲绕；②物理化学相互作用：溶出、吸收、渗透、降解；③化学相互作用：分解、修饰

3. 引起生物医用材料变化的因素 ①生理活动中骨骼、关节、肌肉的力学性动态运动；②细胞生

物电、磁场和电解、氧化作用;③新陈代谢过程中生物化学和酶催化反应;④细胞黏附吞噬作用;⑤体液中各种酶、细胞因子、蛋白质、氨基酸、多肽、自由基对材料的生物降解作用;⑥血液中各类细胞的激活与反应。

4. 引起生物体反应的因素　①材料中残留有毒性的低分子物质;②材料聚合过程残留有毒性、刺激性的单体;③材料及制品在灭菌过程中吸附了化学毒剂和高温引发的裂解产物;④材料和制品的形状、大小、表面光滑程度;⑤材料的酸碱度;⑥腐蚀和磨损:例如金属类材料被内环境腐蚀后溶入生物组织中,并可能对生物体组织产生毒性反应,造成组织的损害。磨损产生的颗粒有可能造成植入位置界面产生例如异物-巨细胞反应等不良反应;⑦聚合物降解:易形成的碎片、颗粒、小分子量单体物质,这些产物对周围组织可能有毒害作用。

二、生物相容性的分类

生物相容性分类可见图 3-5-2。

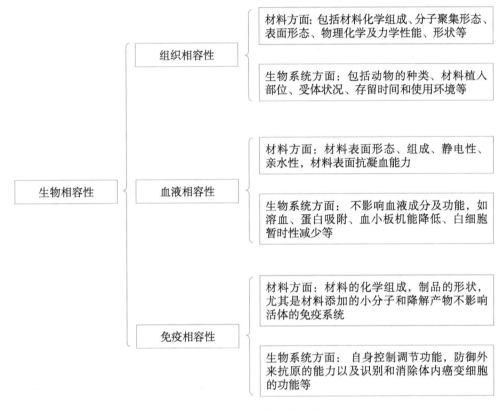

图 3-5-2　生物相容性分类

1. **组织相容性**　生物医用材料与心血管系统外的组织和器官接触,主要考察与组织的相互作用,也称为一般生物相容性。

2. **血液相容性**　生物医学传感器用于心血管系统与血液直接接触,主要考察与血液的相互作用。植入式传感器需要与血液共存,并在预定目的下发挥其功能而又不会由于传感器的存在而影响血液的状态。

3. **免疫相容性**　生物医学传感器接触或植入人体后,传感器周围的生物环境必定发生变化,人体免疫系统会对这种变化进行防御和适应。若传感器在一定时期后适应了生物体的微环境,生物体对该植入物无明显的免疫应答,一般可认为植入物具有较好免疫相容性。

上述三类相容性并不孤立,而是相互联系:血液相容性和组织相容性是免疫相容性的基础,免疫应答始终与血液或组织密切相关,免疫相容性是贯穿组织相容性和血液相容性的桥梁。但免疫相容性在免疫系统物质基础和生物学功能上,又明显不同于血液相容性和组织相容性,需要区别认知。

三、生物相容性的评价

植入人体的医疗器械的生物相容性和质量直接关系到患者的生命安全,因此由国家统一对这类产品实行注册审批制度。生物医用材料和医疗器械在研究和生产时都必须通过生物学评价,以确保安全。广义上讲,生物医用材料的安全性包括物理性能、化学性能、生物学性能及临床研究等四方面。狭义上讲,生物医用材料及医疗器械的安全性评价就是指生物学评价。

生物学评价项目的选择一般有如下几点:①接触部位有体表和体内组织、骨骼、牙、血液;②接触方式有直接接触和间接接触;③接触时间:暂时,小于 24 小时;短中期,大于 24 小时至 30 日;长期,大于 30 日;④用途:一般的功能、生殖与胚胎发育及生物降解。

由国家食品药品监督管理局组织牵头并管理修订了比较全面的生物相容性评价体系,对重点环节和制品的控制性指标,经过多年的修订已经比较成熟,可参看 GB/T16886.1~GB/T16886.19"医疗器械生物学评价"。

(阮萍　曾红娟　刘加峰)

 思考题

1. 已知某传感器属于一阶环节,现用于测量 100Hz 的正弦信号,如幅值误差极限在 ±5% 以内,时间常数 τ 应取多少?若用该传感器测量 50Hz 的正弦信号,问此时的幅值误差和相位差各为多少?

2. 已知调制信号,载波信号,令比例常数 $ka=1$,试写出调幅波表示式,求出调幅系数及频带宽度,画出频谱图。

3. 检测装置中常见的干扰有几种?采取何种措施予以防止?

4. 用测量范围为 $-50 \sim 150$kPa 的压力传感器测量 140kPa 压力时,传感器测得示值为 142kPa,求该示值的绝对误差,实际相对误差,标称相对误差和引用误差。

5. 在临床应用中传感器可能用于长期植入心血管系统、骨骼、短期贴敷皮肤等,请分别说明在上述不同临床实践中,对材料性能要求是什么。

参考文献

1. 彭承琳,侯文军,杨军. 生物医学传感器原理与应用. 2 版. 重庆:重庆大学出版社,2011.
2. 陈安宇. 医用传感器. 3 版. 北京:科学出版社,2016.
3. 赵燕. 传感器原理及应用. 北京:北京大学出版社,2010.
4. JONES DP(琼斯). Biomedical Sensors(生物医学传感器). 哈尔滨:哈尔滨工业大学出版社,2015.
5. 蔡萍,赵辉. 现代检测技术与系统. 北京:高等教育出版社,2005.
6. 陈平,罗晶. 现代检测技术. 北京:电子工业出版社,2004.
7. 周润景,刘晓霞,韩丁,等. 传感器与检测技术. 北京:电子工业出版社,2009.
8. 俞耀庭,张光栋. 生物医用材料. 天津:天津大学出版社,2000.
9. 梁春永,郝静祖,王洪水,等. 金属植介入器件接触诱导表面的制备技术与研究进展. 金属学报,2017,53(10):1265-1283.
10. 郑玉峰,杨宏韬. 血管支架用可降解金属研究进展. 金属学报,2017,53(10):1227-1237.
11. 肖梦璐. 医疗器械的设计原则与程序分析. 科技资讯,2017,15(23):115-116.

物理量传感技术 第四章

物理传感器是检测物理量的传感器。它是利用某些物理效应,把被测量的物理量转化成为便于处理的能量形式的信号的装置。以光电池式传感器为例,该传感器利用光生伏特效应将光学信号转换成为与之具有近似线性关系的电压或电流信号,然后通过放大和去噪声的处理,就得到了所需要的输出的电信号。按工作原理划分,物理传感器可分为:应变式传感器、电容式传感器、电感式传感器、压电式传感器、磁传感器、热电传感器和光电传感器等。按被检测量划分,有位移传感器、压力传感器、振动传感器、流量传感器、温度传感器等。物理传感器的名称常常是在被测量前边加上不同工作原理的定语,如应变片式压力传感器、压阻式压力传感器和压电式压力传感器等。

物理传感器是种类最多、在生物医学领域应用较广的传感器,本章分别阐述了七种典型物理传感器的基本概念、特性和工作原理,并介绍了它们在生物医学检测中的一些具体应用。

第一节　电阻式传感器

电阻式传感器的基本原理是将被测的物理量转换成电阻值的变化,通过测量电阻值的变化达到测量物理量的目的。根据电阻式传感器敏感元件的不同,可以分为应变式、压阻式和电位器式等。电阻应变式传感器是利用电阻应变片将应变转换为电阻变化的传感器,广泛采用金属导体材料制作。压阻式传感器是利用压阻效应,广泛采用半导体材料制作,具有体积小、频响范围宽、灵敏度和分辨率高等特点。电位器式传感器是将机械位移通过电位器转换为与之成函数关系的电阻,具有结构简单、尺寸小和精度高的特点,但也存在所需输入能量大的缺点。

电阻式传感器在生物医学领域常用于测量压力,如血压、脉搏、体重等生理参数。本节主要介绍电阻应变式传感器和压阻式传感器的原理及其在医学中的应用。

一、电阻应变式传感器

（一）电阻应变效应

电阻应变片的工作原理基于应变效应(strain effect),即在导体产生机械形变时,其电阻值相应发生变化。

如图 4-1-1 所示,导体材料为金属电阻丝,电阻丝在未受力状态下的初始电阻值为

$$R = \frac{\rho L}{S} \qquad (4\text{-}1\text{-}1)$$

式中:ρ——电阻丝的电阻率;

L——电阻丝的长度;

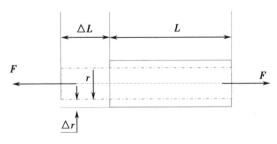

图 4-1-1　金属电阻丝应变效应

S——电阻丝的截面积。

电阻丝在拉力 F 作用下将沿轴向伸长,则沿径向将缩短,长度和半径都发生变化,长度相对变化量为 $\Delta L/L$,横截面积相对变化量为 $\Delta S/S$,电阻率将因晶格形变等原因而改变 $\Delta\rho$,对式(4-1-1)进行全微分,得电阻值相对变化量为

$$\frac{\Delta R}{R} = \frac{\Delta L}{L} - \frac{\Delta S}{S} + \frac{\Delta\rho}{\rho} \tag{4-1-2}$$

式中 $\Delta L/L$ 为应变 ε,$\Delta S/S$ 可以表示为 $2\Delta r/r$。结合材料的泊松比定律,轴向应变和径向应变的关系可表示为

$$\frac{\Delta r}{r} = -\mu\frac{\Delta L}{L} = -\mu\varepsilon \tag{4-1-3}$$

式中:μ——电阻丝材料的泊松比,负号表示应变方向相反。

由式(4-1-2)、(4-1-3)可得

$$\frac{\Delta R}{R} = (1+2\mu)\varepsilon + \frac{\Delta\rho}{\rho} \tag{4-1-4}$$

或

$$\frac{\Delta R}{R}\cdot\frac{1}{\varepsilon} = (1+2\mu) + \frac{\Delta\rho}{\rho}\cdot\frac{1}{\varepsilon} \tag{4-1-5}$$

电阻丝的灵敏系数定义为单位应变所引起的电阻相对变化,即

$$K = 1+2\mu + \frac{\Delta\rho}{\rho}\cdot\frac{1}{\varepsilon} \tag{4-1-6}$$

灵敏系数受两个因素影响:一是受力后材料几何尺寸的变化,即 $(1+2\mu)$;二是受力后材料的电阻率发生的变化,即 $(\Delta\rho/\rho)/\varepsilon$。对金属材料电阻丝而言,$(1+2\mu)$ 的值要比 $(\Delta\rho/\rho)/\varepsilon$ 大得多,而半导体材料的 $(\Delta\rho/\rho)/\varepsilon$ 项比 $(1+2\mu)$ 大得多。实验表明,在电阻丝拉伸极限内,电阻的相对变化与应变成正比,即 K 为常数。

根据上述特点,用应变片测量应变或应力时,被测对象在外力作用下产生微小机械变形,应变片随之发生相同的形变,其电阻值也发生相应变化。通过测量应变片电阻值变化量 ΔR,可得被测对象的应变值,则应力 σ 为

$$\sigma = E\varepsilon \tag{4-1-7}$$

式中:E——被测材料的弹性模量。

由此可知,应力 σ 正比于应变 ε,而被测材料应变 ε 正比于电阻值的变化,所以应力 σ 正比于电阻值的变化,这就是利用应变片测量应变的基本原理。

(二)电阻应变片特性

1. 基本结构　电阻应变片的规格可以使用面积和电阻值来表示。如图 4-1-2 所示,金属应变片由敏感栅、基片、覆盖层和引线等部分组成。

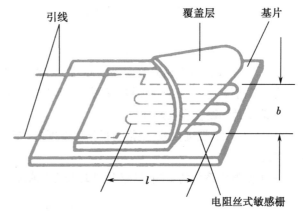

图 4-1-2　金属电阻应变片的结构

敏感栅是应变片的核心部分,它粘贴在绝缘的基片上,其上再粘贴起保护作用的覆盖层,两端焊接引出导线。金属电阻应变片的敏感栅可分为丝式、箔式和薄膜式三种。箔式应变片是采用半导体加工工艺如光刻、腐蚀等制成的一种很薄的金属箔栅,其厚度一般在 $0.003 \sim 0.01 \mathrm{mm}$。其优点是散热条件好,允许通过的电流较大,可制成各种所需的形状,便于批量生产。薄膜应变片是采用真空蒸发或真空沉淀等方法在薄的绝缘基片上形成 $0.1 \mu \mathrm{m}$ 以下的金属电阻薄膜的敏感栅,最后再加上保护层。它的优点是应变灵敏系数高,允许电流密度大,应用范围广。

2. 横向效应 如图 4-1-3(a)所示的应变片,其敏感栅是由多条长度为 l_1 的直线段和半径为 r 的半圆组成。各直线段上的金属丝只感受纵向拉应变 ε_x,其产生的应变是均匀的;但在半圆弧度段则受到从 $+\varepsilon_x$ 到 $-\mu\varepsilon_x$ 之间变化的应变,圆弧段电阻的变化将小于沿轴向上同样长度电阻丝电阻的变化。所以,将直的电阻丝绕成敏感栅后,虽然电阻丝长度相同,由于圆弧段的存在,圆弧段应变状态不同,导致灵敏系数下降,这种现象称为应变片的横向效应。

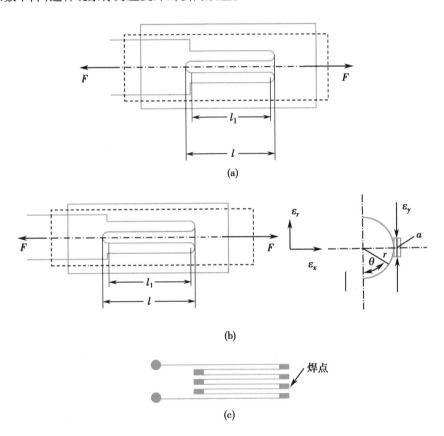

图 4-1-3 应变片横向效应及箔式应变片
(a) 应变片及轴向受力图;(b) 应变片的横向效应图;(c) 金属箔式应变片

当实际使用应变片的条件与其灵敏系数 K 的标定条件不同时,如受非单向应力状态,由于横向效应的影响,实际 K 值也需相应改变。因此,在实际使用中,要根据实际情况对 K 值进行必要的修正。为了减小横向效应产生的测量误差,现在一般多采用箔式应变片。

3. 应变片的温度误差及补偿

(1) 应变片的温度误差:是指测量环境温度的改变所引起的附加误差。产生应变片温度误差的主要因素有:

1) 电阻温度系数的影响:敏感栅的电阻丝阻值随温度变化的关系可用式(4-1-8)表示

$$R_t = R_0(1 + a_0 \Delta t) \tag{4-1-8}$$

式中:R_t——温度为 t℃ 时的电阻值;

R_0——温度为 t_0℃ 时的电阻值;

α_0——金属丝的电阻温度系数;

Δt——温度变化值,$\Delta t = t - t_0$。

电阻丝电阻的变化值为

$$\Delta R_t = R_t - R_0 = R_0 \alpha_0 \Delta t \qquad (4\text{-}1\text{-}9)$$

2)被测材料和电阻丝材料的线膨胀的影响:利用电阻应变片测试时,一般被测材料与电阻应变片粘贴在一起。当被测材料与应变片电阻丝材料的线膨胀系数相同时,环境温度变化不会对测量造成影响。当被测材料和电阻丝线膨胀系数不同时,环境温度的变化会使电阻丝产生附加变形,从而产生附加电阻。

设电阻丝和被测材料在 0℃ 时的长度均为 L_0,它们的线膨胀系数分别为 β_s 和 β_g,若两者不粘贴,则它们的长度分别为

$$L_s = L_0(1 + \beta_s \Delta t) \qquad (4\text{-}1\text{-}10)$$

$$L_g = L_0(1 + \beta_g \Delta t) \qquad (4\text{-}1\text{-}11)$$

当二者粘贴在一起时,电阻丝产生附加变形 ΔL,附加应变 ε_β 和附加电阻变化 ΔR_β 分别为

$$\Delta L = L_g - L_s = (\beta_g - \beta_s) L_0 \Delta t \qquad (4\text{-}1\text{-}12)$$

$$\varepsilon_\beta = \frac{\Delta L}{L_0} = (\beta_g - \beta_s) \Delta t \qquad (4\text{-}1\text{-}13)$$

$$\Delta R_\beta = K_0 R_0 \varepsilon_\beta = K_0 R_0 (\beta_g - \beta_s) \Delta t \qquad (4\text{-}1\text{-}14)$$

由式(4-1-9)和式(4-1-14),可得温度变化引起的应变片电阻相对变化为

$$\frac{\Delta R_t}{R_0} = \frac{\Delta R_\alpha + \Delta R_\beta}{R_0} = \alpha_0 \Delta t + K_0 (\beta_g - \beta_s) \Delta t = \left[\alpha_0 + K_0 (\beta_g - \beta_s) \right] \Delta t = \alpha \Delta t \qquad (4\text{-}1\text{-}15)$$

折合成附加应变量或虚假的应变 ε_t,有

$$\varepsilon_t = \frac{\Delta R_0}{R_0} \cdot \frac{1}{K_0} = \left[\frac{\alpha_0}{K} + (\beta_g - \beta_s) \right] \Delta t = \frac{\alpha}{K_0} \Delta t \qquad (4\text{-}1\text{-}16)$$

由式(4-1-15)和(4-1-16)可知,因环境温度变化而引起的附加电阻的相对变化量,除了与环境温度有关外,还与应变片自身的性能参数(K_0、α_0、β_s)以及被测被测材料线膨胀系数 β_g 有关。

(2)应变片的温度补偿方法

1)线路补偿法:电桥补偿是最常用的且效果较好的线路补偿法。测量应变时,工作应变片 R_1 粘贴在被测材料表面上,补偿应变片 R_B 粘贴在与被测材料完全相同的补偿块上。补偿块不受外力作用,因此补偿应变片不承受应变,仅工作应变片承受应变。将工作应变片 R_1、补偿应变片 R_B 以及另外两个电阻一起组成电桥补偿电路,如图 4-1-4 所示。

图 4-1-4 所示是电桥补偿法的原理图。电桥输出电压 U_0 与桥臂参数的关系为

$$U_0 = A(R_1 R_4 - R_B R_3) \qquad (4\text{-}1\text{-}17)$$

式中:A——由桥臂电阻和电源电压决定的常数。

由式(4-1-17)可知,当 R_3 和 R_4 为常数时,R_1 和 R_B 对电桥输出电压 U_0 的作用方向相反。利用这一

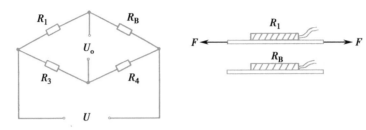

图 4-1-4 电桥补偿法

R_1——工作应变片；R_B——补偿应变片

基本关系可实现对温度的补偿。

当被测被测材料不承受应变，而 R_1 和 R_B 又处于同一环境温度为 $t\,℃$ 的温度场时，调整电桥参数使之达到平衡，有

$$U_0 = A(R_1 R_4 - R_B R_3) = 0 \tag{4-1-18}$$

一般按 $R_1 = R_B = R_3 = R_4$ 选取桥臂电阻。

当温度变化 $\Delta t = t - t_0$ 时，两个应变片因温度引起的电阻变化量相等，电桥仍处于平衡状态，即温度变化对电桥输出没有影响。

$$U_0 = A\left[(R_1 + \Delta R_1 t) R_4 - (R_B + \Delta R_B t) R_3 \right] = 0 \tag{4-1-19}$$

若此时被测材料有应变 ε，则工作应变片电阻 R_1 将变化 $\Delta R_1 = R_1 K \varepsilon$，而补偿片因不承受应变，故不产生新的增量，此时电桥输出电压为

$$U_0 = A R_1 R_4 K \varepsilon \tag{4-1-20}$$

由此可知，电桥的输出电压 U_0 仅与被测材料的应变 ε 有关，而与环境温度无关。

2）应变片的自补偿法：这种补偿法是利用材料自身具有温度补偿作用的应变片，称之为温度自补偿应变片。由式（4-1-15）得出，要实现温度自补偿，必须有

$$\alpha_0 + K_0(\beta_g - \beta_s) = 0 \tag{4-1-21}$$

这表明，当被测材料的线膨胀系数 β_g 已知时，如果合理选择敏感栅材料，使电阻温度系数 α_0、灵敏系数 K_0 和线膨胀系数 β_s 满足式（4-1-21），则无论温度如何变化，均有 $\Delta R_g / R_0 = 0$，从而达到温度自补偿的目的。

二、压阻式传感器

（一）压阻效应

压阻效应（piezoresistive effect）是指半导体材料受到应力作用后，电阻率发生变化。根据式（4-1-4），对金属材料而言，式中 $\Delta \rho / \rho$ 项很小，可以忽略不计。但对半导体材料，$\Delta \rho / \rho$ 项很大，其电阻率的变化为

$$\frac{\Delta \rho}{\rho} = \pi_l \sigma = \pi_l E_\varepsilon \frac{\Delta l}{l} \tag{4-1-22}$$

式中：π_l——沿某晶向的压阻系数；

E_ε——半导体材料的弹性模量。

如半导体硅材料，$\pi_l = (40 \sim 80) \times 10^{-11}\,\text{N/m}^2$，$E_\varepsilon = 1.67 \times 10^{11}\,\text{N/m}^2$，则 $\Delta \rho / \rho = 50 \sim 100$。由此可见，半导

体材料的灵敏系数比金属应变片灵敏系数$(1+2\mu)$大很多,可近似认为$\Delta R/R = \Delta\rho/\rho$。

半导体电阻材料有结晶的硅和锗,掺入杂质形成 P 型或 N 型半导体。其压阻效应是因为外力作用下原子点阵排列发生变化,导致载流子迁移率及浓度发生变化。由于半导体是各向异性材料,因此它的压阻系数不仅取决于掺杂浓度、温度和材料类型,而且与晶向有关。

(二)压阻应变片特性

半导体压阻应变片是用半导体材料制成的,其工作原理是基于半导体材料的压阻效应,其使用方法与金属应变片类似。

半导体应变片受轴向力作用时,其电阻相对变化也可以用式(4-1-4)表示,其中$\Delta\rho/\rho$为半导体应变片的电阻率相对变化,由式(4-1-22)可得

$$\frac{\Delta\rho}{\rho} = \pi_l\sigma = \pi_l \cdot E_s \cdot \varepsilon \tag{4-1-23}$$

式中:$\varepsilon = \Delta l/l$。

将式(4-1-23)代入式(4-1-4)中得

$$\frac{\Delta R}{R} = (1+2\mu+\pi_l E_s) \cdot \varepsilon \tag{4-1-24}$$

式中的$(1+2\mu)$项是半导体材料几何尺寸变化引起的,与一般电阻丝相差不多,而$\pi_l E_s$项是压阻效应引起的,比$(1+2\mu)$大上百倍,所以$(1+2\mu)$项可以忽略,因而半导体应变片的灵敏系数为

$$K_s = \frac{\Delta R}{R} \cdot \frac{1}{\varepsilon} = \pi_l E_s \tag{4-1-25}$$

半导体材料对温度很敏感,压阻式传感器的电阻值及灵敏系数随温度变化而变化,将引起零漂和灵敏度漂移。因此必须要进行温度补偿。

压阻式传感器一般采用四个扩散电阻接入电桥。当四个扩散电阻阻值相等或相差不大,温度系数也一样,则电桥零漂和灵敏度温漂会很小,但工艺上很难实现,故而一般采取电路方式进行补偿。

零位漂移一般可用串、并联电阻的方法进行补偿。如图 4-1-5 所示,串联电阻R_s起调零作用,并联电阻R则主要起温度补偿作用,R是负温度系数电阻(或R_4上并联正温度系数电阻)。根据四臂电桥在低温和高温下的实测电阻值可以计算出合适的R_s、R值和温度系数,从而取得较好的补偿效果。

灵敏度温漂采取在电桥的电源U回路中串联的二极管VD_1、VD_2来补偿。二极管的 PN 结压降为负温度特性,温度每升高 1℃,正向压降减小 1.9~2.4mV。若电源采用恒压源U_0,电桥电压随温度升高而提高,可以补偿灵敏度下降。二极管参数根据实测结果来选择确定。

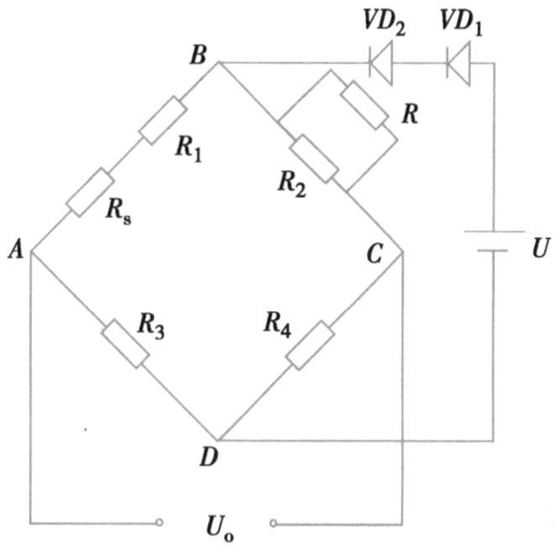

图 4-1-5　温度误差补偿

三、电阻式传感器测量电路

电阻式传感器主要用于测量力的变化,或是其他引起力变化的被测量。在实际测量中,被测力都很小,引起的机械应变一般也很小,要把微小应变引起的微小电阻变化测量出来,同时要把电阻相对变化$\Delta R/R$转换为电压或电流的变化,需要有测量电阻变化的专用测量电路,通常采用直流电桥和交流电桥,这种电桥电路对于电阻应变式和压阻式传感器都适用。

（一）直流电桥

1. 直流电桥平衡条件　电桥如图 4-1-6 所示，E 为电源，R_1、R_2、R_3 及 R_4 为桥臂电阻，可以设 R_1 为应变片电阻，R_L 为负载电阻。当 $R_L \to \infty$ 时，电桥输出电压为

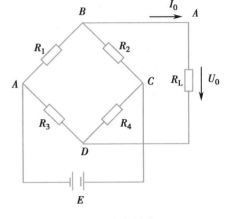

$$U_0 = E\left(\frac{R_1}{R_1+R_2} - \frac{R_3}{R_3+R_4}\right) \qquad (4\text{-}1\text{-}26)$$

当电桥平衡时，$U_0 = 0$，有

$$R_1 R_4 = R_2 R_3$$

或

图 4-1-6　直流电桥的原理图

$$\frac{R_1}{R_2} = \frac{R_3}{R_4} \qquad (4\text{-}1\text{-}27)$$

式（4-1-27）称为电桥平衡条件。这说明欲使电桥平衡，其相邻两臂电阻的比值应相等，或相对两臂电阻的乘积相等。

2. 电压灵敏度　应变片工作时，其电阻值 R_1 变化很小，电桥相应输出电压也很小，一般采用放大器进行放大。由于放大器的输入阻抗比桥路输出阻抗高很多，所以此时电桥仍视为开路情况。当产生应变时，引起应变片电阻变化 ΔR，其他桥臂固定不变，此时电桥输出电压 $U_0 \neq 0$，电桥输出电压为

$$U_0 = E\left(\frac{R_1+\Delta R_1}{R_1+\Delta R_1+R_2} - \frac{R_3}{R_3+R_4}\right) = E\,\frac{\dfrac{R_4}{R_3}\dfrac{\Delta R_1}{R_1}}{\left(1+\dfrac{\Delta R_1}{R_1}+\dfrac{R_2}{R_1}\right)\left(1+\dfrac{R_4}{R_3}\right)} \qquad (4\text{-}1\text{-}28)$$

设桥臂比 $n = R_2/R_1$，由于 $\Delta R_1 \ll R_1$，分母中 $\Delta R_1/R_1$ 可忽略，并考虑到平衡条件 $R_2/R_1 = R_4/R_3$，则式（4-1-28）可写为

$$U_0 = E\,\frac{n}{(1+n)^2}\frac{\Delta R_1}{R_1} \qquad (4\text{-}1\text{-}29)$$

电桥电压灵敏度定义为

$$K_U = \frac{U_0}{\dfrac{\Delta R_1}{R_1}} = E\,\frac{n}{(1+n)^2} \qquad (4\text{-}1\text{-}30)$$

对式（4-1-30）分析发现：①电桥电压灵敏度正比于电桥供电电压 E，供电电压越高，电桥电压灵敏度越高，但供电电压的提高受到应变片允许功耗的限制，所以要做适当选择；②电桥电压灵敏度是桥臂电阻比值 n 的函数，恰当地选择桥臂比 n 的值，可以保证电桥具有较高的电压灵敏度。

当 E 值确定后，n 值取何值时使 K_U 最高？

由 $\mathrm{d}K_U/\mathrm{d}n = 0$ 求 K_U 的最大值，得

$$\frac{\mathrm{d}K_U}{\mathrm{d}n} = \frac{1-n^2}{1+n} = 0 \tag{4-1-31}$$

求得 $n=1$ 时，K_U 为最大值。这就是说，在电桥电压确定后，当 $R_1 = R_2 = R_3 = R_4$ 时，电桥电压灵敏度最高，此时有

$$U_0 = \frac{E}{4}\frac{\Delta R_1}{R_1} \tag{4-1-32}$$

$$K_U = \frac{E}{4} \tag{4-1-33}$$

从上述可知，当电源电压 E 和电阻相对变化量 $\Delta R_1/R_1$ 一定时，电桥的输出电压及其灵敏度也是定值，且与各桥臂电阻阻值大小无关。

3. **非线性误差及其补偿方法**　由式(4-1-28)求出的输出电压因略去分母中的 $\Delta R_1/R_1$ 项而得出的是理想值式(4-1-29)，而实际值计算为

$$U_0' = E\frac{n\dfrac{\Delta R_1}{R_1}}{\left(1+\dfrac{\Delta R_1}{R_1}+n\right)(1+n)} \tag{4-1-34}$$

非线性误差为

$$\gamma_L = \frac{U_0 - U_0'}{U_0} = \frac{\dfrac{\Delta R_1}{R_1}}{1+\dfrac{\Delta R_1}{R_1}+n} \tag{4-1-35}$$

如果是四等臂电桥，$R_1 = R_2 = R_3 = R_4$，则

$$\gamma_L = \frac{\dfrac{\Delta R_1}{2R_1}}{1+\dfrac{\Delta R_1}{2R_1}} \tag{4-1-36}$$

对于一般应变片来说，所受应变 ε 通常在 5×10^{-3} 以下，若取 $K_U = 2$，则 $\Delta R_1/R_1 = K_U\varepsilon = 0.01$，代入式(4-1-36)计算行非线性误差为 0.5%；若 $K_U = 130$，$\varepsilon = 1\times10^{-3}$ 时，$\Delta R_1/R_1 = 0.130$，则得到非线性误差 6%，故当非线性误差不能满足测量要求时，必须予以消除。

为了减小和克服非线性误差，常采用差动电桥如图 4-1-7 所示，在被测材料上安装两个工作应变片，R_1 受拉应变，R_2 受压应变，接入电桥相邻桥臂，称为半桥差动电路，该电桥输出电压为

$$U_0 = E\frac{\Delta R_1 + R_1}{\Delta R_1 + R_1 + R_2 - \Delta R_2} - \frac{R_3}{R_3 + R_4} \tag{4-1-37}$$

若 $\Delta R_1 = \Delta R_2$，$R_1 = R_2$，$R_3 = R_4$，则得

$$U_0 = \frac{E}{2}\frac{\Delta R_1}{R_1} \tag{4-1-38}$$

由式(4-1-38)可知，U_0 与($\Delta R_1/R_1$)成线性关系，差动电桥无非线性误差，而且电桥电压灵敏度 $K_U = E/2$，

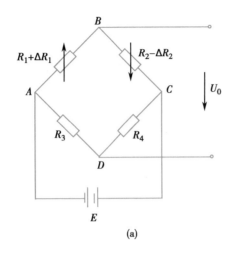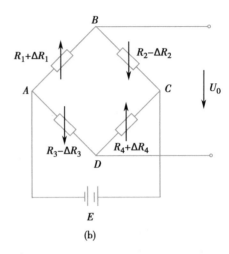

图 4-1-7　差动电桥的原理图

（a）半桥；（b）全桥

比单臂工作时提高一倍,同时还具有温度补偿作用。

若将电桥四臂接入四片应变片,如图 4-1-7(b)所示,即两个受拉应变,两个受压应变,将两个应变符号相同的接入相对桥臂上,构成全桥差动电路,若 $\Delta R_1 = \Delta R_2 = \Delta R_3 = \Delta R_4$,且 $R_1 = R_2 = R_3 = R_4$,则

$$U_0 = E \frac{\Delta R_1}{R_1} \tag{4-1-39}$$

$$K_U = E \tag{4-1-40}$$

此时全桥差动电路不仅没有非线性误差,而且电压灵敏度是单片的 4 倍,同时仍具有温度补偿作用。

（二）交流电桥

　　根据直流电桥分析可知,由于应变电桥输出电压很小,一般都要加放大器,而直流放大器易于产生零漂,为避免这种情况,可以采用交流电桥。

　　图 4-1-8 为交流电桥,$\dot{U}$ 为交流电压源,开路输出电压为 $\dot{U}_0$。由于采用交流电源,引线分布电容使得二桥臂应变片呈现复阻抗特性,相当于两只应变片各并联了一个电容,则每一桥臂上复阻抗分别为

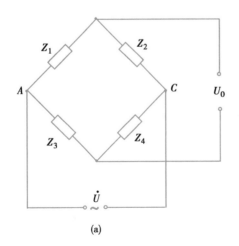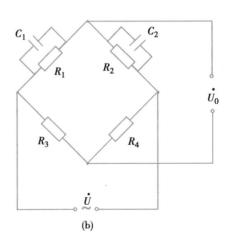

图 4-1-8　交流电桥的原理图

（a）电桥电路；（b）桥臂上的分布电容

$$Z_1 = \frac{R_1}{R_1 + j\omega R_1 C_1}$$
$$Z_2 = \frac{R_2}{R_2 + j\omega R_2 C_2}$$
$$Z_3 = R_3$$
$$Z_4 = R_4$$

$$(4\text{-}1\text{-}41)$$

式中 C_1、C_2 表示应变片引线分布电容,由交流电路分析可得

$$\dot{U}_0 = \frac{\dot{U}(Z_1 Z_4 - Z_2 Z_3)}{(Z_1 + Z_2)(Z_3 + Z_4)} \tag{4-1-42}$$

要满足电桥平衡条件,即 $\dot{U} = 0$,有

$$Z_1 Z_4 = Z_2 Z_3 \tag{4-1-43}$$

取 $Z_1 = Z_2 = Z_3 = Z_4$ 将式(4-1-41)代入式(4-1-43),可得

$$\frac{R_1}{1 + j\omega R_1 C_1} R_4 = \frac{R_2}{1 + j\omega R_2 C_2} R_3 \tag{4-1-44}$$

整理式(4-1-44)得

$$\frac{R_3}{R_1} + j\omega R_3 C_1 = \frac{R_4}{R_2} + j\omega R_4 C_2 \tag{4-1-45}$$

其实部、虚部分别相等,并整理可得交流电桥的平衡条件为

$$\frac{R_2}{R_1} = \frac{R_4}{R_3}$$

及

$$\frac{R_2}{R_1} = \frac{C_1}{C_2} \tag{4-1-46}$$

对这种交流电容电桥,除要满足电阻平衡条件外,还必须满足电容平衡条件。为此在桥路上除设有电阻平衡调节外还设有电容平衡调节。电桥平衡调节电路如图4-1-9所示。

当被测应力变化引起 $Z_1 = Z_0 + \Delta Z$,$Z_2 = Z_0 + \Delta Z$ 变化时,电桥输出为

$$\dot{U}_0 = \dot{U}\left(\frac{Z_0 + \Delta Z}{2Z_0} - \frac{1}{2}\right) = \frac{1}{2}\dot{U}\frac{\Delta Z}{2Z_0} \tag{4-1-47}$$

四、电阻式传感器在生物医学中的应用

(一)血压测量

医学上测量的血压包括动脉压、静脉压和心内压等,每种压力信号又包括收缩压、舒张压和平均压。血压是评估心血管功能最常用的参数,是人体重要的生命体征之一,不仅能评价人体心脏的泵血功能、心率、周围血管的阻力、主动脉和大动脉的弹性,还能反映全身血容量及血液的物理状态等因

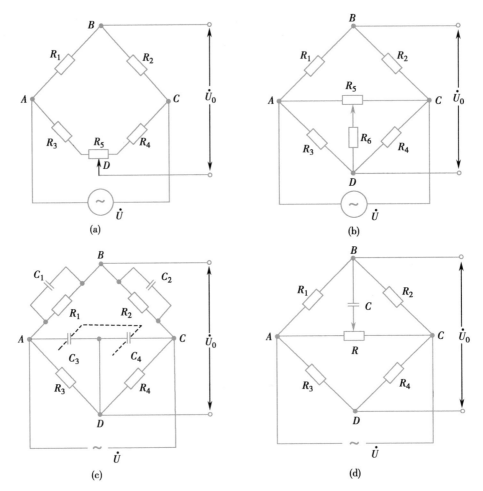

图 4-1-9 交流电桥平衡调节

(a)、(b) 电阻平衡调节;(c)、(d)电容平衡调节

素。因此,血压测量在临床上有非常重要的意义,也是最早使用的临床诊断手段之一。血压测量主要分为无创血压测量(间接测量)和有创血压测量(直接测量)。

1. 无创血压测量 利用空气为介质来测量血液的压力,通常为动脉压。图 4-1-10 所示为常用的电子血压计示意图。大多电子血压计是普通血压计与电子分析控制终端相连,计算机会自动加压并根据情况控制加减幅度。电子血压计采用的是示波法,即通过测量血液流动时对血管壁产生的振动,在袖带放气过程中,只要袖带内压强与血管压强相同,则振动最强。通过对振动波的分析计算可得出舒张压和收缩压的大小。

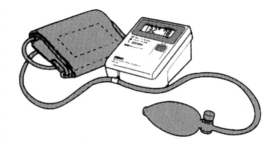

图 4-1-10 电子血压计

其核心部件为压力传感器,目前,大多数厂家采用的压力传感器均为固态压阻式传感器。

固态压阻式传感器的核心是硅膜片。利用半导体扩散技术,在膜片上扩散出 4 个 P 型电阻构成平衡电桥,膜片的四周用硅杯固定,其下部是与被测系统相连的高压腔,上部一般可与大气相通。固态压阻传感器结构如图 4-1-11。在被测压力 p 作用下,膜片产生应力和应变,其阻值的相对变化可用式(4-1-48)表示

$$\Delta R/R = \pi_r \sigma_r + \pi_t \sigma_t \tag{4-1-48}$$

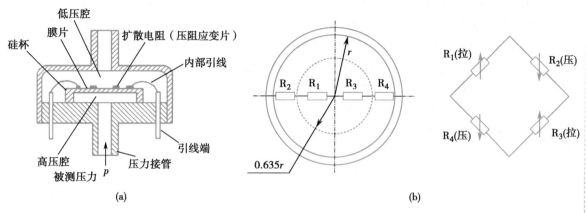

图 4-1-11　固态压阻式传感器的原理图

（a）传感器结构；（b）扩散电阻安装平面及连接电路示意图

式中，π_r 为径向压阻系数，π_t 为切向压阻系数，σ_r 为径向应力，σ_t 为切向应力。膜片的应力分布为

$$\sigma_r = \frac{3p}{8h^2}\left[(1+\mu)r^2-(3+\mu)x^2\right] \tag{4-1-49}$$

$$\sigma_t = \frac{3p}{8h^2}\left[(1+\mu)r^2-(1+3\mu)x^2\right] \tag{4-1-50}$$

式中 h、r 分别为膜片的厚度和有效半径，x 为硅电阻距膜片中心的距离，μ 为泊松比。

从上式可以看出，随着硅电阻距膜片中心的距离的变化，其应力也发生变化。在 $x=0.635r$ 时，径向应力 σ_r 为零值。将四个电阻沿一定晶向并分别在 $x=0.635r$ 的内外排列，则靠近圆心的两个电阻将受到拉应力，而远离圆心的两个电阻受到压应力，其电阻的变化达到大小相等，变化相反，即可组成差动电桥，其形式为四等臂差动电桥结构。

无创血压测量具备测量方便的特点，但由于在体外进行，所以受到外界干扰因素极大，准确性和可靠性还需继续提高。

2. **有创血压测量**　原理是：将导管通过穿刺，置于被测部位的血管内，导管的外端直接与压力传感器相连接，由于流体具有压力传递作用，血管内的压力将通过导管内的液体传递到外部的压力传感器上，从而可获得血管内实时压力变化的动态波形，通过计算分析，可获得被测部位血管的收缩压、舒张压和平均动脉压。

图 4-1-12 所示为一种针型压阻式血压半导体应变片传感器，它采用半导体压阻应变片做传感器，采用扩散硅膜片工艺制成。把扩散硅膜片装入注射针头内做成传感器，可以插入血管内直接测量血压，也可用此传感器来测量胆道的压力。

图 4-1-12 是血压传感器的结构，其外壳为不锈钢针头，前端是压力敏感膜，后端是

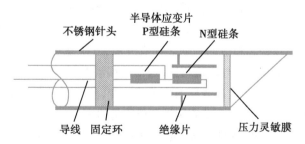

图 4-1-12　针型压阻式血压传感器结构图

固定环，内部封装两个半导体压阻应变片，一个为 P 型硅条，具有正灵敏度系数；另一个为 N 型硅条，具有负灵敏系数。两个半导体压阻应变片组成差动式结构，受压力作用时，一个电阻增加，另一电阻必然减少，与桥式测量电路配合可以达到提高信号输出幅度的目的，同时这种结构也具备较好的温度自补偿作用。

（二）脉搏检测

人体循环系统由心脏、血管、血液所组成，负责人体氧气、二氧化碳、养分及废物的运送。血液经

由心脏的左心室收缩而挤压流入主动脉,随即传递到全身动脉。动脉是富有弹性的结缔组织与肌肉所形成的管路,当大量血液进入动脉将使动脉压力变大而使管径扩张,在体表较浅处动脉即可感受到此扩张,即所谓的脉搏。在体表动脉各处都可以测得这种脉搏波,例如桡动脉波、肱动脉波和颈动脉波等。脉搏波反映心血管系统的有用信息,在生理测量和临床监护中广泛应用。

图 4-1-13 所示为半导体压阻式脉搏传感器的结构图,这是一个高灵敏的传感器,非常适合测量体表动脉的脉搏波。传感器采用典型悬臂梁式结构,其核心为上下两片半导体压阻应变片粘贴在条形弹簧片上,弹簧片一端固定在基座上,另一端接导杆。导杆与敏感膜片相连,组成压力传感器。敏感膜片还可以做成凸面,有利于脉搏波测量。脉搏压力作用在敏感膜片上,经导杆和弹簧片使应变片发生形变。

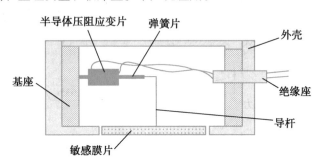

图 4-1-13　半导体压阻式脉搏传感器结构图

导线引出每个应变片的信息,再通过测量电路实现脉搏波测量,包括脉搏波波形和幅度变化的测量。

第二节　电感式传感器

电感式传感器(inductive sensor)是一种建立在电磁感应基础上,利用线圈的自感 L 或互感 M 的变化来实现测量的一种装置。测量时被测的物理量引起线圈的自感或互感变化,再由测量电路转换成电压或电流的变化量输出,它可以用来测量位移、振动、压力、流量、应变等多种物理量。

电感式传感器种类很多,有利用自感原理的自感式传感器(self-inductance sensor),利用互感原理的差动变压器式传感器(linear variable differential transformer),此外,还有利用电涡流原理的电涡流式传感器(eddy current sensor)等。

一、自感式传感器

(一) 变气隙式自感传感器

1. 结构和工作原理　变气隙式自感传感器的结构如图 4-2-1 所示。

变气隙式自感式传感器由线圈、铁芯和衔铁三部分组成。铁芯和衔铁都由导磁材料制成,如硅钢片或坡莫合金。在铁芯和活动衔铁之间有气隙,气隙宽度为 δ,传感器的运动部分与衔铁相连,当衔铁移动时,气隙宽度 δ 发生变化,导致电感线圈的电感值改变,然后通过测量电路测出其变化量,由此判别被测位移量的大小。

根据电感的定义,匝数为 W 的电感线圈的电感量 L 为:

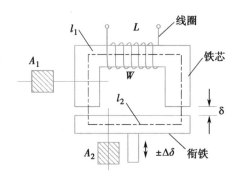

图 4-2-1　变气隙式自感式传感器的基本结构图

$$L = \frac{W\phi}{I} \tag{4-2-1}$$

式中:ϕ——线圈的磁通(单位:Wb);

I——线圈中流过的电流(A)。

根据磁路欧姆定律,磁通为

$$\phi = \frac{IW}{R_m} \tag{4-2-2}$$

由式(4-2-1)、(4-2-2)得线圈的电感值 L：

$$L = \frac{W^2}{R_m} \tag{4-2-3}$$

式中：W——线圈匝数；

　　　R_m——磁路的总磁阻；

且
$$R_m = R_1 + R_2 + R_\delta \tag{4-2-4}$$

其中，R_1、R_2 为铁芯和衔铁的磁阻，R_δ 为空气气隙磁阻，且

$$R_1 = \frac{l_1}{\mu_1 A_1} \tag{4-2-5}$$

$$R_2 = \frac{l_2}{\mu_2 A_2} \tag{4-2-6}$$

$$R_\delta = \frac{2\delta}{\mu_0 A} \tag{4-2-7}$$

式中，l_1、l_2 是铁芯和衔铁的磁路长度（m），μ_1、μ_2 是铁芯材料和衔铁材料的导磁率（H/m），μ_0 是空气的导磁率，$\mu_0 = 4\times10^{-7}\text{H/m}$，$A_1$ 和 A_2 分别是铁芯和衔铁的横截面积（m^2），A 是气隙横截面积（m^2）。

由于 μ_1、μ_2 远高于 μ_0，$(R_1+R_2) \leqslant R_\delta$，因此常常忽略 R_1 和 R_2，则线圈电感为

$$L \approx \frac{W^2}{R_m} = \frac{W^2 \mu_0 A}{2\delta} \tag{4-2-8}$$

由式(4-2-8)可知，当线圈匝数 W 确定后，只要改变 δ 和 A 均可导致电感的变化。因此，自感式传感器可分为变气隙厚度 δ 的传感器和变气隙面积 A 的传感器，本节只介绍使用最广泛的是变气隙厚度式自感传感器。自感传感器常见的还有一种螺线管型结构的电感传感器。

2. 输出特性和灵敏度　当自感传感器线圈匝数和气隙面积一定时，电感量 L 与气隙厚度 δ 成反比。设传感器的初始气隙为 δ_0，初始电感量为 L_0，衔铁位移引起的气隙变化量为 $\Delta\delta$，由式(4-2-8)知，L 和 δ 之间是非线性关系。

初始电感量为

$$L_0 = \frac{\mu_0 A W^2}{2\delta_0} \tag{4-2-9}$$

（1）当衔铁下移 $\Delta\delta$，即传感器气隙增大 $\Delta\delta$，气隙宽度为 $\delta = \delta_0 + \Delta\delta$，则电感量减小，其变化量为

$$\begin{aligned}
\Delta L_1 &= L_1 - L_0 = \frac{\mu_0 A W^2}{2(\delta_0 + \Delta\delta)} - \frac{\mu_0 A W^2}{2\delta_0} = \frac{\mu_0 A W^2}{2\delta_0} \cdot \left[\frac{2\delta_0}{2(\delta_0 + \Delta\delta)} - 1 \right] \\
&= L_0 \frac{-\Delta\delta}{\delta_0 + \Delta\delta}
\end{aligned} \tag{4-2-10}$$

电感量的相对变化为

$$\frac{\Delta L_1}{L_0} = \frac{-\Delta\delta}{\delta_0+\Delta\delta} = \frac{1}{1+\frac{\Delta\delta}{\delta_0}} \cdot \left(-\frac{\Delta\delta}{\delta_0}\right) \tag{4-2-11}$$

当 $\frac{\Delta_\delta}{\delta_0} \ll 1$，可展开为级数形式

$$\frac{\Delta L_1}{L_0} = -\frac{\Delta\delta}{\delta_0} + \left(\frac{\Delta\delta}{\delta_0}\right)^2 - \left(\frac{\Delta\delta}{\delta_0}\right)^3 + \cdots\cdots \tag{4-2-12}$$

（2）当衔铁上移 $\Delta\delta$，即传感器气隙减小 $\Delta\delta$，即 $\delta = \delta_0 - \Delta\delta$，则电感量增大，其变化量为

$$\Delta L_2 = L_2 - L_0 = \frac{\mu_0 A W^2}{2(\delta_0-\Delta\delta)} - \frac{\mu_0 A W^2}{2\delta_0} = L_0 \cdot \frac{\Delta\delta}{\delta_0-\Delta\delta} \tag{4-2-13}$$

$$\frac{\Delta L_2}{L_0} = \frac{\Delta\delta}{\delta_0-\Delta\delta} = \frac{1}{1-\frac{\Delta\delta}{\delta_0}} \cdot \left(\frac{\Delta\delta}{\delta_0}\right) \tag{4-2-14}$$

同样展开成级数

$$\frac{\Delta L_2}{L_0} = \frac{\Delta\delta}{\delta_0} + \left(\frac{\Delta\delta}{\delta_0}\right)^2 + \left(\frac{\Delta\delta}{\delta_0}\right)^3 + \cdots\cdots \tag{4-2-15}$$

（3）忽略二次以上的高次项，则 ΔL_1、ΔL_2 与 $\Delta\delta$ 为线性关系，即

$$\Delta L_1 = \frac{-L_0}{\delta_0} \cdot \Delta\delta \tag{4-2-16}$$

$$\Delta L_2 = \frac{L_0}{\delta_0} \cdot \Delta\delta \tag{4-2-17}$$

传感器的灵敏度

$$S = \left|\frac{\Delta L}{\Delta\delta}\right| = \left|\frac{L_0}{\delta_0}\right| \tag{4-2-18}$$

由式（4-2-15）可见，高次项是造成非线性的主要原因。当 $\Delta\delta/\delta_0$ 越小时，高次项迅速减小，非线性得到改善，但电感的变化量也变小，这说明了输出特性与测量范围之间存在矛盾，因此，自感式传感器用于测量微小位移量是比较准确的。为了减小非线性误差，实际测量中广泛采用差动式自感传感器。

3. 差动变气隙式自感传感器　为了减小非线性误差，利用两只完全对称的单个自感传感器共用一个活动衔铁，构成差动自感传感器。差动自感传感器的结构各异，图 4-2-2 是差动 E 型变气隙自感传感器，其结构特点是，上下两个磁体的几何尺寸、材料、电气参数均完全一致，在使用中传感器的两只电感线圈接成交流电桥的相邻桥臂，另外两个桥臂可由电阻组成，构成交流电桥的四个臂，电桥激励电源为 $\dot{U}_i$，桥路输出为交流电压 $\dot{U}_0$。

初始状态时，衔铁位于中间位置，两边气隙宽度相

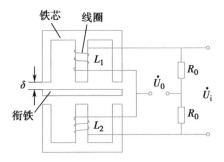

图 4-2-2　差动 E 型自感传感器结构原理图

等,因此两只电感线圈的电感量相等,接在电桥相邻臂上,电桥输出 $\dot{U}_0=0$,即电桥处于平衡状态。

工作时,当衔铁偏离中心位置,向上或向下移动时,造成两边气隙宽度不一样,使两只电感线圈的电感量一增一减,电桥不平衡,电桥输出电压将与 ΔL 有关,而 ΔL 与衔铁移动位移的大小近似成比例,其相位则与衔铁移动量的方向有关。因此,只要能测量出输出电压的大小和相位,就可以决定衔铁位移的大小和方向。

根据式(4-2-12)和(4-2-15),差动自感传感器电感量的变化量为 ΔL(衔铁下移)

$$\Delta L = \Delta L_2 - \Delta L_1 = 2L_0 \left[\frac{\Delta\delta}{\delta_0} + \left(\frac{\Delta\delta}{\delta_0}\right)^3 + \left(\frac{\Delta\delta}{\delta_0}\right)^5 + \cdots \cdots \right] \tag{4-2-19}$$

式中,L_0 为衔铁在中间位置时单个线圈的电感量。从式(4-2-19)看出,输出不存在偶次项,因此非线性得到了改善。

差动变气隙式自感传感器的灵敏度,在忽略高次项后得到

$$S = \frac{2L_0}{\delta_0} \tag{4-2-20}$$

与式(4-2-18)相比,它比单极自感传感器提高了一倍。关于电桥输出电压计算可参见后续内容电感式传感器测量电路部分。

(二)螺线管电感传感器

1. 结构和工作原理　螺线管电感传感器的结构原理如图 4-2-3 所示,它是由一空心螺线管和位于螺线管内的圆柱形铁芯组成的。当铁芯伸入螺线管内的长度 x 发生变化时,就引起螺线管自感量 L 的变化。

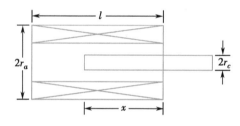

图 4-2-3　螺线管电感传感器原理图

由于螺线管的实际长度是有限的,而且螺线管内的磁介质又是不均匀的,所以要精确计算其自感量是困难的,因而一般的工程计算大都是近似的。

在螺线管的长径比相当大的条件下,螺线管电感传感器的自感量 L 可以看作是螺线管空心部分的自感量 L_1 与螺线管含铁芯部分的自感量 L_2 之和,即

$$L = L_1 + L_2 \tag{4-2-21}$$

式中:L——螺线管电感传感器的自感量;

$\quad\quad$ L_1——螺线管空心部分的自感量;

$\quad\quad$ L_2——螺线管含有铁芯部分的自感量。

若螺线管的长径比相当大,且忽略其端部效应,则螺线管内部的磁场强度可以近似认为是均匀的,其值为

$$H = \frac{WI}{l} \tag{4-2-22}$$

式中:H——螺线管内的磁场强度(A/m);

$\quad\quad$ W——螺线管线圈的总匝数;

$\quad\quad$ I——螺线管的电流(A);

$\quad\quad$ l——螺线管的长度(m)。

根据式(4-2-1),L_1 为

$$L_1 = \frac{W_1\phi_1}{I} \tag{4-2-23}$$

式中：W_1——螺线管空心部分的线圈匝数；

ϕ_1——通过螺线管空心部分的磁通（Wb）。

通过螺线管空心部分的磁通量 ϕ_1 为

$$\phi_1 = \mu_0 H\pi r_a^2 \tag{4-2-24}$$

式中：r_a——螺线管线圈的平均半径（m）。

螺线管空心部分的线圈匝数 W_1 为：

$$W_1 = \frac{l-x}{l}W \tag{4-2-25}$$

式中：x——铁芯伸入螺线管内的长度（m）。

由式（4-2-23、4-2-24、4-2-25）得

$$L_1 = \pi\mu_0 W^2 r_a^2 \frac{l-x}{l^2} \tag{4-2-26}$$

L_2 计算的关键是求出通过含铁芯部分的螺线管的磁通。应为通过铁芯的磁通与通过铁芯与线圈间的空气隙的磁通之和，即：

$$\phi_2 = \phi_2' + \phi_2'' \tag{4-2-27}$$

这里

$$\phi_2' = \mu_0\mu_r HA' \tag{4-2-28}$$

式中：μ_r——铁芯的相对磁导率；

A'——铁芯的截面积（m^2），$A' = \pi r_c^2$；

而

$$\phi_2'' = \mu_0 HA'' \tag{4-2-29}$$

式中：A''——铁芯与线圈间空气隙的截面积（m^2）$A'' = \pi(r_a^2 - r_c^2)$

于是

$$\phi_2 = \mu_0 H[\mu_r A' + A''] = \pi\mu_0 H[(\mu_r - 1)r_c^2 + r_a^2] \tag{4-2-30}$$

将式（4-2-22）代入式（4-2-31）得

$$\phi_2 = \pi\mu_0 \frac{WI}{l}[(\mu_r - 1)r_c^2 + r_a^2] \tag{4-2-31}$$

由式（4-2-1）得

$$L_2 = \frac{W_2\phi_2}{I} \tag{4-2-32}$$

式中：W_2——螺线管含有铁芯部分的匝数

由于

$$W_2 = \frac{x}{l} W \qquad (4\text{-}2\text{-}33)$$

将式（4-2-31）、（4-2-33）代入（4-2-32），得

$$L_2 = \pi\mu_0 \frac{W^2}{l^2} x \left[(\mu_r - 1) r_c^2 + r_a^2 \right] \qquad (4\text{-}2\text{-}34)$$

由式（4-2-21）、（4-2-26）、（4-2-34）得

$$L = \pi\mu_0 \frac{W^2}{l^2} \left[r_a^2 l + (\mu_r - 1) r_c^2 x \right] \qquad (4\text{-}2\text{-}35)$$

式（4-2-35）给出的螺线管电感传感器自感量 L 与铁芯伸入螺线管内长度 x 间的线形关系是作了若干近似后得出的。

当铁芯的插入长度 x 有变化量 Δl_x 时，电感传感器的电感量 L 也有变化量 Δl：

$$\Delta L = \pi\mu_0 \frac{W^2}{l^2} (\mu_r - 1) r_c^2 \Delta l_x \qquad (4\text{-}2\text{-}36)$$

则此螺管电感传感器的灵敏度为

$$S = \frac{\Delta L}{\Delta l_x} = \pi\mu_0 \frac{W^2}{l^2} (\mu_r - 1) r_c^2 \qquad (4\text{-}2\text{-}37)$$

螺线管电感传感器用于小位移测量时，铁芯可以工作在螺线管的端部，也可以工作在中间部分。在大位移检测时，铁芯通常工作在螺线管的中间部分。增加线圈的匝数，增大铁芯的直径，可以提高螺线管电感传感器的灵敏度。螺线管电感传感器的线性工作范围通常比气隙型电感传感器的线性工作范围大。

2. 差动螺线管式电感传感器　为了提高灵敏度与线性度可采用如下差动螺管式电感传感器结构，如图 4-2-4 所示。

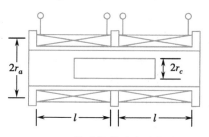

图 4-2-4　差动螺管式电感传感器

类似于差动 E 型自感传感器，差动螺管式电感传感器的结构要求几何参数、材料参数完全一致，左右两只线圈的电气参数（线圈铜电阻、线圈匝数）也应完全一致。使用中，传感器的两只线圈接成交流电桥的相邻桥臂，另外两个桥臂由电阻组成，构成交流电桥的四个臂，电桥由交流电源供电。

当铁芯移动 Δl_x 后，一边的电感量增加，另一边电感量减小，因为是接入电桥相临桥臂，所以总的电感变化量 Δl

$$\Delta L = \Delta L_1 - \Delta L_2 = 2\pi\mu_0 \frac{W^2}{l^2} (\mu_r - 1) r_c^2 \Delta l_x \qquad (4\text{-}2\text{-}38)$$

则差动螺管电感传感器的灵敏度 S

$$S = \frac{\Delta L}{\Delta l_x} = 2\pi\mu_0 \frac{W^2}{l^2} (\mu_r - 1) r_c^2 \qquad (4\text{-}2\text{-}39)$$

可见其灵敏度比单线圈螺管式传感器提高一倍。

二、互感式传感器

把被测的非电量变化转换为线圈互感系数的变化,进而使副线圈输出电势随之变化的传感器称为互感式传感器。这种传感器是根据变压器的基本原理制成的,并且次级绕组用差动形式连接,故又称为差动变压器式传感器。

差动变压器结构形式:变隙式、螺线管式和变面积式等。

在非电量测量中,应用最多的是螺线管式差动变压器,它可以测量 1~100mm 机械位移,并具有测量精度高、灵敏度高、结构简单、性能可靠等优点。

(一)变隙式差动变压器

1. 结构与工作原理 如图 4-2-5 是一个 II 型变隙式差动变压器,它由两个 II 型铁芯、一个活动衔铁及多个铁芯线圈组成。

两个初级绕组线圈 1 和线圈 2 的同名端顺向串联,$\dot{U}_i$ 为加在初级绕组的激励电压。而两个次级绕组线圈 3 和线圈 4 的同名端反相串联,其输出电压为 $\dot{U}_0$。初次级线圈间的耦合程度与衔铁的位置有关。

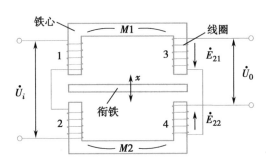

图 4-2-5 差动变压器的结构原理

差动变压器与一般变压器不同,一般变压器为闭合磁路,初次级的互感为常数,而差动变压器由于存在铁芯气隙,是开磁路,且初次级的互感随衔铁位移而变化,另外,差动变压器的两个次级线圈的同名端反相串联,因此它按差动方式工作,输出电压为 $\dot{U}_0 = \dot{E}_{21} - \dot{E}_{22}$。

(1) 当衔铁位于中间位置时,$M_1 = M_2$,$\dot{E}_{21} = \dot{E}_{22}$,$\dot{U}_0 = 0$;

(2) 当衔铁向上移动时,$M_1 > M_2$,$\dot{E}_{21} > \dot{E}_{22}$,$\dot{U}_0 > 0$;

(3) 当衔铁向下移动时,$M_1 < M_2$,$\dot{E}_{21} < \dot{E}_{22}$,$\dot{U}_0 < 0$;

所以,当衔铁偏离中心位置时,输出电压 $\dot{U}_0$ 随偏离的增大而增加,但上下偏移时输出的相位差 180°,其有效值的特性曲线如图 4-2-6 所示。实际上,衔铁位于中心位置时,输出电压 $\dot{U}_0$ 并不等于零,而是大小为 U_z,它是零点残余电压,其产生原因很多,主要是变压器的制作工艺和导磁体安装等问题,U_z 一般在几十毫伏以下,实际使用中,必须设法减小 U_z,否则会影响测量结果。

2. 等效电路 差动变压器工作在理想情况下(忽略涡流损耗、磁滞损耗和分布电容等影响),它的等效电路如图 4-2-7 所示。

图 4-2-7 中 $\dot{U}_i$ 为一次绕组激励电压;M_1、M_2 分别为初

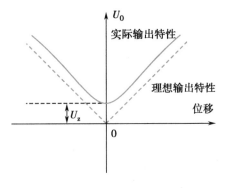

图 4-2-6 差动变压器输出电压 $\dot{U}_0$ 有效值的特性曲线

级绕组与两个次级绕组间的互感;L_1、R_1 分别为初级绕组的电感和有效电阻;L_{21}、L_{22} 分别为两个次级线圈的电感;R_{21}、R_{22} 分别为两个次级绕组的损耗电阻。

当次级开路时,初级线圈的交流电流为

$$\dot{I}_1 = \frac{\dot{U}_i}{R_1 + j\omega L_1} \tag{4-2-40}$$

次级线圈感应电势为:$\dot{E}_{21} = -j\omega M_1 \dot{I}_1$,$\dot{E}_{22} = -j\omega M_2 \dot{I}_1$

差动变压器输出电压为

$$\dot{U}_0 = \dot{E}_{21} - \dot{E}_{22} = -j\omega(M_1 - M_2)\dot{I}_1 \qquad (4-2-41)$$

$$= -j\omega(M_1 - M_2)\frac{\dot{U}_i}{R_1 + j\omega L_1}$$

输出电压有效值为

$$U_0 = \frac{\omega(M_1 - M_2)U_i}{\sqrt{R_1^2 + (\omega L_1)^2}} \qquad (4-2-42)$$

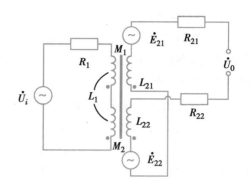

图 4-2-7　差动变压器等效电路

下面分三种情况进行分析：

（1）衔铁处于中间位置时：$M_1 = M_2, \dot{E}_{21} = \dot{E}_{22}, \dot{U}_0 = 0$

$$\dot{E}_{21} = \dot{E}_{22} = -j\omega M\frac{\dot{U}_i}{R_1 + j\omega L_1} \qquad (4-2-43)$$

$$E_0 = |\dot{E}_{21}| = |\dot{E}_{22}| = \frac{\omega M U_i}{\sqrt{R_1^2 + (\omega L_1)^2}} \qquad (4-2-44)$$

（2）当衔铁向上移动时：$M_1 = M + \Delta M, M_2 = M - \Delta M$

$$\dot{U}_0 = -j\omega\frac{2\Delta M\dot{U}_i}{R_1 + j\omega L_1} \qquad (4-2-45)$$

有效值

$$U_0 = |\dot{U}_0| = \frac{2\omega\Delta M U_i}{\sqrt{R_1^2 + (\omega L_1)^2}} = 2E_0 \cdot \frac{\Delta M}{M} \qquad (4-2-46)$$

（3）当衔铁向下移动时：$M_1 = M - \Delta M, M_2 = M + \Delta M$

$$\dot{U}_0 = j\omega\frac{2\Delta M\dot{U}_i}{R_1 + j\omega L_1} \qquad (4-2-47)$$

有效值

$$U_0 = |\dot{U}_0| = \frac{2\omega\Delta M U_i}{\sqrt{R_1^2 + (\omega L_1)^2}} = 2E_0 \cdot \frac{\Delta M}{M} \qquad (4-2-48)$$

而输出阻抗及其幅值为

$$\left.\begin{array}{l} Z = R_{21} + R_{22} + j\omega L_{21} + j\omega L_{22} \\[2mm] |Z| = \sqrt{(R_{21} + R_{22})^2 + \omega^2(L_{21} + L_{22})^2} \end{array}\right\} \qquad (4-2-49)$$

这样，从输出端看进去，差动变压器可等效为内阻抗为 Z，电压为 $\dot{U}_0$ 的一个电压源，此电压大小与互感的相对变化成正比。而且当衔铁上移时，输出电压 $\dot{U}_0$ 与输入电压 $\dot{U}_i$ 反相，当衔铁下移时，输出电压 $\dot{U}_0$ 与输入电压 $\dot{U}_i$ 同相。

（二）螺线管式差动变压器

1. 工作原理和等效电路　如图 4-2-8 是一个螺线管式差动变压器，它由两个次级线圈、一个初级线圈、活动衔铁及壳体组成。

两个次级线圈反相串联,并且在忽略铁损、导磁体磁阻和线圈分布电容的理想条件下,其等效电路参见图 4-2-7 所示。

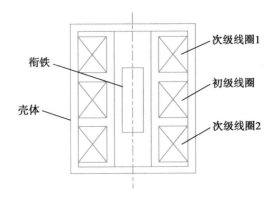

图 4-2-8　螺线管式差动变压器结构

当初级绕组加以激励电压 $\dot{U}_i$ 时,根据变压器的工作原理,在两个次级绕组 L_{21} 和 L_{22} 中便会产生感应电势 $\dot{E}_{21}$ 和 $\dot{E}_{22}$。理论上当活动衔铁处于初始中间平衡位置时,必然会使两互感系数 $M_1 = M_2$。根据电磁感应原理,将有 $\dot{E}_{21} = \dot{E}_{22}$。由于变压器两次级绕组反相串联,因而 $\dot{U}_0 = 0$,即差动变压器输出电压为零。

当活动衔铁向上移动时,由于磁阻的影响,L_{21} 中磁通将大于 L_{22},使 $M_1 > M_2$,因而 $\dot{E}_{21}$ 增加,而 $\dot{E}_{22}$ 减小。反之,$\dot{E}_{22}$ 增加,$\dot{E}_{21}$ 减小。因为 $\dot{U}_0 = \dot{E}_{21} - \dot{E}_{22}$,所以当 $\dot{E}_{21}$、$\dot{E}_{22}$ 随着衔铁位移 x 变化时,$\dot{U}_0$ 也必将随 x 而变化。它的输出特性曲线见图 4-2-6。

当衔铁位于中心位置时,差动变压器输出电压并不等于零,存在零点残余电压,记作 ΔU_0,它的存在使传感器的输出特性不经过零点,造成实际特性与理论特性不完全一致。

2. 误差因素分析　零点残余电压产生原因:主要是由传感器的两次级绕组的电气参数和几何尺寸不对称,以及磁性材料的非线性等引起的。

零点残余电压的波形十分复杂,主要由基波和高次谐波组成。

基波产生的主要原因:传感器的两次级绕组的电气参数、几何尺寸不对称,导致它们产生的感应电势幅值不等、相位不同,因此不论怎样调整衔铁位置,两线圈中感应电势都不能完全抵消。

高次谐波(主要是三次谐波)产生原因:磁性材料磁化曲线的非线性(磁饱和、磁滞)。

为了减小零点残余电动势可采取以下方法:①尽可能保证传感器几何尺寸、线圈电气参数的对称。磁性材料要经过处理,消除内部的残余应力,使其性能均匀稳定;②选用合适的测量电路,如采用相敏整流电路。既可判别衔铁移动方向又可改善输出特性,减小零点残余电动势;③采用补偿线路减小零点残余电动势。

三、电涡流式传感器

(一)电涡流效应

一块金属导体放置于一个扁平线圈附近,相互不接触,如图 4-2-9 所示。

当线圈中通有高频交变电流 $\dot{I}_1$ 时,在线圈周围产生交变磁场 Φ_1;交变磁场 Φ_1 将通过附近的金属导体产生电涡流 $\dot{I}_2$,同时产生交变磁场 Φ_2,且 Φ_2 与 Φ_1 的方向相反。Φ_2 对 Φ_1 有反作用,从而使线圈中的电流 $\dot{I}_1$ 的大小和相位均发生变化,即线圈中的等效阻抗发生了变化。这就是电涡流效应。线圈阻抗的变化与电涡流效应密切相关,即与线圈的半径 r、激磁电流 $\dot{I}_1$ 的幅值、频率 ω、金属导体的电阻率 ρ、导磁率 μ 以及线圈到导体的距离 x 有关,可以写为 $Z = f(r, \dot{I}_1, \omega, \rho, \mu, x)$。

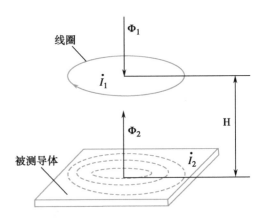

图 4-2-9　电涡流传感器的原理图

实际应用时,控制上述这些可变参数,只改变其中的一个参数,则线圈阻抗的变化就成为这个参数的单值函数,这就是利用电涡流效应实现测量的主要原理。

利用电涡流效应制成的变换元件的优点有:灵敏度高,结构简单,抗干扰能力强,不受油污等介质的影响,可进行非接触测量等。这类元件常用于测量位移、振幅、厚度、工件表面粗糙度、导体的温度、金属表面裂纹以及材质的鉴别等,在工业生产和科学研究各个领域有广泛的应用。

(二)等效电路分析

由上述电涡流效应的作用过程可知:金属导体可看作一个短路线圈,它与高频通电扁平线圈磁性相连。基于变压器原理,把高频导电线圈看成变压器原边,金属导体中涡流回路看成副边,即可画出电涡流式变换元件的等效电路,如图 4-2-10 所示。

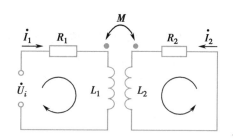

图 4-2-10 电涡流效应等效电路图

图中 R_1 和 L_1 分别为通电线圈的电阻和电感,R_2 和 L_2 分别为金属导体的电阻和电感,线圈与金属导体间互感系数 M 随间隙 x 的减小而增大。$\dot{U}_i$ 为高频激磁电压。由基尔霍夫定律可写出方程

$$\left.\begin{array}{l} R_1\dot{I}_1+j\omega L_1\dot{I}_1-j\omega M I_2=\dot{U}_i \\ R_2\dot{I}_2+j\omega L_2\dot{I}_2-j\omega M I_1=0 \end{array}\right\} \tag{4-2-50}$$

利用式(4-2-41),可得到线圈的等效阻抗为

$$Z=\frac{\dot{U}_i}{\dot{I}_1}=R_1+R_2\frac{\omega^2 M^2}{R_2^2+\omega^2 L_2^2}+j\omega\left[L_1-L_2\frac{\omega^2 M^2}{R_2^2+\omega^2 L_2^2}\right] \tag{4-2-51}$$

$$=R+j\omega L$$

$$R=R_1+R_2\frac{\omega^2 M^2}{R_2^2+\omega^2 L_2^2} \tag{4-2-52}$$

$$L=L_1-L_2\frac{\omega^2 M^2}{R_2^2+\omega^2 L_2^2} \tag{4-2-53}$$

式中 L_1——不计涡流效应时线圈的电感;

$\quad\ L_2$——电涡流等效电路的等效电感;

$\quad\ R$——考虑电涡流效应时线圈的等效电阻;

$\quad\ L$——考虑电涡流效应时线圈的等效电感。

由上述分析可知,由于涡流效应的作用,线圈的阻抗由 $Z_0=R_1+j\omega L_1$ 变成了 Z。比较 Z_0 与 Z 可知:电涡流影响的结果使等效阻抗 Z 的实部增大,虚部减少,即等效的品质因数 Q 值减小了。这样电涡流将消耗电能,在导体上产生热量。

四、电感式传感器测量电路

电感式传感器的测量电路有交流电桥式、交流变压器式和相敏检波电路等几种。

(一)交流电桥式测量电路

图 4-2-11 为交流电桥式测量电路。

从图 4-2-11 可以看出差动电感式传感器的两个线圈作为电桥的两个相邻桥臂 Z_1 和 Z_2,另两个相邻桥臂用纯电阻 $Z_3=Z_4=R$ 代替。由交流电源供电,在电桥的另一对角端即为输出的交流电压。

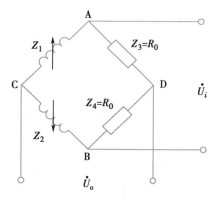

图 4-2-11 交流电桥式测量电路

初始位置时,衔铁处于中间位置,两边的气隙相等,$\delta_1 = \delta_2 = \delta_0$。因此,两只电感线圈的电感量在理论上相等,即

$$L_1 = L_2 = L_0 = \frac{W^2 \mu_0 S}{2\delta_0} \tag{4-2-54}$$

式中 L_1——差动电感式传感器的上半部分电感(H);

$\quad\quad L_2$——差动电感式传感器的下半部分电感(H)。

这样,上下两部分的阻抗是相等的,$Z_1 = Z_2$;电桥的输出电压应为零,$\dot{U}_0 = 0$,电桥处于平衡状态。

假设衔铁向上移动,即

$$\left.\begin{array}{l} \delta_1 = \delta_0 - \Delta\delta \\ \delta_2 = \delta_0 + \Delta\delta \end{array}\right\} \tag{4-2-55}$$

式中 $\Delta\delta$——衔铁的向上移动量(m)。

差动电感传感器上、下两部分的阻抗分别为

$$\left.\begin{array}{l} Z_1 = j\omega L_1 = j\omega \dfrac{W^2 \mu_0 S}{2(\delta_0 - \Delta\delta)} \\[3mm] Z_2 = j\omega L_2 = j\omega \dfrac{W^2 \mu_0 S}{2(\delta_0 + \Delta\delta)} \end{array}\right\} \tag{4-2-56}$$

电桥输出为

$$\dot{U}_0 = \dot{U}_C - \dot{U}_D = \left(\frac{Z_1}{Z_1 + Z_2} - \frac{1}{2}\right) \cdot \dot{U}_i = \left(\frac{\dfrac{1}{\delta_0 - \Delta\delta}}{\dfrac{1}{\delta_0 - \Delta\delta} + \dfrac{1}{\delta_0 + \Delta\delta}} - \frac{1}{2}\right) \cdot \dot{U}_i = \frac{\dot{U}_i}{2} \cdot \frac{\Delta\delta}{2\delta_0} \tag{4-2-57}$$

由式(4-2-57)可知,电桥输出电压的幅值大小与衔铁的相对移动量的大小成正比,当 $\Delta\delta > 0$ 时,$\dot{U}_0$ 与 $\dot{U}_i$ 同相;当 $\Delta\delta < 0$ 时,$\dot{U}_0$ 与 $\dot{U}_i$ 反相。故本测量电路可以测量位移的大小和方向。

(二)变压器式交流电桥

变压器式交流电桥的结构如图 4-2-12 所示。

相邻两工作臂 Z_1 和 Z_2 是差动自感传感器的两个线圈的阻抗,另两个臂为交流变压器次级线圈的 1/2 阻抗,其每半电压为 $\dot{U}_i/2$,输出电压取自 A、B 两点,D 点为零电位。设传感器线圈为高 Q 值,即线圈电阻远小于其感抗

则

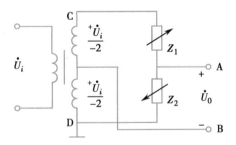

图 4-2-12 变压器式交流电桥电路

$$\dot{U}_0 = \dot{U}_A - \dot{U}_B = \frac{Z_2}{Z_1 + Z_2} \cdot \dot{U}_i - \frac{\dot{U}_i}{2} = \frac{\dot{U}_i}{2} \cdot \frac{Z_2 - Z_1}{Z_1 + Z_2} \tag{4-2-58}$$

在初始位置,衔铁位于中间时,$Z_1 = Z_2 = Z$,此时 $\dot{U}_0 = 0$,电桥平衡。

当衔铁上移时,上线圈阻抗增加,即 $Z_1 = Z + \Delta Z$,而下线圈阻抗减小,即 $Z_2 = Z - \Delta Z$,由式(4-2-21)、(4-2-23)得

$$\dot{U}_0 = \frac{\dot{U}_i}{2} i \cdot \left(\frac{Z_2 - Z_1}{Z_1 + Z_2} \right) = \left(\frac{\frac{1}{\delta_0 + \Delta\delta} - \frac{1}{\delta_0 - \Delta\delta}}{\frac{1}{\delta_0 - \Delta\delta} + \frac{1}{\delta_0 + \Delta\delta}} \right) \cdot \frac{\dot{U}_i}{2} = -\frac{\dot{U}_i}{2} \cdot \frac{\Delta\delta}{\delta_0} \tag{4-2-59}$$

同理,当衔铁下移时,$Z_1 = Z - \Delta Z Z_2 = Z + \Delta Z$,则

$$\dot{U}_0 = \frac{\dot{U}_i}{2} \cdot \frac{\Delta\delta}{\delta_0} \tag{4-2-60}$$

综合式(4-2-24)和式(4-2-25)有

$$\dot{U}_0 = \pm \frac{\dot{U}_i}{2} \cdot \frac{\Delta\delta}{\delta_0} \tag{4-2-61}$$

因此,衔铁上下移动时,输出电压大小相等,极性相反,但由于 $\dot{U}_i$ 是交流电压,输出指示无法判断出位移方向,必须采用相敏检波器鉴别出输出电压极性随位移方向变化而产生的变化。

(三)相敏检波电路

图 4-2-13 中,Z_1 和 Z_2 是差动自感传感器的两个线圈的电感,作为交流电桥的相邻工作臂,C_1 和 C_2 为另两个桥臂。D_1、D_2、D_3、D_4 构成相敏整流器,R_1、R_2、R_3 和 R_4 为四个线绕电阻,用于减小温度误差,左边的 R_{W1} 是调节电桥平衡的,右边的 R_{W2} 是保护测量范围较小的表头,输出信号由电压表指示,C_3 为滤波电容,供桥电压由 $\dot{U}_i$ 提供,加在 A、B 点,输出电压自 C、D 取出。

当衔铁位于中间位置时,$Z_1 = Z_2$,电桥平衡,$U_C = U_D$,输出为零,电压表无指示。

当衔铁上移,上线圈 L_1 电感增大,下线圈 L_2

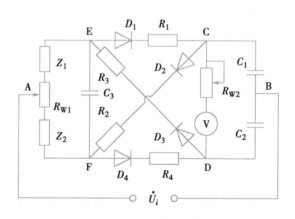

图 4-2-13 相敏检波电路

电感减小。如果输入交流电压为正半周,设 A 点电位为正,B 点电位为负,则二极管 D_1、D_4 导通,D_2、D_3 截止,这样在 AECB 支路中,C 点电位由于 Z_1 的增大而比平衡时的电位降低,而在 AFDB 支路中,D 点电位由于 Z_2 的减小而比平衡时的电位增高,所以 D 点电位高于 C 点,指针正向偏转。

如果输入交流电压为负半周,即 A 点电位为负,B 点电位为正,则二极管 D_1、D_4 截止,D_2、D_3 导通,这样,在 BCFA 支路中,C 点电位由于 L_2 的减小而比平衡时减小,而在 BDEA 支路中,由于 Z_1 的增大,使 D 点电位比平衡时增大,仍然是 D 点电位高于 C 点,指针正向偏转。

当衔铁下移,上线圈 L_1 的电感减小,下线圈 L_2 的电感增大。同理分析可知,无论输入交流电压为正半周还是负半周,D 点电位总是低于 C 点,指针反向偏转。这样,相敏检波电路既能反映出位移的大小,也能判断出位移的方向。

(四)差动整流电路

差动变压器的输出电压为交流,它与衔铁位移成正比。采用差动整流电路进行测量不仅可以得到位移大小,也可以获知移动方向。

图 4-2-14 是差动整流电路,这种电路是根据半导体二极管单向导电原理进行解调。假设传感器的一个次级线圈的输出电压为正半周时,即 1 点为正,2 点为负,则电流路径为 1$adbc$2,3$ehfg$4;如果是负半周时,即 1 点为负 2 点

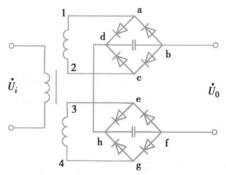

图 4-2-14 差动整流电路

为正,此时电流路径为 $2cdba1,4ghfe3$,因此整流电路的输出电压值总是为 $\dot{U}_o = \dot{U}_{db} - \dot{U}_{hf}$。进行测量时,当衔铁处在中间时 $\dot{U}_{db} = \dot{U}_{hf}$,$\dot{U}_o = 0$,当衔铁向上移动时 $\dot{U}_{db} > \dot{U}_{hf}$,$\dot{U}_o > 0$,当衔铁向下移动时 $\dot{U}_{db} < \dot{U}_{hf}$,$\dot{U}_o < 0$,因此可根据输出电压判别衔铁移动方向。

五、电感式传感器在生物医学中的应用

电感传感器是被广泛采用的一种电磁机械式传感器,它除了可以直接用于测量直线位移、角位移的静态和动态测量外,还可以它为基础,做成多种用途的传感器,用以测量压力、转速、振幅等。

在生物医学测量中,需要测定各种力学量(距离、位移、力、扭转、速度、加速度、压力等),由于这些力学量都与位移有一定的关系,因此通常先将各种力学量通过一次变换器变换成位移量,然后用电感式传感器进行测量。

(1)变气隙式电感压力传感器测压力:当压力进入膜盒时,膜盒的顶端在压力 P 的作用下产生与压力 P 大小成正比的位移,于是衔铁也发生移动,从而使气隙发生变化,流过线圈的电流也发生相应的变化,电流表 A 的指示值就反映了被测压力的大小。

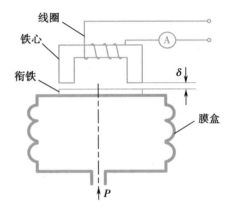

图 4-2-15 变气隙式电感压力传感器结构图

(2)电感传感器用于血压测量:图 4-2-16 是用于血压测量的电感传感器的原理图。图中的导磁金属膜片既是压力的敏感元件,又是差动电感的公用衔铁。两个差动电感线圈绕制在罐状铁氧体磁芯上,磁芯的孔作为压力传递用。为了便于清洗,传感器的内外腔用塑料薄膜隔开,内腔充满硅油。由插管技术将血液压力传到压力腔,P_1 是待测血压,P_2 是参考压力,当金属膜片两侧压力不相等时,金属膜片凹向压力小的一边,引起位于金属膜片两侧的差动电感线圈的电感量变化,外接电桥不平衡就可以有电压输出,进而测得压力大小。

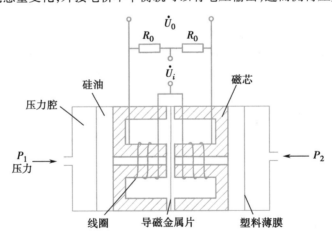

图 4-2-16 电感传感器测量血压原理图

(3)差动电感加速度计用于测量帕金森症患者手指的颤抖程度,诊断病情和了解疗效。原理如图 4-2-17 所示。

它的两个电感线圈绕制在具有环形气隙的筒形铁氧体磁芯上的。该差动电感传感器的衔铁是固定在圆形的螺旋弹簧膜片上的铁氧体质

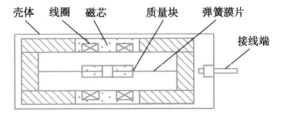

图 4-2-17 用于震颤测量的差动电感加速度计

量块。弹簧膜片和铁氧体质量块与空气阻尼构成一个二阶力学系统。忽略弹簧膜片的质量,力学系统的固有频率 $f_0 = \dfrac{1}{2\pi}\sqrt{\dfrac{k}{m}}$,m 为铁氧体质量块的质量,k 为弹簧的刚度,当传感器的外壳(固定在被测肢体上,如手指)的振动频率远小于 f_0 时,衔铁相对传感器外壳的位移正比于被测加速度,于是传感器的输出正比于肢体震颤的加速度。

（4）电涡流传感器测量转速:如图 4-2-18 所示,在一个旋转金属体上加一个有 N 个齿的齿轮。旁边安装电涡流传感器。当旋转体转动时,齿轮的齿与传感器的距离变小,电感量变小,经电路处理后将周期地输出信号,该输出信号的频率 f 可用频率计测出,然后换算成转速 n,即

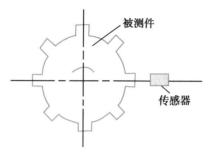

$$n = \frac{f}{N} \times 60 \qquad (4\text{-}2\text{-}62)$$

图 4-2-18　电涡流传感器测量转速示意图

式中,n 为被测转速(r/min)。

第三节　电容式传感器

电容式传感器是把被测的机械量,如位移、压力等转换为电容量变化的传感器,它的敏感部分是具有可变参数的电容器。根据可变参数的不同,电容式传感器可分为变极距型、变面积型和变介电常数型三种类型。其优点包括结构简单,价格便宜,灵敏度高,过载能力大,动态响应特性好和对高温、辐射、强振等恶劣条件的适应性强等。在医学领域常用于眼压、血压、呼吸等生理参数的测量。

一、电容式传感器工作原理

电容式传感器常用的是平板电容器和圆柱形电容器。在忽略边缘效应时,平板电容器的电容值为

$$C = \frac{\varepsilon_r \varepsilon_0 A}{d} \qquad (4\text{-}3\text{-}1)$$

圆柱形电容器的电容值为

$$C = \frac{2\pi l \varepsilon_r \varepsilon_0}{\ln(R/r)} \qquad (4\text{-}3\text{-}2)$$

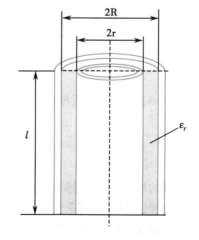

式中:C——电容值(F);

　　　d——两平行极板间的距离(m);

　　　ε_r——介质的相对介电常数;

　　　ε_0——真空的介电常数;$\varepsilon_0 = 8.85 \times 10^{-12}$(F/m);

　　　A——极板面积(m^2);

　　　l——圆柱电容的高度(m);

　　　R——圆柱电容的外半径(m);

　　　r——圆柱电容的内半径(m)。

图 4-3-1　圆柱电容式传感器结构示意图

电容式传感器的基本工作原理是通过改变 ε_r、d、A、l、R、r 参数中的任意一个,从而实现电容 C 的改变。由此常把电容式传感器分为三种类型:变极距型、变面积型和变介电常数型。

（一）变极距型电容式传感器

变极距型电容式传感器（variable distance capacitive sensor）结构如图 4-3-2 所示。

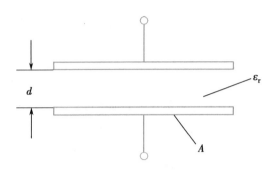

如上图所示，当传感器的 ε_r 和 A 为常数，初始极距为 d_0 时，由式（4-3-3）可知其初始电容量 C_0 为

$$C_0 = \frac{\varepsilon_r \varepsilon_0 A}{d_0} = \frac{\varepsilon A}{d_0} \quad (4-3-3)$$

图 4-3-2　变极距式电容式传感器结构示意图

当 d 减小了 Δd，则电容增加 ΔC，并有

$$C = C_0 + \Delta C = \frac{\varepsilon_r \varepsilon_0 A}{d_0 - \Delta d} = \frac{C_0}{1 - \Delta d/d_0} = \frac{C_0(1 + \Delta d/d_0)}{1 - \Delta d^2/d_0^2} \quad (4-3-4)$$

$$\frac{\Delta C}{C_0} = \frac{\Delta d/d_0}{1 - \Delta d/d_0} \quad (4-3-5)$$

$$\frac{\Delta C}{C_0} \approx \frac{\Delta d}{d_0}\left[1 + \frac{\Delta d}{d_0} + \left(\frac{\Delta d}{d_0}\right)^2 + \cdots\right] \quad (4-3-6)$$

略去二次方以上各项则得

$$\frac{\Delta C}{C_0} \approx \frac{\Delta d}{d_0}\left(1 + \frac{\Delta d}{d_0}\right) \quad (4-3-7)$$

由式（4-3-4）可知，传感器的输出特性 $C = f(d)$ 不是线性关系，而是如图 4-3-3 所示双曲线关系。

当 $\dfrac{\Delta d}{d_0} \ll 1$ 时，则：

$$\frac{\Delta C}{C_0} \approx \frac{\Delta d}{d_0} \quad (4-3-8)$$

所以灵敏度为

$$k = \frac{\dfrac{\Delta C}{C_0}}{\Delta d} = \frac{1}{d_0} \quad (4-3-9)$$

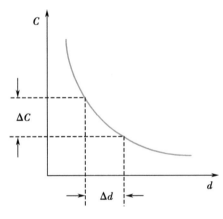

图 4-3-3　电容量与极板间距离的关系

当且仅 $d_0 \gg \Delta d$ 当时，才近似地看作 $\dfrac{\Delta C}{C_0} \approx \dfrac{\Delta d}{d_0}$，此时产生的相对非线性误差 δ 为

$$\delta = \frac{|(\Delta d/d_0)^2|}{|\Delta d/d_0|} \times 100\% = \left|\frac{\Delta d}{d_0}\right| \times 100\% \quad (4-3-10)$$

这种处理的结果，使得传感器的相对非线性误差增大，如图 4-3-4 所示。

为改善这种情况，可采用差动变极距型电容传感器，这种传感器的结构，如图 4-3-5 所示。

在差动式平板电容器中，当动极板位移 Δd 时，电容器 C_1 的间隙 d_1 变为 $d_0 - \Delta d$，电容器 C_2 的间隙 d_2 变为 $d_0 + \Delta d$，则

$$C_1 = C_0 \frac{1}{1 - \dfrac{\Delta d}{d_0}} \quad (4-3-11)$$

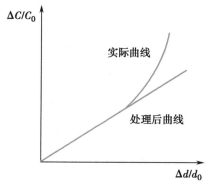

图 4-3-4　变极距型电容式传感器 $\Delta C\text{-}\Delta d$ 特性曲线

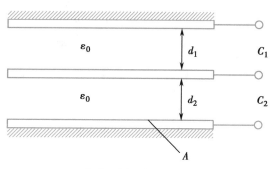

图 4-3-5　差动平板式电容器传感器结构图

$$C_2 = C_0 \frac{1}{1+\dfrac{\Delta d}{d_0}} \tag{4-3-12}$$

$\Delta d/d_0 \ll 1$，则按级数展开

$$C_1 = C_0 \left[1 + \frac{\Delta d}{d_0} + \left(\frac{\Delta d}{d_0}\right)^2 + \left(\frac{\Delta d}{d_0}\right)^3 + \cdots \right] \tag{4-3-13}$$

$$C_2 = C_0 \left[1 - \frac{\Delta d}{d_0} + \left(\frac{\Delta d}{d_0}\right)^2 - \left(\frac{\Delta d}{d_0}\right)^3 + \cdots \right] \tag{4-3-14}$$

电容值总的变化量为

$$\Delta C = C_1 - C_2 = 2C_0 \left[\frac{\Delta d}{d_0} + \left(\frac{\Delta d}{d_0}\right)^3 + \left(\frac{\Delta d}{d_0}\right)^5 + \cdots \right] \tag{4-3-15}$$

电容值相对变化量为

$$\frac{\Delta C}{C_0} = 2 \frac{\Delta d}{d_0} \left[1 + \left(\frac{\Delta d}{d_0}\right)^2 + \left(\frac{\Delta d}{d_0}\right)^4 + \cdots \right] \tag{4-3-16}$$

略去高次项，则 $\Delta C/C_0$ 与 $\Delta d/d_0$ 近似成为如下的线性关系

$$\frac{\Delta C}{C_0} \approx 2 \frac{\Delta d}{d_0} \tag{4-3-17}$$

如果只考虑式（4-3-16）中的线性项和三次项，则电容式传感器的相对非线性误差 δ 近似为

$$\delta = \frac{2\left|(\Delta d/d_0)^3\right|}{2\left|\Delta d/d_0\right|} \times 100\% = \left|\frac{\Delta d}{d_0}\right|^2 \times 100\% \tag{4-3-18}$$

不难看出，变极距型电容传感器做成差动式之后，非线性误差大大降低了，而且灵敏度提高一倍。

　　一般变极板间距型电容式传感器的起始电容在 $20 \sim 100\text{pF}$ 之间，极板间距离在 $25 \sim 200\mu\text{m}$ 的范围内，最大位移应小于间距的 1/10，故在微位移测量中应用最广。

　　（二）变面积型电容式传感器

　　变面积型电容式传感器（variable area capacitive sensor）结构见图 4-3-6。

　　1. 角位移变面积型　当动片转动一个角度 θ，遮盖面积 A 就要发生变化，电容量也就随之变化。当 $\theta=0$ 时

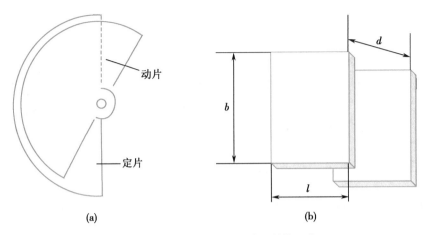

(a) (b)

图 4-3-6 变面积型电容式传感器结构示意图

（a）角位移变面积型；（b）板状线性位移变面积型

$$C_0 = \frac{\varepsilon A}{d} \qquad (4\text{-}3\text{-}19)$$

当 $\theta \neq 0$ 时

$$C_\theta = \frac{\varepsilon A(1 - \theta/\pi)}{d} = C_0\left(1 - \frac{\theta}{\pi}\right) \qquad (4\text{-}3\text{-}20)$$

传感器电容量的变化与旋转角度 θ 成线性关系。

2. 板状线性位移变面积型 当动极板移离中心位置 x 时，

$$C_x = \frac{\varepsilon b(1-x)}{d} = C_0\left(1 - \frac{x}{l}\right) \qquad (4\text{-}3\text{-}21)$$

传感器电容量的变化与水平位移 x 是线性关系。

传感器的灵敏度为

$$K = \frac{\mathrm{d}C_x}{\mathrm{d}x} = -\frac{\varepsilon b}{d} \qquad (4\text{-}3\text{-}22)$$

由上式可见，增大 b 或减小 d 可提高灵敏度。

（三）变介电常数型电容式传感器

当电容极板之间的介电常数发生变化时，电容量也随之发生变化，根据这个原理可构成变介电常数型电容式传感器（variable dielectric capacitive sensor）。变介质型电容传感器有较多的结构型式，图 4-3-7 是一种常用的平板电容器。

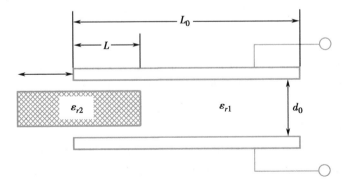

图 4-3-7 变介质型电容式传感器

图中两平行电极固定不动,极距为 d_0,相对介电常数为 ε_{r_2} 的电介质以不同深度插入电容器中,从而改变两种介质的极板覆盖面积。传感器总电容量 C 为

$$C = C_1 + C_2 = \varepsilon_0 b_0 \frac{\varepsilon_{r_1}(L_0 - L) + \varepsilon_{r_2} L}{d_0} \tag{4-3-23}$$

式中:L_0,b_0——极板长度和宽度;

L——第二种介质进入极板间的长度。

若电介质 $\varepsilon_{r1} = 1$,当 $L = 0$ 时,传感器初始电容 $C_0 = \varepsilon_0 \varepsilon_{r_1} L_0 b_0 / d_0$。当介质 ε_{r2} 进入极间 L 后,引起电容的相对变化为

$$\frac{\Delta C}{C_0} = \frac{C - C_0}{C_0} = \frac{(\varepsilon_{r2} - 1) L}{L_0} \tag{4-3-24}$$

这种形式传感器的电容量的变化与电介质 ε_{r2} 的移动量成线性关系。

图 4-3-8 为圆柱电容式移位传感器变介电常数型的典型应用。

在被测介质中放入两个同心圆筒形极板,大圆筒内径为 R,小圆筒外径为 r,当被测液体的液面在电容式传感器的两个同心圆筒之间变化时,引起极板间不同介电常数介质的高度发生变化,因而导致电容变化,传感器电容量为

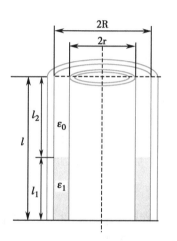

$$C = C_1 + C_2 = \frac{2\pi(l - l_1)\varepsilon_0}{\ln(R/r)} + \frac{2\pi l_1 \varepsilon_1}{\ln(R/r)} \tag{4-3-25}$$

$$= \frac{2\pi l \varepsilon_0}{\ln(R/r)} + \frac{2\pi l_1}{\ln(R/r)}(\varepsilon_1 - \varepsilon_0)$$

式中:ε_0——真空的介电常数(F/m);

ε_1——液体介质的相对介电常数(F/m);

l——传感器极板总长(m);

l_1——液体介质高度(m);

l_2——气体介质高度(m);

R——外极板内径(m);

r——内极板外径(m)。

图 4-3-8 圆柱电容式移位传感器

令 $m = \dfrac{2\pi l \varepsilon_0}{\ln(R/r)}$,$n = \dfrac{2\pi(\varepsilon_1 - \varepsilon_0)}{\ln(R/r)}$,则式(4-3-25)可简写为 $C = m + n l_1$,可见电容量与液面高度 l_1 成线性关系。

二、电容式传感器测量电路

(一)电桥电路

在测量电路中,紧耦合电感比例臂电桥是比较重要的,常用于差动电容式传感器。以差动形式工作的电容式传感器的两个电容做电桥的工作臂,而紧耦合的两个电感作为固定臂,从而组成电桥电路,如图 4-3-9,紧耦合电感及其 T 形等效变换见图 4-3-10。

T 形等效电路中各电感值应为

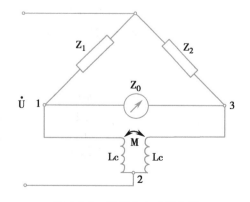

图 4-3-9 紧耦合电感臂电桥

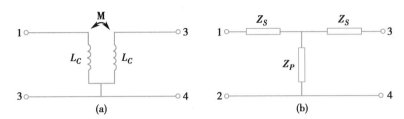

图 4-3-10　耦合电感及其 T 形的等效变换

（a）原理图；（b）等效变换

$$L_s = L_c - M \tag{4-3-26}$$
$$L_p = M \tag{4-3-27}$$

则

$$Z_{12} = Z_S + Z_p = j\omega L_s \tag{4-3-28}$$
$$Z_{13} = 2Z_S = 2j\omega(L_c - M) \tag{4-3-29}$$

耦合系数

$$K = \frac{M}{L_c} \tag{4-3-30}$$

当电感内的电流同时流向节点 2 或流出节点 2，K 取正值，反之 K 取负值。在图 4-3-8(b) 的桥路中

$$Z_S = Z_{13} - Z_p = j\omega(L_c - M) = j\omega L_c\left(1 - \frac{M}{L_c}\right) = j\omega L_c K \tag{4-3-31}$$

在电桥平衡时，$Z_1 = Z_2 = Z$，因此两个电感臂的支路电流 $i_1 = i_2$，即大小相等，流向相同。在全耦合时，$K = 1$，所以

$$Z_s = j\omega L_c(1-1) = 0 \tag{4-3-32}$$
$$Z_{13} = 2Z_s = 0 \tag{4-3-33}$$

即把 1、3 端看作短路。所以任何并联在 1、3 端的分布电容都被短路了，亦即与电感臂并联在任何分布电容对平衡时的输出毫无影响。该优点使得桥路平衡稳定，简化了桥路接地和屏蔽问题，改善了接地的电稳定性。

当负载为无穷大时，如图 4-3-11 为等效变换后的电桥，桥路输出电压的一般表达式

$$\dot{U}_{sc} = \frac{2Z_s\Delta Z}{(Z + Z_s + 2Z_p)(Z + Z_s)}\dot{U} \tag{4-3-34}$$

又

$$Z_s = 2j\omega L_c \tag{4-3-35}$$
$$Z_p = -j\omega L_c \tag{4-3-36}$$
$$Z - \frac{1}{j\omega C} \tag{4-3-37}$$

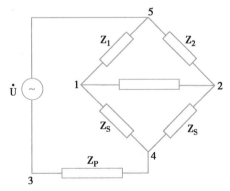

图 4-3-11　等效变换后的电桥

$$\Delta Z = \frac{-\Delta C}{j\omega C^2} \tag{4-3-38}$$

所以

$$\dot{U}_{sc} = -\frac{\Delta C}{C} \dot{U} \frac{4\omega^2 L_c C}{2\omega^2 L_c C - 1} \tag{4-3-39}$$

（二）运算放大器式电路

运算放大器的放大倍数非常大，而且输入阻抗 Z_i 很高，运算放大器的这一特点可以使其作为电容式传感器的比较理想的测量电路。图 4-3-12 是运算放大器式电路原理图。C_x 为电容式传感器，$\dot{U}_i$ 是交流电源电压，$\dot{U}_o$ 是输出信号电压，Σ 是虚地点。由运算放大器工作原理可得

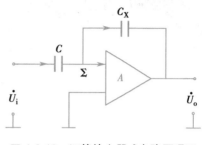

图 4-3-12　运算放大器式电路原理图

$$\dot{U}_0 = -\frac{C}{C_x} \dot{U}_i \tag{4-3-40}$$

如果传感器是一只平板电容，则 $C_x = \varepsilon A/d$，代入式（4-3-40），有

$$\dot{U}_0 = -\dot{U}_i \frac{C}{\varepsilon A} d \tag{4-3-41}$$

式中"–"号表示输出电压 $\dot{U}_o$ 的相位与电源电压 $\dot{U}_i$ 反相。式（4-3-41）说明运算放大器的输出电压与极板间距离 d 成线性关系。运算放大器解决了单个变极距型电容式传感器的非线性问题，但要求 Z_i 及放大倍数足够大。为保证仪器精度，还要求电源电压 $\dot{U}_i$ 的幅值和固定电容 C 值稳定。

（三）电容传感器误差消除方法

电容传感器具有高灵敏度、高阻抗、小功率、动态范围大、动态响应较快、几乎没有零漂、结构简单和适应性强等优点，但其存在输出有非线性、寄生电容和分布电容，这些缺点对灵敏度和测量精度有较大影响，需要采取相应的手段来解决这些影响。主要的措施有：①减小环境温度、湿度变化所产生的误差；②消除和减小边缘效应；③消除和减小寄生电容的影响；④减少漏电阻的影响；⑤采用差动结构。

三、电容式传感器在生物医学中的应用

（一）助听器

电容式传感器在助听器上有很好的应用，图 4-3-13 是耳背式助听器的一种结构图和实物图，该助听器由传感器、放大器、麦克风等结构组成。其工作原理是：传感器把接收到的声信号转变成电信号送入放大器，放大器将此电信号进行放大，再输送至耳机，后者再将电信号转换成声信号。此时的声信号比传感器接收的信号就强多了，这样就可以在不同程度上弥补耳聋者的听力损失。

助听器的传感器元件是特殊设计的小型化驻极体电容传声器，其作用是把声音信号转换成电信号，原理见图 4-3-14。驻极体是在强外电场等因素作用下，极化并能"永久"保持极化状态的电介质，这种材料不能像电池那样从中取出电流，然而却可以提供一个稳定的电压，因此是一个很好的直流电压源。

图 4-3-14 中，V_s 为驻极体的表面电压；q 为振膜表面驻极的有效电荷；A 为背极和振膜相对应面的有效面积；C 为背极和振膜形成的等效电容。

极头部分的总电压为：

$$V = V_s + v(t) \tag{4-3-42}$$

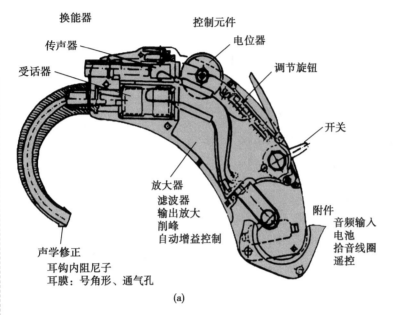
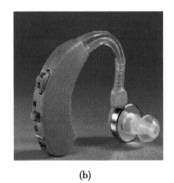

图 4-3-13 耳背式助听器
（a）结构图；（b）实物图

f_e 为作用在可动电极上的力

$$f_e = \frac{\partial}{\partial x}\left(\frac{1}{2}CV^2\right) = \frac{\partial}{\partial x}\left(\frac{1}{2}\frac{\varepsilon A}{x}V^2\right) = -\frac{1}{2}\frac{\varepsilon A}{x^2}V^2$$

(4-3-43)

式中，$v(t)$ 可认为是电荷 q 不变，电容变化而在负载端 R 上的输出电压。

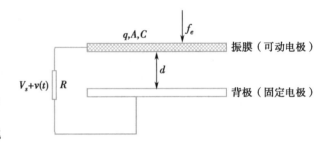

图 4-3-14 驻极体电容传感器原理图

$$|f_e| = \frac{\varepsilon A}{2d^2}[V_s + v(t)]^2 = \frac{\varepsilon A}{2d^2}[V_s^2 + v(t)^2 + 2Vv(t)]$$

(4-3-44)

由于 $V_s \gg v(t)$，上式中的 $v(t)^2$ 可以忽略，则有

$$|f_e| = \frac{\varepsilon A}{2d^2}V_s^2 + \frac{\varepsilon A}{d^2}Vv(t)$$

(4-3-45)

式中，$\frac{\varepsilon A}{2d^2}V_s^2$ 是驻极体表面电位产生的静态力，$\frac{\varepsilon A}{d^2}Vv(t)$ 是随时间变化的力。

（二）电容式心音传感器

心音指由心肌收缩、心脏瓣膜关闭和血液撞击心室壁、大动脉壁等引起的振动所产生的声音。它可在胸壁一定部位用听诊器听取，也可用传感器记录心音的机械振动，称为心音图（phonocardiogram）。每一心动周期共有四个心音，第一心音系心室肌收缩及房室瓣关闭时的振动，标志着心室收缩。第二心音是由于大动脉管的半月瓣关闭而发出振动所致，标志着心室收缩完毕。

主动脉瓣、肺动脉瓣和房室瓣等的狭窄或闭锁不全，都会导致异常的心杂音，知道心杂音在心动周期中出现的时间，就可推知杂音产生的部位。用听诊器通常可以听到的只是第一和第二两个心音，如果采用灵敏度高的电容式心音传感器可以获取更多的信息。

图 4-3-15 所示为电容式心音传感器结构原理。传感器采用可动的金属圆形膜片做成动片,其周边固定在传感器塑料外壳上,前面有一个多孔保护膜,起到滤除外界噪声的作用。圆形金属固定极板固定在陶瓷圆盘上,与动片之间充以气体介质,组成变极距型电容式心音传感器。圆形塑料外壳上有通气孔和引出导线孔。当心音的振动波压迫膜片式动片前后移动,两个极板(固定极板和动极片)的极距发生变化,引起

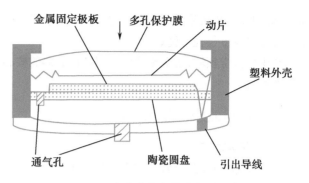

图 4-3-15 电容式心音传感器结构原理

电容的变化。通过电容测量电路实现心音测量。由于电容式传感器具有无接触测量的优点,利用这一特点可测量心音脉搏、心尖搏动和胸壁运动等。电容式心音传感器是较好的一种心音传感器,其灵敏度高,频响可达 3~800Hz。心音和心杂音的幅度都较小,其主要频率一般为 0.1~600Hz 范围内。由于低频段处于人耳听阈以下,所以只有用心音测量系统才能真实地显示心音的频率和幅度特性。一般人们听到的第一心音,其主要成分频率为 70~100Hz,第二心音比第一心音稍高,为 100~150Hz,第三和第四心音为极弱的低频振动,一般为 30Hz 以下。心杂音多分布在 100~600Hz 之间。

(三)半导体电容指纹传感器

指纹是手指表面皮肤凹凸不平形成的纹路,由多种峰状图形构成。指纹特征即手指表面峰和沟组成平滑纹理模式,其随机性很强。研究表明:指纹特征具有唯一性、稳定性特点,据此可实现身份识别。指纹传感器是获取指纹图像的专用器件,在自动指纹识别系统中起着关键作用。

半导体电容指纹传感器的结构原理如图 4-3-16 所示,将电容指纹传感器作为电容的一个极板,手指则是另一极板,利用手指纹线的峰和峪相对于平滑的半导体传感器之间的电容差,形成灰度图像。电容传感器发出电子信号,电子信号将穿过手指的表面和死性皮肤层,直达手指皮肤的活体层(真皮层),直接读取指纹图案。由于深入真皮层,传感器能够捕获更多真实数据,不易受手指表面尘污的影响,提高辨识准确率,有效防止辨识错误。

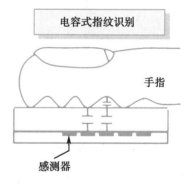

图 4-3-16 半导体电容指纹传感器结构原理图

半导体电容指纹传感器根据指纹的峰和峪与半导体电容感应颗粒形成的电容值大小不同,来判断峰和峪的位置。其工作过程是通过对每个像素点上的电容感应颗粒预先充电到某一参考电压。当手指接触到半导体电容指纹表面上时,因为峰是凸起、峪是凹下,根据电容值与距离的关系,会在峰和峪的地方形成不同的电容值。然后利用放电电流进行放电。因为峰和峪对应的电容值不同,所以其放电的速度也不同。峰下的像素(电容量高)放电较慢,而处于峪下的像素(电容量低)放电较快。根据放电率的不同,可以探测到峰和峪的位置,从而形成指纹图像数据。

半导体电容指纹传感器优点为图像质量较好、一般无畸变、尺寸较小、易集成于各种设备。其发出的电子信号将穿过手指的表面和死性皮肤层,达到手指皮肤的活体层(真皮层),直接读取指纹图案,达到活体指纹识别,从而大大提高了系统的安全性。

第四节 压电式传感器

压电式传感器(piezoelectric sensor)是基于压电效应(piezoelectric effect)的传感器,由压电材料制成,可用于测量力和能变换为力的非电量,如压力、加速度等。目前,压电材料可粗略地分为天然晶

体、压电陶瓷以及高分子压电聚合物三类。压电式传感器具有频带宽、灵敏度和信噪比高、结构简单、工作可靠以及重量轻等优点。

在生物医学领域,压电传感器是超声换能器的核心结构,同时广泛应用于各种压力如脉搏等生理参数的测量。

一、压电效应及压电材料

(一)压电效应

某些晶体,当受到沿着一定方向外力作用的时候,内部会产生极化现象,即同时在某两个表面上产生符号相反的电荷;而外力消失后,再重回不带电状态;电荷的极性随着外力的改变而改变,而由于晶体受力所产生的电荷量与外力的大小成正比。上述现象称为正压电效应。而晶体本身也会因为外部附加交变电场而产生机械形变,这种现象称为逆压电效应(converse piezoelectric effect),也称为电致伸缩效应(electrostriction effect)。压电传感器大都是利用压电材料的正压电效应制成的。图 4-4-1 为压电效应示意图。

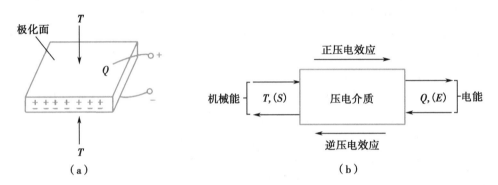

图 4-4-1 压电效应
(a)正压电效应;(b)压电效应的可逆性

压电晶体是各项异性的,一般采用数字下脚标表示压电晶体平面或者受力方向,即用 1,2,3 分别表示 X,Y,Z 三个轴的方向,以 4,5,6 表示围绕 X,Y,Z 三个轴方向的切向作用,A_x、A_y、A_z 表示垂直于 X,Y,Z 三个轴方向的压电晶体平面。图 4-4-2 是压电晶体转换元件坐标系的表示方法。

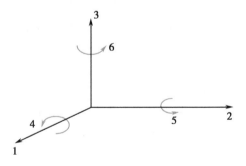

图 4-4-2 压电转换元件坐标系的表示方法

根据压电效应原理,当一个平行于 X 轴的力 F_x 作用在压电转换元件的平面上时,其表面的电荷密度(charge density)δ_1 为

$$\delta_1 = d_{11} \cdot \sigma_1 = d_{11} \frac{F_x}{A_x} \tag{4-4-1}$$

式中 d_{11} 为压电系数(piezoelectric coefficient),即晶体承受单位力作用时所产生的电荷量,下标符号表示顺序,如 d_{ij} 即表示在 j 方向受力而在 i 方向上得到电荷;σ_1 为 A_x 表面上的应力。从上式可以看出,在压电晶体弹性变形的范围内,电荷密度与作用力的关系是线性的。

如果同时对压电晶体转换元件的 X,Y,Z 三个轴方向上作用拉(压)力,对 YZ,XY,XZ 平面作用切向应力,则各个平面的电荷密度,即压电方程组可用数学式表示如下

$$\left.\begin{aligned}\delta_1 &= d_{11}\sigma_1 + d_{12}\sigma_2 + d_{13}\sigma_3 + d_{14}\sigma_{23} + d_{15}\sigma_{31} + d_{16}\sigma_{12}\\\delta_2 &= d_{21}\sigma_1 + d_{22}\sigma_2 + d_{23}\sigma_3 + d_{24}\sigma_{23} + d_{25}\sigma_{31} + d_{26}\sigma_{12}\\\delta_3 &= d_{31}\sigma_1 + d_{32}\sigma_2 + d_{33}\sigma_3 + d_{34}\sigma_{23} + d_{35}\sigma_{31} + d_{36}\sigma_{12}\end{aligned}\right\} \qquad (4\text{-}4\text{-}2)$$

式中：δ_1、δ_2、δ_3——A_x、A_y、A_z各平面上的电荷密度；

$\quad\quad\sigma_1$、σ_2、σ_3——A_x、A_y、A_z各平面上作用的轴向应力；

$\quad\quad\sigma_{23}$、σ_{31}、σ_{12}切向应力；

$\quad\quad d_{ij}$——压电系数。

式(4-4-1)的矩阵表示形式为

$$\begin{bmatrix}\delta_1\\\delta_2\\\delta_3\end{bmatrix} = [D]\begin{bmatrix}\sigma_1\\\sigma_2\\\sigma_3\\\sigma_4\\\sigma_5\\\sigma_6\end{bmatrix} \qquad (4\text{-}4\text{-}3)$$

其中，$\sigma_4 = \sigma_{23}, \sigma_5 = \sigma_{31}, \sigma_6 = \sigma_{12}$

$$[D] = \begin{bmatrix}d_{11} & d_{12} & d_{13} & d_{14} & d_{15} & d_{16}\\d_{21} & d_{22} & d_{23} & d_{24} & d_{25} & d_{26}\\d_{31} & d_{32} & d_{33} & d_{34} & d_{35} & d_{36}\end{bmatrix} \qquad (4\text{-}4\text{-}4)$$

上式称为压电系数矩阵。

（二）压电材料

1. 石英晶体 是单晶体中具有代表性的一种压电晶体，晶体的主要特征是各向异性。它是二氧化硅（SiO_2）单晶，熔点1750℃，密度为$2.95 \times 10^3 kg/m^3$，也称为水晶。在传感器中使用的石英晶体是α-石英（$\alpha\text{-}SiO_2$）。它是石英晶体的低温相，当温度升高到573℃时即转变为β-石英（$\beta\text{-}SiO_2$），其压电效应基本消失。一般称压电效应消失的温度转变点为居里点。α-石英属于六角晶系，为六角形晶体，两端呈六棱锥形状。在三维直角坐标系中，Z轴被称为晶体的光轴。经过六棱柱棱线，垂直与光轴Z的X轴称为电轴。垂直于光轴Z和电轴X的Y轴称为机械轴。图4-4-3为六角晶系正六面体晶体的晶面和晶相表示方法。

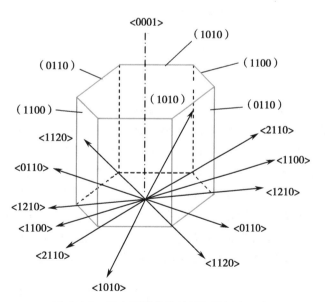

图 4-4-3 正六面晶体的晶面和晶相表示法

石英晶体的压电性能：如果对压电晶片作用力，当沿着X轴施加应力σ_{xx}时，将在垂直于X轴的表面上产生电荷，这种现象即纵向压电效应（longitudinal piezoelectric effect）。沿着Y轴施加应力σ_{xy}时，电荷仍出现在与X轴垂直的表面上，这即是横向压电效应（transverse piezoelectric effect）。当沿着既

垂直于 Z 轴又垂直于 Y 轴反向上施加剪切力 τ_{xx} 时,在垂直于 Y 轴的表面上产生电荷,这种现象即是切向压电效应(tangential piezoelectric effect)。通常在石英晶体中可以看到纵向、横向和切向压电效应见图 4-4-4 所示。

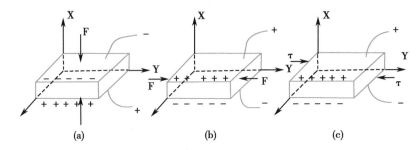

图 4-4-4　石英晶片上受力方向与电荷的关系
(a) 作用力为零时;(b) 作用力沿 X 轴方向;(c) 作用力沿 Y 轴方向

　　石英晶体在机械力作用下的带电现象可按如下说明:组成石英晶体的硅离子和氧离子在(0001)面上的投影可以等效为图 4-4-5 中的正六边形排列。当作用力为零时,正离子和负离子恰好分布在正六边形的顶角上,如图 4-4-5(a) 所示,形成了三个互成 120° 夹角的电偶极矩 T_1、T_2、T_3。此时正负电荷相互平衡,电偶极矩的矢量和等于零,整个晶体是中性的。

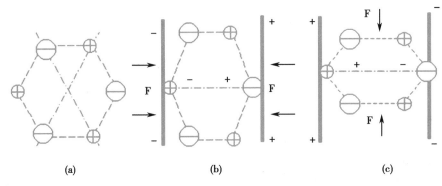

图 4-4-5　石英晶体的压电原理

　　当晶体受到外力而产生形变时,正六边形的边长(键长)不变,只有夹角(键角)改变。当沿 X 轴方向施加作用力 F_x 时,正负离子的相对位置发生变化,此时键角也随之变化,如图 4-4-5(b) 所示。电偶极矩在 X 方向上的分量增大而在 YZ 方向上的分量仍然为零,所以 X 轴的两向出现电荷而在其他方向上不产生电荷。当沿着 Y 方向施加作用力 F_y 时,如图 4-4-5(c),在 X 轴上也产生电荷,极性与(b)相反。而在 YZ 两轴方向上不产生电荷。若沿 Z 轴方向施加作用力 F_z,电偶极矩矢量和仍然为零,故晶体此时不产生压电效应。当作用力 F_x 或者 F_y 的方向相反时,显然其电荷极性也将随之改变。如果对石英晶体同时施加各个方向上完全相等的力,石英晶体将保持中性不变,即没有体积变形压电效应。压电石英晶体的压电系数矩阵 D 可以用式(4-4-5)表示

$$[D] = \begin{bmatrix} 2.31 & -2.31 & 0 & 0.67 & 0 & 0 \\ 0 & 0 & 0 & 0 & -0.67 & -4.62 \\ 0 & 0 & 0 & 0 & 0 & 0 \end{bmatrix} \tag{4-4-5}$$

由上式可以看出:
　　(1)压电系数矩阵是正确选择力-电转换效率的重要依据。
　　(2)石英晶体不是任何方向都存在压电效应的。

（3）石英晶体的压电系数共 18 个，但由于晶体的对称性可以确定的压电系数只有两个，即 d_{11}、d_{14}。

$$d_{11} = \pm 2.3 \times 10^{-12}(\text{C/N}) \tag{4-4-6}$$
$$d_{14} = \pm 7.3 \times 10^{-12}(\text{C/N}) \tag{4-4-7}$$

纵向压电效应产生的电荷为

$$Q_{11} = d_{11}F_x \tag{4-4-8}$$

晶体两表面的电压为

$$U_{11} = Q_{11}/C_{11} = d_{11}F_x/C_{11} \tag{4-4-9}$$

式中 C_{11} 为晶体两表面间的电容量。

横向压电效应产生的电荷，对于矩形晶片为

$$Q_{12} = d_{12}\frac{l}{\delta}F_y \tag{4-4-10}$$

式中 l 为矩形晶片的长度，δ 为其厚度。由公式（4-4-5）晶体轴的对称条件 $d_{12} = -d_{11}$，所以

$$Q_{12} = -d_{11}\frac{l}{\delta}F_y \tag{4-4-11}$$

晶体两表面间的电压为

$$U_{x1} = \frac{Q_{12}}{C_{11}} = -d_{11}\frac{l}{\delta}\frac{F_y}{C_{11}} \tag{4-4-12}$$

式中 C_{11} 为矩形晶片的电容量。

由以上的分析可知，纵向压电效应产生的电荷量和电压值与晶片的几何尺寸无关，而在横向压电效应时，产生的电荷量和电压值与晶体几何尺寸有关，比值 $1/\delta$ 越大，灵敏度越高，式中的负号表示纵向与横向压电效应产生的电荷极性相反。

2. 压电陶瓷　除了天然石英和人造石英晶体以外，人工合成的压电陶瓷在传感技术中获得了日益广泛的应用。压电陶瓷是一种经极化处理后的人工多晶压电材料。所谓"多晶"，它是由无数细微的单晶组成，每个单晶形成单个电畴，无数单晶电畴的无规则排列，致使原始的压电陶瓷呈现各向同性而不具有压电性。要使之具有压电性，必须作极化处理，即在一定温度下对其施加强直流电场，迫使电畴趋向外电场方向作规则排列；极化场去除后，趋向电畴基本保持不变，形成很强的剩余极化，从而呈现出压电性。压电陶瓷的压电系数比石英晶体的大得多，所以采用压电陶瓷制作的压电式传感器的灵敏度较高，缺点是压电特性受温度影响较大，参数不如水晶稳定。

最早使用的压电陶瓷材料是钛酸钡（$BaTiO_3$）。它是由碳酸钡和二氧化钛按一定比例混合后烧结而成。它的压电系数约为石英的 50 倍，但使用温度较低，最高只有 70℃，温度稳定性和机械强度都不如石英。

目前使用较多的压电陶瓷材料是锆钛酸铅（poled ceramic lead zirconium titanate，PZT），它是钛酸钡（$BaTiO_3$）和锆酸铅（$PbZrO_3$）组成的 $Pb(ZrTi)O_3$，有较高的压电系数和较高的工作温度。

铌镁酸铅是 20 世纪 60 年代发展起来的压电陶瓷。它由铌镁酸铅〔$Pb(Mg1/3 \cdot Nb2/3)O_3$〕、锆酸铅和钛酸铅按不同比例配成的不同性能的压电陶瓷，具有极高的压电系数和较高的工作温度，而且能

承受较高的压力。

3. 聚偏二氟乙烯 聚偏二氟乙烯(polyvinylidene fluoride, PVDF)薄膜是半晶质聚合体。此聚合体由重复的 CF_2—CF_2 长链分子组成。PVDF 原材料经过一系列复杂极化处理之后具有压电特性,是良好的压电材料。而且,与其他的压电材料相比,PVDF 有更大的优势:压电常数非常大,比石英高十多倍;柔性和加工性能好,可制成 $5\mu m$ 到 1mm 厚度不等、形状不同的大面积的薄膜,适于做大面积的传感阵列器件;并且具有质量轻、易加工的特点。

当压电薄膜受力后,输出电荷与外力间的关系为

$$\begin{cases} q_i = d_{ij}\sigma_j \\ Q_i = d_{ij}F_j \end{cases} \tag{4-4-13}$$

式中,q_i 为薄膜单位面积输出的电荷;σ_j 为薄膜承受的应力;F_j 为薄膜承受的外力;Q_i 为薄膜输出的总电荷;d_{ij} 为薄膜的压电应变常数。

4. 压电材料的特性总结 如表 4-4-1 所示,石英晶体,优点是性能稳定、机械强度高、温度系数小、居里温度点高、绝缘性好,缺点是压电系数小、价格昂贵,常选用石英晶体做标准仪器;压电陶瓷,优点是压电系数大、机电耦合系数高、易加工成型、耐湿抗酸碱,缺点是温度系数较大、居里温度点低、材质脆;高分子压电材料,优点是柔软、易制成大面积压电元件、低声阻抗、不易碎,缺点是温度系数大、需极高极化电场、居里温度点低。

表 4-4-1　常用压电晶体和陶瓷材料的主要性能

参数	石英	钛酸钡	锆钛酸铅 PZT-4	锆钛酸铅 PZT-5	锆钛酸铅 PZT-8
压电常数(pC/N)	$d_{11}=2.31$ $d_{14}=0.73$	$d_{33}=190$ $d_{31}=-78$ $d_{15}=250$	$d_{33}=190$ $d_{31}=-78$ $d_{15}=250$	$d_{33}=415$ $d_{31}=-185$ $d_{15}=670$	$d_{33}=200$ $d_{31}=-90$ $d_{15}=410$
相对介质常数 ε_r	4.5	1200	1050	2100	1000
居里温度点(℃)	573	115	310	260	300
最高使用温度(℃)	550	80	250	250	250
$10^{-3}\cdot$ 密度(kg/m³)	2.65	5.5	7.45	7.5	7.45
$10^{-9}\cdot$ 弹性模量(N/m²)	80	110	83.3	117	123
机械品质因数	$10^5\sim10^6$		≥500	80	≥800
$10^{-5}\cdot$ 最大安全应力(N/m²)	95~100	81	76	76	83
体积电阻率(Ω·m)	$>10^{12}$	10^{10} (25℃以下)	$>10^{10}$	10^{11}	
最高允许相对湿度(%)	100	100	100	100	

(三)压电振子

逆压电效应可以使压电体振动,可以构成超声波换能器、微量天平、惯性传感器以及声表面波传感器等。逆压电效应可以产生微位移,也在光电传感器中作为精密微调环节。

要使压电体中的某种振动模式能被外电场激发,首先要有适当的机电耦合途径把电场能转换成与该种振动模式相对应的弹性能。当在压电体的某一方向上加电场时,可从与该方向相对应的非零压电系数来判断何种振动方式有可能被激发。

压电常数的 18 个分量能激发的振动可分成四大类,它们分别为:①垂直于电场方向的伸缩振动,

用 LE(length expansion)表示;②平行于电场方向的伸缩振动,用 TE(thickness expansion)表示;③垂直于电场平面内的剪切振动,用 FS(face shear)表示;④平行于电场平面内的剪切振动,用 TS(thickness shear)表示。

按照粒子振动时的速度方向与弹性波的传播方向,这些由压电效应激发的振动可分为纵波与横波两大类。前者粒子振动的速度方向与弹性波的传播方向平行,而后者则互相垂直。按照外加电场与弹性被传播方向间的关系,压电振动又可分为纵向效应与横向效应两大类。当弹性波的传播方向平行于电场方向时为纵向效应,而二者互相垂直时为横向效应。压电体中能被外电场激发的振动模式还和压电体的形状尺寸有着密切的关系。压电体的形状应该有利于所需振动模式的机电能量转换。

二、压电式传感器测量电路

(一)等效电路

由于压电传感器内阻很高,且信号微弱,因此一般不能直接显示和记录,需要经过二次仪表进行阻抗变换和信号放大。因为压电传感器产生的电荷量很少,它除自身有极高要求的绝缘电阻外,同时要求测量电路前极输入端也要有足够高的阻抗,以防止电荷迅速泄漏而引入测量误差。设有一恒定的力作用在压电传感器的晶体元件上,使压电晶体表面产生电荷 Q,并在晶体表面间产生电压 u_a,则有

$$u_a = Q/C \qquad (4\text{-}4\text{-}14)$$

式中 C 为压电晶体电缆和测量电路输入电容的总和:$C = C_a + C_c + C_i$(C_a 为传感器电容,C_c 为电缆电容,C_i 为前置放大器的输入电容)。但由于压电传感器的绝缘漏电阻 R_a 不可能是无限大,因此,将有电荷通过电阻 R_a 泄漏,使电压 u_a 不能保持恒定值,这种情况与电容器 C 积存的电荷通过 R 放电相似。下面分析电压 u 随时间变化的规律,其等效电路可简化为图 4-4-6 的形式。

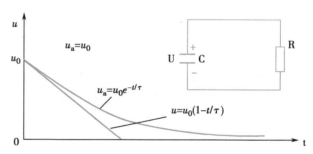

图 4-4-6　压电器件的理想等效电路及静电泄漏对传感器输出的影响

当 $t=0$ 时,由于恒定力作用,电容器 C 的两级板上产生电荷 Q,使电容器的极板间具有电压 u。由于泄漏电阻的存在,电荷 Q 将通过电阻 R 逐步泄漏掉,泄漏电流为 I,这将使电容器的电压 u 下降。据欧姆定律,可以得到电容器两端的电压 u 随时间变化的规律为

$$u = u_a e^{-\frac{t}{\tau}} \qquad (4\text{-}4\text{-}15)$$

式中 τ 为时间常数:$\tau = RC$,式(4-4-15)也可以写为

$$u = u_a e^{-\frac{t}{RC}} \qquad (4\text{-}4\text{-}16)$$

为估算由此而产生的测量误差,将(4-4-16)式展开并取前两项,则得相对误差 e 为

$$e = \frac{u_a - u}{u} = \frac{t}{RC} \qquad (4\text{-}4\text{-}17)$$

式中:$R = \dfrac{R_a + R_i}{R_a R_i}$;

R——系统的绝缘漏电阻；

R_a——传感器绝缘漏电阻；

R_i——前置放大器输入电阻；

C——系统的等效电容；$C = C_a + C_c + C_i$

在实际情况中，一般 R_i 远小于 R_a，所以式(4-4-17)也可以写为

$$e = \frac{\Delta u}{u} = \frac{t}{R_i C} \tag{4-4-18}$$

由上式可见，输出电压衰减的速度由 C 和 R_i 的乘积，即电路的时间常数来决定。为减小漏电产生的测量误差，要求时间常数 τ 尽量大。一般 C 取决于对灵敏度的要求，不便随意增大，这就要求测量电路的输入电阻 R_i 应尽量大。

在给定时间 t 里，$(u_a - u)$ 是给定的，由式(4-4-18)可求出压电传感器测量系统绝缘电阻和电容值。例如某一压力测量作用时间不超过 10 毫秒，如果要求由于电荷泄漏造成的测量误差不大于 1%，则应当有

$$\tau = R_i C = \frac{t}{e} = \frac{0.01}{0.01} = 1(s) \tag{4-4-19}$$

假设电容 $C = 10\ 000\text{pF}$，则要求

$$R_i = \frac{\tau}{e} = \frac{1}{10\ 000 \times 10^{-12}} = 10^8 (\Omega) \tag{4-4-20}$$

即测量电路的输入电阻应当在 $10^8 \Omega$ 以上。电压 u 的降低速率是由被测物理量的频率决定的。在低频测试时，或者说若用压电传感器测量持续时间较长的物理量，或者在对压电传感器作静态标定时，就需要对电路的时间常数和测量电路的输入阻抗提出很严格的要求。

压电传感器的前置放大器有两个作用，一是把压电传感器的微弱信号放大，另一种是把传感器的高阻抗输入变为低阻抗输出。根据压电传感器的等效电路，它的输出可以是电压，也可以是电荷。下面简述电压前置放大器和电流前置放大器的原理。

（二）电压放大器

电压前置放大器(阻抗变换器)的功用是将压电传感器的高输出阻抗变为较低阻抗，并将压电传感器的微弱信号放大。等效电路如图 4-4-7 所示。

假设压电器件取压电常数为 d_{33} 的压电陶瓷，并且压电元件沿电轴作用交变力为 $F = F_m \sin(\omega t)$，则所产生的电荷与电压均按正弦规律变化，即

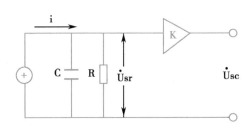

图 4-4-7　电压放大器的等效原理图

$$\dot{U}_a = \frac{\dot{Q}_a}{C_a} = \frac{d_{33}}{C_a} F = \frac{d_{33}}{C_a} F_m \sin(\omega t) \tag{4-4-21}$$

其幅值

$$U_m = \frac{d_{33} F_m}{C_a} \tag{4-4-22}$$

而送到放大器输入端的电压为

$$U_i = d_{33}F_m \frac{j\omega R}{1+j\omega RC} = d_{33}F_m \frac{j\omega R}{1+j\omega R(C_a+C_c+C_i)} \qquad (4\text{-}4\text{-}23)$$

由上式可以看出,放大器输入端电压的幅值及它与所测量作用力的相位差将由下列两式表示

$$U_{im} = \frac{d_{33}F_m\omega R}{\sqrt{1+\omega^2R^2(C_a+C_c+C_i)^2}} \qquad (4\text{-}4\text{-}24)$$

$$\varphi = \frac{\pi}{2}-\tan^{-1}[\omega R(C_a+C_c+C_i)] \qquad (4\text{-}4\text{-}25)$$

如果 $\omega^2R^2(C_a+C_c+C_i)^2 \gg 1$,则放大器输入端的电压 U_{srm} 与被测频率 ω 无关。此时放大器输入电压幅值为

$$U_{srm} = \frac{d_{33}F_m}{C_a+C_c+C_i} \qquad (4\text{-}4\text{-}26)$$

由上式可知,当改变连接传感器与前置放大器的电缆长度时,C_c 将改变,u_{sr} 也将随之改变,从而使放大器输出电压 $u_{sc}(u_{sc}=Ku_{sr})$ 也随之变化。在设计时,常常把电缆长度定为一常值(如 30m),但也不能太长,增长电缆,电缆电容 C_c 随之增大,它将导致 u_{sr} 降低。一般在使用时保持电缆长度不变,如改变电缆长度时,必须重新校正其电压灵敏度值,否则由于电缆 C_c 的改变将引入测量误差。

(三)电荷放大器

电压前置放大器所配接的压电传感器的电压灵敏度将随电缆分布电容、传感器自身电容而变化;传感器绝缘电阻的下降又势将恶化测量系统的低频特性。为了消除电缆分布电容、传感器自身电容对测量造成的影响而采用电荷放大器接口设计。电荷放大器实际上是一个具有深度负反馈的高增益运算放大器。图 4-4-8 为压电传感器与电荷放大器联接的等效电路。

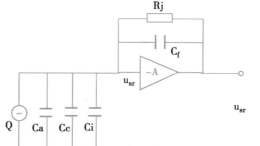

图 4-4-8 电荷放大器的等效原理图

图中:C_f——电荷放大器反馈电容;

$\quad C_a$——传感器电容;

$\quad C_c$——电缆电容;

$\quad C_i$——放大器输入电容;

$\quad R_j$——并联在反馈电容两端的漏电阻;

$\quad A$——运算放大器开环增益。

反馈电容 C_f 折合到放大器输入端的有效电容 C_f' 为

$$C_f' = (1+A)C_f \qquad (4\text{-}4\text{-}27)$$

放大器的输入阻抗为 C_i 和 C_f' 并联的等效阻抗。由于电容并联,所以压电晶体不仅对反馈电容充电,也对其他电容充电,此时,放大器的输出电压为

$$U_{srm} = \frac{-AQ}{C_a+C_c+C_i+C_f'} = AU_{sr} \qquad (4\text{-}4\text{-}28)$$

故放大器的输入电压为

$$U_{sr} = \frac{-Q}{C_a+C_c+C_i+C_f'} = \frac{-C_au_a}{C_a+C_c+C_i+C_f'} \qquad (4\text{-}4\text{-}29)$$

因为 $A \gg 1$，则 $C'_f \gg (C_a + C_c + C_i)$，所以 $U_{sc} = \dfrac{-Q}{C_f}$，这清楚地说明电荷变换级的输出电压仅与传感器产生的电荷量及电荷放大器有关。

在实际线路中所采用的运算放大器开环增益为 $10^4 \sim 10^6$ 数量级，反馈电容 C_f 一般不小于 100pF。故此，对测量系统中所使用的 100pF/m 寄生电容的低噪音同轴电缆，即使长达 1000m 以上，其长度变化亦不会影响测量精度。这对测量弱信号和经常需要更换不同长度的联接电缆或远距离测量的场合显得特别有利，所以可以通过调节 C_f 来调节电荷放大器的灵敏度。

三、压电式传感器在生物医学中的应用

（一）脉搏和运动压力测量

大量力学传感器是基于聚偏二氟乙烯（polyvinylidene fluoride，PVDF）的压电效应的，可以应用到检测运动的压力脉冲。图 4-4-9 显示了高压聚合体手指脉冲和呼吸波动传感器的结构。脉搏传感器是获得有关心血管系统重要生理信息的一个方便、有效的方法。这种传感器也可应用于测量血压、心跳速率和血液流量的系统中。图 4-4-9 所显示的传感器能在获得脉冲波的同时获得呼吸波。

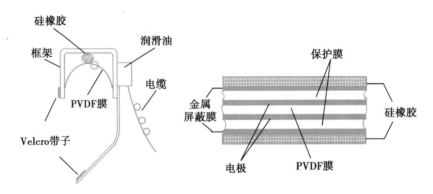

图 4-4-9 高压聚合体手指脉冲和呼吸波动传感器

它是一个 U 形的结构。在这种方法中，传感器能方便、舒适地固定在手指正确的位置上。为了增强传感器对电干扰的抗干扰能力，可附加一个结合了高电阻 FET 的混合电缓冲系统。脉冲波信号通过缓冲区被送到信号处理中心。PVDF 膜与手指直接接触，其表面两侧都有金属膜进行屏蔽，同时用高绝缘的硅树脂橡胶密封高聚物膜来防止汗液的腐蚀和对电极表面的磨损。脉搏和呼吸波的分离分别通过低通和高通滤波器来实现。

（二）仿生皮肤的研究

近年来，智能机器人的研究十分活跃，仿生机构的研究又是国内外智能机器人机构近期发展的一个热点。模仿人体感觉功能的智能机器人的最关键部分是其高精度、高分辨率、高速响应的任意分布的集成智能结构触觉传感器，即仿生皮肤的研究。仿生皮肤应该具有人类皮肤的生理功能，触觉包含力觉、压觉、冷热觉、滑觉、接触觉等一些重要的触觉。也就是说，人工皮肤要可以感觉冷热；当与对象物直接接触时，要能感受到压力的大小和物体表面形状，以及物体的光滑性、硬度等表面特性，要检测出物体是否有滑动的趋势。

近年来出现了用锆钛酸铅压电陶瓷（piezoelectric ceramic transducer，PZT）作为敏感材料来制作仿生皮肤的方法。PZT 是一种压电陶瓷材料，它具有良好的正向特性和反向特性：既可以感受压力，又可以感受拉力。利用溅射技术在厚度为 1mm，直径 20mm 的圆形 PZT 材料的两侧分别喷镀矩形电极阵列作为独立的振荡器，使电极间的区域在压电材料的机械谐振频率发生振荡。实验表明，增大电极阵列的数目，适当选择电极大小和间距，能达到很好的测压效果，而且能感受到被测物的轮廓。

还有一种有效的方法是将 PVDF 和 PZT 进行复合，用一种复合材料高分子聚偏二氟乙烯化 PZT

薄膜胶片(PVDF-PZT)作为敏感材料,这种材料结合了 PVDF 和 PZT 的优点,既可以大面积覆盖在机器人的表面,又具有良好的正向、反向特性,其电荷特性与 PVDF 类似。它的厚度已经能达到 $200\mu m$ 左右,可以用来感觉工件的边缘、棱角、几何尺寸和辨别织物等级并感受温度。

为了达到仿生皮肤感知触觉(法向力)和滑觉(斜向力)的功能,一种可行的方式是在高分子充水薄膜微球层中呈立式放置或缠绕式放置大量几十微米宽的压电薄膜丝神经纤维束,如图 4-4-10 所示。

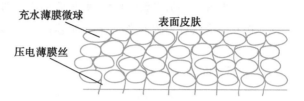

图 4-4-10 仿生皮肤的结构示意图

在图 4-4-10 中,压电薄膜丝的分布密度为 $128\sim 1024$ 根$/cm^2$,其压电效应在表面上产生的电位为

$$U = \frac{Q_{11}+Q_{12}+Q_{13}+Q_{14}+Q_{15}+Q_{16}}{C_{11}}$$

$$= \frac{d_{11}F_{11}+d_{12}F_{12}+d_{13}F_{13}+d_{14}F_{14}+d_{15}F_{15}+d_{16}F_{16}}{C_{11}}$$

(4-4-30)

由于它是 X,Y 和 Z 三个方向轴向应力和切向应力的总和,所以能感觉三维应力,从而判断出具有模糊等级的触觉和滑觉的大小及应力区域。

当在仿生皮肤表面施加压力时,压力的大小将影响高分子充水薄膜微球球体的变形量、受压的区域以及感压的深度,从而决定薄膜丝纤维束神经末梢所感应到的总应力电位的大小。对法向压力,仿生皮肤只是局部受到恒压的影响从而感应出相应的应力电位,对斜向滑动压力,仿生皮肤由于皮肤基层的不平坦而感受到时强时弱的斜向压力,从而得到滑觉。

图 4-4-11 是西班牙的科学家开发出的一种类似的具有触觉仿生功能的机器人手指,该手指由聚合材料制作能够感觉所拿物体的重量并调整所用的能量。

(三)诊断超声换能器

超声波在不均匀的生物组织中传播时,会发生反射和散射,使入射的部分能量改变其传播方向。我们把返回换能器的散射波称作背向散射。早在 20 世纪 70 年代初期,超声成像就用于人体软组织。在那时,这项技术可以获得并显示从人体散射回来的结构信息,最初是静态图像,后来发展为实时动态图像。这项技术的发展借鉴了许多雷达和声纳方面的技术,最初是一维的单条扫描线幅度显示(即 A 超),然后建立起随着时间一步步记录单条扫描线的方式来显示组织的运动(即 M 超),进一步又发展了通过机械或电子扫描建立起二维图像的成像模式(即 B 超)。

图 4-4-11 为机器人配备的人工手指

1. 诊断超声的基本原理 A 型超声是最简单、最基本的诊断超声探测模式,现以 A 超为例讲解诊断超声的基本原理。当发射的脉冲超声波遇到组织界面时,如皮肤表面、器官表面等,会产生回波,将回波信号的幅度取出来即得到 A 型超声显示方式。信号发生器产生短脉冲信号,激励单阵元换能器,同时换能器接收组织返回的回波,经过前置放大器、时间增益补偿放大器和信号处理最终在显示器上显示。信号处理部分一般包括包络检测、滤波和对数压缩。通常换能器和组织之间要加入耦合剂,使声阻抗匹配,以保证尽可能多的超声能量进入人体组织。

2. 诊断超声换能器分类 诊断超声换能器的种类繁多,可从不同角度进行分类。

(1)按振子单元数分为单阵元换能器和多阵元换能器,其中多阵元换能器包括:①线阵;②相控阵;③方阵;④凸阵。

（2）按声束特性分为聚焦换能器和非聚焦换能器,其中聚焦换能器包括:①一维聚焦:电子聚焦、声学聚焦;②二维聚焦:电子聚焦、声学聚焦。

（3）按收发方式分为发射型换能器、接收型换能器、收发兼用型换能器。

（4）按几何形状分为圆形换能器、环形换能器、方形换能器、矩形换能器、喇叭形换能器、菊花形换能器等。

3. 诊断超声换能器的结构

（1）基本单元换能器:其基本结构如图4-4-12所示,分为主体、壳体两部分。压电振子是主体功能件,用来发射和接收超声波。由于压电振子较脆且要求绝缘、密封、防腐蚀等,故必须将压电振子装入壳体内。外壳是压电振子的结构件,起支撑、容纳、密封、绝缘、承压、屏蔽及保护振子的作用。压电振子两端面镀上电极并通过导线与壳体上的电接插件相连,有时壳体内还装有阻抗变换器、前置放大器、阻尼电阻及调节电感等附件。

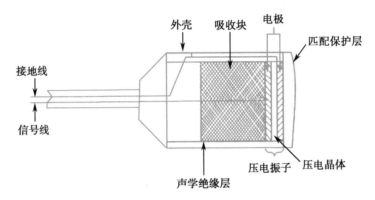

图4-4-12　单阵元超声换能器内部基本结构

（2）多阵元换能器:由多个单元晶片组成。按线阵排列且尺寸较长的称为线阵换能器,见图4-4-13(a);按线阵排列且尺寸较小的心脏扇形成像用的叫相控阵换能器,见图4-4-13(b);按曲面线阵排列,尺寸与线阵换能器相当或略小的探头叫凸阵换能器,见图4-4-13(c);图4-4-13(d)是方阵换能器。线阵阵元数目目前已有20、40、60、120、256和400等。它们在逻辑电路的控制下,按指定顺序发射和接收超声波,以获取所需要的超声场,以及必要的聚焦、声束扫描等。线阵换能器的基本结构见图4-4-14。

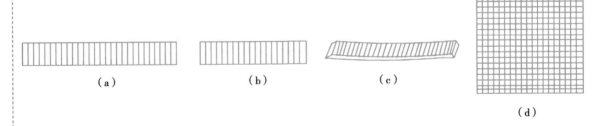

（a）　　　　　　（b）　　　　　　（c）

（d）

图4-4-13　各种多阵元换能器外形图
（a）线阵;(b)相控阵;(c)凸阵;(d)方阵

（3）机械扫描换能器:可分为扇形扫描和线性扫描换能器,多采用探头旋转方式,故常称旋转式换能器。扇形扫描旋转换能器晶片只在扇形成像的角度内发射声束扫描人体。线性扫描旋转式换能器的基本结构如图4-4-15所示。两片性能一致的压电振子装在旋转圆盘直径线的两侧,两个振子在面对反射镜时发射、接收超声波,亦即旋转时两个振子轮流交替工作,超声波通过反射镜

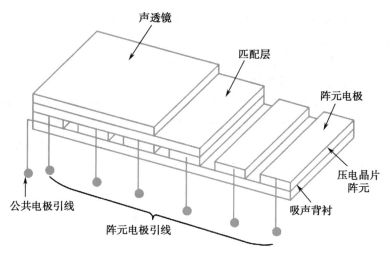

图 4-4-14　线阵换能器的基本结构

平行地射入人体。

（4）声学聚焦换能器：声学聚焦原理与光学聚焦原理相似。可在多元阵或压电振子前装置聚焦透镜，见图 4-4-16（a），或将晶片制成凹面振子，见图 4-4-16（b）。为了聚焦声束，也研究了采用等效环形换能器的方法，它集环形及圆形压电振子的长处于一体。圆形压电振子旁瓣小但扩散角大，而环形压电振子扩散角虽小但旁瓣大，而等效环形振子则使旁瓣靠近圆形振子，而指向性却靠近环形振子。振子端面贴有喇叭花形的铝制声透镜

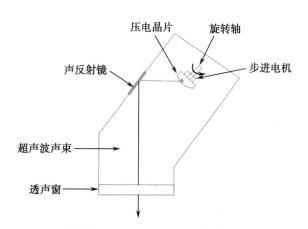

图 4-4-15　机械扫描的旋转式换能器

（两瓣圆弧形），两瓣圆弧相对于中心轴形成一个旋转面，各部分波阵面在所有中心轴上各点相交，因而使轴心上声压增加。正确选择等效环的半径及声透镜的曲率半径，环形振子的声束变窄 30%~50%，旁瓣压缩 26dB。

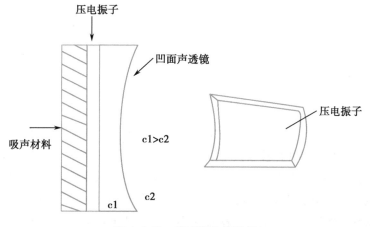

图 4-4-16　声学聚焦换能器

（5）超声多普勒换能器：结构因发射信号和工作方式的不同而不同。脉冲多普勒换能器的基本结构和单阵元换能器的结构相同，发射、接收共用一个压电振子。在和 B 型超声成像复合而成的超声系统中，对于机械扫描方式，既可附加一探头作多普勒换能器使用，也可直接用扫描成像换能器作为

多普勒探头。在电子扫描成像系统中,同样,既可附加多普勒换能器,也可选定多阵元中的某一条扫描声束,从中提取多普勒血流信号。

连续波多普勒超声换能器的特点在于用两个晶片分别作为发射和接收换能器。按其构造又可分为分隔式、分离式和重叠式多普勒换能器。

1)分隔式:采用一个压电晶体片,一面是共同接地端,与人体相接触,另一面只将电极镀层从中间分开形成发射和接收相绝缘的两个半片,见图4-4-17。共用接地面接触人体,另一面的发射晶片与发射功放连接,利用逆压电效应产生连续超声波;而另一面的接收晶片与接收前置放大电路相连,放大接收到的连续波超声信号。

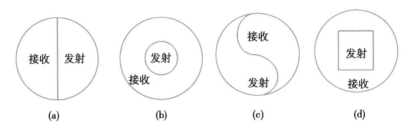

图 4-4-17　**分离式 Doppler 换能器的压电振子**
(a)直线式;(b)同心圆式;(c)S式;(d)古钱式

因换能器的接收与发射在一个晶片上,当发射片加高频电压产生连续超声的同时,又会使接收片得到较大的交变信号,此信号称为"基底信号",简称"基底"。如基底信号较大,就容易使前级放大器饱和。而接收回来的多普勒信号得不到有效的放大,甚至高频杂音和多普勒效应共存而难以分辨。

2)分离式:结构上把同一晶片切开,形成同面积的收、发两个部分,而且两部分之间加电、隔声材料。收、发两部分朝向人体的一面经引线连到公共地端,而背向人体的一面的两部分分别与发射功放输出和接收前放输入相连。分隔式中,收、发两部分只隔电,而不隔声;而分离式中收、发两部分既是电绝缘,也是声绝缘,因此,减小了基底漏信号,接收到的多普勒信号放大效果得到提高,即提高了灵敏度、降低了噪声。一般收、发两部分相同,可以互换。当收、发两部分不同时,如接收部分晶片大于发射部分晶片时,收、发两部分不能互换,如图4-4-18(a)所示。

图 4-4-18　**分离式与重叠式压电振子**
(a)分离式;(b)重叠式

3)重叠式:如图4-4-18(b)所示,由两个晶片重叠构成,两晶片间用同频率的晶片或厚度适宜的环氧树脂隔离。接触人体的晶片作接收换能器,另一晶片作发射换能器。如用 PZT 型压电材料做晶片,重叠式可简化为单一晶片,既发又收,故收、发声束间没有夹角,测量精度较一般分离式高,对较大反射体运动目标的测量灵敏度也较高,在测量人体表浅血管壁运动时,重叠式比分离式多普勒探头的效果好。但重叠式探头的缺点是基底信号较大,对较小的非平面反射体的测量灵敏度,在没有较好的平衡基底信号时,灵敏度比分离式低。

(6)特殊用途换能器

1)穿刺活检换能器:在此换能器中心部位,有一个 2~3mm 的圆孔,用来通过不同型号的穿刺或活检器,根据超声波显示的部位和深度指导穿刺或活检,在屏幕上可看到针尖的刺入部位,以指导穿刺或活检,如避开胆囊、大血管等部位,同时可经活检器取出组织做细胞学检查,鉴别是否有肿瘤。

2)腔内换能器:换能器加长或变薄以插入腔内检测,如妇科及查结肠用的长形(长约20mm)换能器。

3)手术用换能器:①脑针型:小针片置于针尖处,经颅骨穿孔可插入脑组织检测脑瘤的方位和深度;②薄片型手术换能器:边缘接出导线,便于至较深部位;③探查穿刺联合式探头。

4)眼杯式换能器:凹面形状与眼部凸出面重合,以便对眼进行探查。

5)儿科用探头:压电晶片及探头前端均较小,以便于经狭窄的肋间进行探测。因声束扩散角变大,故应挑选压电转换效率高的材料制造,以保证获得足够的信息量。

(四)声波传导型传感器

声波传导型传感器是基于声波在物体内或在表面的传播特性随被测信号的变化实现。此类传感器常采用压电材料:首先在压电材料上铺设激励与接收电极,然后在激励电极上施加电信号,利用逆压电效应产生机械形变。形变传播至接收电极时,会因正压电效应而在接收电极上产生电信号。对这个电信号放大后再施加到激励电极,即可形成谐振,谐振频率与材料的声学特性相关。利用被测量(气体、细胞、抗原、抗体等)改变材料的声学特性,即可引起谐振频率或相位的变化。

声波传导结构主要有体声波(bulk acoustic wave,BAW)和声表面波(surface acoustic wave,SAW)两大类。

1. **BAW型结构** 多被用于质量、化学成分的测量。图4-4-19(a)是利用BAW原理设计的石英晶体微天平(quartz crystal microbalance,QCM)结构。这种传感器采用厚度为0.1~0.2mm左右的石英晶体薄片,在晶体上下两面分别涂敷金属电极,构成压电振子。然后在电极表面加一层离子选择性吸附膜,可用来探测气体的化学成分或监测化学反应的进行情况:被测物质被膜吸附后,会引起总质量的变化,进而引起谐振频率的变化。频率变化公式为

$$\Delta f/f_0 = \Delta m/m \qquad (4\text{-}4\text{-}31)$$

式中:Δm——质量变化量;

m是初始质量;

f_0是工作频率。

由于石英单晶体机械共振的高稳定性,这类传感器测量精度可达纳克级,理论上可以测到相当于单分子层或原子层的几分之一的质量变化。

2. **SAW型结构** 在此类传感器中,机械波(声波)沿着传感器固体表面传播。由于机械波传播时间与距离和声速相关,因而SAW多以延迟线方式工作。根据声表面波类型的不同,可分为瑞利波(Rayleigh wave,RW)型和勒夫波(Love

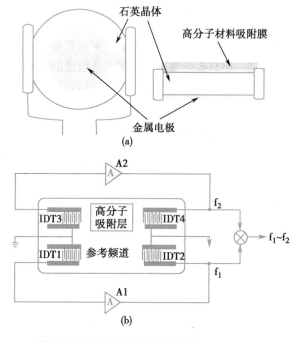

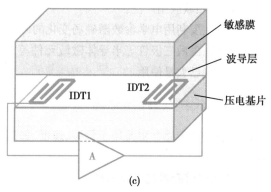

图4-4-19 **典型的声波传感器及其结构图**
(a)体声波(BAW)型石英晶体微天平(QCM);(b)双延迟线瑞利波型谐振器结构;(c)复合型勒夫波型谐振器结构

wave,LW)两类。

图 4-4-19(b)示出的是一种带有负反馈的双延迟线的瑞利波型 SAW 传感器。其基本原理在于:采用 4 个交叉式换能器(interdigital transducer,IDT),即 IDT1～IDT4 对称地排列在压电基质上,其中,IDT1、IDT2、A2 及其间的基质共同构成参考频道,测量频道与参考频道基本相同,由 IDT3、IDT4、A1 等构成,所不同的是在 IDT3 与 IDT4 间的基质上涂覆了具有选择性的高分子吸附层。工作时,两个通道的机械波分别以滚动传播方式通过参考压电基质和涂覆了高分子吸附层的压电基质,形成的振荡频率分别为 f_1 和 f_2。最终,通过 f_1 和 f_2 间的频差,可计算出被测量:

$$\Delta f/f_0 = -K\Delta mf_0/A \tag{4-4-32}$$

式中:A——表面活跃区面积;

　　　K——常数;

　　　Δm——质量变化量;

　　　f_0——基础工作频率。

由上式可知,传感器的灵敏度与基频成正比,典型的 SAW 工作在高频区,可以达到 GHz。由于这种结构中无覆盖物谐振器可作温度、压强变化等因素引起频率波动的补偿,因而有非常好的测量精度。如果覆盖层足够好,在大于等于 1000∶1 的接触比下,SAW 的浓度检测精度可达 $10～100$ppb,质量检测可达到 0.05pg/mm^2。

图 4-4-19(c)是基于勒夫波的 SAW 谐振器。这个装置的核心是一个超声延迟线,通过在压电基片表面覆盖一层具有低密度低剪切声波速度的波导层,将声波能量集中于波导薄层之中。声波由压电材料层的 IDT 与放大器共同形成负反馈谐振电路产生,振荡特性由单位面积的压电材料(包括化学敏感薄膜)的质量决定:膜的质量变化会引起波相位变化。这种传感器的优点是工作频率只需要几MHz,相对较低,且可用于液体环境中。

第五节　磁电式传感器

磁电式传感器(magnetoelectric sensor)以感应磁场强度及其变化来测量位移、速度、加速度、电流、位置、方向等物理参数,在国民经济、国防建设、科学技术、医疗卫生等领域都发挥着重要作用。

磁电式传感器包括磁电感应式传感器(magnetoelectric induction sensor)和磁敏传感器(magnetic sensitive sensor)。磁电感应式传感器主要利用电磁感应原理,通过改变闭合回路中的磁通量或使导体切割磁力线运动而产生电信号输出。代表性的有用于位移、速度、加速度等物理量测量的常规磁电感应式传感器和用于导电性液体流速或流量测量的电磁流量计。此类传感器输出信号通常较大、性能稳定,在生物医学领域应用广泛。

磁敏传感器是主要利用电学参数随磁场变化的磁敏元件制成的传感器,代表性的有霍尔器件、磁阻器件、磁敏二极管、磁敏三极管等半导体磁敏元件等。磁敏传感器结构简单、体积小、重量轻、灵敏度高、频响特性好,现已大量使用。

一、常规的磁电感应式传感器

常规的磁电感应式传感器主要用于位移、速度、加速度等物理量的测量,其结构上通常由磁铁、线圈等部件组成。

(一)磁电感应式传感器的基本原理

根据电磁感应原理,闭合电路的一部分导体在磁场中做切割磁感线运动,会在导体两端产生电动势,并在电路中产生电流。在电磁感应现象中产生的电动势叫做感应电动势,可分为感生电动势和动生电动势。根据法拉第电磁感应定律,当通过 n 匝导体线圈的磁通量 φ 随时间变化时,所产生的感生

电动势 e 正比于磁通量 φ 对时间的变化率,即

$$e = -n(d\phi/dt) \tag{4-5-1}$$

动生电动势是因为导体自身在磁场中做切割磁感线运动而产生的感应电动势。动生电动势的方向与产生的感应电流的方向相同。设导体长度为 L,速度为 v,匀强磁场磁感应强度为 B,在 B、L、v 互相垂直的情况下,产生的动生电动势为:$e = BLv$。

图 4-5-1 给出了两种磁电感应式传感器的结构原理图。图 4-5-1(a)所示的结构是线圈做直线运动的磁电感应式传感器,依据动生电动势原理,当线圈在匀强磁场中做直线运动时,所产生的感应电势 e 为

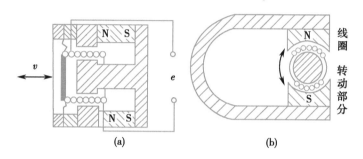

图 4-5-1　磁电感应式传感器的结构原理图
(a) 线圈直线运动;(b) 线圈作转动

$$e = nBL\frac{dx}{dt}\sin\theta = nBLv\sin\theta \tag{4-5-2}$$

式中:B——工作气隙中的磁感应强度(单位:T);

$\quad L$——每匝线圈有效长度(单位:m);

$\quad n$——工作气隙中线圈绕组的匝数;

$\quad v = dx/dt$——线圈与磁场的相对直线的速度(单位:m/s);

$\quad \theta$——线圈运动方向与磁场方向的夹角。

当 $\theta = 90°$ 时,式(4-5-2)可写成

$$e = nBLv \tag{4-5-3}$$

图 4-5-1(b)所示的结构是线圈做旋转运动的磁电感应式传感器,它的工作方式类似于发电机。线圈在磁场中转动导致其中的磁通量变化,进而产生的感生电势 e

$$e(t) = -n\frac{d(BA\cos\theta)}{dt} = nBA\sin\theta\frac{d\theta}{dt} = nBA\omega\sin\omega t \tag{4-5-4}$$

式中:ω——角频率,$\omega = d\theta/dt$,当 ω = 常数时,$\theta = \omega t$;

$\quad A$——线圈所包围的面积;

$\quad \theta$——线圈面的法线方向与磁场方向的夹角。

当 $\theta = \omega t = 90° + k \times 360°$,$k$ 为自然数时,可得感应电势的最大值 E_m,即

$$e = E_m = nBA\omega \tag{4-5-5}$$

由式(4-5-3)及式(4-5-5)可以看出,当传感器结构一定时,n、B、A 均为常数。因此,感应电势 e 与线圈对磁场的相对速度 v(或 ω)成正比,所以这种传感器的基型是速度传感器,能直接测量出线速度

或角速度。由于速度与位移和加速度之间分别存在着积分和微分的关系,磁电感应式传感器还可以用来测量运动的位移或者加速度。

(二)磁电感应式传感器的结构与分类

常规的磁电感应式传感器从结构上可分为恒定磁通式和变磁阻式两大类。

1. **恒定磁通磁电感应式传感器** 典型结构由永久磁铁、线圈、弹簧、金属骨架等组成。磁路系统产生恒定的直流磁场,线圈和磁铁两者之间产生相对运动,切割磁力线而产生感应电势。其运动部件可以是图4-5-2(a)所示的线圈(动圈式),也可以是图4-5-2(b)所示的磁铁(动铁式)。此类传感器通常用于测量振动速度。图4-5-2(c)是基于这种结构的心音传感器的结构示意图。

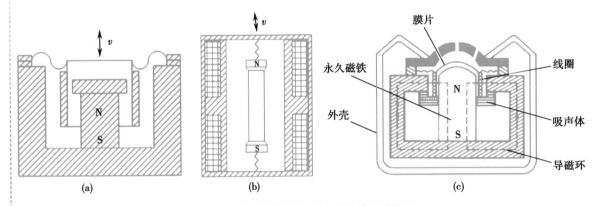

图 4-5-2 恒定磁通磁电感应式传感器结构图
(a)动线圈式;(b)动磁铁式;(c)磁电感应式心音传感器实例

因恒定磁通磁电感应式传感器的工作频率不高,输出信号较大,所以对变换电路要求不高,采用一般交流放大器就能满足要求。传感器输出信号经过直接放大或微积分电路便可分别得到与速度、加速度或位移量相关的信号。所用电路如图4-5-3所示。

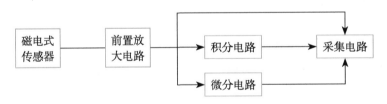

图 4-5-3 恒定磁通磁电感应式传感器信号变换电路

2. **变磁阻磁电感应式传感器** 这类传感器的线圈和磁铁相对位置不变,利用磁性材料在运动中不断改变磁路磁阻,从而改变贯穿线圈的磁通量 $d\varphi/dt$,最终产生感应电动势。变磁阻磁电感应式传感器一般做成转速传感器,可分为开磁路和闭磁路两种。

(1)开磁路变磁阻式转速传感器:如图4-5-4所示,传感器由永久磁铁、感应线圈、软铁组成。齿轮安装在被测转轴上,与转轴一起旋转,从而由齿轮的凹凸变化引起磁阻变化,而使磁通量发生变化,因而在线圈中感应出交变电势,其频率等于齿轮的齿数

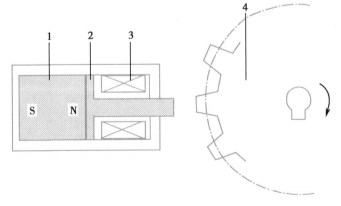

图 4-5-4 开磁路变磁阻式转速传感器
1——永久磁铁;2——软铁;3——感应线圈;4——齿轮

z 和转速 n 的乘积,即

$$f=z×n/60 \tag{4-5-6}$$

这种传感器结构简单,但输出信号小,转速高时信号失真也大,且因高速轴上加装齿轮较危险因而不宜进行高速测量。同时,由于磁路开放,对外界的电磁干扰也较大。

（2）闭磁路变磁阻式转速传感器:结构如图4-5-5所示。它是由安装在转轴上的内齿轮和永久磁铁、外齿轮及线圈构成。内、外齿轮的齿数相等。转轴与被测轴相连,当有旋转时,内外齿的相对运动使磁路磁阻发生变化并使贯穿于线圈的磁通量变化,从而感应出电势。

变磁阻式转速传感器的输出电势强弱取决于线圈中磁场变化速率,因而它与被测速度成一定比例,当转速太低时,输出电势很小,可能会导致信号过弱而无法测量。所以这种传感器一般有一个下限工作频率,开磁路转速传感器下限频率一般为50Hz左右,而闭磁路转速传感器下限频率可低到30Hz左右。

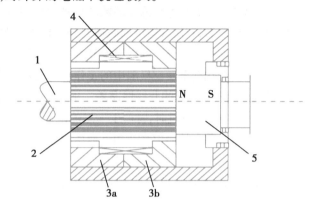

图 4-5-5　闭磁路变磁阻式转速传感器
1——转轴；2——内齿轮；3a,3b——外齿轮；4——线圈；5——永久磁铁

（三）磁电感应式传感器的误差与补偿

磁电感应式传感器可简化为一个电动势为 E 内阻为 R 的电压源。以图4-5-1（a）传感器为例,当传感器后接测量电路的输入电阻为 R_f 时,传感器的输出电流 i_o 为

$$i_o = \frac{E}{R+R_f} = \frac{nB_\delta L_a v}{R+R_f} \tag{4-5-7}$$

其中 R 为传感器的内阻,L_a 为线圈的平均周长,n 为线圈的匝数。

传感器输出电流同线圈运动速度的比值,即电流灵敏度 k_i 可表示为

$$k_i = \frac{i_o}{v} = \frac{nB_\delta L_a}{R+R_f} \tag{4-5-8}$$

同时,传感器的输出电压为

$$u_o = i_o R_f = \frac{nB_\delta L_a v R_f}{R+R_f} \tag{4-5-9}$$

电压灵敏度 k_u 为

$$k_u = \frac{u_o}{v} = \frac{nB_\delta L_a R_f}{R+R_f} \tag{4-5-10}$$

当传感器的工作环境温度发生变化、受到外磁场干扰、受到机械冲击或振动时,其灵敏度都将发生变化而产生测量误差。相对误差公式可由下式表示

$$\delta = \frac{dk_i}{k_i} = \frac{dk_u}{k_u} = \frac{dB_\delta}{B_\delta} + \frac{dL_a}{L_a} - \frac{dR}{R+R_f} \tag{4-5-11}$$

1. **温度误差** 温度会同时对式(4-5-11)右边三项产生影响。例如:铝镍钴永磁合金为磁性材料的磁铁,dB/B 每摄氏度的变化约为-0.02×10^{-2},而铜线 dL/L 每摄氏度的变化为-0.167×10^{-4},$dR/(R+R_f)$ 每摄氏度的变化为-0.43×10^{-2},代入式(4-5-11)可得温度误差接近-0.45%,甚至更高。补偿的办法可从两方面进行:在电路上,可以将负温度系数的热敏电阻与线圈串联,从线圈电阻随温度变化方面进行温度补偿;在磁路上可以采用热磁分路的方法,以补偿工作磁通密度随温度的变化。

热磁分路是由具有很大负温度系数的特种磁性材料——热磁合金制成,用其制成磁分路片搭装在磁系统的两极掌上,它对气隙中的磁通起分流作用。在正常工作温度下,它将气隙中的磁通分流掉一部分;温度升高时,热磁分路的磁导率显著下降,它分流掉的磁通急剧减少,从而保持空气隙中的工作磁通不随温度变化甚至使空气隙中的工作磁通随温度升高而增加,维持传感器灵敏度为常数。

2. **磁电感应式传感器的非线性误差** 磁电感应式传感器的非线性误差产生的主要原因是由于传感器线圈内有电流 I 流过时,将产生一定的磁通,叠加在永久磁铁所产生的工作磁通上而减弱工作磁通。当传感器线圈在被测信号作用下产生较大的感应电势 e 和较大的电流 i 时,其对磁场的影响也增大,从而使传感器的灵敏度 k 随被测速度 v 的增加而改变。其结果是使传感器灵敏度随线圈运动状态而变化,导致输出的谐波失真。显然,换能器灵敏度越高,线圈中电流越大,则这种非线性误差将越严重。

为了补偿传感器线圈电流 i 的上述作用,可以在传感器中加入如图 4-5-6 所示的"补偿线圈",并通以放大的电流 $i_k=Ai$,使其产生的交变磁通与传感器线圈本身所产生的交变磁通相互抵消。

(四)磁电感应式传感器的医学应用

磁电感应式传感器可用于与振动、运动速度、旋转速度等相关的生物医学信号的检测及仪器设备中的检测控制等领域。典型应用如图 4-5-2(c)所示的胸式心音传感器等。

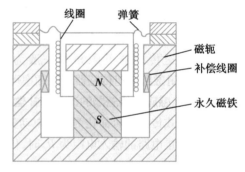

图 4-5-6　磁电感应式振动速度传感器中的补偿线圈

二、电磁流量计及其在医学中的应用

电磁流量计(electromagnetic flow meter,EFM)是一种独特的磁电式传感器,此类传感器能够利用导电性液体的切割连续测量导电性液体的瞬时流速或平均流速,并换算出流量。在生物医学领域,该方法已成为完整血管内动脉血流量测量的标准方法,从人体最粗的血管至 1mm 左右的血管都有着应用。近年来更是发展了一些微型探头,如心导管型和穿刺型电磁血流测量探头,还可以穿刺进入血管内进行测量。

(一)电磁流量计的工作原理

根据电磁感应定律,导体在磁场内移动切割磁力线时,将产生与速度成正比的感生电动势。如图 4-5-7 所示,当导电液体(如血液等)在非导磁的导管(如血管)中以均匀速度流动,在垂直于流动方向上施加磁场,并在同时垂直于流速方向和磁力线方向的管道直径 EE' 处装上一对电极,则可记录到感应电势 e

$$e=2rB_\delta v \tag{4-5-12}$$

式中:r——导管半径

$\quad B_\delta$——磁通密度;

$\quad v$——导管内液体的速度。

由于液体在管道中横截面上的流速是不均匀的,导管轴心处的速度最快,越靠近导管壁流速越小,并以导管轴线为对称。这种轴对称情况产生的电动势与平均速度的关系表示为:

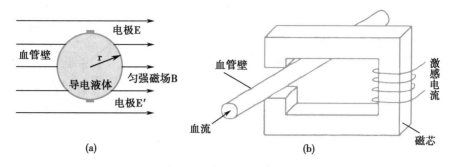

图 4-5-7　电磁血流流量计工作原理
（a）血管横截面；（b）立体图

$$V_e = 2rB_\delta \bar{v} \tag{4-5-13}$$

式（4-5-13）中的平均速度 $\bar{v}$ 可以用流量 $Q(m^3/s)$ 表示，即 $\bar{v}=Q/\pi r^2$ 代入（4-5-13）即得：

$$e = \frac{2B_\delta Q}{\pi r} \tag{4-5-14}$$

式（4-5-14）表明对于一定的导管直径和感应强度，感应电动势仅取决于瞬时的流量。这就是电磁流量计的工作原理。

（二）电磁流量计的医学应用——电磁血流量计

1. **电磁血流量计的组成**　常见的电磁血流量计如图 4-5-8 所示，由传感器和电路系统组成。其传感器又称作电磁探头，作用是将血流量转换成相应的电压信号。电磁血流量计所需的磁场一般通过电磁转换得到，因而，其测量电路一般通过脉冲发生器、控制器和激励器产生激磁电流送到电磁探头的励磁绕组中，产生磁场。探头输出的电压信号经放大、低通滤波后，通过采样解调得到血流信号，最后由记录器和指示器将血流量值记录和显示出来。

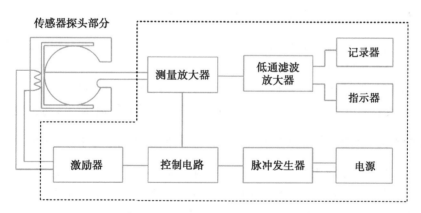

图 4-5-8　电磁血流量计框图

依据测量对象的不同，电磁血流量计的探头可以设计成不同的形状：

（1）血管外电磁血流传感器：如图 4-5-9 所示，这种传感器主要有钳型、管型和套式等。钳型传感器一般用于心血管手术的监护中，通过将被剥露的血管经传感器的开口滑入内孔中进行测量。套式探头最常用于研究工作，使用时将血管通过狭缝嵌入，然后插上阀门固定好。为了保证电极和血管壁之间接触良好，钳型和套式探头直径应该比血管直径稍小，但最好不要小于血管直径的90%。管型传感器一般用于动物实验中。通过将被测血管切断，把血管套封于传感器的管口上，或用导管将血液引出体外，再把导管套封于传感器的管口上。由于导管口径可以适当选择，故管型传感器可适应的血管直径范围较宽。

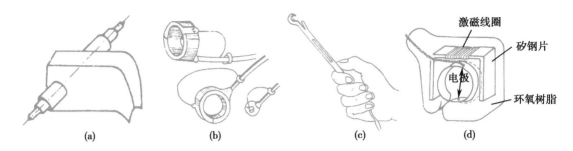

图 4-5-9　血管外电磁血流传感器类型
(a) 管型;(b) 套式;(c) 钳型;(d) 探头内部结构

(2) 导管尖端式电磁血流传感器:这种传感器如图 4-5-10(a) 所示,是置于导管尖端,用以测量血管内血流状态的传感器。由于体积的限制,这种传感器主要用于测量主动脉根部血流,并常常同时测量主动脉血压。这种方法难以简便地定量确定探头在主动脉中的位置,测量误差最高可达 20%。由于导管插入血管后,会引起血流速度的增加,故在计算血流量时还须予以校正。

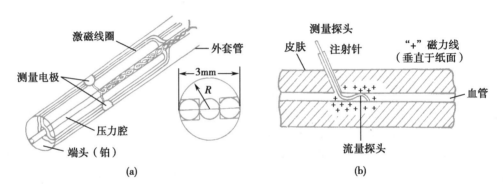

图 4-5-10　微型电磁血流传感器探头
(a) 导管尖端式探头;(b) 外磁场式插入型探头

(3) 外磁场式插入型血流量探头:如图 4-5-10(b) 所示,这种探头常在动物实验中测量血管中的血流量,使用时需由外界提供磁场。

2. **电磁血流量计的检测电路**　电磁血流传感器的磁场激励方法有两种:直流激励和交流激励。早期一般采用直流激励,但由于电极与血管间电极电位的漂移和极化电压的波动、接近于血流信号频率的心电信号的干扰以及在信号频率范围内放大器 $\frac{1}{f}$ 噪声,使血流信号难以准确检测。目前所用的电磁血流量计均采用交变电流激励,并针对不同的激励方式,采用不同的信号检测系统。

在以交变电流激励磁场时,如果取血流信号的最高频率成分为 f_M,激励电流频率为 f_e,则传感器输出信号的频率带宽为 f_e-f_M 至 f_e+f_M。常选择激励电流的频率为 200～1000Hz,其中高频率一般用于多道系统或心率高的动物的测量。但频率过高时,杂散电容的影响也会增加,从而使处理难度增大。

交流励磁所引起的最大问题是所谓变压器效应(transformer effect):电极导线与电极中间的血流共同形成回路,交变磁场将在此回路中产生感应电势,其大小正比于磁通变化速度。这种因变压器效应引起的电压信号甚至可大于血流信号几个数量级。为了克服变压器效应造成的影响,需要采用适当的励磁电流波形,并设计相应的信号检测电路。

最常用的励磁电流波形有正弦波、方波和梯形波,如图 4-5-11 所示。当励磁电流是正弦波时,感生的变压器电势与血流感应电势相位差 90°,见图 4-5-11(a)。此时,可通过变压器电压过零时刻采样方式予以消除。

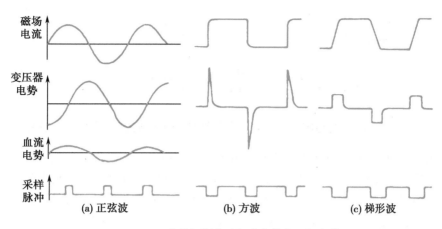

图4-5-11 励磁电流波形和感生的变压器电势

正弦波激励的主要缺点是过零时刻较短,采样控制困难。因而,大部分电磁流量计都是用方波或脉冲激励。方波和脉冲波的主要优点是对放大器和解调器电路的相位稳定性要求不高,有助于克服变压器电势的影响。如图4-5-11(b)所示,在方波系统中,在磁通保持恒定期间,不会产生新的电动势,即这期间只有流量感应电势存在,对采样信号的时间特性要求不高。上述激励信号在电压跃变时产生的变压器电势幅值很大,易导致信号测量系统过载、流量信号畸变。改用梯形波励磁可降低励磁信号的变化率,从而可减小变压器电动势的幅值见图4-5-11(c)。

三、霍尔传感器

霍尔式传感器是典型的磁敏传感器之一,它利用霍尔元件(Hall element)的霍尔效应,将电流、磁场、位移、压力等被测量转换成电动势输出。霍尔效应(Hall effect)是美国物理学家霍尔(A. H. Hall,1855—1938)于1879年在研究金属的导电机制时发现的。随着半导体技术的发展,霍尔元件开始采用半导体材料制作,由于它的霍尔效应显著而得到应用和发展。

(一)霍尔传感器的工作原理及特性

1. 霍尔效应 当电流垂直于外磁场通过导体材料时,引起导体中的载流子在外加磁场中运动,因而会受到洛伦兹力的作用而使轨迹发生偏移,在材料两侧产生电荷积累,从而形成垂直于电流方向的电场,最终载流子在洛伦兹力与电场力共同作用下达到平衡,从而在导体两侧建立起稳定的电势差。这种现象称为霍尔效应,而产生的电势称为霍尔电势。如图4-5-12所示,设外磁场的磁感应强度为B。电流I由

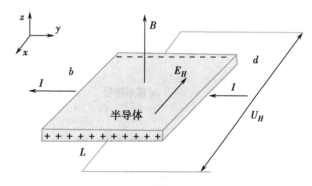

图4-5-12 霍尔效应原理图

自由电子的定向运动形成,方向自左向右。电子电荷为e,电子运动平均速度为v。则每个电子受到的洛伦兹力为$F_L = evB$。

在所形成的霍尔电动势U_H作用下,形成的霍尔电场E_H为

$$E_H = \frac{U_H}{d} \tag{4-5-15}$$

此时定向运动的电子除了受洛伦兹力作用外,还受到电场力$F_e = eE_H$的作用,阻止电荷继续积累。当电子积累达到平衡时有$evB = eE_H = eU_H/d$,可得$U_H = vbB$。

若金属导电板单位体积内电子数为(载流子密度),电子定向运动平均速度为v,激励电

流 $I = nevbd$，则有：$v = \dfrac{I}{bdne}$，此时

$$U_H = vbB = \frac{IB}{ned} = R_H \cdot \frac{IB}{d} = k_H IB \qquad (4\text{-}5\text{-}16)$$

式中令 $R_H = \dfrac{1}{ne}(m^3 \cdot C^{-1})$，称之为霍尔常数，大小与导体载流子密度 n 成反比。式中 $k_H = R_H/b$ 称为霍尔片的灵敏度。可见，霍尔电势正比于激励电流及磁感应强度，其灵敏度与霍尔常数 R_H 成正比而与霍尔片厚度 b 成反比。为了提高灵敏度，霍尔元件常制成薄片形状，薄膜霍尔元件厚度只有 $1\mu m$ 左右。金属材料中自由电子浓度 n 很高，因此 R_H 很小，不宜作霍尔元件。霍尔元件多是由半导体材料制成，目前常用的材料有：锗、硅、砷化铟、锑化铟等半导体材料。N 型锗容易加工制造，其霍尔系数、温度性能和线性度都较好。N 型硅的线性度最好，其霍尔系数、温度性能同 N 型锗相近。

2. 霍尔元件 结构如图 4-5-13 所示，从一个矩形薄片状的半导体上两个相互垂直方向的侧面上，各引出一个电极：它的长度方向两端面上焊有两根引线，称为控制电流端引线，用于加激励电压或电流，对应的电极称为激励电极；另两个侧面正中间以点的形式对称地引出两个电极用来测量霍尔电势，称为霍尔电极。在半导体片的外面用金属或陶瓷环氧树脂等封装作为外壳，图 4-5-13 (b) 是霍尔元件的图形符号，图 4-5-13(c) 是霍尔元件的电极位置，图 4-5-13(d) 是霍尔元件的测量电路。

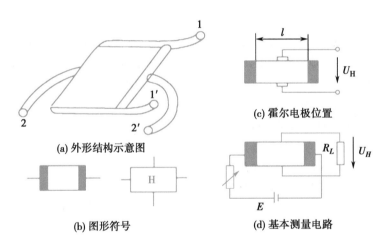

图 4-5-13 霍尔元件
（a）外形结构示意图；（b）图形符号；（c）电极位置；（d）测量电路

（二）霍尔元件的误差及其补偿

1. **霍尔元件的零位误差** 包括不等位电势、寄生直流电势、感应零电势和自激磁场零电势。

（1）不等位电势 U_0 及其补偿：不等位电势是霍尔零位误差中最主要的一种。当霍尔元件通以控制电流 I 而不加外磁场时，它的霍尔输出端之间仍有空载电势存在，该电势就称为不等位电势 U_0。产生的原因包括：由于制造工艺不可能保证将两个霍尔电极绝对对称地焊在霍尔片的两侧，致使两电极点不能完全位于同一等位面上，如图 4-5-14（a）；霍尔片电阻率不均匀或片厚薄不均匀或控制电流电极接触不良都将使等位面歪斜，致使两霍尔电极不在同一等位面上而产生不等位电势。不等位电势也可用不等位电阻表示

$$r_0 = \frac{U_0}{I_H} \qquad (4\text{-}5\text{-}17)$$

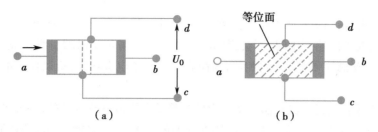

图 4-5-14 产生不等位电势示意图

式中：U_0——不等位电势；

r_0——不等位电阻；

I_H——激励电流。

由上式可以看出，不等位电势就是激励电流流经不等位电阻 r_0 所形成的电压。

除了工艺上采取措施外，实用中需采用补偿电路加以补偿。由于霍尔元件可等效为一个四臂电桥，如图 4-5-15（a）所示，因此可在某一桥臂上并上一定电阻而将 U_0 降到最小。图 4-5-15（b）给出了几种常用的不等位电势的补偿电路，其中不对称补偿简单，而对称补偿温度稳定性好。

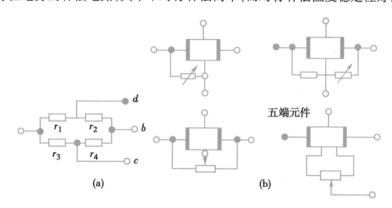

图 4-5-15 霍尔元件的等效电路和几种不等位电势的补偿电路

（2）寄生直流电势：当霍尔元件通以交流控制电流而不加外磁场时，霍尔输出除了交流不等位电势外，还有直流电势分量，称为寄生直流电势。其原因在于元件的两对电极不是完全欧姆接触，而形成整流效应；此外，两个霍尔电极的焊点大小不等，热容量不同引起的温差也会产生随时间变化的漂移。因此在元件制作和安装时，应尽量使电极欧姆接触，并做到散热均匀，有良好的散热条件。

（3）感应零电势及其补偿：霍尔元件在交流或脉动磁场中工作时，即使不加控制电流，霍尔端也会有输出，这个输出就是感应零电势。由霍尔电极的引线布置不合理造成，如图 4-5-16（a）所示。其大小正比于磁场变化频率、磁感应强度幅值和两霍尔电极引线所构成的感应面积，它的补偿方法见图 4-5-16（b）和图 4-5-16（c）。

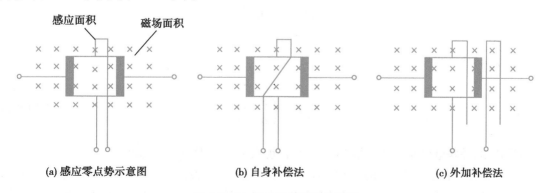

(a) 感应零点势示意图 (b) 自身补偿法 (c) 外加补偿法

图 4-5-16 感应零电势及其补偿

（4）自激场零电势：当霍尔元件通以控制电流时，此电流也会产生磁场，该磁场称为自激场。一般霍尔输出端引线处于两端面中间，不会影响霍尔输出。若霍尔输出端引线弯成图 4-5-16（a）情形时，元件的左右两半磁感应强度就不再相等，因而有自激场零电势输出，所以控制电流引线必须合理安排。

2. 霍尔元件的温度误差及其补偿　霍尔元件是采用半导体材料制成的，一般半导体材料的电阻率、迁移率和载流子浓度等都随温度而变化，因此它们的许多参数，如输入和输出电阻、霍尔常数等性能参数也随温度而变化，具有较大的温度系数，致使霍尔电势变化，产生温度误差。为了减小温度误差，除选用温度系数较小的材料如砷化铟外，还需要采用适当的补偿电路。

（1）采用恒流源供电，输入回路并联电阻：温度变化引起霍尔元件输入电阻变化，为防控制电流的变化，采用稳定度为 0.1% 的恒流源。

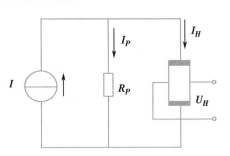

图 4-5-17　采用恒流源及输入并联电阻的温度补偿电路

由于元件的灵敏度系数 k_H 也随温度变化，因此采用恒流源后仍有温度误差。为进一步提高 U_H 的温度稳定性，对具有正温度系数的霍尔元件，可在其输入回路中并联低温度系数的电阻 R_P，如图 4-5-17 所示。设温度 T_0 时，元件灵敏度系数为 k_{H_0}，输入电阻为 R_{i_0}，而温度上升到 T 时，它们分别为 k_{H_T}、R_{i_T}。

$$k_{H_T}=k_{H_0}\left[1+\alpha\left(T-T_0\right)\right],R_{i_0}=R_{i_0}\left[1+\beta\left(T-T_0\right)\right] \tag{4-5-18}$$

从而可得：

$$I_H=\frac{R_P I}{R_P+R_i}\Rightarrow I_{HT}=\frac{R_P I}{R_P+R_{i_0}\left[1+\beta\left(T-T_0\right)\right]} \tag{4-5-19}$$

校正时，使 T 和 T_0 温度下的霍尔电势相等，既令：$k_{H_0}I_{H_0}B=k_{H_T}I_{H_T}B$，可得：

$$R_p=\frac{(\beta-\alpha)}{\alpha}R_{i_0} \tag{4-5-20}$$

根据上式可知选择输入回路并联电阻 R_p，可使温度误差减到极小而不影响霍尔元件的其他性能。

（2）合理选取负载电阻 R_L 的阻值：霍尔元件的输出电阻 R_o 和霍尔电势 U_H 都是温度的函数，当霍尔元件接有负载 R_L 时，在 R_L 上的电压为

$$U_L=\frac{R_L U_{H_0}\left[1+\alpha\left(T-T_0\right)\right]}{R_L+R_{O_0}\left[1+\beta\left(T-T_0\right)\right]} \tag{4-5-21}$$

取 $\dfrac{dU_L}{d\left(T-T_0\right)}=0$，可得

$$R_L=R_{O_0}\left(\frac{\beta}{\alpha}-1\right) \tag{4-5-22}$$

可采用串、并联电阻方法使上式成立来补偿温度误差，但灵敏度将会降低。

（3）采用温度补偿元件：采用热敏电阻、电阻丝等补偿元件按图 4-5-18 所示的方式连接，其中热敏电阻具有负温度系数，电阻丝具有正温度系数。图 4-5-18（a）、（b）、（c）所用霍尔元件的霍尔输出

具有负温度系数;图 4-5-18(d)为用补偿霍尔输出具有正温度系数的温度误差。使用时要求热敏元件尽量靠近霍尔元件,使它们具有相同的温度变化。

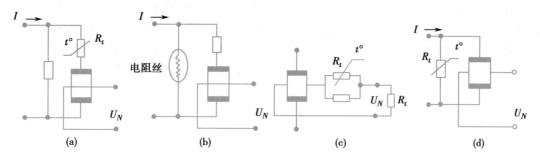

图 4-5-18 采用热敏元件的温度误差补偿电路

应该指出,霍尔元件因通入控制电流 I 而有温升,且 I 变动,温升改变,都会影响元件内阻和霍尔输出。因此安装元件时要尽量做到散热情况良好,只要有可能应选用面积大些的元件,以降低其温升。

由于霍尔元件的不等位电势 U_0 也受温度的影响,因此除了设法减少 U_0 外,还需要补偿温度的影响,可采用如图 4-5-19 所示的桥路补偿法。图中 R_p 用来补偿 U_0,在霍尔输出端串入温度补偿电桥,R_t 是热敏电阻,桥路输出随温度变化的补偿电压与输出相加作为传感器输出。

(三)霍尔元件的测量电路

霍尔式传感器基本的电路连接方式如图 4-5-20 所示,可采用交流或直流供电,其中交流供电模式可有效抑制寄生直流电势等的影响。

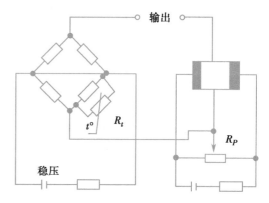

图 4-5-19 桥路补偿电路

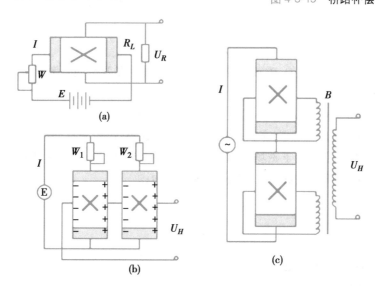

图 4-5-20 霍尔元件的基本连接方式
(a)基本型;(b)直流供电型;(c)交流供电型

(四)霍尔元件的应用

霍尔式传感器大致可分为 3 种类型的应用:保持元件的控制电流 I 恒定,可测量恒定或交变磁场 B;保持磁场 B 不变,可用来测量电流 I;当霍尔元件的控制电流和磁感应强度都作为变量时,元件的输出与两者乘积成正比,这方面的应用有乘法器、功率计等。图4-5-21给出了霍尔式传感器几种典型应用。其中,图4-5-21(a)利用集磁环将通电导线周围产生的磁场集中起来提供给霍尔元件,然后由霍尔元件转换成相应的弱的电信号,再经放大输出的电信号就正比于导线中的电流I_0的大小。这种传感器适合测量从直流到数千赫的电流,线路简单,性能稳定。图4-5-21(b)首先由弹性元件将被测压力变换成位移,带动霍尔元件,使它在线性变化的磁场中移动,从而输出霍尔电势。图4-5-21(c)则由质量块M带动霍尔元件在线性变化的磁场中振动,从而输出交变的霍尔电势。

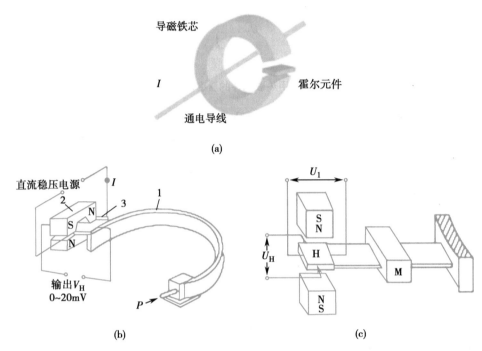

图 4-5-21 霍尔元件的基本应用
(a)电流强度测量;(b)压力测量;(c)振动速度测量

四、其他类型的磁敏传感器

除霍尔式传感器外,磁阻器件、磁敏二极管、磁敏三极管也是常见的磁敏元件,用于磁场测量。

(一)磁阻传感器

磁阻传感器(magnetoresistance sensor)是基于磁阻效应研制的电阻式传感器,广泛用于磁传感、磁力计、电子罗盘、位置和角度传感器、车辆探测、GPS导航、仪器仪表、磁存储(磁卡、硬盘)等领域。其基本原理在于:当一载流导体置于磁场中,其电阻会随磁场而变化,这种现象被称为磁致电阻效应(magnetoresistance,MR),简称磁阻效应。其一般表达式为:

$$MR = \frac{\Delta R}{R_0} = \frac{R_B - R_0}{R_0}$$ (4-5-23)

其中:R_0——零外场下的电阻;

R_B——外场$\vec{B}$下的电阻。

磁阻效应按照产生机制的不同可以分为正常磁阻效应(ordinary magnetoresistance,OMR)、各向异性磁阻效应(anisotropic magnetoresistance,AMR)、巨磁阻效应(giant magneto-resistance,GMR)等类别。

1. **正常磁阻效应** 来源于外磁场对载流子的洛仑兹力,它导致载流子运动发生偏转或产生螺旋运动,从而使载流子碰撞几率增加,造成电阻升高。同霍尔效应一样,物理磁阻效应也是由于载流子在磁场中受到洛仑兹力而产生的。在达到稳态时,某一速度的载流子所受到的电场力与洛仑兹力相等,载流子在两端聚集产生霍尔电场,比该速度慢的载流子将向电场力方向偏转,比该速度快的载流子则向洛伦兹力方向偏转。这种偏转导致载流子的漂移路径增加。或者说,沿外加电场方向运动的载流子数减少,从而使电阻增加。

2. 各向异性磁阻效应　在弱磁场中,当磁场强度大于某个值时,铁、钴、镍及其合金等强磁性金属的电阻率几乎与磁场强度无关,只与磁场和电流方向的夹角有关,当外加磁场平行于磁体内部磁化方向时,其电阻率几乎不随外加磁场变化,当外加磁场偏离金属的内磁化方向时,其电阻率将减小。这种磁阻呈各向异性的现象称为各向异性磁阻效应。

3. 巨磁阻效应　许多物质在外磁场作用下都可观察到磁阻效应,但一般材料最大只有 2%~3%。巴西研究人员 Baibich 等 1988 年首次报道了 *Fe/Cr* 超晶格的磁电阻变化率达到 50%,比通常磁阻效应大一个数量级,而且远远超过多层膜中 *Fe* 层磁电阻变化总和,这一现象被称为巨磁阻效应。巨磁阻效应只有在纳米尺度的薄膜中才能观测到,因此纳米材料以及超薄膜制备技术的发展使巨磁阻传感器芯片得以实现。

(二)磁敏二极管和磁敏三极管

磁敏二极管(magneto diode)、磁敏三极管(magneto transistor)是继霍尔元件和磁敏电阻之后发展起来的新型磁电转换元件,它们具有磁灵敏度高(磁灵敏度比霍尔元件高数百甚至数千倍)、能识别磁场的极性、体积小、电路简单等特点。

1. 磁敏二极管

(1)结构与工作原理:以 2ACM-1A 型磁敏二极管为例,这种二极管的结构是 P$^+$-i-N$^+$ 型。在本征导电高纯度锗的两端,用合金法制成 P 区和 N 区,并在本征区-i 区的一个侧面上设置高复合区-r 区,而 r 区相对的另一侧区保持为光滑无复合表面,这就构成了磁敏二极管的管芯,结构如图 4-5-22 所示。工作原理如图 4-5-23 所示。

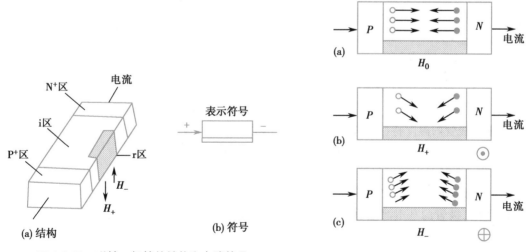

图 4-5-22　磁敏二极管的结构和电路符号　　　　图 4-5-23　磁敏二极管的工作原理图

如图 4-5-23(a),当没有外界磁场作用,由于外加正偏压,大部分空穴通过 i 区进入 N 区,大部分电子通过 i 区进入 P 区,从而产生电流,只有很少的电子和空穴在 i 区复合掉。

如图 4-5-23(b),当受到外界磁场 H$_+$ 作用时,电子和空穴受洛伦兹力向 r 区偏移。由于在 r 区电子和空穴复合速度很快,因此进入 r 区的电子和空穴很快被复合掉。在磁场 H$_+$ 的情况下,载流子的复合率显然比没有磁场作用时要大得多,因而使 i 区载流子密度减小,电流减小,即电阻增加。

如图 4-5-23(c),当受到反向磁场 H$_-$ 作用时,电子和空穴向 r 区的对面移动,而其行程变长,即载流子在 i 区停留时间变长,复合减小。同时载流子继续注入 i 区,所以 i 区载流子密度增加,电流增大,即电阻减小。

由上述可知,随着磁场大小和方向的变化,可产生正负输出电压的变化,特别是在较弱的磁场作用下,可获得较大输出电压的变化。r 区和 r 区之外的复合能力之差越大,磁敏二极管的灵敏度就越高。

磁敏二极管反向偏置时,仅流过很小的电流,几乎与磁场无关,二极管两端电压不会因受到磁场作用而有任何变化。应该指出,由于采用注入载流子复合效应,它的噪声很大,锗管的频率特性比较差,一般限制在 10kHz 以下,硅管可达 1MHz 左右。

（2）主要特性

1）磁敏二极管的伏安特性:在给定磁场情况下,磁敏二极管两端正向偏压和通过它的电流的关系曲线如图 4-5-24 所示。当所加偏压一定时,磁场按正方向增加时,二极管电阻增加,电流减小,反之则电阻减小,电流增加。在同一磁场作用下,电流越大,输出电压越大。

2）磁敏二极管的磁电特性:在给定条件下,把磁敏二极管的输出电压变化量与外加磁场的关系叫做磁敏二极管的磁电特性。在弱磁场下(0.1T 以下)输出电压与磁场强度成正比,随磁场强度增加,曲线趋向饱和(图 4-5-25)。

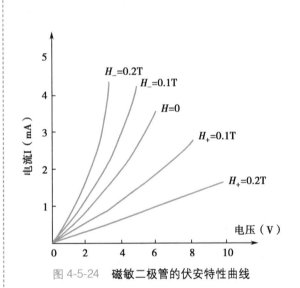

图 4-5-24　磁敏二极管的伏安特性曲线

图 4-5-25　磁敏二极管的磁电特性曲线

3）磁敏二极管的温度特性:采用图 4-5-25 所示的测量电路,在固定外加磁场强度的条件下,测得的磁敏二极管的温度特性如图 4-5-26 所示。可见温度升高时,电流急增,电压减少。磁灵敏度下降,为此必须采用温度补偿。

（3）磁敏二极管的基本测量电路:磁敏二极管的基本测量电路有四种,如图 4-5-27。

互补接法〔图 4-5-27(b)〕采用两支性能接近的磁敏二极管,按相反磁极性组合,即将它们的磁敏面相对或背向放置,温度无论如何变化,两管的分压比不会发生变化,输出电压则不随温度变化。同时由于两管互补,当磁场变化时,输出电压变化量增加,能提高检测灵敏度。

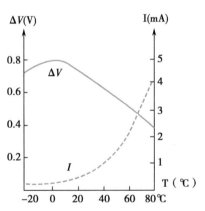

图 4-5-26　磁敏二极管的温度特性曲线

差分接法〔图 4-5-27(c)〕不仅也能很好地实现温度补偿,提高灵敏度,而且可以弥补互补接法不能采用负阻效应的二极管的不足。电路如不平衡可以适当调节桥臂电阻的大小。

桥式接法〔图 4-5-27(d)〕采用将两个互补电路并联的方法实现,温度特性、对称性、灵敏度都好,但是需要寻找 4 个性能相近的磁敏二极管,因此电路制作复杂。

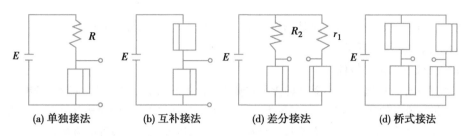

图 4-5-27 磁敏二极管的基本电路

还有一种比较常用的电路是热敏电阻补偿电路,使用热敏电阻可以实现对磁敏二极管的补偿,成本较低,使用较为广泛,电路连接方法同以上三种相似。

磁敏二极管具有灵敏度高,可在较小电流下工作,能感受磁场方向等特点。它可用于检测交、直流磁场,特别适于检测弱磁场(0.1T 以下);还可用作无触点开关等。

2. 磁敏三极管

(1)结构与工作原理:NPN 型磁敏三极管是在弱 P 型本征半导体上用合金法或扩散法形成三个结,即发射结、基极结、集电结。在长基区的侧面制成一个复合速率很高的复合区 r,长基区分为输运基区和复合基区。结构示意图见图4-5-28。

当不受磁场作用时,如图 4-5-29(a),由于磁敏三极管基区宽度大于有效

图 4-5-28 NPN 型磁敏三极管的结构和符号

扩散区长度,因而注入载流子除少部分输入到集电极 c 外,大部分通过 b-e,形成基极电流。基极电流大于集电极电流,所以电流放大系数 $\beta = I_c/I_{be} < 1$。

如图 4-5-29(b),当受到 H_+ 磁场作用时,由于洛伦兹力作用,载流子向发射结一侧偏转,从而使集电极电流明显下降。

如图 4-5-29(c),当受 H_- 磁场作用时,载流子在洛伦兹力作用下,向集电结一侧偏转使集电极电流增大。

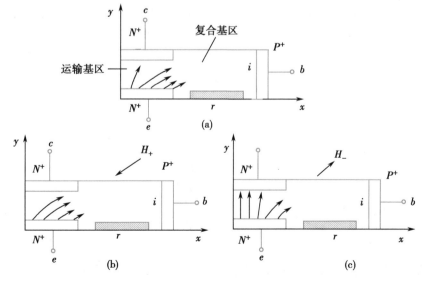

图 4-5-29 磁敏三极管工作原理示意图
(a) $H = 0$;(b) $H = H_+$;(c) $H = H_-$

由此可知,磁敏三极管在正、反向磁场作用下,其集电极电流出现明显变化。因此可用于测量弱磁场、转速、电流、位移等物理量。

（2）磁敏三极管的主要特性

1）伏安特性:图 4-5-30（a）为不受磁场作用时磁敏三极管的伏安特性曲线。图 4-5-30（b）,给出了磁敏三极管在基极恒流条件下（$I_b = 3mA$）,磁场为分别为 $-0.1T$、$0T$ 和 $0.1T$ 时集电极电流的变化。可以看出,磁敏三极管的基极电流和电流放大系数均具有磁灵敏度,以及磁敏三极管电流放大系数小于 1。

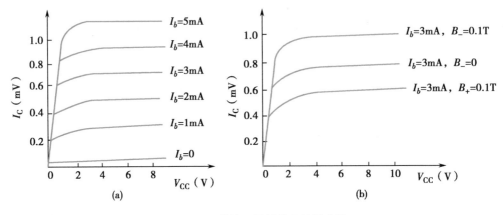

图 4-5-30　**磁敏三极管伏安特性曲线**

2）磁电特性:是磁敏三极管最重要的工作特性。NPN 型锗磁敏三极管的磁电特性曲线如图 4-5-31 所示。在弱磁场作用下,曲线接近一条直线。

3）温度特性:对于磁敏三极管,当采用补偿措施时,其正向灵敏度受温度影响不大。而负向灵敏度受温度影响比较大,主要表现在有相当大一部分器件的负向灵敏度存在一个无灵敏度的温度点。如图 4-5-32 所示,这点的位置由所加基极电流（无磁场作用时）I_{c0} 的大小决定。当温度超过此点时,负向灵敏度也变为正向灵敏度,即不论对正、负磁场,集电极电流都发生同样性质的变化。

减小基极电流,无灵敏度的温度点将向较高温度方向移动,当 $I_{b_0} = 2mA$ 时,此温度点可达 $50℃$ 左右。但 I_{b_0} 过小,会影响灵敏度。因此,当需要同时使用正负灵敏度时,温度要选在无灵敏度温度点以下。

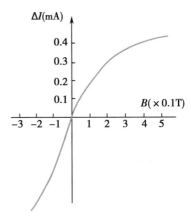

图 4-5-31　**磁敏三极管的磁电特性**

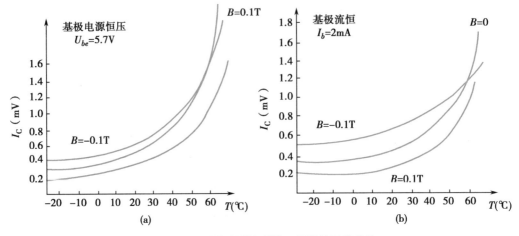

图 4-5-32　**3BCM（锗）磁敏三极管的温度特性**

其工作电压可在几伏至几十伏范围内选择。磁敏三极管还具有噪声小、功耗低的特点。

（3）温度补偿措施：对于硅磁敏三极管由于其集电极电流具有负的温度系数，因而可以用正温系数的普通硅三极管来补偿磁敏晶体管的集电极电流的温漂。当然，反过来也可以用硅磁敏三极管来补偿正温度系数的普通硅管的温漂。图 4-5-33（a）即为用硅晶体管的集电极电流随温度的增加来补偿硅磁敏三极管集电极电流温漂的电路。在该电路中，发射极反馈电阻 R_e 的选择很重要，一般取 $400\sim800\Omega$。

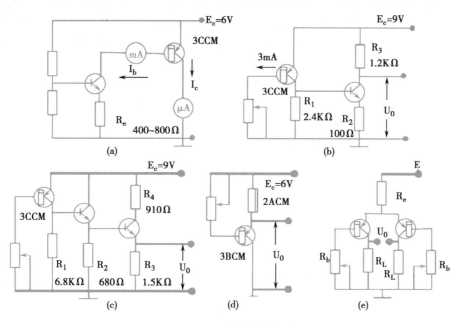

图 4-5-33　温度补偿方法

在图 4-5-33（b）和图 4-5-33（c）中，R_1 的选择适当可起到温补作用。在图 4-5-33（b）中，一般 R_1 可取 $2\sim2.4k\Omega$，使输出电压在 $-20\sim-60℃$ 内随温度变化 0.5V。图 4-5-33（c）中，一般 R_1 取 $6.8k\Omega$ 左右，可使输出电压在 $-20\sim-60℃$ 内变化 0.2V。

图 4-5-33（d）是利用锗磁敏二极管电流随温度升高而增加的这一特性使其作为硅磁敏三极管的负载，从而当温度升高时，弥补了硅磁敏三极管的负温度漂移系数所引起的电流下降的问题。

除此之外，还可以用两支特性一致磁极性相反的磁敏三极管组成差分式补偿电路，这种电路既可以实现温度补偿，还可以提高磁灵敏度，是一种行之有效的温度补偿电路。电路如图 4-5-33（e）。

需要注意的是，为提高磁敏二极管、磁敏三极管的磁灵敏度，在使用时，一定要设法使磁力线垂直于其敏感表面，以求得较高的磁灵敏度。

（三）磁敏传感器的医学应用

由于磁敏元件有较高的磁灵敏度，体积和功耗都很小的优点，可用来进行弱磁场测量。用磁敏管做成的磁场探测仪，可测量 $10^{-8}T$ 左右的弱磁场，可用于漏磁、磁力探伤、地磁场等磁场量的测量。在生物医学领域，磁敏传感器更是在各种医疗器械的转速、位置的测量与控制等方面有着广泛的应用。在微创手术机器人手臂上的手术刀的位置及方向、体内胶囊内镜所处实际位置的定位等方面，由于磁场可较好穿透人体，因而较多采用电磁定位技术。典型的电磁定位技术如图 4-5-34所示：在定位目标上放置一个永久磁铁作为标记

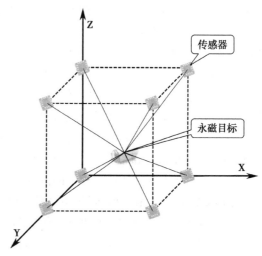

图 4-5-34　空间立体磁定位系统

物,将7个各向异性磁敏电阻,分别放置在原点、X、Y、Z轴上的3个等间距点及3个坐标面上,形成一个共定点的三面交汇立体结构,利用各传感器上测得的磁场强度信息,通过相应的算法即可估算目标体与各传感器点的距离及方向,从而实现目标的精确定位。

磁敏传感器除了用于医疗器械运动控制外,还可以通过磁颗粒标记的方法,对生物活性物质(如肿瘤标志物、病原菌、毒素)进行定量检测与计数。其基本原理是:首先将磁性颗粒表面包上一层抗体,这种抗体只与特定的被分析物结合,因而可附着在生物样本上作为磁性标记。在磁敏传感器上也附着同样的磁性标记,当利用传感器检测含有被分析物的溶液时,两磁性标记间磁场的变化将引起传感器输出的变化,从而可根据输出信号的变化确定被分析物的浓度等信息。

第六节　光电式传感器

光电式传感器,又称光敏传感器。它是以光为媒介、以光电效应物理基础为转换原理、利用光敏材料的光电效应制作的一种能量转换器件。常见的光电敏感器件有光敏电阻、光电管、光电倍增管、光敏二极管、光敏三极管、光电池等。

一、光电转换原理

光电效应是光电式传感器的物理基础。基于光的量子学说,光可被看作是具有一定能量的粒子流,即光子,每个光子所具有的能量 E 与光的频率 ν 成正比,即

$$E = h \times \nu \tag{4-6-1}$$

其中 $h = 6.626 \times 10^{-34} \mathrm{J \cdot S}$ 为普朗克常数。

照射到物体上的光可看作为一连串能量为 E 的粒子(光子)轰击到物体上,这种由于物体吸收了光子能量而产生的电效应称为光电效应(photoelectric effect),通常分为内光电效应和外光电效应。

(一)内光电效应

当光照射到半导体材料上时,半导体材料吸收的光子会使得其内部激发出电子-空穴对(载流子),使其电导率发生变化或产生光生电动势,称为内光电效应(internal photoelectric effect)。主要包括光电导效应和光生伏特效应。

1. **光电导效应**　半导体材料吸收光子后载流子浓度增大,导致其电导率(或电阻率)发生变化的现象即为光电导效应。材料对光的吸收包括本征吸收和非本征吸收,分别对应有本征光电导效应和非本征光电导效应。本征光电导效应——当光子能量大于材料禁带宽度时,价带中的电子被光子激发到导带,在价带中留下自由空穴,使得材料电导率增加;非本征光电导效应——若光子激发杂质半导体,使电子从施主能级跃迁到导带或从价带跃迁到受主能级,产生光生自由电子或空穴,从而改变电导率。当光电导器件受光辐射时,其内部光生载流子变化将使得器件的电导率发生变化。若施加一恒定电压于光电导器件两端,则电导率的变化会产生一个与光辐射度有关的电信号输出。光敏电阻(光导管)就是一种基于光电导效应的典型半导体光电器件。

2. **光生伏特效应**　通常在一种掺杂类型(N型或P型)半导体上采用合金、扩散、外延生长等方法得到另一种掺杂类型(P型或N型)的薄层,在这两种半导体材料的交界处形成P-N结。在N型材料中,电子浓度大、空穴浓度小,而P型材料却相反。由于在结区存在载流子浓度梯度,导致空穴从P区到N区和电子从N区到P区的扩散,最终形成空间电荷区,该区中将形成一个由N区指向P区的电场,称为内电场。当结区及其邻近区域吸收能量足够大的光子后,就会产生光生载流子(电子-空穴对),在结区内建电场作用下,电子向N区漂移,空穴向P区漂移,最后使得N区带负电,P区带正电,

产生光生电动势,此即为光生伏特效应,如图4-6-1。光电池、光敏二极管和光敏三极管等即是基于此原理的光电器件。

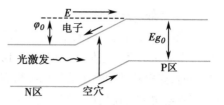

图 4-6-1 光生伏特效应原理

（二）外光电效应

当光照射某特定物质,入射光子与被照射物质中的电子相互作用,入射光子能量足够大以至于能使电子获得能量而逸出物质表面,称为外光电效应(external photoelectric effect),亦称为电子发射效应。光子-电子能量转换关系为:

$$E = \frac{1}{2}mv_0^2 + \varphi \tag{4-6-2}$$

式中 m 为电子质量,v_0 为电子逸出速度,φ 为该物质的电子逸出功。由式(4-6-2)可知,入射光子的能量 $E(=hv)$ 必须大于逸出功 φ,才足以让电子获得足够的动能而逸出表面,逸出的电子也称为光电子。研究表明,物质不同逸出功亦不相同,即每一种物质都有一个产生光电子对应的光频阈值,称为临界频率(v_0)或波长限(λ_0)。如果光线频率低于临界频率,物质内部的电子尽管获得了光子能量,但因克服不了逸出功而不足以产生逸出,所以小于临界频率的入射光,即使光强再大也不会产生电子逸出;若入射光频率高于临界频率(v_0),即使微弱光线,也会使被照射物质产生电子逸出。此时,光强越大,逸出的电子数越多,产生的光电流也就越大。基于外光电效应的光电器件主要有光电管和光电倍增管等。

二、光电式传感器的主要特性参数

光电式传感器产生电信号的大小和频率等特性决定于光辐射的变化,常用光电式传感器的特性参数来表征这些参数的量值关系。有一些基本、共性的特性参数可作为选用光电式传感器的主要依据。

（一）灵敏度

灵敏度为光电式传感器输出信号 S(电压或电流)变化量与入射光功率变化量 P_s 之比,即

$$K = \frac{\Delta S}{\Delta P_s} = \frac{\Delta S}{\Delta H A_d} \tag{4-6-3}$$

式中 K 为电压灵敏度或电流灵敏度,ΔS 是器件的输出电压或电流变化量,ΔP_s 为入射在光敏面上的辐射功率变化量,ΔH 为光敏面上的辐射照度变化量,A_d 是器件的受光面积。灵敏度为表征光电式传感器输出信号能力的特征量。

（二）光谱特性

光电式传感器对同强度、不同波长辐射光所产生的灵敏度并不一样。光电式传感器的灵敏度与入射波长的关系即为其光谱特性。在直角坐标系中,横轴表示入射光的波长(λ),纵轴表示归一化的灵敏度。光谱特性曲线即是不同辐射波长 λ 的入射光对光电式传感器的归一化灵敏度的关系曲线。图4-6-2为某光电式传感器的光谱特性曲线。曲线峰值对应的波长即为峰值波长,表示该器件对这一波长最灵敏。灵敏度下降到1/2时所对应

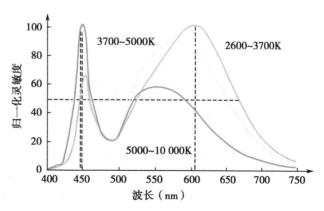

图 4-6-2 光电式传感器不同色温下的光谱特性曲线

的波长称为截止波长。基于光谱特性曲线可获得光电器件的工作波长范围。

（三）等效噪声功率

由光电器件构建的检测系统,除了因入射光辐射引起的输出电信号外,还存在由光电器件本身产生的自由起伏的随机电信号,称为噪声信号。入射到光电器件上满足临界频率条件的光辐射强度不断减小时,光电器件的输出信号也会相应地减小,但是当光辐射强度减小到某一值后,继续减小光辐射强度不会再使其输出信号减小,这时的输出信号即为噪声信号。此时因光照引起的输出信号已小于噪声信号,被淹没于噪声之中。由于噪声的存在,对任何一个光电器件来说,在检测时都存在一个光强阈值,低于此阈值的辐射光将无法检测。

若入射到光电器件光敏面上的辐射功率 P_s 所产生的响应信号恰好等于该器件的噪声信号大小,此辐射功率称为等效噪声功率,用 NEP 表示,其单位为瓦（W）。

$$NEP = P_s \frac{S}{N} \tag{4-6-4}$$

式中 S 为输出电压或电流信号的有效值,N 为噪声均方根电压或电流值,S/N 为信噪比。

由式(4-6-4)可以看出,若信噪比为 1,NEP 即为入射光辐射功率;若入射光功率小于等效噪声功率,将无法检测,所以等效噪声功率是表征光电器件品质优劣的一个重要参数。等效噪声功率越小,表明该光电器件性能越好。

三、光电敏感器件

（一）光敏电阻

1. 结构和工作原理　光敏电阻（光导管）是用半导体材料制成的光电器件。制作光敏电阻的材料主要有硫化镉（CdS）、硒化镉（CdSe）、硫化铅（PbS）、硒化铅（PbSe）、锑化铟（InSb）等多种,其中硫化镉为常用的光敏电阻材料。由于光敏电阻没有极性,使用时可施加直流或交流信号。无光照时,光敏电阻值（暗电阻）很大,电路中电流（暗电流）很小;当受到一定波长范围的光照时,其阻值（亮电阻）迅速减少,电路中电流（亮电流）增大。一般情况下暗电阻越大,同时亮电阻越小,光敏电阻的灵敏度越高。实际光敏电阻的暗电阻值一般在兆欧级,亮电阻在几千欧以下。暗电阻、亮电阻和光电流（亮电流与暗电流之差）是光敏电阻三个主要参数。

图 4-6-3 为光敏电阻的原理结构图。将一层半导体物质涂于玻璃底板上,半导体的两端覆上金属电极,金属电极与引出线相连接,光敏电阻通过引出线接入电路。为了防止周围介质的影响,一般在半导体光敏层上覆盖一层漆膜,漆膜须在光敏层最敏感的波长范围内使光的透射率最大。

2. 光敏电阻基本特性

（1）伏安特性:在一定照度下,流经光敏电阻的电流与光敏电阻两端的电压的关系称为光敏电阻的伏安特性。图 4-6-4(a)为硫化镉光敏电阻的伏安特性曲线。由图可见,在一定的电压范围内,光敏电阻 I-U 曲线为直线,但入射光量不同,I-U 曲线不同。说明其阻值与入射光量有关,而与施加在其两端的电压和流经的电流无关。

（2）光谱特性:光敏电阻的相对灵敏度与入射波长的关系称为光谱特性。图 4-6-4(b)为几种不同材料光敏电阻的光谱特性。由图中可知:波长不同,光敏电阻的灵敏度不同。硫化镉光

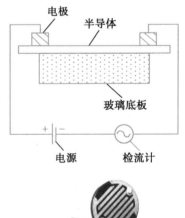

图 4-6-3　光敏电阻的结构及实物图

敏电阻的光谱响应峰值在可见光区域,常用于光度量测量;硫化铅光敏电阻响应于近红外和中红外区,常用于火焰探测。

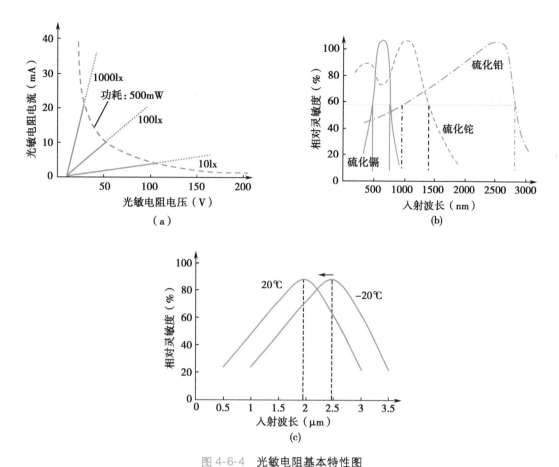

图 4-6-4　光敏电阻基本特性图

（a）硫化镉光敏电阻伏安特性；（b）光谱特性；（c）硫化铅光敏电阻温度特性

（3）温度特性：温度变化会影响光敏电阻的光谱响应、灵敏度和暗电阻等。图4-6-4（c）为硫化铅光敏电阻的光谱温度特性曲线，它的峰值随着温度上升向短波长方向移动较为明显。因此，硫化铅光敏电阻应在低温、恒温的条件下使用。

3. 光敏电阻典型应用电路　选用光敏电阻时主要考虑亮电阻（RL）、暗电阻（RD）、最高工作电压（V_{Max}）、亮电流（IL）、暗电流（ID）、时间常数、温度系数及灵敏度等参数是否满足需要。常用光敏电阻型号有密封型 MG41、MG42、MG43 和非密封型 MG45，其额定功率均在 200mW 以下。光敏电阻可应用于各种灯光的控制与亮度调节的光控电路〔图4-6-5（a）〕、光控开关以及物质浓度测量〔图4-6-5（b）〕。图4-6-5（a）所示电路，在有光照时，光敏电阻约为几欧姆~几十欧姆，此时 NPN 三极管 Q1 基极为低电压，不导通，PNP 型三极管 Q2 基极为高电压，不导通，所以此刻 LED 不会发光；在无光照的情况下，光敏电阻可达 MΩ 以上，此时三极管 Q1 基极为高电压，三极管 Q1 导通使得三极管 Q2 的基极为低电压，PNP 型三极管 Q2 导通，LED 发光。图4-6-5（b）中，将毫安表按有关标准分成浓度格，这样就能很方便地读出浓度值了。首先须测标准溶液的透光强度，这样待测溶液的浓度也就知晓了。在 LED1 不亮、光敏电阻器 RG1、RG2 无光源照射的情况下，调节电位器 RP 使毫安表指示为0，则校零结束。此时，接通发光二极管 LED1 的电源，通过这个光源对标准溶液和被测溶液的照射，在毫安表上便能指示出被测溶液的浓度。

（二）光电管和光电倍增管及其应用

常见基于外光电效应的光电器件有光电管和光电倍增管，其内部的金属感光材料在受到一定频率（≥红线频率）光照后会向外发射电子（光电子），单位时间内的发射的光电子数量与光照强度有关，所形成的发射电流反映了光照的强度。随着光电倍增管工艺的成熟及半导体光电器件的发展，光电倍增管基本上取代了光电管。

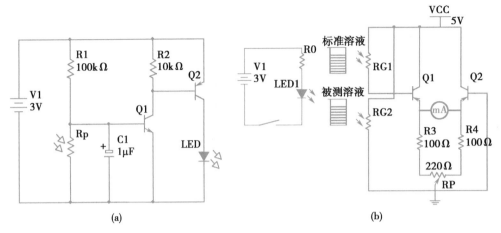

(a)

(b)

图 4-6-5 光敏电阻应用电路

（a）LED 灯亮度控制电路；（b）浓度测量电路

1. 光电管

（1）结构和原理：光电管的基本结构及工作电路如图 4-6-6 所示。在真空玻璃泡内有一个阴极 K 和一个阳极 A，阴极一般是将感光材料涂覆于半圆瓦型的金属片上或贴附于玻璃泡内壁上。不同的感光材料对不同光波长敏感，也就是具有不同的光谱特性。银、钙、铯和锑等为常用的感光材料；阳极一般由环状的单根金属丝制成。在阴极和阳极之间施加直流电压 E，阳极接电源正极，阴极接电源负极。在无光照时，电路中没有电流；如果阴极受到适合光照，将逸出光电子，光电子在阳极吸引下形成电子流，使外电路中产生电流并在电阻 R 中形成压降，即为反映光照程度的输出信号。

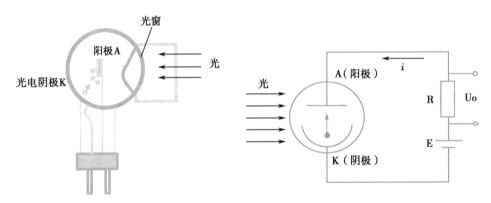

图 4-6-6 光电管的基本结构及工作电路

（2）基本特性：光电管主要有三个基本特性，即伏安特性、光电特性和光谱特性。

1）伏安特性：指在照射光通量一定时，光电管阳极和阴极之间的电压与光电流间的关系曲线。图 4-6-7 为某光电管的伏安特性曲线。由图可见，对于一定的入射光，在极间电压较小时，光电流随极间电压快速增加。当极间电压达到约 40V 时，光电流进入饱和区，饱和区光电流大小与光通量（lm）有关，这时光电流基本不再随极间电压增加而增大。应用中需注意：如果施加的极间电压太高不仅会增加光电管暗电流，甚至可能损坏光电管。因此使用真空光电管时，不应将极间电压设置过高。

2）光电特性：指施加在光电管的两极电压保持不

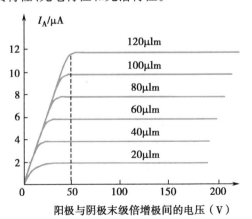

图 4-6-7 光电管伏安特性曲线

变时,光通量与光电流(输出电流)之间的关系曲线,也称为光电管输入输出特性。不同材料光电管其光电特性不同,如氧铯阴极光电管的光电流与光通量成线性关系;锑铯阴极的光电管的光电特性则为非线性关系。

3)光谱特性:指在单位辐射通量条件下,不同波长的光照射光电管时,产生的饱和光电流与光波波长的关系曲线。光电管的光谱特性主要取决于阴极材料。

(3)充气光电管:若在真空光电管中充入低压惰性气体(如氖等气体),阳极接电源正极,阴极接电源负极,在阴-阳两极之间施加一直流电压 E,则阴极逸出的电子(光电子)向阳极运动,与惰性气体产生撞击,使惰性气体产生电离,电离而产生的电子和光电子一起都被阳极接收,电离产生的正离子则反向运动被阴极接收,由此增大了充气光电管的光电流,提高了充气光电管的灵敏度。这种充入低压惰性气体的光电管称为充气光电管。

充气光电管的灵敏度较高,但稳定性、线性度不够理想,而且暗电流和噪声都较大,响应时间长;真空光电管在很宽的光强范围内,输入光强与输出电流成正比,测量精度高,但灵敏度低。光电倍增管兼具真空光电管和充气光电管的优点,克服了二者的不足,其在生物医学工程领域被广泛应用。

2. 光电倍增管

(1)光电倍增管的结构与原理:在入射光很微弱时,普通光电管产生的光电流非常小,难以检测。光电倍增管在高真空中装入一个光电阴极和多个次级电子增强电极,可将微弱的入射光转换成电子流,并将电子流放大,是一种高灵敏的光检测器件。如无热生电子,其可检测到单个光电子。图 4-6-8 是光电倍增管的结构原理示意图,图中 K 为阴极,A 为阳极,在阴极和阳极之间的 D1、D2、……Dn 为倍增极。倍增极由次级发射材料制成,材料在受到带一定能量的一个电子轰击后,能释放出多个电子。工作时,各电极的电位从阴极到阳极逐渐升高,一般两相邻电极间电位相差约 100V。

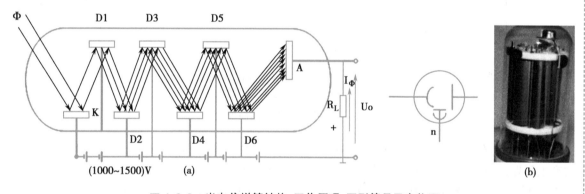

图 4-6-8　光电倍增管结构、工作原理、图形符号及实物图

当有微弱光线射入时,若光子打在阴极上发射出一个电子,极间的电压差使电子加速飞向第一倍增极,其动能引起倍增极上产生二次电子发射,因此在第一倍增极上有 δ(倍增率,>1)个电子打出,依次类推,若经过 n 个倍增极,一个电子则变为 δ^n 个电子,所有的电子最后被阳极收集,形成较强的输出电流。假设某一光电倍增管的 $\delta=4$,$n=10$,则该光电倍增管放大倍数为 $\delta^n=4^{10}\approx10^6$ 倍。即光电倍增管对很微弱的光照也能产生较大的电流输出。光电倍增极常用 Sb-Cs 或者 Ag-Mg 涂料,其数量在 4~14 之间,倍增率 δ 为 3~6。

(2)光电倍增管的特性参数

1)灵敏度:指照射的每单位光通量使阳极产生饱和光电流值($\mu A/lm$),也可理解为入射一个光子后在阳极上能收集到的平均电子数。它是光电倍增管探测信号能力的一个重要参数,与辐射光的频率相关,因此对光电倍增管而言,涉及其灵敏度时,应标明入射光的频率。

2)暗电流:当光电倍增管加有一定的工作电压时,尽管完全没有光照,阳极仍有电流输出,该电流的直流分量称为暗电流。暗电流主要由欧姆漏电、热辐射等引起,大小与施加的工作电压和温度有关。暗电流决定光电倍增管可检测光通量的阈值,即将它折算为等效输入光量,该量则是可检测的光通量阈值。

3）伏安特性：当入射光通量一定时，阴极光电流与阴极电压（阴极和第一倍增极间的电压）的关系称为阴极伏安特性。当阴极电压大于一定值后，阴极光电流开始趋于饱和，饱和电流与入射光通量成线性关系。当入射光通量一定时，阳极电流与阳极电压的关系称为阳极伏安特性。当阳极电压大于一定值后，阳极光电流开始趋于饱和，饱和电流与入射到阴极面上的光通量成线性变化。

4）磁特性：磁场会使原来由静电场确定的电子轨迹产生偏移。由于阴极到第一倍增极间电子运动路径最长，因此磁场的影响也就最为明显。在磁场的作用下电子运动偏离正常的轨迹，将会引起光电倍增管灵敏度下降，噪声增加。

（3）光电管和光电倍增管的医学应用：在生物医学工程领域，光电管、光电倍增管常用于生化检测仪和医用射线仪。光电管主要用于光信号较强的生化仪器，光电倍增管则广泛用于微弱光线的测量，特别是探测各种射线。

1）光电管在分光光度计中的应用：分光光度计是一种通过检测被测物质吸收光的量来测量物质浓度的生化分析仪，其原理图如图4-6-9所示。从光源灯发出的光经单色器色散后变为单色光，然后透过检测室的待测溶液，照射到光电管上，光电管将这一随溶液浓度不同而变化的光信号转换成电信号，经电流放大器、对数变换器和浓度调节器后，即可由数字显示器将透光度、吸光度和浓度等显示出来。如果通过检测室后的光较为微弱，可采用光电倍增管来检测。

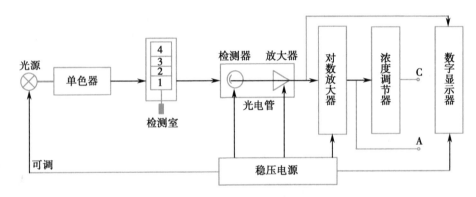

图4-6-9 分光光度计原理框图

2）光电倍增管在 γ 射线探测中的应用： γ 射线射入到受激后发光的碘化钠（NaI）晶体上，使晶体内产生闪烁，发生光脉冲，可在晶体内加铊（Tl）来提高闪烁效率。该脉冲射到光电倍增管的阴极上逸出光电子，光电子由光电倍增管增加 $10^5 \sim 10^6$ 倍后在阳极输出脉冲电流，然后进行 $I\text{-}V$ 变换、信号调理和 DSP 处理等，其结果即可表征入射的 γ 射线的强度。将这种 γ 射线探测器放在生物体外某一位置，可测出体内标记化合物发出的 γ 射线量。医学检查中可以根据 γ 射线量值进行相关疾病的诊断。

（三）光敏二极管和光敏三极管

1. 结构和工作原理 光敏二极管与普通二极管结构相似。为便于直接受到光照射，其 PN 结一般封装于管顶部透明的管状外壳中。在光敏二极管应用电路中，光敏二极管一般处于反向工作状态，即光敏二极管的正极接低电位端，负极接高电位端，如图4-6-10。在

图4-6-10 光敏二极管结构简图、符号、封装及应用典型连接图

没有光照射时，其反向电阻很大，反向电流（暗电流）很小。当光照射在 PN 结上，光子打在 PN 结附近，使 PN 结空间电荷区产生光生载流子，在外电场作用下作定向运动，形成光电流，其比无光照时的暗电流大得多。光的照度越大，光电流则越大。因此光敏二极管在不受光照射时，处于截止状态，受

光照射时处于导通状态。

光敏三极管具有两个 PN 结,结构与普通三极管相似。为了扩大光的照射面积,其集电结一般很大。常见有硅光敏三极管和锗光敏三极管,分为 NPN 型和 PNP 型,图 4-6-11 为 NPN 型光敏三极管的结构简图及基本电路。大多数光敏三极管的基极无引出线,当集电极加上相对于发射极为正的电压,同时光照射在集电

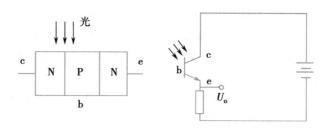

图 4-6-11　NPN 型光敏三极管结构简图和基本电路

结上时,就会在附近产生载流子,从而形成光电流,相当于普通三极管的基极电流。集电极电流是光电流的 β 倍,所以相较于光敏二极管,光敏三极管兼具有放大作用。光敏三极管比光敏二极管灵敏度高,但暗电流和噪声更大,响应速度相对较慢。

2. 基本特性

(1)光谱特性:不同材料的光敏二极管和三极管有不同的光谱特性曲线。硅光敏管的峰值波长约为 $0.9\mu m$,锗光敏管的峰值波长约为 $1.5\mu m$,此时灵敏度最大。当入射光的波长增加或减小时,相对灵敏度也下降。一般而言,锗管的暗电流较大,因而性能较差,故在可见光或探测赤热状态物体时,一般都用硅管。但对红外光进行探测时,则锗管较为适宜。

(2)伏安特性:即一定照度(lx)条件下光敏二极管或光敏三极管输出电压与输出电流的关系。硅光敏管在不同照度下的伏安特性曲线如图 4-6-12。从图中可见,光敏三极管的光电流比相同管型的二极管大上百倍。

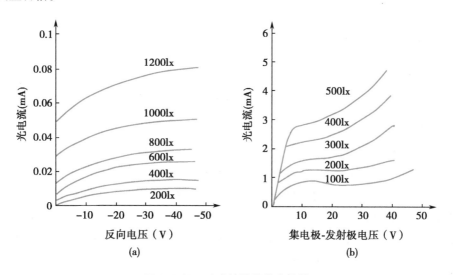

图 4-6-12　硅光敏管的伏安特性
(a)硅光敏二极管;(b)硅光敏三极管

(3)温度特性:指光敏二极管或光敏三极管的暗电流及光电流分别与温度的关系。温度变化对光电流影响很小,而对暗电流影响很大,所以在实际应用电子线路中须对暗电流进行温度补偿,否则将会导致输出误差。

3. PIN 型光敏二极管及雪崩型光敏二极管

普通 PN 结型光敏二极管暗电流较大,响应速度不够快,在一些要求响应快速、线性度好以及信号微弱的检测应用中,常采用 PIN 型和雪崩型光敏二极管。

相对于普通光敏二极管,PIN 型光敏二极管在 PN 结中间掺入一层很低浓度的 N 型半导体,以增大耗尽区的宽度,从而减小扩散运动的影响,提高响应速度。由于这一掺入层的掺杂浓度低,近乎本

征半导体,称为 I 层,因此这种结构称为 PIN 光敏二极管。掺入的 I 层较厚,几乎占据了整个耗尽区。绝大部分的入射光在 I 层内被吸收并产生大量的电子-空穴对。在 I 层两侧是掺杂一薄层浓度很高的 P 型和 N 型半导体,其吸收入射光的比例很小,因而光产生电流中漂移分量占了主导地位,这就大大加快了响应速度。因此,PIN 型光敏二极管具有灵敏度高、线性度好、响应速度快、噪声低和暗电流小的特点。

雪崩型光敏二极管是具有内部光电流增益的半导体光电子器件。当一个半导体二极管加上足够高的反向偏压时,只要耗尽层中的电场足以引起碰撞电离,碰撞电离效应可以引起光生载流子的雪崩倍增,从而使半导体光敏二极管具有内部的光电流增益。载流子在耗尽层中获得的雪崩增益越大,雪崩倍增过程所需的时间越长。因而,雪崩倍增过程要受到"增益-带宽积"的限制。在高雪崩增益情况下,这种限制可能成为影响雪崩光敏二极管响应速度的主要因素之一。但在适中的增益下,与其他影响光敏二极管响应速度的因素相比,这种限制往往不起主要作用,因而雪崩光敏二极管仍然能获得很高的响应速度。现代雪崩光敏二极管增益-带宽积已达几百吉赫。雪崩光敏二极管具有小型、灵敏、快速等优点,适用于微弱光信号的探测和接收,在光纤通信、激光测距和其他光电转换数据处理等系统中得到了较为广泛的应用。

4. 光敏二极管和光敏三极管典型应用电路 硅光敏二极管三种常用电路如图 4-6-13 所示,光敏二极管与负载电阻 R_1 串接,外加稳定的反向电压 E,在一定光照功率下,产生的光电流在负载 R_1 上形成光信号电压,可直接与电容耦合后与后端信号调理电路连接。

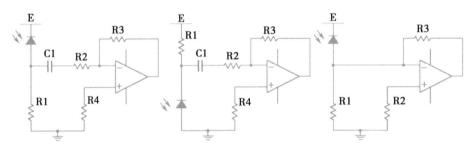

图 4-6-13 硅光敏二极管常用电路

图 4-6-14 为基于光敏三极管的直流放大电路应用。图 4-6-14(a)中,光敏三极管 GB 产生的光电流为放大级晶体管 BG 的基极信号电流,R_b 的作用为旁路光敏三极管的暗电流,可改变电路的灵敏度和光敏三极管的响应时间;GB 为共射极连接,调节 R_e 可克服分立元件的离散性。在一定光照功率下,电路输出电压 U_o 随光照增强而降低。图 4-6-14(b)中,光敏三极管 GB 把光信号转变成电流信号,此电流信号通过在光敏三极管负载 R_e 上产生的电压变化来实现对下一级放大器的控制,此处为晶体管 BG 所构成的射极跟随器。调节 R_e 可克服光敏三极管特性的离散性和改变其响应时间。在一定光照功率下,电路输出电压 U_o 将随光照度的增强而增大。

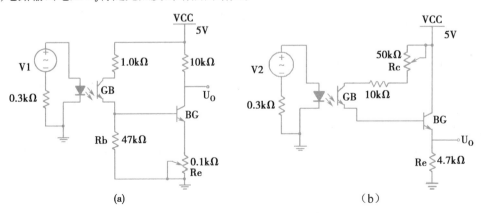

图 4-6-14 光敏三极管典型应用电路

（四）光电池

光电池是一种是基于内光电效应而直接将光能转换为电能的光电器件。它含有一个大面积的 PN 结,当光照射到 PN 结的一个面,例如 P 型面时,若光子能量大于半导体材料的禁带宽度,那么 P 型区每吸收一个光子就产生一对自由电子和空穴,电子-空穴对从表面向内迅速扩散,在结电场的作用下,空穴和电子分别向 P 区和 N 区移动,最后建立一个与光照强度有关的电动势。光电池的种类很多,有硒光电池、氧化亚铜光电池、锗光电池、硅光电池、砷化镓光电池等。其中硅光电池由于性能稳定、光谱范围宽、频率特性好、转换效率高、耐高温辐射而得到广泛应用。

1. 光谱特性　光电池对不同波长的光的灵敏度不同。不同材料光电池具有不同光谱响应峰值波长,硅光电池的光谱响应波长范围为 400~1200nm,峰值波长在 800nm 附近。硒光电池的光谱响应波长范围为 380~750nm,峰值波长在 500nm 附近。可见硅光电池可以在很宽的波长范围内得到应用。

2. 光照特性　不同光照度下,光电池产生的光电流或者光生电动势不同,它们之间的关系即是光电池的光照特性。对于硅光电池,短路电流在很大范围内与光照强度成线性关系,开路电压与光照度的关系是非线性的,并且当照度在 2000lx(lx:光照强度单位)时就开始趋于饱和了。因此把光电池作为测量元件时,应把它当做电流源的形式来使用,不能用作电压源。

3. 温度特性　即光电池的开路电压和短路电流随温度变化的情况。由于它关系到应用光电池的仪器或设备的温度漂移,影响到测量精度或控制精度等重要指标,因此温度特性是光电池的重要特性之一。一般来说,开路电压随温度升高而下降较快,而短路电流随温度升高而增加缓慢。鉴于温度对光电池的工作的影响很大,因此把它作为测量器件应用时,最好能保证温度恒定或进行温度补偿。

4. 光电池的典型应用电路　图 4-6-15 为光电池应用中的几种基本连接方法。图 4-6-15(a)中光电池作为光控能源使用,当光照变化时,负载中的电流随之改变。图 4-6-15(b)、(c)、(d)中光电池与有源的三极管连接,图中 CG 为硅光电池、GG 为锗光电池。由图 4-6-15 可以看出,光照的变化使得光电池输出电流(即 I_b)变化,从而控制 I_c 和电路的输出电压变化。

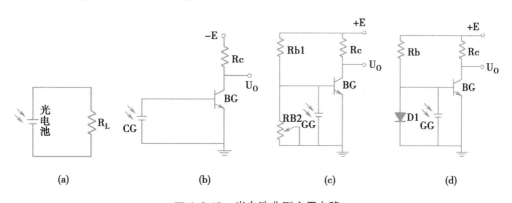

图 4-6-15　光电池典型应用电路

四、光纤传感器

光纤传感器是 20 世纪 70 年代中期发展起来的一种新型传感器,它是伴随着光纤及光通信技术的发展而逐步形成的。与传统的各类传感器相比,光纤传感器具有不受电磁干扰、体积小、重量轻、可挠曲、灵敏度高、耐腐蚀、电绝缘、防爆性好、易与微机连接和便于遥测等一系列优点。光纤传感器已广泛应用于温度、压力、应变、位移、速度、加速度、磁、电、声等各种物理量的测量。

光纤传感器可以分为两大类:一类是功能型(传感型)光纤传感器;另一类是非功能型(传光型)光纤传感器。功能型光纤传感器是利用光纤本身的特性把光纤作为敏感元件,被测量对光纤内传输的光进行调制,使传输的光的强度、相位、频率或偏振态等特性发生变化,再通过对被调制过的信号进行解调和解析,从而得出被测信号及相应的被测量。非功能型光纤传感器是利用其他敏感元件感受被测量的变化,光纤仅作为信息的传输介质。在生物医学检测中,可以利用功能型光纤传感器检测各种生化标志物,亦可利用光纤来传输形态学检查的图像,如内窥镜等。

(一)光纤的结构

　　光纤为光导纤维的简称,其结构如图 4-6-16。光纤中心的圆柱体为纤芯,直径一般几微米至 200 微米。围绕着纤芯的圆形外层称为包层。纤芯和包层主要由不同掺杂的石英玻璃或透明塑料制成,目前主要还是以石英玻璃为主。纤芯的折射率略大于包层的折射率,在包层外面还常有一层保护套,多为尼龙材料。光纤的导光能力取决于纤芯和包层的性质,而光纤的机械强度由保护套维持。

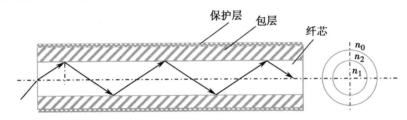

图 4-6-16　光纤的结构

　　根据传输点模数的不同,光纤可分为单模光纤和多模光纤。单模光纤纤芯细,光的入射角度小,电磁场分布模式单纯,只能允许一种最基本的模式即基模在其内传播,需要激光源,成本较高,在医学传感器领域通常既作为敏感元件,也起着传光作用。多模光纤又可依据其包层的折射率变化情况进一步分为突变型折射率多模光纤和渐变型折射率多模光纤。以突变型折射率多模光纤作为传输媒介时,发光管以小于临界角发射的所有光都在光纤包层接口进行反射,并通过多次内部反射沿纤芯传播。多模突变型折射率光纤的散射通过使用具有可变折射率的纤芯材料来实现,其折射率随着与纤芯间的距离增加而增大,导致光沿纤芯象正弦波式传播。多模光纤中可存在几十至几百种具有不同传播速度与相位的传播模式。在医学传感器领域,多模光纤仅作为信息的传输介质,一般利用其他敏感元件感受被测量引起的光学参数变化。

(二)光纤的传输原理

　　当光纤的直径比光的波长大很多时,可以用几何光学的方法来说明光在光纤内的传播。设有一段如图 4-6-17 所示的圆柱形光纤,其两个端面均为光滑的平面。当光线射入一个端面并与圆柱的轴线成 θ 角时,根据折射定律,在光纤内折射成 θ_1,然后以 φ 角入射至纤芯与包层的界面。若要在界面上发生全反射,则纤芯与界面的光线入射角 φ 应大于临界角 φ_c,即:

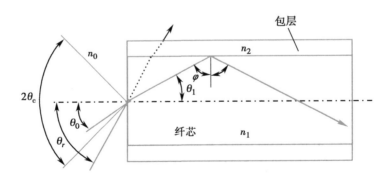

图 4-6-17　光纤的传光原理

$$\varphi \geqslant \varphi_c = \arcsin \frac{n_2}{n_1} \tag{4-6-5}$$

式中 n_1、n_2 分别为纤芯和包层的折射率。

光由光纤端面入射到光纤中,满足式(4-6-6)所示关系:

$$n_0\sin\theta_0 = n_1\sin\theta_1 \tag{4-6-6}$$

式中:n_0、n_1分别为空气折射率和光纤纤芯折射率,θ_0、θ_1分别为光纤从空气中入射的入射角和在纤芯中的折射角。当φ为临界角(φ_c)时,对应于光纤端面的临界入射角为θ_c,结合式(4-6-5),可得:

$$n_1\sin\theta_1 = n_1\sin\left(\frac{\pi}{2}-\varphi_c\right) = n_1\cos\varphi_c = n_1\sqrt{1-\sin^2\varphi_c} = \sqrt{n_1^2-n_2^2}$$

所以:

$$n_0\sin\theta_c = \sqrt{n_1^2-n_2^2} \tag{4-6-7}$$

实际工作时需要光纤弯曲,但只要满足全反射条件,光线仍能在光纤中继续传播。一般而言,光纤端面所处环境为空气,则$n_0 = 1$。这样要满足光在光纤中产生全反射,在光纤端面上的光线入射角为:

$$\theta \leqslant \theta_c = \arcsin\sqrt{n_1^2-n_2^2} \tag{4-6-8}$$

采用数值孔径(numerical aperture,NA)来表征光纤对入射光接受能力,即:

$$NA = \arcsin\sqrt{n_1^2-n_2^2} \tag{4-6-9}$$

数值孔径表征了纤芯接收光量的多少。其含义为:无论光源发射功率有多大,只有入射光处于光锥内,光纤才能导光。如入射角过大,如图4-6-17中角θ,经折射后不能满足式(4-6-9)的要求,便有光线从包层逸出而产生漏光。故NA是光纤的一个重要参数。一般希望有大的数值孔径,更有利于耦合效率的提高,但数值孔径过大,会造成光信号畸变,因此要适当选择光纤数值孔径的值。

即使满足全反射条件,光在光纤中的传播仍然有损耗,损耗大小与光纤纤芯材质相关,如0.5m长的玻璃光纤对$0.4\sim1.2\mu m$波长的光传输效率大于60%,而同样长度的塑料光纤对$0.5\sim0.85\mu m$波长的光传输效率大于70%。传输损耗是评价光纤质量的重要指标,常用衰减率来表示。

$$A = -10\lg\frac{I}{I_0} \tag{4-6-10}$$

式中:I_0——入射光强;

I——距光纤入射端1000m处的光强。

(三)光纤传感器的基本原理

在光纤中传播的单色光波相关参数间的关系可由式(4-6-11)表示:

$$E = E_0\cos(\omega t+\varphi) \tag{4-6-11}$$

式中:E_0——光波的振幅;

ω——角频率;

φ——初始相位角。

式(4-6-11)中包含了光的强度E_0、频率ω、波长λ($2\pi c/\omega$)、相位($\omega t+\varphi$)和偏振态等五个光学参数。光学传感器的工作原理就是用被测量的变化调制传输光光波的以上五个光学参数中的某一参数,使其随之变化,然后对所调制的光信号进行检测,从而得到被测量。根据调制参数不同,常见的光纤传感器可分为以下几种:

1. 发光强度调制型光学传感器 以被测量引起的发光强度变化来实现对被测量的监测和控制,分为非功能型光强调制和功能型光强调制。主要由光源、调制区和光探测器组成。所采用的光纤主要是光通信用多模光纤。其具有解调方法简单、响应快、运行可靠、成本低等特点,但其测量精度较低,容易产生漂移,使用时需要采取自补偿措施。

(1)非功能型光强调制:其调制基本原理是根据光束移位、遮挡、耦合及其他物理效应,通过一定方式让进入光纤的光强随待测参数变化而变化。基本调制方式大致分为四种类型:光束切割型、遮光型、松耦合型和物理效应型。

(2)功能型光强调制:采用光纤本身作为传感元件,被测量通过改变传感光纤外形、纤芯与包层折射率比、吸收特性及模耦合特性等实现对光纤传输的光波强度的调制,如微弯损耗与光纤微弯光强调制、变折射率型光强调制等。

2. 相位调制光学传感器 被测量作用于光纤使其传播的光相位发生变化,再利用干涉测量技术把相位变化转换为光强变化,从而检测出待测量。此类传感器由于采用了干涉技术因而具有很高的检测灵敏度和极大的动态测量范围,且抗干扰能力强。其传感头形式灵活多样,适用于多种物理量和不同检测环境。主要分为功能型调制、萨格奈克效应调制和非功能型调制三类。这种类型的光纤传感器需要特殊类型光纤。

3. 波长调制光学传感器 利用传感探头的光谱特性随外界物理量变化的性质来实现待测量的检测。此类传感器多为非功能型传感器。在波长调制光纤探头中,光纤只起简单的传导光作用,即将入射光传导至测量区,而将返回的调制光送往分析器。光纤波长探测技术的关键是传感单元的光谱灵敏度和波长解调器或频谱分析器的性能,这对于传感系统的灵敏度和分辨率起着决定性作用,大多数波长调制系统中,光源采用白炽灯或宽带 LED。频谱分析器一般采用棱镜分光计、光栅分光计和干涉滤光器等。近年来迅速发展的光纤光栅滤光技术为功能型光波调制技术开辟了新的前景。

4. 偏振调制光学传感器 利用光波的偏振性质制成的光纤传感器。许多物理效应,如旋光效应、磁光效应、普克尔效应、克尔效应及光弹效应等,都会影响或改变光的偏振状态。在非本征的偏振调制光纤传感器中,偏振光的产生(起偏)以及外界被测量引起偏振态的改变都是通过分离的偏振敏感光学元件实现的,光纤仅起传导光的作用;而在本征型的偏振传感系统中,外界被测量直接作用到光纤上,导致光纤产生线双折射或圆双折射效应,从而使光纤中传输的偏振光的偏振态受到调制,检测偏振态的变化,即可得到相应被测量的变化。光纤偏振调制技术可用于温度、压力、振动、机械变形、电流和电场等的检测。并且其在高压、强电流的测量方面具有其他光纤传感器没有的优势。

5. 频率调制型光学传感器 用被测量对光纤中传输的光波频率进行调制,被测量的变化一般通过频率偏移来表征。目前使用的调制方法为多普勒法,即外界信号通过多普勒效应对接收光纤中的光波频率进行调制。多普勒频移是一种最具代表性的光频率调制。光学中的多普勒效应是指由于观察者和运动目标的相对运动,使观察者接收到的光波频率产生变化的现象。当频率为 f_0 的光入射到相对于观察者速度为 v 的运动物体上时,从运动物体反射到观察者的光的频率变为 f_1,f_1 与 f_0 之间有式(4-6-12)关系:

$$f_1 = f_0 \frac{\sqrt{1 - \dfrac{v^2}{c^2}}}{1 - \dfrac{v}{c}\cos\theta} \approx f_0\left(1 + \frac{v}{c}\cos\theta\right) \tag{4-6-12}$$

$$\Delta f = f_1 - f_0 \approx f_0 \frac{\cos\theta}{c} v$$

式中 c 为真空光速;θ 为光源至观察者方向与运动方向的夹角。由此只要检测出多普勒频移即可得到移动物体的速度。

五、光电式传感器在生物医学中的应用

（一）脉搏血氧检测

人体血液流经肺部,氧气通过物理和化学溶解进入血液,其中绝大部分与血红蛋白(Hb)结合成为氧合血红蛋白(HbO_2),此外大约有 2% 的氧溶解在血浆里。含氧血液通过血液循环系统输送到毛细血管,并在组织中释放出氧气,以维持细胞和组织的新陈代谢。动脉血氧饱和度即人体血液中氧合血红蛋白(HbO_2)占氧合血红蛋白和还原血红蛋白(Hb)总和的百分比,可由式(4-6-13)表示,它是反映动脉血含氧程度的重要参数。人体血氧饱和度正常情况下保持在 98%,过低则会引起缺氧晕厥甚至危及生命。

$$SaO_2 = \frac{HbO_2}{HbO_2 + Hb} \times 100\% \qquad (4\text{-}6\text{-}13)$$

血氧浓度通常采用电化学和光学两种方法来测量。之前通常采用电化学法,如临床和实验室常用的血气分析仪,通常通过抽取血样来检测血氧含量。该方法检测结果精确,但其操作复杂、分析周期长、无法实现血氧的连续监测。并且对于危症患者需要迅速检测血氧时尤为不便。光学测量方法,即脉搏血氧测定法充分克服了电化学法的缺点和不足,在符合临床检测标准的条件下,实现了血氧饱和度的无创伤和长时间连续监测,为临床提供了一种快速、简便且安全可靠的血氧测定方法,广泛应用于手术室、ICU 病房、急救病房和睡眠研究中心。

根据 Lambert-Beer 吸光定律,当波长为 λ 的光射入厚度为 D 的均质组织时,入射光光强 I_0 与透射光光强 I 之间的关系为:

$$I = I_0 e^{-E_{(\lambda)}CD} \qquad (4\text{-}6\text{-}14)$$

其中,C——吸光物质的浓度;

$E_{(\lambda)}$——吸光物质的吸光系数。

物质的吸光度 $A_{(\lambda)}$ 定义为:

$$A_{(\lambda)} = \ln \frac{I_0}{I} = E_{(\lambda)}CD \qquad (4\text{-}6\text{-}15)$$

脉搏血氧测定法就是基于血液中氧合血红蛋白(HbO_2)和还原血红蛋白(Hb)的吸收光谱的特性,运用 Lambert-Beer 法则,在体浅表动脉处用光电器件获取两个不同波长的吸光值(图4-6-18)。因为在红光区(660nm),Hb 和 HbO_2 的分子吸光系数差别很大,主要反映 Hb 的吸收;而在红外光区(925nm),Hb 和 HbO_2 的分子吸光系数差别很小。选择红光和红外光作为光

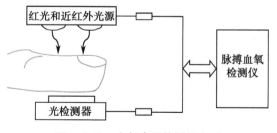

图 4-6-18　血氧含量检测示意图

源,即可测量出 HbO_2 和 Hb 的百分含量。由此就可以实时测量血氧含量。

（二）光纤温度传感器

由于光纤传感器优越的性能而受到广泛的研究和应用,其中最为典型的应用之一为光纤温度传感器。光纤不仅具有电绝缘性,且受到温度影响较小。在强磁场环境下,传统的温度传感器误差较大,使用光纤温度传感器,具有良好的抗电磁干扰能力,能够较为准确地指示温度。因此在人体温

测量中应用越来越广泛。

液晶光纤温度传感器是最早研制的温度光纤探头之一,如图 4-6-19(a)。光进入入射光纤,被液晶反射后通过出射光纤而被探测,由于液晶受到温度影响而改变反射光的强度,因此反射光的光强是温度的函数。这类传感器的测量范围为 35~50℃,灵敏度可达 ±0.1℃,因此非常适合于生物过程相关温度(如体温)的检测。由于光纤的可弯曲特性,光纤温度传感器可以用来检测体内某些特定位置的温度变化,如在对肿瘤进行热疗时,通过皮下注射针头或导管将光纤温度传感器探头插入癌症患者体内,对病变肿瘤的温度进行监测和控制等,如图 4-6-19(b)。

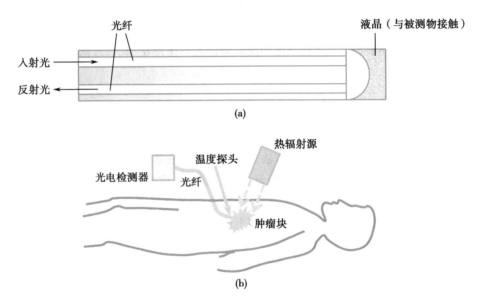

图 4-6-19 光纤温度传感器及其医学检测应用
(a) 液晶光纤传感器结构图;(b) 肿瘤治疗过程的温度监测

(三)光纤血压传感器

光纤传感器中最成熟的是光纤压力传感器。常见光纤压力传感器结构如图 4-6-20 所示。传感器受力元件为薄膜片,光由位置固定的传入光纤传入,当压力作用于薄膜片使其变形而产生微小位移,薄膜片位置的改变会导致反射光的角度改变,使传出光纤接收到的光通量发生变化。在小压力下,通过精确设计,能使反射光强度近似正比于膜片两边的压力差。在接收光纤末端加上光电换能器,可将压力的变化转换为电信号。基于此原理的薄膜片压力传感器已应用于血压测量。一种典型的光纤血压传感器压力敏感膜片为 6μm 的铍铜膜片,光纤外径为 0.86~1.5mm,膜片和光纤束之间的空气隙相对外界密封。此血压传感器检测压力范围为 $6.67 \times 10^3 \sim 26.7 \times 10^3$ Pa、线性度为 2.5%、分辨率 133.3Pa、频响 0~15kHz。测量时,将此传感器插入血管,即可测量所插入点的局部血压值。其同时还可检测血管内的血流参数。

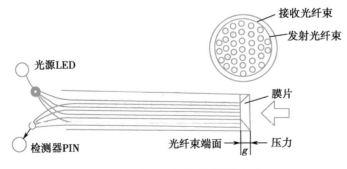

图 4-6-20 光纤压力传感器结构示意图

（四）光纤多普勒血流速检测

图 4-6-21 给出了一种基于多普勒效应构建的血流速度检测框图。光纤通过注射针插入血管内，检测时红细胞可看作散射粒子，利用红细胞散射光的多普勒效应，用光纤光谱仪测出多普勒频移 Δf 后，即可求得红细胞速度。此结构入射光和反射光在同一光路传输，偏振面基本一致，光电检测效率高。如检测中采用偏振稳定光纤可获得更高检测精度。该血流速度检测传感部分无电源且不受电磁场干扰，测量位置可自由移动选择，空间分辨率高，化学状态稳定。但其测量过程要插入血管，对血流有一定影响。

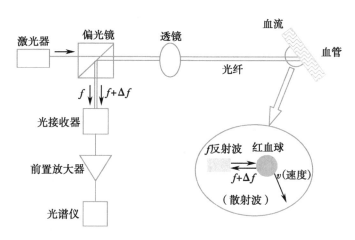

图 4-6-21　血流速度检测原理框图

第七节　热电式传感器

热膨胀是温度检测中最简单常用的方法。温度检测元件从玻璃水银温度计发展到测量和控制中的其他各种传感器及其测量系统，例如结合热电阻利用热电效应制成的测温系统已广泛地应用于生物和医学温度测量中。本节将讨论这些热电式传感器，包括热电阻、热电偶、集成温度传感器和辐射测温传感器及其温度测量的原理、方法及应用。

一、热电阻敏感器件

热电阻是采用导体和半导体材料制成的温度敏感元件，它进行温度测量的原理是基于热电阻效应，即物质的电阻率会随其本身温度的变化而改变的物理现象。热电阻的应用范围从超低温领域到超高温都有良好的特性。

（一）金属热电阻

1. 工作原理　金属热电阻是利用金属材料的电阻率随温度变化特性进行温度测量，常用于测量 $-200 \sim 500℃$ 范围内的温度。金属热电阻特性方程式如式(4-7-1)：

$$R_T = R_0 \left[1 + \alpha (T - T_0) \right] \tag{4-7-1}$$

式中：R_0——元件在 T_0 时的电阻；

　　α——T_0 时的电阻温度系数；

　　R_T——温度为 T 时元件的电阻值。

对于绝大多数金属导体，α 是温度的函数，在一定的温度范围内可近似地看作常数。不同的金属导体，温度系数所对应的温度范围不同。常用的金属热电阻材料是铂、铜、铁和镍等。

铂的物理、化学性能非常稳定，主要作为标准电阻温度计。铜丝可用来制造 $-50 \sim 150℃$ 范围内的工业用电阻式温度计。铁和镍的电阻温度系数高,电阻率大,可做成体积小、灵敏度高的电阻温度计。

2. 测量电路　电阻温度计的测量电路一般采用电桥电路。为消除由于连接导线电阻随环境温度变化而造成的测量误差,可采用三线连接法。

图 4-7-1 是三线连接法的原理图。r_1,r_2,r_3 为延长线电阻,V_s 为电压源,电容用来清除噪声,R_0,R_1,R_2 为固定电阻,R_d 为零位调节电阻。热电阻 R_T 通过电阻为 r_1,r_2,r_3 的三根导线和电桥连接,r_1 和 r_2 分别接在相邻的两臂内,当温度变化时,若延长线电阻长度和电阻温度系数相同,其电阻变化就不会引起电桥输出变化。为避免热电阻中电流的加热效应,在设计电桥时,要使流过热电阻的电流尽量小。

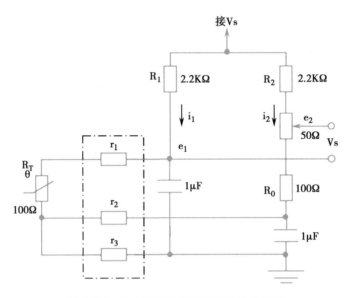

图 4-7-1　热电阻测量的三线连接法的原理

（二）半导体热敏电阻

半导体热敏电阻一般由如钴、锰、镍等的氧化物经高温烧结而成,通常具有比金属更大的电阻温度系数。它包括正温度系数（positive temperature coefficient,PTC）、负温度系数（negative temperature coefficient,NTC）、临界温度系数（critical temperature resistor,CTR）热敏电阻等几类。

PTC 热敏电阻主要采用 $BaTiO_3$ 系列的材料,当温度超过某一数值时,其电阻值朝正的方向快速变化,主要用于电器设备的过热保护等;CTR 热敏电阻主要用作温度开关;NTC 热敏电阻具有很高的负电阻温度系数,用于点温、表面温度、温场等测量。热敏电阻的特点是电阻温度系数大、灵敏度高、热容量小、响应快及分辨率高。

1. 电阻温度特性　NTC 型和 PTC 型半导体热敏电阻

随温度变化的典型特性曲线如图 4-7-2 所示。对于负温度系数（NTC）型的热敏电阻,其电阻温度特性经验公式如式（4-7-2）：

$$R_T = R_0 e^{B(1/T - 1/T_0)} \qquad (4-7-2)$$

式中:R_T——温度 T（绝对温度）时的阻值;

　　　R_0——参考温度 T_0（绝对温度）时的阻值;

　　　B——热敏电阻的材料系数;

　　　T——热力学温度,$T = 273 + t$（t 为摄氏温度）。

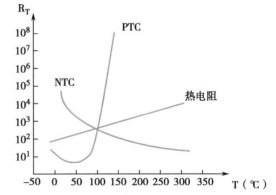

图 4-7-2　NTC 型和 PTC 型半导体热敏电阻典型的电阻温度特性曲线

电阻温度系数：

$$\alpha_T = \frac{1}{R_T} \times \frac{dR_T}{dT} = -\frac{B}{T^2} \tag{4-7-3}$$

2. 热敏电阻伏安特性 热敏电阻的伏安特性是稳态下通过热电阻的电流与其两端之间电压的关系图 4-7-3 所示。图 4-7-3(a)为热敏电阻在水和空气中的伏安特性,PA 是线性段,表示在电流下,热敏电阻呈线性;BC 段为负阻特性区;峰点 B 电阻增量为零,C 点是空气中最大安全电流工作点。图 4-7-3(b)为热敏电阻的电阻伏安特性曲线。

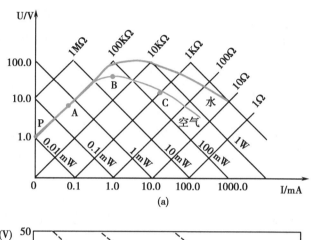

(a)

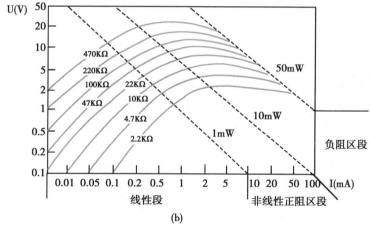

(b)

图 4-7-3　热敏电阻的伏安特性
（a）热敏电阻在水和空气中的伏安特性；（b）热敏电阻伏安特性

当流过热敏电阻的电流很小时,电阻值只决定于环境温度,伏安特性是直线,遵循欧姆定律,主要用来测温。大电流时,耗散功率的增加,使热敏电阻温度高于环境温度,其温度系数为负值,故其增量电阻减小。当电流足够大时,增量电阻下降到零,然后翻转变为负。

3. 热敏电阻的线性化 热敏电阻适合测量微弱温度变化;但热敏电阻值随温度变化呈指数规律,非线性严重,当所需的温度量程较大时,要对其进行线性化处理。

有两种近似线性化方法:采用温度系数很小的电阻与热敏电阻并联或串联构成电阻网络代替单个热敏电阻,使等效电阻与温度的关系在一定的温度范围内是线性。并联网络,采用恒流源供电,而以热敏电阻两端的电压作为温度指示;串联网络,采用恒压源供电,热敏电阻的电流作为温度指示。

二、热电偶传感器

热电偶是由两种不同的金属丝组成闭合回路,两结点的温度不同时在回路中就产生电动势,有电流流过,这种现象称为热电效应或塞贝克效应。热电偶传感器就是利用热电效应进行温度测量。

热电偶传感器在工业温度测量中应用广泛,具有较高的精确度,测量范围宽,线性度高。并且结构简单,使用方便,性能稳定,响应快。但灵敏度低,并需要一个标准参考温度。

（一）热电效应

热电偶由两种不同导体 A 和 B 组成闭合回路,如图 4-7-4 所示。热电偶的两端是两种导体焊在一起,一端是工作端,置于被测介质中;另一端是参比端或冷端,置于恒温环境中。

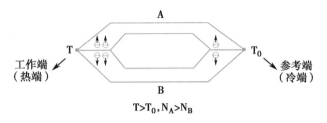

图 4-7-4　热电偶热电效应的原理示意图

接触电势是由于两种接触金属的自由电子密度不同,接触时结点处发生电子扩散,当扩散达到动态平衡时,产生一个稳定的接触电势。

温差电势是单一金属两端温度不同时在两端产生的电势。主要是导体高温端的自由电子具有较大动能,向低温端扩散,形成电位差。

热电偶产生的温度电势,即热电势是由两种导体的接触电势和单一导体的温差电势组成。当工作端被测介质温度变化时,热电势随之变化,经 A/D 转换结果进行显示和记录,即可得到所测温度值。

（二）几条热电偶的规律

1. **均质回路定则**　由相同成分材料的热电极组成回路,若只受温度作用,则不论其导体的直径和长度如何,均不产生热电势。这个定则也称为同名极检验法,根据这个规则可以检验两个热电偶的材料成分是否相同及热电偶材料是否均匀。

2. **中间金属定则**　在由不同材料 A、B 的热电极组成的热电偶回路中接入第三种金属材料 C,只要该金属两端温度相同,则热电偶产生的热电势保持不变。根据这个定则,可以把导体 C 作为毫伏表的连线,回路中热电势不变,即可测出热电偶的热电势。这样,热电偶回路可以直接接入各种类型的仪表或调节器;也可以将热电偶的测量端不焊接而直接放在液态金属中或直接焊在金属表面进行温度测量。

3. **中间温度定则**　如果由不同材料 A、B 的热电极组成热电偶回路,V_1 是两端温度分别为 T_1 和 T_2 时产生的热电势,V_2 是两端温度分别为 T_1 和 T_3 时产生的热电势,则当两端温度为 T_1 和 T_3 时产生的热电为 V_1+V_2。根据这个定则,可用一个已知的参考端温度所得到的校准曲线去确定另一个参考端温度的校准曲线。

4. **组成定则**　如果由不同材料 A、B、C 的热电极组成热电偶回路,若其中两导体 A 和 B 分别与导体 C 的热电势为 V_1 和 V_2,则这两个导体 A 和 B 组成的热电偶的热电势为 V_1-V_2。根据这个定则,可用物理化学性能极稳定的材料(例如铂)做成电极 C,作为确定各种材料热电特性的基准。

（三）热电偶的灵敏度

热电偶的热电势与温度的关系可近似表示为:

$$E_{AB}(T,T_0) = a(T-T_0) + b(T^2 - T_0^2) \tag{4-7-4}$$

其中 a 和 b 为常数,当温差($T-T_0$)不太大时,热电势与温差成线性关系。对上式求导,即可得到热电偶的灵敏度,单位为 μV/℃:

$$\frac{dE_{AB}(T,T_0)}{dT} = a + 2bT \tag{4-7-5}$$

（四）热电偶的测量与冷端补偿

热电偶测量热电势时,不同热电偶配用不同连接导线,称为补偿导线。实际测量中,热电偶的冷接点温度受环境温度或热源温度的影响,并不为0℃,为了对热电偶进行标定,对热电偶冷接点温度变化引起的冷端温度误差,常采用以下电桥补偿的冷端补偿方法。

电桥补偿法,采用四臂电桥,三个桥臂电阻的温度系数为零,第四个桥臂用铜电阻,R_{cu}是铜线绕制的补偿电阻。E 是电桥的电源,R_5是限流电阻。补偿电桥桥臂 R_1,R_2,R_3,R_{cu} 与热电偶冷端处于相

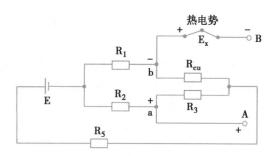

图 4-7-5　热电偶冷端温度补偿的电桥补偿法工作原理

同环境温度下。温度变化时,电桥将产生相应的不平衡电压。当冷端温度升高,热电势 E_x 减小,电桥的不平衡电压 U_{ab} 增大,对热电偶热电势 E_x 减小起到补偿作用,使输出不随冷端温度变化,即获得冷端温度误差补偿。

（五）热电偶的分类及特性

热电偶种类很多,可按下面两种方法进行分类:

1. 按组成热电偶的材料　可分成非贵金属、贵金属、难熔金属和非金属热电偶。非贵金属热电偶有:康铜、铜—康铜、镍铝等。贵金属热电偶有铂铑系、铱铬系、铱钙系和铀铱系等。非金属热电偶有:二碳化钨、二碳化铂和碳化物等。

2. 按用途和结构　有普通工业用和专用热电偶两大类。普通热电偶有:扁形和锥形等形状,它们的固定方式分别有无固定装置、螺纹固定装置和法兰固定装置等。专用热电偶有医用热电偶、钢水测温用的消耗式热电偶(快速热电偶)、多点式热电偶以及表面测温热电偶等。

三、集成温度传感器

集成温度传感器是 PN 结温度传感器,包括二极管温度传感器和三极管温度传感器等。主要是利用 PN 结的伏安特性与温度之间的关系进行温度测量。

（一）二极管温度传感器

PN 结温度传感器的基本原理:

当二极管的电流 I_F 恒定时,对于理想二极管:

$$I_F = I_S \times e^{\frac{qV_F}{kT}} \tag{4-7-6}$$

式中:k——波尔兹曼常数;

q——电子负荷;

I_S——饱和电流。

$$I_S = \alpha T^\gamma \times e^{-\frac{E_{g0}}{kT}} \tag{4-7-7}$$

式中:α——与温度无关的常数;

γ——与迁移率有关的常数;

E_{g0}——0K 下的外推材料禁带宽度。

综合以上两式得:

$$V_F = \frac{E_{g0}}{q} - kT \times \frac{\ln\left(\frac{\alpha T^\gamma}{I_F}\right)}{q} \qquad (4\text{-}7\text{-}8)$$

由式(4-7-8)可见,正向电流 I_F 恒定,反向饱和电流 I_s 若选择合适的掺杂浓度,就可在不太宽的温度范围内近似为常数,因此,正向压降 V 与温度 T 成线性关系。

二极管作为温度传感器虽然工艺简单,但线性差,为扩大 V_F 与 T 的线性关系范围,可采用特性相同的差分对管,则两二极管的电位差与绝对温度 T 成正比,其线性明显优于单个二极管。

(二)三极管温度传感器

NPN 型晶体三极管中,集电极电流 I_C 与基极—发射极电压 V_{BE} 和温度 T 的关系为:

$$I_C = \alpha \times e^{-\frac{E_{g0}}{kT}} \times e^{\frac{qV_{BE}}{kT}} \qquad (4\text{-}7\text{-}9)$$

式中:α——与温度无关的常数,但与结面积和基区宽度有关;

γ——常数,取决于基区中少数载流子迁移率对温度的依赖性,其值一般在 $3\sim5$ 之间;

E_{g0}——0K 时硅的外推禁带宽度,常取 1.205eV。

式(4-7-9)可改写为:

$$V_{BE} = V_{g0} - kT \times \frac{\ln\left(\frac{\alpha T^\gamma}{I_F}\right)}{q} \qquad (4\text{-}7\text{-}10)$$

式中,$V_{g0} = E_{g0}/q$,如果 I_c 为常数,则 V_{BE} 仅随温度 T 变化。

在恒流工作状态下(I_c 为常数),V_{BE} 与 T 近似线性;要达到宽温度范围和高精度测温要求,就要进行线性化补偿,一般采用差分对管法(图 4-7-6),把两个结构和性能完全相同的晶体管在同一温度下,分别工作在各自的恒定集电极电流 I_{c1} 和 I_{c2} 下,则两管基极—发射极电压之差 ΔV_{BE} 如式(4-7-11),与温度关系为理想的线性关系。灵敏度如式(4-7-12)。

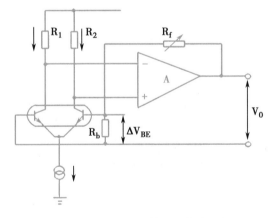

$$\Delta V_{BE} = kT \times \frac{\ln\left(\frac{I_{c1}}{I_{c2}}\right)}{q} \qquad (4\text{-}7\text{-}11)$$

图 4-7-6 典型差分对管测温电路示意图

$$\frac{\delta V_0}{\delta T} = k \times \left(1 + \frac{R_f}{R_b}\right) \times \frac{\ln\frac{R_1}{R_2}}{q} \qquad (4\text{-}7\text{-}12)$$

(三)集成电路温度传感器

集成电路温度传感器是将温敏三极管和外围电路集成在一个芯片上的 PN 结温度传感器,线性好、精度高、互换性好、体积小、使用方便、测温范围宽。采用差分对晶体三极管。按输出信号分为电流输出型和电压输出型两种。

一种典型的电流输出型集成温度传感器,例如 AD590,电源范围 $15\sim30V$,测温范围 $-55\sim150℃$,温度每变化 $1℃$,输出电流变化 $0.1\mu A$。抗干扰能力强,可用于多点温度和远距离测量、数字绝对温度计和热电偶冷端补偿。AD590 的典型 I-V 特性如图 4-7-7 所示。AD590 的内部简化电路图如图 4-7-8

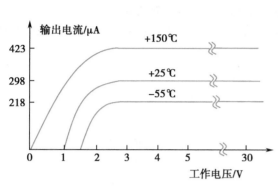

图 4-7-7　AD590 的典型 I-V 特性曲线图

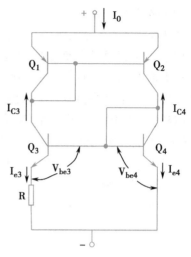

图 4-7-8　AD590 的内部简化电路图

所示。该传感器由多个晶体管和电阻组成。晶体管 Q1 和 Q2 组成上镜像电流源,Q3 和 Q4 组成下镜像电流源。AD590 的输出电流 I_0 与它的温度 T 成线性关系,可实现温度和电流强度的线性转换。还有 AD592,比 AD590 误差小且成本低,但测量范围小,为 $-25 \sim 105 \, ^\circ\text{C}$。

四、辐射测温传感器

物体的温度高于绝对零度就会发生红外辐射。当物体与周围温度不平衡时,物体的这种辐射现象表现为发射或吸收红外线。物体红外辐射的强度和波长取决于物体的温度和辐射率,人体的红外辐射波长范围在 $3 \sim 16 \mu\text{m}$ 之间,通过红外探测器可以检测人体红外辐射能量,得到与人体表面温度分布相关的热像图。这种利用辐射原理的红外成像技术已在医学诊断中获得广泛应用。

热辐射测温方法是基于物体的热辐射能量随其温度的变化特性进行测温的,是一种非接触式的测温方法。可测量运动物体的温度,可进行远距离快速测温。可测高温,可测到 $0 \, ^\circ\text{C}$ 以下。工作波段从可见光范围到红外,相应的光谱范围有窄带、极窄带、宽带并接近于全辐射。

(一)红外测温工作原理

根据斯特潘-波尔兹曼定理,在全波长范围内,黑体辐射出来的能量 W 与绝对温度 T 有如下关系:

$$W = \delta T^4 \tag{4-7-13}$$

式中:δ 为斯特潘-波尔兹曼常数。又由于黑体的绝对温度与辐射强度 W_λ 与波长 λ 之间有如下关系:

$$W_\lambda = \frac{c1}{\lambda^5} \frac{1}{e^{\frac{c_2}{\lambda T}} - 1} \tag{4-7-14}$$

式中 c_1 和 c_2——辐射常数。

由式(4-7-13)可知,只要检测出辐射能量,即可求出温度。实际上,待测物体不会是黑体,也不可能在全波长范围内检测辐射能量,所以式(4-7-13)可修改为

$$W = \varepsilon k T^n \tag{4-7-15}$$

式中:ε——灰体的辐射率,不同的物质,其数值各异;

k, n——在检测波长范围由检测器的特性等决定的常数。

一般采用红外热探测器测量物体的热辐射。热探测器对红外辐射引起的温度变化敏感性强,温度变化速度和探测器的电参数线性相关。

（二）红外热探测器

红外热探测器的工作原理基于热释电效应,即热释电晶体的自发极化强度随温度变化。热释电晶体是压电晶体,晶体的自发极化使与自发极化强度垂直的晶体两个表面上产生符号不同的电荷。

热释电探测器的材料有:硫酸三甘肽、铌酸锶钡、钽酸锂和聚偏二氟乙烯等。

热电转换包括两个过程:热探测器吸收红外辐射能量,热释电晶体温度升高;利用热释电晶体的温度敏感特性,将辐射能转变为相应电信号。

（三）光电探测器与热探测器的比较

红外光电探测器主要有光电管、光电倍增管、光敏电阻、光电池和光电磁探测器等几种类型,响应速度快,峰值探测率高。

热探测器响应波长范围广,光电探测器只对特定段波长区间有响应;热探测器探测率一般低于光电探测器,响应时间一般比光电探测器长。热探测器可工作在室温下,光电探测器工作在低温下。红外波段的光电导探测器,在室温下,对辐射的灵敏度较低,响应波长越长的光,电导体对辐射的灵敏度下降越显著,在热电致冷温度下工作,灵敏度提高,因此光电导体保存在真空杜瓦瓶中,冷却方式包括灌注液氮和微型制冷器。使用红外探测器时选择工作波长时应避开中间介质中含有的水蒸气、CO_2、臭氧的吸收光谱范围对红外辐射的吸收影响。

五、热电式传感器在生物医学中的应用

（一）温度传感器在生物医学中的运用

人体控制温度的系统非常有效,能够在±0.5℃范围内调整体内温度,体内的温度几乎不受外界环境温度变化影响,一般一个健康人其体温在37℃左右。人体温度控制类似于负反馈机制,包括参考量(大约在37℃),温度传感元件(人体皮肤上的冷热感受细胞等),激励元件(产生或者散发热量的人体组织例如肌肉和皮肤等),以及中央控制模块(大脑相关部位组织等)。

一般认为:发热是有毒物质或者病毒和细菌引起的人体反应,体温测量是一种传统的常规诊断方法,皮肤或者体表温度一定程度反映皮下组织的状况。在医学上,不同学科领域的人体温度检测各自有不同的测量原理和方法。

例如使用热成像仪器测试体表温度的分布状态可以用来探测浅表肿瘤,比如乳腺肿瘤就可以引起肿块组织周围温度升高。

再如血液温度的测量是在血管内进行的,例如心血流传感器是采用将热敏电阻安装在心导管上获取血液温度。

1. 体内温度测量 体表温度和体内温度不同,体内温度测量是在人体的体腔内进行,例如口腔、直肠或者腋窝。传统测体温是采用水银温度计,价格便宜,但测温反应慢,读数和记录结果受测试者影响较大,易碎且水银有毒。

随着微电子学相关技术的发展,带数字显示的电子体温计得到广泛的应用。通常用二极管作为温度传感元件,具有良好的热传导性,能够对微小点热源采集温度数值,反应时间短,温度显示清晰,但需要提供工作电源例如微型电池。临床应用已有包含智能功能例如存储和通讯模块可以传输给电脑进行数据处理,采用低功耗设计系统,一般电池就可供电较长时间。

临床诊断用的价格低廉、方便使用的电子体温计已经产品化,电子体温计由感温部件、数字式显示器、电源开关按钮和微型电池组成(图4-7-9)。

接触式测量方法有一定局限性,例如出汗的时候皮肤温度会降低,口腔温度也会受呼吸、食物和说话口腔活动的影响,腋下的测温探针和皮肤的结合不好也影响测温准确性。

以上各种接触式测温方法要求被测者主动配合测量,但对婴儿和无知觉的患者测量体温有困难。尤其是要求连续监测体温变化的情况,可以采用包括热敏电阻、应变片等传感器的床旁监测设备连续检测体温、呼吸频率和心电图(electrocardiogram,ECG)信号等生理信息。

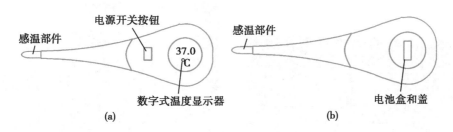

图 4-7-9　电子体温计示意图

（a）正面；（b）背面

2. 非侵入式温度测量　　相对于接触式测温的直肠、膀胱、尿道和阴道侵入式测温方法,非接触式测温如光纤温度传感器的非侵入测体温方法也有广泛需求,例如需要快速非侵入测体温的场所,如急诊室、传染病流行时发热门诊以及大面积烧伤患者等。

非侵入式体温测量根据测量原理不同有多种方法：

光纤非侵入式测温方法,采用紫外光源的荧光光纤温度传感器来监控生理学范围内的温度,通过检测荧光强度实现温度测量。另外一种测温方法是用物质吸收的光谱随温度变化的原理,根据光纤传输的光谱检测实时温度。热敏电阻、热电偶等由于其电磁特性,测量信号会受到电磁干扰,要求测量环境无电磁干扰。光纤温度传感器,抗电磁干扰强,不受电磁影响,适合测量接受热疗的人体组织温度测量,例如微波或射频治疗肿瘤。

还有一种采用半导体器件的温度传感器,是基于半导体对光的吸收。物体吸收能量转化成光辐射于是发光,辐射强度和光谱与温度有关。例如 GaAs 禁带宽度与温度效应有相关性,用 GaAs 晶体的光致发光特性进行温度测量。

（二）热电偶和红外热成像在医学中的应用

1. 热电偶测温在超声热疗设备设计中的应用　超声热疗设备的定位精度测评装置设计,主要是采用热电偶在离体组织上实验进行三维定位准确性评估。在治疗焦点周围的组织中,以中心对称插入热电偶进行测温。

热电偶探针,如图 4-7-10 所示,由热电偶线、热电偶连接点（康铜）及注射用针头（12G,外径 2.77mm,内径 2.16mm）组成。热电偶线放置在针头中,其末端露出针尖少许,在针头末尾进行固定,防止热电偶与针头产生相对移动。热电偶另一端通过连接点连接到一台四通道的数据采集测温表。将热电偶固定于离体组织中,持续记录指定位置在一段时间内的温度变化。

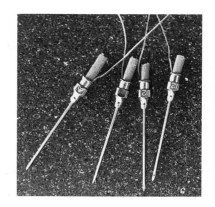

图 4-7-10　热电偶探针

实验平台主要由底座、固定平板及固定孔隙组成,如图 4-7-11:底座用有机玻璃板加工而成。正方形顶点处由四颗可调整旋入深度的长螺钉支撑,从而可以通过对其调整保持底座的水平;两块固定平板及相对方向的两根铜柱垂直固定在底座上,两块平板方向垂直,依据不同组织的形状及尺寸,可以在各自方向进行两个自由度的移动,从而限制离体组织五个方向的自由度,起到固定组织的作用。固定平板竖直部分朝内的一端粘贴了橡胶垫,用于固定热电偶探针;固定孔隙是在固定平板上打出的小孔阵列,其直径比针头外径略大,贯通固定平板,作用是使测温针穿过并通过一侧的橡胶垫保持针尖位置的稳定。热电偶阵列的实验装置,如图 4-7-12 所示。

准确定位焦点位置之后,通过对离体组织持续进行辐照,就可以利用热电偶阵列记录一段时间内组织内部的温升响应,通过对比不同位置温升响应的差异,就可分析得出实际消融区域,并根据理论温

图 4-7-11 实验平台

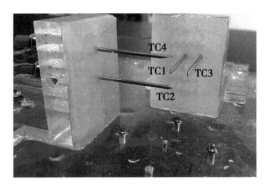

图 4-7-12 热电偶阵列组合示意图

升数值与实际测量值的误差估计偏差进行校准。

2. 远红外测温

（1）红外热成像技术：200 年前 Herschel 就在实验中发现了红外线。由于位于可见光中红光的外侧，故称为红外线。红外线的波长范围很宽，介于 0.75~1000μm 之间。根据波长可以分为近红外、中红外、远红外和超远红外等。通常近红外的波长范围为 0.75~3μm，中红外的波长范围在 3~6μm，远红外的波长范围在 6~15μm，超远红外的波长范围在 15~1000μm。0.75~3μm 的红外波段由于吸收小通常而用于光纤通信。3~5μm 的红外波段可用于目标跟踪，8~14μm 的远红外波段是热成像波段。任何物体在温度高于绝对零度（-273℃）时都会发射出红外线，这个波长范围内的光线不能被肉眼所观察到。

目前，红外成像设备可以对场景中物体发出的红外线有效成像。在红外热成像过程中，物体向外辐射红外线通过光学系统，由红外探测器把红外热辐射转变成电信号。该信号反映红外辐射的强弱。把该电信号通过调理和模数转换后变成数字信号，最终把红外热辐射以灰度或者伪彩色的形式从图像上反映出来。这种技术就是红外热成像（infrared thermography，IRT）。红外热像图通常是二维的。物体表面辐射能量的大小与物体表面温度有直接关系，因此红外热像图也反映了物体表面的温度高低。

红外成像设备可分为致冷式和非致冷式。致冷式红外成像设备的发展和应用经历了三代，现在第三代成像设备具有更多的单元数、更高帧分辨率和热分辨率。由于致冷式红外成像设备结构复杂，并且价格也相当高，所以开发轻便型、低成本的非致冷式成像设备成为发展趋势。非致冷式热成像是采用热电探测器测量场景中物体的热辐射。热电探测器对红外辐射引起的温度变化非常敏感。而且温度变化速度和探测器的电参数成比例关系。与致冷式红外成像设备相比，其主要优点是可以在一般环境温度下工作，不需要致冷；缺点是灵敏度低、响应速度慢。

随着各种红外成像设备的不断发展，二维红外成像技术已经广泛地应用于医学上进行疾病诊断。但是二维红外热像图只能提供表面温度分布的二维轮廓，不能获取其病灶区域的实际大小以及三维温度分布情况。近年来，三维红外成像也开始得到了应用，如采用三维红外成像系统检查炎症等。

（2）基于结构光的三维红外成像系统：该系统可以用在热疗中测量病灶组织表面的三维温度场分布。根据其表面温度场分布可以对组织内部温度场进行估计。虽然这种估计对于复杂的病灶组织来说，其温度分布仍存在误差，但是在热疗中病灶组织中加入热剂量的测量具有一定临床价值。

在生物组织内部受热时，如果能获取生物组织表面的温度，可以根据热传导模型来推导组织内部的温度场。构建三维红外成像系统，可以用来获取组织受热时其表面的温度分布。组织内部的温度分布受到很多因素的影响，为了研究方便可以对生物组织的一些特性进行适当的简化。

生物组织内部热传导过程通常用生物热传导方程来建模。对于离体组织，采用三维红外成像系统获取组织表面的形状和表面的温度，如图 4-7-13 所示。把三维红外成像系统放置在离体组织的正前面。加热探针从组织的上面或背面插入到一定深度。测温针从组织的侧面插入。根据实验需要选

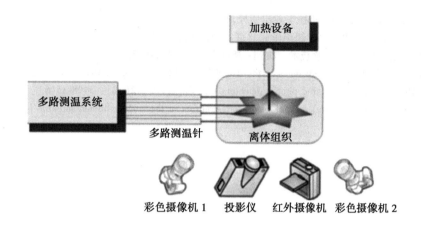

图 4-7-13　基于三维红外成像系统的实验装置示意图

择插入测温针的根数。在组织加热前,开启三维红外成像系统中的两个彩色摄像机和投影仪。从投影仪投影出结构光,彩色摄像机采集结构光光条重建组织的三维表面。开启热源电源对离体组织加热。同时开启多路测温系统记录测温针的针尖位置的组织温度。红外摄像机采集温度视频图像记录加热过程中组织表面的温度变化。

离体组织实验表明,热源在 1cm 深度,对于离体组织的温度估计平均误差小于 1℃,此测量方法用于热疗中病灶内部的温度检测,在 1cm 深度上具有一定的可行性。

因此三维红外测温所能测量的热源深度跟热源热剂量的大小、组织的热传导特性、加热时间长短等一系列因素有关。

(史学涛　刘盛平　张素　刘加峰　曹东　王晶)

 思考题

1. 为什么电容式传感器的绝缘、屏蔽和电缆问题特别重要? 设计和应用中如何解决这些问题?
2. 若需要用差动变压器式加速度传感器来测量某测试平台振动的加速度。请设计出该测量系统的框图,并作必要的标注或说明。
3. 比较霍尔元件、磁敏电阻、磁敏二极管、晶体管,它们有哪些相同之处和不同之处? 简述其各自的特点。
4. 说明磁电感应式传感器产生误差的原因及补偿方法。
5. 如何利用光电传感器无创检测血糖?
6. 阐述光电传感器在临床检测中的 5 种应用。
7. 举例说明光电传感器在移动医学检测中的潜在应用。
8. 设计一种光纤光栅生物传感器实现对 HCG 的快速检测。

参考文献

1. 王平,刘清君,陈星. 生物医学传感与检测. 杭州:浙江大学出版社,2016.
2. 樊尚春. 传感器技术及应用. 北京:北京航空航天大学出版社,2010.
3. 陈杰,黄鸿. 传感器与检测技术. 北京:高等教育出版社,2002.
4. 陈安宇. 医用传感器. 第 3 版. 北京:科学出版社,2016.
5. 杨玉星. 生物医学传感器与检测技术. 北京:北京工业出版社,2005.

6. 黄元庆．现代传感技术．北京：机械工业出版社, 2008.

7. 万明习, 宗瑜瑾, 王素品．生物医学超声学．北京：科学出版社, 2010.

8. 王平, 叶学松．现代生物医学传感技术．杭州：浙江大学出版社, 2005.

9. Meola C, Carlomagno GM. Recent advances in the use of infrared thermography. Meas Sci Technol, 2004, 15：27-58.

10. Rogalski A. Third-generation infrared photon detectors. Opt Eng, 2003, 42(12)：3498-3516.

11. Pennes HH. Analysis of tissue and arterial blood temperatures in the resting human forearm. J Appl Phys, 1948, 1：93-122.

第五章　化学量传感技术

化学量传感技术在生物医学、环境保护、工农业生产中有非常重要的应用价值。社会的发展和技术的进步对化学传感器的性能提出了更高的挑战,比如更快的响应、更高的灵敏度和特异性、更好的稳定性。微电子和精密加工技术的发展为化学传感器的发展提供了良好的机遇,推动化学传感器向微型化、集成化和自动化方向发展。并且电化学检测技术也为开发新型化学传感器提供了新的途径。

本章首先介绍化学传感器的基本概念和电化学检测的基本原理,接着介绍几种典型的化学传感器的概念、基本原理和应用,包括离子传感器、气体传感器和湿度传感器。

第一节　概　　述

一、基本概念和原理

化学量传感技术是一个前沿热点领域,正日益受到人们关注。近年来,随着微加工技术的快速进展,人们利用新型敏感元件,结合不同的换能器开发了各种类型的化学传感器,并应用于生物医学、环境保护、工农业生产等诸多领域,具有非常广阔的应用前景。国际纯粹与应用化学联合会将化学传感器(chemical sensors)定义为一种小型化的、能专一和可逆地把某种特定样品的浓度或总成分分析等化学信号转换成可用的分析信号的装置,它包括两个基本组件,化学(模块化)识别系统(受体)和物理化学换能器。当前,化学传感器已成为检测与分析化学信息的重要手段,这些化学信息涵盖了从特定样品组分浓度到整体成分分析的广阔领域。化学传感器还具有结构简单、样品消耗少、测量快速、灵敏度高等优点,因此得到了广泛应用,比如可以用于检测气体(氧气、一氧化氮和二氧化碳等)的含量以及各种离子(如氢、钾、钠、钙、氯离子等)。

化学传感器的基本组成结构包括三大部分,即识别元件、换能器以及信号处理和显示电路。其基本原理是利用识别元件与样品里的待测分子发生相互作用,使其物理、化学性质发生变化,产生离子、电子、热、质量和光等信号的变化,再通过换能器检测并转换成可以被外围电路识别的信号,经过外围电路的放大和处理后,以适当形式显示出信号供人们使用。识别元件也称敏感元件(sensitive elements),是化学传感器的关键部件,能直接感受被测的化学量,并输出与被测量成确定关系的其他量的元件。识别元件具备的选择性让传感器对某种或某类分析物质产生选择性响应,可以在干扰物质存在的情况下检测目标物。换能器又称转换元件,可以进行信号转换,负责将识别元件输出的响应信息转换为可被外围电路识别的信号,最终通过外围电路处理和显示出来,供人们使用。识别元件与换能器的耦合效率对传感器的性能有很大影响,为了提高检测性能,识别元件通常以薄膜的形式并通过适当的方式固定在换能器表面,确保敏感材料和换能器的牢固结合,并在一定时间内保持稳定。

二、基本类型与特点

化学传感器种类繁多,根据不同的标准有不同的分类:根据待测分析物可以分为离子传感器、气体传感器、葡萄糖传感器等;根据识别元件可分为组织传感器、细胞传感器、酶传感器等;根据换能器可分为电化学传感器、声表面波传感器、压电传感器等。本书按待测分析物的特性将化学传感器再具体划分为离子传感器、气体传感器和湿度传感器,如图5-1-1。本章首先介绍化学传感器的基本概念与分类及其发展概况和趋势,随后介绍电化学传感器的基本原理,接着对几种重要的化学传感器及其应用进行详细介绍,包括离子传感器、气体传感器和湿度传感器。

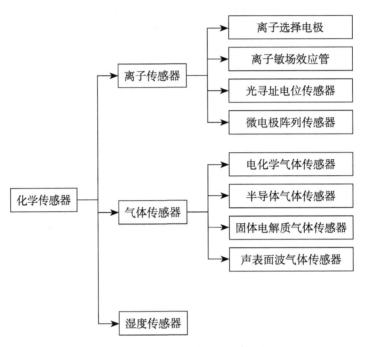

图 5-1-1　化学传感器按待测对象分类

　　化学传感器种类多样,性能和特性各异,但其主要特点可以概括为以下几个方面:①多学科交叉融合的产物:化学传感器涉及的学科门类众多,既包括物理、化学、生物等基础学科,也涉及电子工程、计算机等应用学科,其发展是建立在多学科交叉融合的基础上的;②面向应用的设计开发,种类繁多:化学传感器的检测对象种类多,性质各异,化学传感器需要根据不同的应用,针对检测对象的性质和检测方法的特点,选择不同的技术路线,设计合适的传感器结构形式;③集成化和自动化程度高:得益于微加工和微电子技术的快速发展,化学传感器的集成化和自动化程度也日益提高,使其能够更好地满足实际应用中对实时、现场和快速检测的需求。

三、发展概况及趋势

　　化学传感器发展的序幕可以追溯到1906年Cremer发明的第一支基于玻璃薄膜的用于测定氢离子浓度的pH电极,这种电极在1930年进入实用。之后,化学传感器发展较慢,仅在1938年有报道利用氯化锂作为湿度传感器的研究。直到20世纪60年代,随着新技术、新材料、新方法的不断出现与应用,化学传感器才开始快速发展,出现了各种化学传感器,比如压电晶体传感器、声波传感器、光学传感器等。电化学传感器也获得了迅速发展,占化学传感器的90%左右,尤其是离子选择性电极曾一度占所有化学传感器的50%以上。到20世纪80年代后期,随着微电子技术的发展,出现了基于光信号、热信号、质量信号的化学传感器,扩充了化学传感器大家族,并且改变了电化学传感器占绝对优势的局面。

　　化学传感器为化学量的检测提供了自动化、简便和快速的技术手段。随着微加工工艺的不断发展与完善,特别是功能化膜材料、模式识别技术、微机械加工技术等技术的融合,化学传感器在检测性能与远程检测能力方面有了显著提高,并成为一种方便实用的分析技术与手段,不断被应用于生物医学、环境保护、工农业生产等领域,发展十分迅猛。目前,化学传感器的检测灵敏度和检测下限还有很大的提升空间,可以在进一步的研究中不断完善提高,以满足不断增长的实际应用对化学传感器的需求。

第二节 电化学的基本原理

一、测量系统

电化学传感器(electrochemical sensors)是化学传感器中非常重要的一类,其基本原理是利用电极-介质界面上发生的电化学反应,将待测物质的化学量转变为电信号,实现对化学量的定性和定量检测。电化学测量系统主要包括三个组成部分:电解质溶液、电极(至少两个)和测量电路。电解质溶液是位于一个连通的容器内的电极间媒介,是离子导体,主要由溶剂和高浓度电离盐及电活性物质组成。

电极是电化学传感器最主要的敏感器件,是电化学反应进行的场所。一个电极系统由一个电子导体相和一个离子导体相组成,且在两相界面有电荷转移发生。这个电荷转移反应,就是电极反应,也就是电化学反应。

常见的电化学测量系统有三种:①原电池测量系统:如图5-2-1(a)所示,该系统通过调节可变电阻器R,使得开关K在接上标准电池E_s或者电极时检流计G指零,通过比较电位器触点D到D'与触点A之间的距离,由公式$E_x = AD' \cdot E_s / AD$计算出电极电位;②电解池测量系统:如图5-2-1(b)所示,在外加电源V_e作用下,电池内产生电极反应,产生电流。其中阳极产生氧化反应,称为氧化极;阴极产生还原反应,称为还原极;③电导池测量系统:如图5-2-1(c)所示,电源采用交流供电,两电极放置在被测溶液中,两电极之间的阻抗Z_x作为惠斯登平衡电桥的一臂,通过调节电位器R的触点B,使桥路输出为零,此时B点的位置表示输出大小,最终通过测量当量电导的方法测出溶液离子浓度。

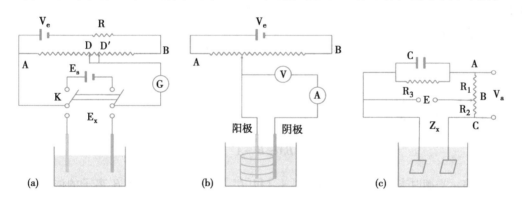

图 5-2-1　电化学测量系统示意图
(a)原电池测量系统;(b)电解池测量系统;(c)电导池测量系统

二、基本概念

电解质溶液是指含有酸、碱、盐物质的水溶液,电解质在溶液中产生的正负离子,是一种离子导体。电解质溶液主要有下列性质:

(一)溶液电导率

溶液电导率定义为把1摩尔质量电解质全部溶液置于间距为1cm的两块面积足够大的平行电极之间所具有的电导,用λ表示,反映溶液的导电特性。其计算公式为:

$$\lambda = V \times k \tag{5-2-1}$$

式中:V——含有 1 摩尔质量溶质的溶液体积。

设 c 为 1000ml 溶液中溶质的摩尔质量数,则含 1 摩尔质量溶质的体积为:

$$V = 1000/c \tag{5-2-2}$$

联立两式,得电导 G 为:

$$G = k\frac{A}{l} = \frac{\lambda}{V}\frac{A}{l} = \frac{\lambda A}{1000l}c = Kc \tag{5-2-3}$$

式中:$\dfrac{A}{l}$——电导池常数;

$\quad k$——电导率;

$\quad K$——系数。

图 5-2-2 反映了电解质溶液浓度与电导率之间的关系。电解质按其导电能力大小可以分为强电解质和弱电解质。强电解质在低浓度范围时,电导率随浓度的增加而增大,在浓度超过某一数值时,电导率反而减小,这是由于溶液正负离子随浓度增大而增加了引力,从而限制了离子运动,影响其导电能力。弱电解质此现象并不显著,弱电解质在水中的电离符合稀释定律,即浓度越大,电离度越小。

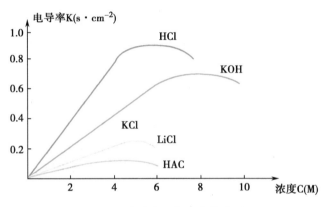

图 5-2-2 溶液电导与浓度的关系图

(二)电离常数

弱电解质在一定条件下电离达到平衡时,已电离的溶质分子数与溶质分子总数之比,称为电离度,用 α 表示。电解质电离能力大小用电离常数 K 表示。

假设电解质 BA 在溶液中电离,未电离的分子与电离后生成的离子之间存在动态平衡,这是一个可逆过程,服从质量作用定律,可用下式表示:

$$BA \Leftrightarrow B^+ + A^- \tag{5-2-4}$$

设 $[BA]$ 表示平衡时未电离的分子浓度,$[A^-]$ 和 $[B^+]$ 表示平衡时 A^- 和 B^+ 离子的浓度,由质量作用定律可求出电离常数为:

$$K = \frac{[A^-][B^+]}{[BA]} \tag{5-2-5}$$

K 值越大,达到平衡时的离子浓度也越大,也就是电解质电离数目增多,反映弱电解质的电离程度,不同温度时有不同的电离常数。它与电离度 α 的关系为:

$$K = \frac{(c\alpha)^2}{c(1-\alpha)} = \frac{c\alpha^2}{(1-\alpha)} \tag{5-2-6}$$

式中:c——$[BA]$ 的摩尔浓度。

(三)活度和活度系数

活度用于表示电解质溶液中离子的有效浓度。在溶液中正负离子总是同时存在,因此在电解质溶液中单个离子活度无法测出,只能测出两种离子的平均活度。在电解质溶液中,由于离子之间以及离子与溶剂分子之间的相互作用,溶液中的浓度并不能代表有效浓度,需要引进一个经验校正系数 γ（活度系数）,以表示实际溶液与理想溶液的偏差,活度系数是指活度与浓度的比例系数。只有当溶液无限稀释时,离子活度就是其浓度,活度才与浓度相等,即 $\gamma = 1$。

活度 α 与浓度 c 的关系可用下式确定：

$$\alpha = \gamma \times c \tag{5-2-7}$$

（四）电极电位的产生

1. 界面反应 电极系统是由电子导体和离子导体组成的,在它们互相接触的界面上有电荷在两相之间转移。在电极系统中伴随着两个非同类导体相之间的电荷转移而在两相界面上发生的化学反应,称为电极反应。当金属电极浸没在电解质溶液中时,将在电极-电解质溶液界面上产生电极反应。比如锌电极与一定浓度的硫酸锌水溶液的界面上,单位时间内有一定数量的锌离子在电极和溶液之间迁移,在两相之间形成一个双电层,产生一个电势差,称为平衡相界电势或平衡电极电势,最终使固相锌离子化学势与液相中锌离子化学势相等,达到平衡状态。电极-电解质溶液界面还存在双电层电容 C_{dl},其电学性质类似平板电容。如图 5-2-3 所示,在一定的电极电势时,金属电极表面的一很薄的薄层（约 0.1Å）具有过剩的电荷量 q,其符号依赖于界面电势和溶液的组成。

2. 界面电位分布 电子导体相-离子导体相界面在离子热运动和静电力的共同作用下形成双电层。如图 5-2-4 所示,如果电极是良导体材料,其剩余电荷主要分布在界面上,而溶液中的剩余电荷却不均匀分布,可分为两部分,一部分是与电极紧密相连的紧密层 d,其厚度为水化层离子半径,其电位为电极电势 E 与扩散层电势 ψ 之差,即 $E-\psi$,另一部分是扩散层,即液相电势差,记为 ψ,按指数规律变化,其大小和符号对电极反应有明显影响,与溶液性质、离子浓度以及表面活性物质吸附等有关。

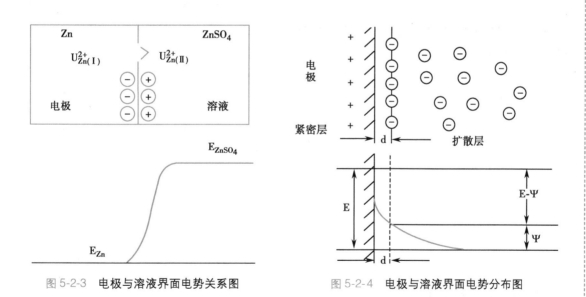

图 5-2-3　电极与溶液界面电势关系图　　　　图 5-2-4　电极与溶液界面电势分布图

3. 电极电位与能斯特方程 电极电位是指其电位相对于同一个化学电池内另一电极（参比电极）之间的电位差。标准电极电位定义为在标准状态下参加反应的各物质活度为1,如果有气体参加反应,其分压为1个大气压,在 25℃ 时相对标准氢电极得到的电位差,用 E^0 表示。如果不是标准状态,由于溶液离子活度不同,此时电极电位与标准电极电位之间的关系可用能斯特方程确定。

设一电极反应为可逆电极反应：

$$氧化态 + Ze^- \Leftrightarrow 还原态 \tag{5-2-8}$$

则能斯特方程表达的电极电位为：

$$E = E^0 + \frac{RT}{ZF} \ln \frac{\alpha_{还原态}}{\alpha_{氧化态}} \tag{5-2-9}$$

式中：E^0——相对于标准氢电极的标准电位；

    R——气体常数；

    F——法拉第常数；

    Z——参加电极反应的电子转移数；

    T——绝对温度。

（五）电化学电池的电动势

图 5-2-5 所示为丹尼尔电池工作原理，左边为锌电极（负极）浸没在硫酸锌溶液中，右边为铜电极（正极）浸没在硫酸铜溶液中，中间为多孔隔膜。

总的电极反应为：

$$Zn + Cu^{2+} \Leftrightarrow Zn^{2+} + Cu \tag{5-2-10}$$

电池表示方法为：

$$-Zn \,|\, ZnSO_4 \,\|\, CuSO_4 \,|\, Cu+ \tag{5-2-11}$$

符号"｜"表示两相边界，"‖"表示盐桥，整个电池电动势为：

$$E = E_1 + E_{液接} - E_2 \tag{5-2-12}$$

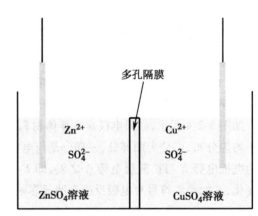

图 5-2-5 丹尼尔电池结构图

式中 E_1 为铜电极电位；E_2 为锌电极电位；$E_{液接}$ 为两种溶液的液接电位。

多孔隔膜的作用是隔离两种溶液，使两溶液不混合但又允许离子通过。若两边离子迁移率相同，则液接电位为零。

$$E = E_1 - E_2 = \left(E_{Cu}^0 + \frac{RT}{ZF} \ln \frac{\alpha_{Cu^{2+}}}{\alpha_{Cu}} \right) - \left(E_{Zn}^0 + \frac{RT}{ZF} \ln \frac{\alpha_{Zn^{2+}}}{\alpha_{Zn}} \right) \tag{5-2-13}$$

对一般化学反应：

$$aA + bB \longrightarrow cC + dD \tag{5-2-14}$$

$$E = E^0 - \frac{RT}{ZF} \ln \frac{\alpha_c \alpha_d}{\alpha_a \alpha_b} \tag{5-2-15}$$

（六）液接电位和盐桥

液接电位是由于隔膜两边溶液组成不同或浓度不同，离子通过界面的迁移率不相等，在界面上产生相反电荷，形成双电层，达到平衡时产生的电位差。

液接电位的主要成因有：

1. **同一溶液而浓度不同** 如图 5-2-6(a) 所示，由于两侧溶液的浓度差，离子由高浓度向低浓度扩散，但是氢离子比氯离子移动速度快，造成氢离子在右边的累计量大于氯离子，使界面处出现右正左负的电位差，形成一个减慢氢离子移动速度而加快氯离子移动速度的电场，最终使两边电荷量达到平衡状态，此时液接电位可用下式表示：

笔记

$$E = -\frac{RT}{ZF}\frac{U_+ + U_-}{U_+ - U_-}\ln\frac{C_1}{C_2} \tag{5-2-16}$$

式中 C_1、C_2 为同一溶液的不同浓度;U_+、U_- 为阳离子和阴离子的淌度。

2. 浓度相同而电解质不同 如图 5-2-6(b)所示,由于两边电解质阳离子的组成不同,造成氢离子向左扩散,钾离子向右扩散,但氢离子移动速度比钾离子快,所以在界面处形成左正右负的电位差。

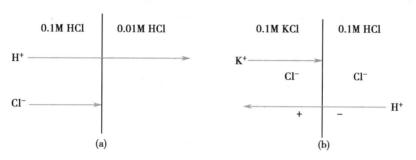

图 5-2-6　液接界面离子扩散示意图
(a)同一溶液而浓度不同;(b)浓度相同而电解质不同

盐桥是指在两溶液间建立用于减少液接电位的溶液通道。盐桥的溶液一般要求正负离子运动速度大体相同,浓度较高,不能与电池中的溶液起反应,所以常用饱和氯化钾溶液。盐桥浓度很高,使离子向两边溶液扩散,而且钾离子和氯离子运动速度相差不大,使液接电位很小,仅几个毫伏,加上两个新界面上产生的液接电位大小相同而方向相反,可以相互抵消,最终使液接电位很小。

三、电极分类

(一)指示电极

指示电极是指电极的电位随着溶液中待测离子的活度变化而变化的电极。常与另一电极组成电池,通过测定电池的电动势或在外加电压作用下流过电解池的电流,检测离子的活度。离子选择性电极、气敏电极和生物电极是常用的指示电极。

(二)工作电极

工作电极指在测试过程中用于引发所需的电化学反应或响应激发信号,引起溶液中待测组分浓度明显变化的电极。典型的工作电极包括悬汞电极、汞膜电极、玻碳电极、石墨电极和金属电极如金电极、铂电极、铜电极等。

(三)参比电极

参比电极是测量各种电极电势时用来提供标准电位的电极,其电位不受测量体系的组分及浓度变化影响,具有良好的可逆性、重现性和稳定性,而且不极化、内阻小、液接电位小。标准氢电极、甘汞电极和银-氯化银电极是常见的参比电极。

(四)辅助电极

辅助电极又称对电极,用于在电化学测量中与工作电极组成电流回路,使工作电极有电流通过。辅助电极发生的电化学反应不影响工作电极的反应,仅作为电子传递的场所,因此要求辅助电极本身的电阻小,并且不容易发生极化。常用的辅助电极为铂电极。

第三节　离子传感器

用于离子检测的化学传感器统称为离子传感器,属于化学传感器的一大分支。最常见的离子传感器包括离子选择性电极和离子敏场效应管。随着传感检测技术的发展,一些新型的传感器也被广泛应用于离子的检测,以光寻址电位传感器为例。另一方面,许多电化学传感器基于离子在特定条件下(如施加电压)的电化学反应,通过记录反应过程中的电压、电流等信号的变化,从而对离子进行检测,其中微电极阵列传感器是离子传感器向微型化方向发展的典型代表。

一、离子选择性电极

(一)概述

离子选择性电极(ion selective electrode,ISE)是一类利用膜电势测定溶液中离子活度的电化学传感器。该类电极表面具有一层敏感膜,可以对溶液中的待测离子产生选择性的响应。当电极与含待测离子的溶液接触时,敏感膜和溶液的界面上会产生与该离子活度直接有关的膜电势。离子选择性电极的结构如图5-3-1所示,内参比溶液中含有特定的离子成分,如常见的Cl^-,电极管内的内参比电极通过与内参比溶液作用,产生稳定的电极电位,敏感膜位于内参比溶液与被测溶液之间。膜电位的产生是由于敏感膜材料内的离子与外界溶液的离子发生扩散和交换作用,改变了两相中的电荷分布,从而形成了膜内与膜外的电位差。离子选择性电极的膜电位可表示为:

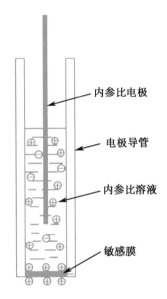

图 5-3-1 离子选择性电极结构示意图

内参比电极
电极导管
内参比溶液
敏感膜

$$E_{膜} = K \pm \frac{RT}{ZF} \ln(\alpha) \tag{5-3-1}$$

式中,当待测离子为阳离子时为+,为阴离子时为−;K在固定条件下为常数,R为气体常数,T为温度,Z为被测离子的电荷数,F为法拉第常数,α为被测离子的活度。由式(5-3-1)可知,膜电位与被测离子的活度的对数成线性关系。

为了测量离子选择性电极的膜电位,需要与一个外参比电极构成电流回路,由外参比电极提供稳定的参考电位,通过测量该原电池的电动势,确定被测离子的活度。假设外参比电极为正极时,电动势与离子活度的关系可表示为:

$$E_{电池} = E_{参比} - E_{离子} = E_{参比} - (E_{膜} + E_{内参}) = K \mp \frac{RT}{ZF} \ln(\alpha) \tag{5-3-2}$$

由式(5-3-2)可知,测量的原电流的电动势仍然与被测离子的活度的对数成线性关系。

(二)离子选择性电极的基本特性

离子选择性电极通过膜电位的变化检测待测离子的活度,通过以下的基本特性来衡量电极性能的优良:

1. **选择性系数(selectivity coefficient)** 是用于表征离子选择性电极对于待测离子的选择特性。离子选择性电极的同一敏感膜,可以对不同的离子产生不同程度的响应,因此通过选择性系数表示电极的这一特性。当待测溶液中存在干扰离子时,膜电位与待测离子及干扰离子的活度存在如下的关系:

$$E_{膜} = K \pm \frac{RT}{ZF} \ln\left(\alpha_A + \sum K_{AX}(\alpha_X)^{\frac{Z_A}{Z_i}}\right) \quad (X = B, C, \cdots) \tag{5-3-3}$$

式中,α_A为待测离子的活度,α_B,α_C,$\cdots$为各干扰离子的活度,Z_A为待测离子的电荷数,Z_B,Z_C,$\cdots$为干扰离子的电荷数,K_{AX}为干扰离子X相对于待测离子A的选择性系数。由式可知,K_{AX}越小,相同活度的干扰离子对膜电位的影响越小,电极对待测离子的选择性越好。在选择性系数的计算中,K_{AX}理解为使敏感膜产生相同膜电位条件下离子活度的比值,如式(5-3-4)所示:

$$K_{AX} = \frac{\alpha_A}{(\alpha_X)^{\frac{Z_A}{Z_i}}} \tag{5-3-4}$$

笔记

假设 $Z_A = Z_X$，$K_{AX} = 0.01$，则表明干扰离子为待测离子活度的 100 倍时才产生相同的膜电位，表明该离子选择性电极具有很好的选择性；当 $K_{AX} = 100$ 时，干扰离子仅需要待测离子活度的 0.01 倍，就可以产生相同的膜电位，表明干扰离子对待测离子的干扰很大，该电极对待测离子的选择性很差。由于选择性系数受测试条件、测试方法等因素的影响，不具有通用性，通常需要根据实际情况进行实验测定。

2. 检测范围 离子选择性电极具有非常宽的线性检测范围，范围通常有几个数量级。根据式（5-3-1）可知，膜电位与被测离子的活度成线性关系。然后在离子活度很低的情况下，由于膜本身成分的溶解及干扰离子等因素的影响，会导致响应曲线发生明显的弯曲；而在离子活度很高的情况下，电极敏感膜材料内的离子无法与外界溶液的所有待测离子交换，产生电极的饱和现象，此时的响应曲线也会发生明显的弯曲。因此，典型的离子选择性电极的响应曲线如图 5-3-2 所示，其线性检测范围为 CD 段，AC 段与 DE 段均为非线性的检测范围。

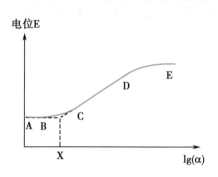

图 5-3-2 典型的离子选择性电极响应曲线

3. 检出限（limit of detection，LOD） 是指该方法或传感器能检测出的最低的待测离子的活度。由于在低离子活度条件下，曲线会发生明显的弯曲，根据国际纯化学与应用化学联盟的规定，其检出限是线性区的响应曲线与无待测离子的响应曲线交叉点对应的活度值。在图 5-3-2 中，曲线 AB 与 CD 的延长线的交点所对应的活度值 X，就是该电极的检出限。

4. 响应时间（response time） 是指电极在检测中达到稳定的电位（±1mV）所需要的时间。响应时间与离子选择性电极的种类、溶液的浓度、温度、实验条件等因素有关，因此通常使用实验方法确定电极的响应时间。响应时间的测量有浸入法和注射法两种：在浸入法中，响应时间是指电极从浸入溶液到电极获得稳定的电位所需要的时间；在注射法中，电极一直浸没在溶液里面，随后通过注射的方法改变溶液的浓度，电极达到电位变化值的固定比例所需要的时间为响应时间，如 t_{90} 表示电极电位达到电位最终的变化值的 90% 所需要的时间。由于响应时间受许多因素的影响，因此在说明响应时间时，需要指出测量的具体条件。

（三）离子选择性电极的分类

离子选择性电极有很多种类，也有不同的分类方法。根据敏感膜种类的不同，离子选择性电极分为原电极和敏化电极两类。原电极包括晶体膜电极和非晶体膜电极两类，晶体膜根据膜的均匀性又可以细分为均相膜电极和非均相膜电极，如氟电极和 Ag_2S 电极。非晶体膜电极根据膜的特性分为硬质电极和流动载体电极。最常见的 pH 玻璃电极就是硬质电极，Ca^{2+} 电极采用液体钙离子载体作为敏感膜，属于流动载体电极。敏化电极主要分为气敏电极和酶电极两类，气敏电极用于检测溶液中的气体含量，含有一种微多孔性气体渗透膜，具有疏水性，但能透过气体实现检测。酶电极则是将酶固定在电极的敏感膜表面，溶液中的待测物质通过酶的催化产生的反应产物，与敏感膜发生作用，从而间接测定待测物质。以下对几种典型的离子选择性电极进行介绍：

1. 玻璃电极（glass electrode） 属于硬质电极，是最常见的一类离子选择性电极，因为采用玻璃膜作为敏感材料而得名。其玻璃膜由不同的玻璃成分构成，从而实现对氢、钠、钾等离子的检测。玻璃电极的形状，最常见的是球泡型，其结构如图 5-3-3 所

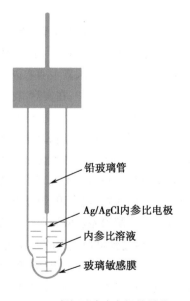

铅玻璃管

Ag/AgCl内参比电极

内参比溶液

玻璃敏感膜

图 5-3-3 球泡型玻璃电极的结构图

示,最末端的球泡型结构为敏感玻璃膜,内部有 Ag/AgCl 内参比电极。为了保证内参比电极维持稳定的电位,内部需要有内参比溶液,提供固定的 Cl^- 活度。内参比溶液根据不同的待测离子也会有所不同,如 pH 电极常用 0.1mol/L 的 HCl 溶液,钠电极常用 0.1mol/L 或 1mol/L NaCl 溶液,钾离子常用 0.1mol/L 或 1mol/L 的 KCl 溶液。膜电位可以通过两种方式连接到外部的检测电路中,一种是图 5-3-3 所示的电极,采用内参比电极及溶液回路与外部电路连接;另一种是玻璃膜直接通过导线与外部电路连接。如用于重金属离子检测的硫属玻璃膜离子选择性电极采用了导线与玻璃膜直接连接的方式,不需要内参比溶液,因此保存方式简单、寿命长、可靠性高。

玻璃电极的响应通过溶液中的待测离子与敏感膜发生离子交换而产生膜电位。玻璃电极的敏感膜在与溶液接触时,会在膜表面形成薄薄的溶胀的硅酸层,称为水化层。敏感膜区域在离子检测的过程中,可以划分为如图 5-3-4 所示的多个区域。玻璃膜的内、外表面分别与内部溶液、外部溶液接触形成水化层,水化层非常薄,厚度在 0.05μm 到

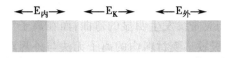

$$\overleftrightarrow{E_内} \quad \overleftrightarrow{E_K} \quad \overleftrightarrow{E_外}$$

| 内部溶液 | 水化层 | 干玻璃层 | 水化层 | 外部溶液 |
| | 0.05~1μm | 50~200μm | 0.05~1μm | |

图 5-3-4　敏感膜的界面结构

1μm 之间,离子的交换发生在水化层中。干玻璃层是敏感膜的主要结构,厚度较大,难以发生离子的交换。由于离子的交换发生在水化层中,玻璃电极在使用前需要在水溶液中长时间浸泡,使敏感膜的内、外表面形成水化层,未浸泡的玻璃电极由于表面不存在可参与离子交换的位点,不会对待测离子产生响应。

玻璃电极敏感膜的电位由三部分组成:$E_内$ 为内部溶液与水化层之间的相界电位,E_K 为干玻璃层界面的电位,$E_外$ 是外部溶液与水化层之间的相界电位。由于内部溶液离子活度是固定的,$E_内$ 为常数;干玻璃层中不会发生离子交换,E_K 也为常数。因此,玻璃膜的电位仅取决于 $E_外$,即由外部溶液中的待测离子活度决定。

玻璃电极中最典型的电极是 pH 电极,以下使用 pH 电极对该类电极进行详细说明。在标准条件下,根据能斯特方程有:

$$E_膜 = E_H + 0.059\lg(\alpha_H) = 0.059\lg(\alpha_H) \tag{5-3-5}$$

当玻璃电极与参比电极连接进行测量时,电池的总电动势为:

$$E_总 = E_参 - E_膜 = E_参 + 0.059pH \tag{5-3-6}$$

由于参比电极的电位为常数,因此仅需测量电池的电动势即可实现对 pH 值的检测。在 pH 玻璃电极的实际使用中,式(5-3-6)中的常数项需要通过在已知 pH 的溶液中标定来计算获得。影响 pH 玻璃电极测量准确性的因素主要有以下几种:

(1) 不对称电位:在实际情况中,由于玻璃膜内、外表面结构、成分和性质上的细微差异,如表面形态的差异、水化作用程度不同等,导致玻璃膜内、外表面存在一定的电位差,称为不对称电位。

(2) 碱误差:当使用 pH 玻璃电极检测 pH 值大于 10 的溶液时,由于溶液中 H^+ 活度值很低,电极此时除对 H^+ 响应外,对溶液中的其他离子产生响应,导致测量的结果比真实值偏低,这种现象称为碱误差。碱误差是由于干扰离子对离子选择性电极的响应造成的。

(3) 酸误差:当使用 pH 玻璃电极检测 pH 值小于 0.5 的溶液时,电极的测量值比真实值偏高,这种现象称为酸误差。酸误差产生的原因是,当溶液中的 H^+ 浓度很高时,H_2O 分子的活度降低,导致通过 H_3O^+ 传递到电极表面的 H^+ 减小,从而导致 pH 测量值增加。

(4) 玻璃电极膜内阻:玻璃膜内阻与玻璃组分、表面性质及温度有关,还与膜的厚度及面积相关,玻璃电极的膜内阻对温度的变化非常敏感。

2. 氟电极　属于晶体膜中的均相膜电极,氟电极的结构如图 5-3-5 所示,其敏感膜是氟化镧

（LaF_3）单晶膜，内参比电极同样采用 Ag/AgCl 参比电极，内参比溶液通常使用 0.1mol/L NaCl 和 0.1mol/L NaF 的混合溶液，分别用于维持内参比电极的稳定电位和敏感膜内表面的电位。LaF_3 单晶膜通常掺杂有铕离子（EuF_2）或钙离子（CaF_2），使 LaF_3 的晶格缺陷增加，增加膜的导电性。由于 LaF_3 的晶格中存在缺陷形成空穴，F^- 可以在晶格中自由移动形成电流，而其他离子无法进入晶格，因此晶体膜电极具有良好的选择性。

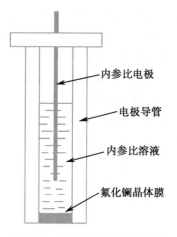

图 5-3-5　氟电极的结构示意图

（图中标注）内参比电极　电极导管　内参比溶液　氟化镧晶体膜

当氟电极浸入待测溶液时，外部溶液中的 F^- 与单晶膜作用，产生膜外电位，同样，内参比溶液中的 F^- 也在另一侧与单晶膜作用，形成膜内电位。因此，根据能斯特方程，膜电位为：

$$E_膜 = E_外 - E_内 = K - 0.059\lg(\alpha_外/\alpha_膜) - [K - 0.059\lg(\alpha_内/\alpha_膜)]$$
$$= 0.059\lg(\alpha_内/\alpha_外) \tag{5-3-7}$$

由于内参比溶液中的 F^- 活度恒定，可得：

$$E_膜 = K - 0.059\lg\alpha_外 \tag{5-3-8}$$

通过检测敏感膜的电位即可实现对氟离子的定量检测。氟电极的敏感膜对氟离子具有很好的选择性，然而电极表面可能与其他离子发生反应，对检测产生影响。氟电极的主要干扰离子为 OH^- 和 H^+，膜表面发生的反应如式（5-3-9）和式（5-3-10）所示：

$$LaF_3 + 3OH^- \rightleftharpoons La(OH)_3 + F^- \tag{5-3-9}$$

$$F^- + H^+ \rightleftharpoons HF + H^+ \rightleftharpoons H_2F^+ \tag{5-3-10}$$

当溶液为碱性时，OH^- 与敏感膜反应释放出膜内的 F^-，使溶液中 F^- 活度增加；当溶液为酸性时，F^- 与 H^+ 结合导致溶液中 F^- 活度降低。因此，氟电极使用时溶液的 pH 值应该控制在 5~6 之间，可采用缓冲溶液进行 pH 控制，如柠檬酸盐缓冲溶液。

3. 硫化银（Ag_2S）电极　属于晶体膜电极中的非均相膜电极，敏感膜是通过将 Ag_2S 晶体粉末在模具中加压力形成薄片制备而成，敏感膜内通过 Ag^+ 的移动形成电流。硫化银电极有两种结构：一种是典型的离子选择性电极结构，内部使用 Ag/AgCl 参比电极和内参比溶液与敏感膜连接；另一种是全固态的离子选择性电极结构，采用导线与敏感膜直接连接。由于全固态的电极结构制备简单，保存容易且不需要添加参比溶液，消除了压力、温度对电极的影响，因此在实际使用中以全固态电极为主。

当硫化银电极置于溶液中时，膜表面发生的反应如式（5-3-11）所示：

$$Ag_2S \rightleftharpoons 2Ag^+ + S^{2-} \tag{5-3-11}$$

由式（5-3-11）可知，该敏感膜可以同时对 Ag^+ 和 S^{2-} 响应，其膜电位分别如式（5-3-12）所示：

$$E_膜 = K + 0.059\lg\alpha_{Ag} \qquad E_膜 = K - 0.0295\lg\alpha_S \tag{5-3-12}$$

此外，通过在硫化银膜中掺杂一些卤化银材料，如 AgCl、AgBr 或 AgI，可以制备用于检测卤素离子的选择性电极；在硫化银中掺杂另一金属的硫化物，如 CuS、CdS、PbS 等，可以制备用于检测相应金属离子的选择性电极。

4. 液膜电极　是一类使用液体作为敏感材料的离子选择性电极，与一般的固态敏感膜不同，液膜电极的敏感膜使用浸有某种液体离子交换剂的惰性多孔薄膜制备而成，其中钙电极是典型的液膜电极，其结构如图 5-3-6 所示。该电极同样采用 Ag/AgCl 作为内参比电极，使用 $CaCl_2$ 作为内参比溶液。内参比溶液外侧有液体的离子交换剂,下端的惰性多孔薄膜浸泡在液体离子交换剂中,形成对 Ca^{2+} 响应的敏感膜。用于 Ca^{2+} 检测的液体膜是含有二癸基磷酸钙的苯基磷酸二辛酯溶液,其中二癸基磷酸钙作为液体离子交换剂与 Ca^{2+} 发生反应。该液体膜极易扩散进入多孔膜中,但是不溶于水,因此不会进入待测溶液,对溶液造成污染。

5. 敏化电极 前文中所介绍的离子选择性电极均用于检测溶液中的待测离子,有一类离子选择性电极可以检测溶液中的气体成分,如 CO_2、NH_3、SO_2 等,称为气敏电极。气敏电极的典型结构如图 5-3-7 所示,气敏电极使用复合电极的结构,同时有参比电极和指示电极。透气膜采用多孔性的气体渗透膜,具有疏水性,能允许气体穿过的同时,防止溶液或离子透过。待测的气体渗过透气膜,与中介溶液中的物质反应形成指示电极可以响应的离子,指示电极通过对响应离子的检测间接测量待测气体的浓度。中介溶液的成分较为复杂,需要与待测气体反应的物质,也需要参比溶液,保证参比电极提供稳定的参考电位。

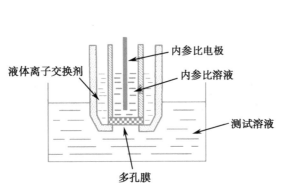

图 5-3-6 液膜钙电极结构图

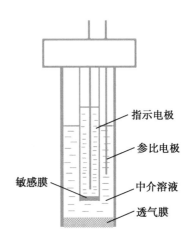

图 5-3-7 气敏电极结构图

酶电极是另一类敏化电极,通过将生物酶涂于离子选择性电极的敏感膜上制备而成。在使用过程中,溶液中的待测物质在酶的催化作用下发生反应,敏感膜对催化产物产生响应,从而实现待测物质的间接测量。如检测尿素的脲酶电极,通过将脲酶固定在对氨敏感的电极表面,通过脲酶催化尿素反应,产生氨气,实现对尿素的定量检测。

二、离子敏场效应管

(一)概述

离子敏场效应管(ion selective field effect transistor, ISFET)是另一类用于离子检测的化学传感器,是在金属氧化物半导体场效应管(metal oxide semiconductor field effect transistor, MOSFET)的基础上发展起来的。在 MOSFET 中,通过调制栅极的电压可以调节源极与漏极之间的电流,基于这一原理,通过在绝缘栅上沉积离子选择性敏感膜,形成 ISFET,通过对离子响应形成膜电位,便可以通过测量源漏电流,间接检测响应离子的浓度。通过在绝缘栅上沉积不同的离子选择性敏感膜,可以实现对不同离子的检测。目前已经研制出用于 H^+、K^+、Na^+、Ca^{2+}、Mg^{2+}、F^-、Br^-、I^-、S^{2-} 等不同离子的 ISFET,在医学诊断、环境监测、工业产品检测等领域具有广泛的应用。

离子敏场效应管是基于 MOSFET 的原理制备而成,具有化学传感器和晶体管的特性,采用微加工工艺加工,便于传感器的微型化和批量生产。相比于传统的离子选择性电极,ISFET 具有便于制备、灵敏度高、响应快速、输出阻抗低、易集成的优点。由于 ISFET 的加工工艺与微加工工艺兼容,因此可以与集成电路结合,实现传感器与检测系统的微型化和高度集成化。

（二）基本结构和工作原理

ISFET 由两部分组成，即对离子进行选择性响应的敏感膜和半导体场效应管，其结构图如图 5-3-8 所示。半导体场效应管中包含源极（source）和漏极（drain）两部分，在原来的栅极（gate）区域的绝缘层上沉积敏感膜，构成和 MOSFET 类似的结构。源极和漏极区域采用绝缘材料密封，防止直接暴露在待测溶液中。外置的参比电极固定在溶液中，用于提供恒定的参考电位。沉积的敏感膜对溶液中的待测离子响应，产生膜电位。该膜电位与参比电极上的固定电位共同施加在栅极区域，用于调节栅极上的偏置电压。根据 MOSFET 的特性有：

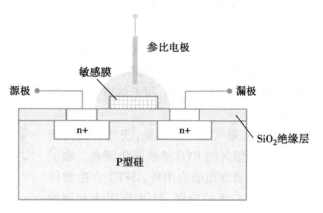

图 5-3-8　ISFET 结构图

当 ISFET 工作在线性区 $V_{DS} < (V_{GS} - V_{TH})$ 时：

$$I_D = \mu\, C_{OX} \frac{W}{L} \left[(V_{GS} - V_{TH}) V_{DS} - \frac{V_{DS}^2}{2} \right] \tag{5-3-13}$$

当 ISFET 工作在饱和区 $V_{DS} \geq (V_{GS} - V_{TH})$ 时：

$$I_D = \mu\, C_{OX} \frac{W}{2L} (V_{GS} - V_{TH})^2 \tag{5-3-14}$$

ISFET 器件的阈值电压为：

$$V_{TH} = V_{TH}(MOSFET) + V_E + S \cdot \log(\alpha) \tag{5-3-15}$$

式中：I_D——在 P 型掺杂中流过源极和漏极的电流；

μ——在通道中的电子迁移速率；

C_{OX}——单位面积下的栅极绝缘层电容；

W/L——沟道的宽长比；

V_{GS}——源极与栅极之间的电压；

V_{TH}——该 ISFET 的阈值电压；

V_{DS}——源极和漏极之间的电压；

$V_{TH}(MOSFET)$——相应的 MOSFET 的阈值电压；

V_E——与参比电极、溶液特性和固液界面性质有关；

在测试中为常量，S——该 ISFET 检测待测离子的灵敏度；

α——待测离子的浓度。

因此，在 ISFET 的使用过程中，通过固定 V_{DS}，V_{GS} 和 I_D 三个参数中的两个，可以得到另一个参数与待测离子的变化关系，从而实现对待测离子的定量检测。

（三）ISFET 的应用

ISFET 由于具有良好的特性，在各个领域受到了广泛的应用，其中 ISFET 最典型的应用是氢离子的检测，该类传感器称为 pH-ISFET。最初的 pH-ISFET 采用 SiO_2 作为敏感膜，沉积在栅极区域用于氢离子的检测。该方法具有绝缘性差，灵敏度低，线性度较差的缺点。因此，在此基础上，采用多层复合栅的结构，如在绝缘层上再沉积一层 Al_2O_3，可以获得更好的响应结果。在 ISFET 工作的线性区，通过

固定 V_{DS} 和 I_D，可以得到如图 5-3-9 所示的 pH-ISFET 的 V_{GS} 对不同 pH 值的响应曲线，通过校准曲线实现 pH 的定量检测。

通过在栅极区域沉积不同的敏感膜，可以实现 ISFET 不同离子的检测。敏感膜常见的有用于 pH 检测的 SiO_2 和 Al_2O_3 膜，用于钠离子检测的硅酸铝和硅酸铝钠材料；聚氯乙烯（polyvinylchloride，PVC）膜也是常见的一类膜，使用含有离子活性物质和增塑剂的 PVC 溶液固化而成。除了常见的离子检测方面的应用外，ISFET 在生物传感器领域也有广泛的应用，如用于 DNA 检测的 ISFET，其原理如图 5-3-10 所示。DNA 单链通过共价键等方式结合在 ISFET 的栅极区域，由于 DNA 含有大量的磷酸基团带负电，当 DNA 单链与其互补链相结合时，引起栅极区域表面电位的变化，通过检测器件的电位变化实现 DNA 的检测。相比

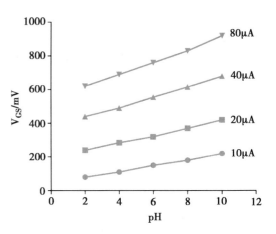

图 5-3-9 不同漏电流 I_D 条件下的 pH 响应曲线

用于 DNA 检测的其他方法，ISFET 器件具有使用简单、可快速分析、价格低廉的优点。在 ISFET 栅极区域固定抗体，可以制备对抗原特性异检测的 ISFET；同样在栅极区域涂覆特异性酶，可以制备酶传感器，实现某些分子的特异性检测。此外，由于 ISFET 采用微加工工艺制备，便于实现传感器的微型化和大批量的加工，已有研究人员开发出像素级别的 ISFET 阵列，在约 $6mm^2$ 的集成电路芯片上，同时集成有 32×32 个 ISFETs，实现传感器与检测电路的高度集成化，用于离子成像及 DNA 测序等领域的应用。

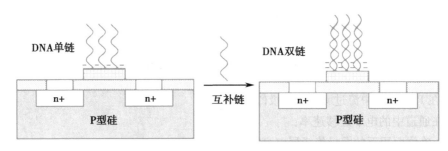

图 5-3-10 用于 DNA 检测的 ISFET 原理图

三、光寻址电位传感器

（一）概述

光寻址电位传感器（light addressable potentiometric sensor，LAPS）是一种场效应传感器，同样是基于半导体的场效应原理实现传感器的检测。自 1988 年光寻址电位传感器诞生以来，已经广泛用于生物分析、化学成像、离子检测等领域，其中在离子检测方面获得了最广泛的应用。与离子敏场效应管类似，通过在光寻址电位传感器表面修饰不同的离子敏感膜，可以实现不同离子的特异性检测。光寻址电位传感器具有场效应管的优点，在离子检测中灵敏度高、响应速度快，并且检测方便。同时，由于该传感器采用光源作为半导体光电效应的激励信号，通过调制光源照射特定的区域，可以对传感器上的每一个位点进行单独寻址。采用高分辨率的光源，通过获得传感器表面单个位点的信号，可以实现高分辨率的化学信号成像。

（二）基本结构和工作原理

光寻址电位传感器的结构如图 5-3-11 所示。光寻址电位传感器是典型的电解液-绝缘层-半导体

（electrolyte-insulator-semiconductor，EIS）结构,由上至下分别为溶液、敏感层、绝缘层、耗尽层及硅基底。光寻址电位传感器利用半导体的内光电效应,当半导体受到特定波长的光源照射时,半导体吸收入射光子,价带中的电子吸收能量由价带跃迁至导带,从而产生电子空穴对。正常情况下,导带中的电子会重新跃迁,形成电子空穴对的复合。此时,如果在半导体上施加偏置电压(N型硅加负压,P型硅加正压),激发形成的电子空穴对在电场作用下移动,从而在半导

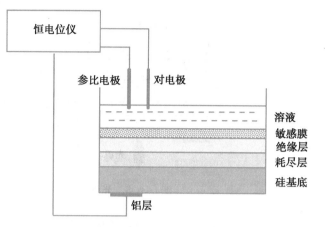

图 5-3-11　光寻址电位传感器的结构

体中产生耗尽层,且耗尽层两端形成电压差。电子与空穴的移动形成光电流,可以被外部的检测电路采集。光电流的大小与光强大小、偏置电压有关。

在光寻址电位传感器的实际使用中,通过固定激励光源的光强和频率,可以保证光电流仅与偏置电压有关。当传感器表面的敏感层与溶液中的离子反应时,在敏感层表面产生膜电位,影响了传感器表面的偏置电压。由于膜电位的大小与待测离子的浓度有关,通过对光电流的检测,即可实现对离子浓度的检测。图 5-3-12(左)为典型的 N 型硅衬底的光寻址电位传感器在不同浓度下的特性曲线。特性曲线分为饱和区、过渡区(线性区)和截止区三个部分,饱和区的光电流非常大,而在截止区光电流很小,接近 0。当溶液中待测离子的浓度发生变化时,传感器表面的膜电位发生变化,导致偏置电压变化,从而使传感器的响应曲线发生偏移。特性曲线的电压偏移在固定条件下,仅与离子浓度有关,因此可以获得偏置电压与浓度的校准曲线,从而实现离子的定量检测,如图 5-3-12(右)所示。

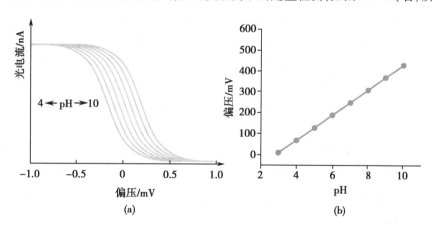

图 5-3-12　N 型硅光寻址电位传感器的特性曲线(a)和校准曲线(b)

光寻址电位传感器虽然与离子敏场效应管具有类似的结构,不同之处在于,光寻址电位传感器采用了调制的光源对半导体进行激发,从而产生耗尽层;敏感膜上的膜电位影响耗尽层的厚度及光电流的大小。而离子敏场效应管使用该膜电位作为晶体管栅极上的偏压,影响源、漏极之间电流或相应电压的大小。此外,相比离子敏场效应管,光寻址电位传感器最重要的特点是,可以采用高分辨率的光源,实现对传感器表面所有位点进行独立的寻址。

（三）光寻址电位传感器的应用

1. pH 的检测　光寻址电位传感器最典型的应用就是 pH 的检测。用于 pH 检测的敏感膜是氮化硅(Si_3N_4),绝缘层采用氧化硅(SiO_2),其原理如图 5-3-13 所示。光寻址电位传感器表面与溶液相互作用,形成硅醇基团(Si—OH)和硅胺基团(Si—NH_2)。在 pH 较高(溶液碱性)的情况下,硅醇基团

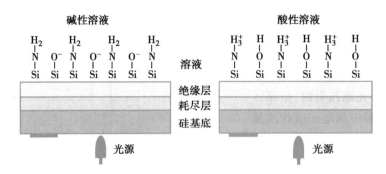

图 5-3-13　光寻址电位传感器用于 pH 检测的原理

会发生式(5-3-16)所示的反应,形成,使传感器表面带负电;在 pH 较低(溶液酸性)的情况下,硅胺基团发生式(5-3-17)所示的反应,与氢离子结合形成 Si—NH$_3^+$,使传感器表面带正电。在硅醇基团和硅胺基团的共同作用下,光寻址电位传感器表面在不同 pH 的溶液中具有不同的电位,从而影响传感器特性曲线的偏移,实现 pH 的检测。

$$Si—OH \Longleftrightarrow Si—O^- + H^+ \tag{5-3-16}$$
$$Si—NH_2 + H^+ \Longleftrightarrow Si—NH_3^+ \tag{5-3-17}$$

在 pH 的检测中,传感器部分采用三电极系统,即光寻址电位传感器作为工作电极,并外置额外的参比电极和对电极。参比电极为电流-电压特性曲线扫描提供稳定的参考电位,对电极则与光寻址电位传感器构成电路回路。除了常用的光寻址电位传感器特性曲线扫描外,也常采用恒电流模式进行检测,即设计固定大小的光电流作为光寻址电位传感器的工作电流,实时检测工作电压的变化,通过工作电压实现离子的检测。光寻址电位传感器的 pH 检测已经应用于水质监测、细胞代谢监测等领域。

2. 重金属离子的检测　LAPS 另一个广泛的应用是水质监测领域的重金属离子检测。通过光寻址电位传感器表面沉积对重金属离子敏感的膜,可以实现对重金属离子的检测。常见的用于重金属离子检测的敏感膜有硫属玻璃和聚氯乙烯两种。硫属玻璃是硫族元素(硫、硒、碲)与其他金属元素或非金属元素(砷、镓等元素或卤族元素)形成的玻璃材料的统称。采用硫属玻璃膜制备的离子传感器具有稳定的电化学特性、高灵敏度、良好的重复性及很长的使用寿命,同时硫属玻璃膜制备简单,易于保存。通过制备含有不同成分的硫属玻璃,可以实现对不同重金属离子的敏感检测,如具有 Cd-Ag-I-As-S 成分的硫属玻璃对 Cd^{2+}敏感,具有 Cu-Ag-S-As-Se 成分的硫属玻璃对 Cu^{2+}敏感,具有 Pb-S-Ag-I-As-S 成分的硫属玻璃对 Pb^{2+}敏感。在光寻址电位传感器的加工中,采用硫属玻璃膜作为靶材,通过等离子增强化学气相沉积等加工工艺在传感器表面沉积一层硫属玻璃的敏感膜。图 5-3-14 为沉积对 Pb^{2+}敏感的硫属玻璃膜的光寻址电位传感器在三种不同浓度溶液中的特性曲线及校准曲线。该光寻

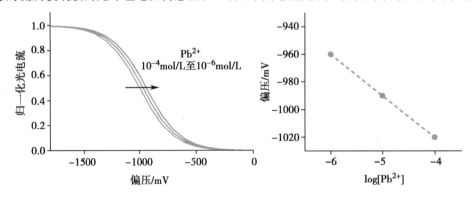

图 5-3-14　光寻址电位传感器用于 Pb^{2+}检测的特性曲线及校准曲线

址电位传感器对不同浓度的 Pb^{2+} 具有不同的响应,曲线在过渡区发生了不同程度的偏移。

聚氯乙烯是另一类常见的离子敏感膜,除了用于离子敏场效应管,同样也可以用于光寻址电位传感器。通过配置不同成分的聚氯乙烯膜,可以实现对不同重金属离子的敏感检测。通常将聚氯乙烯及其他敏感成分溶解在有机溶剂如四氢呋喃中,通过涂覆的方式沉积在传感器表面并固化,形成敏感膜。采用聚氯乙烯制备的光寻址电位传感器,在重金属离子的检测中,其灵敏度同样可以接近理论值。除了用于重金属离子的检测,通过调节聚氯乙烯膜中的敏感成分,可以用于其他离子的检测,如掺入缬氨霉素用于钾离子检测。然而相比于硫属玻璃膜,聚氯乙烯膜在长时间的检测中易发生老化,导致传感器性能发生漂移,使传感器的寿命受到一定的限制。

四、微电极阵列

前文中所介绍的离子传感器,都是基于与离子作用产生膜电位的原理进行检测。还有一类离子传感器基于离子的氧化还原反应,通过检测反应过程中的氧化还原电流,实现离子的定量检测。很多离子,如 H^+、Zn^{2+}、Cd^{2+}、Pb^{2+}、Cu^{2+} 等都可以基于相应的氧化还原反应进行分析。采用这类电化学方法进行离子检测的传感器有很多不同的类型,如金电极、铂电极、玻碳电极等,传感器的加工方式也多种多样,如微加工技术、丝网印刷技术、油墨打印技术等。其中,微电极阵列是广泛应用于离子检测的一类典型传感器。

(一)微电极阵列概述

由于传感器加工成本、样品量、大批量生产等方面的原因,用于离子检测的电化学传感器一直向着微型化与集成化的方向发展。随着微加工工艺的成熟和商业化,微电极受到电化学领域研究者的关注。微电极(microelectrode)通常是指某一维尺寸在 $100\mu m$ 和 $100nm$ 之间的电极,由于单个微电极的响应电流强度仅为 $nA \sim pA$ 级,直接检测对测量电路提出了很高的要求。因此,在微电极的实际应用中,通常使用多个微电极,构成微电极阵列(microelectrode array,MEA)。

传统的大电极在使用过程中通常需要使用搅拌、旋转等机械手段提高物质在电极表面的传质速率,而物质在微电极阵列表面进行非线性扩散,具有传质速率高的特点,可以不搅拌即达到良好的测试效果。此外,微电极阵列具有电流密度大的特点,相同面积的微电极阵列可以获得更大的电流响应。且微电极在电化学分析中具有很高的信噪比,因此广泛用于痕量物质分析。

(二)微电极阵列的应用

微电极阵列由于其优良的电化学特性,广泛应用于离子检测,其中由于重金属的高毒性和高危害性,基于微电极阵列的重金属离子检测是一项备受关注的研究领域。图 5-3-15(a)是一个典型的用于重金属检测的微电极阵列。该微电极阵列由 6×6 个微电极组成,每个微电极仅有末端的圆形区域暴

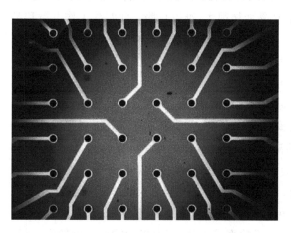
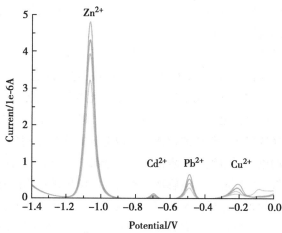

图 5-3-15 用于重金属检测的微电极阵列及其响应曲线

露,作为工作电极区域,其他区域均被绝缘层覆盖。为实现多种重金属离子的检测并提高传感器的检测性能,在工作电极表面修饰一层很薄的汞膜。重金属离子的检测基于离子自身的氧化还原特性,即在工作电极表面先施加一个负的还原电位,使重金属离子还原至工作电极表面;随后施加一个由负向正的扫描电位,记录重金属离子被氧化时的电流信号,用于重金属离子的定量分析,该方法称为溶出伏安法(stripping voltammetry,SV)。根据施加的由负向正的扫描电位曲线的不同,主要有差分脉冲溶出伏安法(differential pulse stripping voltammetry,DPSV)和方波溶出伏安法(square wave stripping voltammetry,SWSV)两种。由于重金属离子预先还原至工作电极表面,起到了很好的预富集作用。相比于其他无富集的检测方法,该方法的检出限可以低数个数量级。图 5-3-15(b)为微电极阵列使用差分脉冲溶出伏安法进行锌、镉、铅、铜四种重金属离子同时检测的响应曲线。

第四节　气体传感器

气体传感器是化学传感器的一大门类,种类很多,按照传感器的气敏材料以及气敏材料与气体相互作用的机制和效应不同主要可分为电化学气体传感器、半导体气体传感器、固体电解质气体传感器、接触燃烧式气体传感器、光学式气体传感器、声表面波气体传感器等形式。本节将从结构、原理和特性等方面介绍应用较为广泛的气体传感器。

一、电化学气体传感器

(一)结构、原理及特性

电化学气体传感器(electrochemical gas sensor,EGS)是利用与气体发生相互作用的电极和固定的参比电极之间的电位差,采用恒电位电解方式或原电池方式工作,而进行气体浓度的测量。根据测量电化学参数的不同可分为两类:电流型和电位型。

电流型电化学气体传感器是通过外部电路将电解池的工作电极与参比电极恒定在一个适当的电位,使待测气体在电解池中的工作电极上发生电化学氧化或还原过程,由于氧在氧化和还原反应时所产生的非法拉第电流很小,可以忽略不计,从而待测气体电化学反应所产生的电流与其浓度成正比并遵循法拉第定律。因此,通过测定工作电极上产生的电流大小就可以确定待测气体的浓度。

电流型电化学气体传感器的结构主要包括电极、电解液、电解液的保持材料、除去干扰气体的过滤材料、密闭外壳和涂覆有接触电阻小且抗氧化金属材料(如金 Au)的管脚。电化学式气体传感器的化学反应系统通常由二电极组成:工作电极(发生氧化反应的工作电极)和参比电极(提供恒电位的参比电极),其中工作电极是由对被测气体具有催化作用的材料制成。但是,当通过的电流较大时,参比电极将不能负荷,其电极电位不再稳定,或体系的 iR 降变得很大,难以克服。此时除工作电极和参比电极外,需要引入一个对电极(或称辅助电极,发生还原反应的对电极)来构成三电极系统。电流通过工作电极和对电极组成的回路。而由工作电极和参比电极组成另一个电位监测回路,该回路中的阻抗很高,所以实际上没有明显的电流通过,从而可以实时地显示电解过程中工作电极的电位。

电位型电化学气体传感器是利用电极电势和气体浓度之间的关系进行测量。气敏电极是一类典型的电位型电化学气体传感器。气敏电极是敏化的离子选择电极,主要通过气体分压来实现容易转换成离子的气体的检测。气敏电极的典型结构包括离子选择电极(作为指示电极),参比电极,中间的电解质溶液和憎水性气敏渗透膜构成,通过界面的化学反应进行检测工作。离子选择性电极和透气膜之间有一层电解液。当将气敏电极进行测试时,待测气体透过透气膜进入电解液中,发生化学反应使得某个或者某些离子的活度发生变化。该变化可以被离子选择电极测出,从而求出待测气体的浓度。气敏电极有较高的选择性,它不受被测样品中离子的直接干扰,但电极的响应速度较慢,对温度的变化也十分敏感。

（二）应用举例-氨气传感器

氨气敏电极可以对室内空气中的氨气浓度进行准确的测定，方法简单易操作，适合于现场快速分析，且检测过程中不使用有毒有害物质，因此得到日益广泛的应用。氨气敏电极的指示电极通常采用 pH 玻璃电极，憎水性气敏渗透膜为聚偏四氟乙烯，中间的电解质溶液为 NH_4Cl 溶液。测量时，试样中的 NH_3 通过透气膜进入 NH_4Cl 溶液并发生作用，引起中介液中氢氧根离子的活度发生变化，导致 pH 玻璃电极电位也发生变化，从而可以指示试样中氨气的分压。其中，电极上的化学反应如下：

$$NH_3 + H_2O \Longrightarrow NH_4^+ + OH^-$$

$$K_b = \frac{[NH_4^+][OH^-]}{NH_3} \tag{5-4-1}$$

反应过程中，$[NH_4^+]$ 的变化可以忽略不计，$[OH^-] = K_b \times NH_3$。又因 $[NH_3] \propto P_{NH_3}$，所以该电极的电极电位可表示为：

$$\varphi = K - 0.0591\log[OH^-] = K - 0.0591\log\{K_b \times [NH_3]\} = K - 0.0591\log\{K_b \times P_{NH_3}\} \tag{5-4-2}$$

随着试样中 NH_3 浓度的不断增大，电极上电位的绝对值也逐渐变大。通过对电极电位的测量，即可得到待测样本中 NH_3 的浓度。

二、半导体气体传感器

（一）结构、原理及特性

1953 年，Brattain 和 Bardeen 发现气体在半导体表面的吸附会引起半导体电阻的明显变化。20 世纪 60 年代初，利用金属氧化物半导体（metal oxide semiconductor，MOS）研制出可燃性气体传感器，由烧结方法制备而成的氧化锡气体传感器第一次进入市场，并迅速成为当前应用最普遍、最具有实用价值的一类气体传感器。

电阻式半导体气体传感器主要是指金属氧化物半导体传感器，是一种用金属氧化物薄膜（例如：SnO_2、ZnO、Fe_2O_3、TiO_2 等）制成的阻抗器件，最具代表性的是 SnO_2。金属氧化物半导体的气敏特性的机制是比较复杂的，但是这种现象是比较清楚的，就是元件表面吸附气体时，它的电导率将发生变化。通常采用表面空间电荷层模型、晶粒界面势垒模型和吸收效应模型等进行定性解释。当半导体器件被加热到稳定状态，在气体接触半导体表面而吸附时，被吸附的分子首先在物体表面自由扩散，失去运动能量，一部分分子被蒸发掉，另一部分残留分子产热分解而化学吸附在吸附处。当半导体的功函数小于吸附分子的亲和力（气体的吸附和渗透特性），则吸附分子将从器件夺得电子而变成负离子吸附，半导体表面呈现电荷层。例如氧气等具有负离子吸附倾向的气体被称为氧化性气体或电子接收性气体。如果半导体的功函数大于吸附分子的解离能，吸附分子将向器件释放出电子，而形成正离子吸附。具有正离子吸附倾向的气体有 H_2、CO、碳氢化合物和醇类，它们被称为还原性气体或电子供给性气体。当氧化性气体吸附到 N 型半导体，还原性气体吸附到 P 型半导体上时，将使半导体载流子减少，而使电阻值增大。当还原性气体吸附到 N 型半导体上，氧化性气体吸附到 P 型半导体上时，则载流子增多，使半导体电阻值下降。由于空气中的含氧量大体上是恒定的，器件阻值也相对固定。若气体浓度发生变化，其阻值也会变化。根据这一特性，可以从阻值变化得知吸附气体的种类和浓度。半导体气敏响应时间一般不超过 1 分钟。N 型材料有 SnO_2、ZnO、TiO 等，P 型材料有 MoO_2、CrO_3 等。

气敏传感器通常由气敏元件、加热器和封装体等三部分组成。气敏元件从制造工艺来分有烧结型、薄膜型和厚膜型三类。它们的典型结构如图 5-4-1 所示。

图 5-4-1（a）为烧结型气敏元件。这类器件以 SnO_2 半导体材料为基底，将铂电极和加热丝埋入 SnO_2 材料中，用加热、加压、温度为 700~900℃ 的制陶工艺烧结形成。因此，被称为半导体导瓷，简称半导瓷。半导瓷内的晶粒直径为 1μm 左右，晶粒的大小对电阻有一定的影响，但对气体检测灵敏度

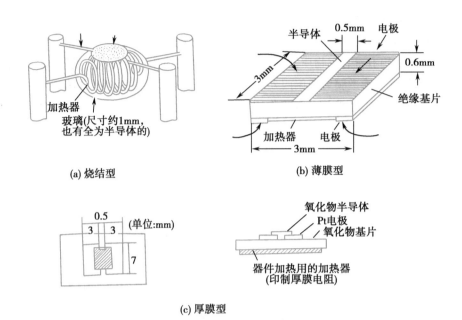

(a) 烧结型　　　　　　　　　　(b) 薄膜型

(c) 厚膜型

图 5-4-1　半导体传感器的器件结构

则无很大的影响。烧结型器件制作方法简单,器件寿命长;但由于烧结不充分,器件机械强度不高,电极材料较贵重,电性能一致性较差。

图 5-4-1(b)为薄膜型器件。采用蒸发或溅射工艺,在石英基片上形成氧化物半导体薄膜(其厚度约在 100nm 以下),制作方法比较简单。SnO_2 半导体薄膜的气敏性好;但这种半导体薄膜为物理性附着,器件间性能差异较大。

图 5-4-1(c)为厚膜型器件。这种器件是将 SnO_2 或 ZnO 等材料与 3%~15%(重量)的硅凝胶混合制成能印刷的厚膜胶,把厚膜胶用丝网印刷到装有铂电极的氧化铝或氧化硅等绝缘基片上,再经400~800℃温度烧结 1 小时制成。由于这种工艺制成的元件离散度小、机械强度高,适合大批量生产,所以是一种很有前途的器件。

加热器的作用是将附着在敏感元件表面上的尘埃、油污烧掉,加速气体的吸附,提高其灵敏度和响应速度。加热器的温度一般控制在 200~400℃左右。加热方式一般有直热式和旁热式两种,因而形成了直热式和旁热式气敏元件。直热式是将加热丝直接埋入 SnO_2,ZnO 粉末中烧结而成,因此,直热式常用于烧结型气敏结构。旁热式是将加热丝和敏感元件同置于一个陶瓷管内,管外涂梳状金电极作测量极,在金电极外再涂上 SnO_2 等材料。旁热式结构的气敏传感器使测量极和加热极分离,而且加热丝不与气敏材料接触,避免了测量回路和加热回路的相互影响;器件热容量大,降低了环境温度对器件加热温度的影响,所以这类结构器件的稳定性和可靠性比直热式的好。

(二)应用举例-二氧化氮传感器

一种基于 6,13-双(三异丙基甲硅烷基乙炔基)并五苯(TIPS-并五苯)的有机半导体(organic semiconductor,OSC)传感器用于 NO_2 检测,如图 5-4-2(a)所示。传感器是以 SiO_2/Si 为基底,通过分子模板生成 5nm 厚的结晶对六联苯(p-6P),接着热沉积高迁移率的结晶平台状的 TIPS-并五苯薄膜,最后蒸发形成 30nm 叉指金电极。

吸附在 TIPS-并五苯膜上的 NO_2 能作为电子受体而提供空穴,因此 TIPS-并五苯与 NO_2 之间的电荷传递带来的电荷载体浓度增大而导致膜阻值降低。图 5-4-2(b)为 7.5nm 厚的 TIPS-并五苯/p-6P 的传感器在 5V 的偏压下,NO_2 浓度范围为 1ppm 至 5ppm 的动态响应。传感器对应 1ppm、2ppm、3ppm、4ppm 和 5ppm NO_2 浓度的响应率(定义为 $\Delta I/I_0 \times 100\%$,其中 $\Delta I = I_{on} - I_{off}$)分别为 983%、1833%、3083%、4500% 和 5555%。传感器的灵敏度(定义为响应率与 NO_2 浓度的线性关系的斜率,如图 5-4-2

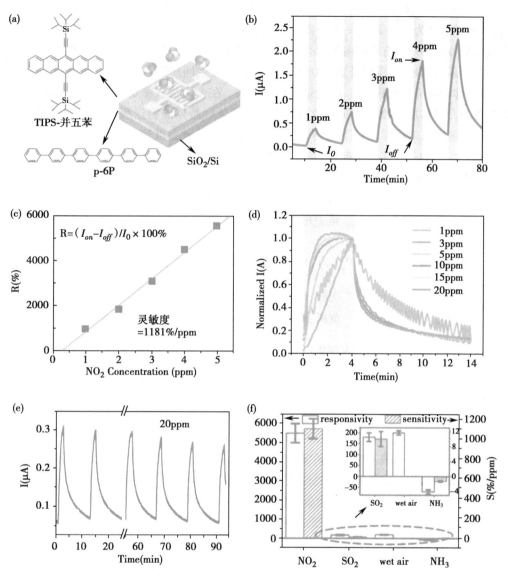

图 5-4-2　二氧化氮传感器

（a）传感器构成与材料的分子结构；（b）传感器动态响应；（c）传感器测量 NO₂ 的标准曲线；（d）TIPS-并五苯薄膜厚度为 5nm 的气体传感器在不同 NO₂ 浓度的响应；（e）传感器可重复性测试曲线；（f）传感器选择性测试曲线

（c）所示）高达 1181%/ppm。

此 NO₂ 传感器随着薄膜厚度的增加，在 NO₂≤5ppm 下，传感器的电流动态响应随着薄膜厚度的增加而急剧下降。快速响应和恢复对气体传感器是很关键的，大多数 OSC 气体传感器的响应和恢复时间超过半小时。而基于 TIPS-并五苯薄膜气体传感器在 NO₂≥10ppm 时，响应和恢复时间约为 100 秒和 200 秒〔图 5-4-2（d）〕。传感器对 20ppm NO₂ 多次测量的结果显示其具有很好的可重复性〔图 5-4-2（e）〕。尽管 NO₂ 类似物也能使 TIPS-并五苯膜上的电荷载体浓度增大，但它们较弱的电荷传递能力限制了电流放大作用，因此不会对 NO₂ 的检测造成干扰。而特异性测试也显示二氧化硫、湿空气和氨气都没对 NO₂ 的测量造成干扰〔图 5-4-2（f）〕。

三、固体电解质气体传感器

（一）结构、原理及特性

固体电解质（solid electrolyte）是具有离子导电性的固态物质，与液态电解质的区别是固态电解质能耗较低,不用担心溶液泄漏等问题。固体电解质气体传感器不需要使气体经过透气膜溶于电解液中,直接以离子导体为电解质,是一种的固态的化学电池。

常规的固体电解质只有在高温下才会有明显的导电性,例如氧化锆(ZrO_2)固体电解质。氧化锆在常温下是单斜晶结构,当温度升到1000℃左右时就会发生同质异晶转变,由单斜晶结构变为多晶结构,并伴随体积收缩和吸热反应,因此是不稳定结构。在ZrO_2掺入稳定剂如:碱土氧化钙CaO或稀土氧化钇Y_2O_3,使其成为稳定的荧石立方晶体,而掺杂后晶体的稳定程度与稳定剂的浓度有关。ZrO_2加入稳定剂后在1800℃温度下烧结,其中一部分锆离子就会被钙离子替代,生成($ZrO \cdot CaO$)。由于Ca^{2+}是正二价离子,Zr^{4+}是正四价离子,为继续保持电中性,会在晶体内产生氧离子O^{2-}空穴,导致($ZrO \cdot CaO$)在300~800℃成为氧离子的导体,这就是($ZrO \cdot CaO$)在高温下传递氧离子的原因。但要真正能够传递氧离子还必须在固体电解质两边有不同的氧分压(oxygen partial pressure),形成所谓的浓差电池(concentration cell)。浓差电池两边是多孔的贵金属电极,与中间致密的($ZrO \cdot CaO$)材料制成夹层结构。

设电极两边的氧分压分别为$P_{O_2}(1)$、$P_{O_2}(2)$,在两电极发生如下反应:

$$\text{正极}:P_{O_2}(2),2O^{2-} \longrightarrow O_2+4e^- \tag{5-4-3}$$

$$\text{负极}:P_{O_2}(1),O_2+4e^- \longrightarrow 2O^{2-} \tag{5-4-4}$$

上述反应的电动势用能斯特方程表示:

$$E=\frac{RT}{nF}ln\frac{P_{O_2}(1)}{P_{O_2}(2)} \quad \text{或} \quad E=0.0496Tln\frac{P_{O_2}(1)}{P_{O_2}(2)} \tag{5-4-5}$$

可见,在一定温度下,固定$P_{O_2}(1)$,由式(5-4-5)可求出传感器正极待测氧气的浓度。

固定实际上使负极形成一个电位固定的电极,即参比电极,有气体参比电极和共存相参比电极两种。气体参比电极可以是空气或其他混合气体,如:H_2-H_2O,CO-CO_2也能形成固定的$P_{O_2}(1)$。共存相参比电极是指金属-金属氧化物、低价金属氧化物-高价金属氧化物的混合粉末(固相),这些混合物与氧气(气相)混合发生氧化反应能形成固定的氧压,因此也能作为参比电极。

除了测氧外,应用β-Al_2O_3、碳酸盐、NASICON〔化学式$Na_{1+x}Zr_2Si_xP_{3-x}O_{12}(0<x<3)$〕等固体电解质传感器,还可用来测$CO$、$SO_2$、$NH_4$、$CO_2$等气体。近年来还出现了锑酸、$La_3F$等可在低温下使用的气体传感器,并可用于检测正离子。

(二)应用举例-乙醇传感器

乙醇中毒不仅危害自身身体健康,酒驾更可能危及他人生命。对乙醇的即时检测成为了目前亟待解决的问题。常规的固体电解质一般是在高温、酸性或碱性的条件下才有较好的电导率,在可扩展、无泄漏和低能耗等技术上存在一定的缺陷,不能满足便携式检测的要求。氧化石墨烯(GO)含有丰富的含氧基团,使其具有高质子传导性、电绝缘性、高亲水性等特性。尤其是,GO对甲醇和乙醇等具有低渗透性,这使得利用GO作为固体电解质传感器实现对乙醇的定量检测成为了可能。对GO进行修饰,可改变其在室温下的质子传导特性,制备具有高离子电导特性的固体电解质传感器。

一种磺酸修饰的GO(fSGO)的固体电解质气体传感器用于乙醇定量检测。利用3-巯基丙基三甲氧基硅烷(MPTMS)为前驱体,将磺酸基团接枝到GO纳米片上,然后通过MPTMS的氧化和真空过滤可制备得到fSGO薄膜。对GO进行磺酸修饰并未明显改变它的形貌特征,但却明显提高了其电导率:未用磺酸修饰的GO(fGO)膜的电导率在25℃时为3.26$mScm^{-1}$,而fSGO膜在25℃和55℃条件下的电导率分别为20$mScm^{-1}$和58$mScm^{-1}$,显著提高了5倍和13倍。

乙醇气体传感器由塑料外壳,膜电极组件(MEA)和集电器组成。MEA由fSGO膜组成,固体电解质夹在商业气体扩散电极(GDEs)与沉积的Pt/C催化剂层之间。MEA上的电化学反应如图5-4-3(a)所示,当流体中的乙醇分子通过GDE扩散到催化剂层的表面并被吸附在Pt/C纳米颗粒上,则乙

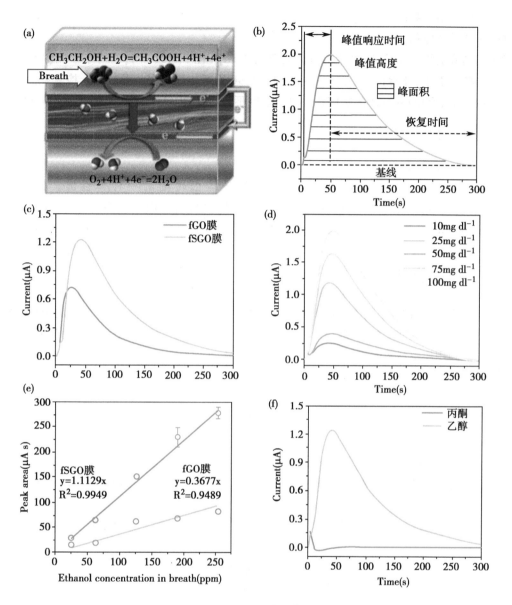

图 5-4-3　乙醇传感器

（a）fSGO 检测乙醇的原理图；（b）fSGO 检测乙醇典型的时间响应图；（c）fSGO 检测乙醇和 fGO 检测乙醇的时间响应对比图；（d）不同乙醇浓度下，fSGO 的时间响应图；（e）峰面积与乙醇浓度的线性拟合结果图；（f）fSGO 的特异性实验

醇的氧化反应被触发而释放电子和质子，同时产生乙酸作为副产物。电子沿着 GDE 和电流收集器传到 MEA 的另一侧，产生记录在数据记录器中的电流。H^+ 或 OH^- 通过 fSGO 膜迁移到 MEA 的另一侧，与空气中的输入电子和氧气反应，完成氧化还原反应，产生水作为单一产物。图 5-4-3（b）是该气体传感器典型的电流-时间响应曲线，其中峰面积对应于转移的电子数量，根据法拉第律，转移的电子数量又由参与反应的乙醇分子决定。所以，乙醇的浓度为：

$$C = \frac{A_{peak}}{nFV} \tag{5-4-6}$$

式中：A_{peak}——峰面积；

　　n——转移的电子数量；

F——法拉第常数；

V——样品的体积。

对于相同浓度的乙醇，fSGO 产生的电流明显大于 fGO〔图 5-4-3(c)〕；而对于不同浓度的乙醇溶液，fSGO 的响应时间几乎保持不变〔图 5-4-3(d)〕；fSGO 对呼出气体中乙醇的最低检测限达到 25ppm〔图 5-4-3(e)〕；且 fSGO 对丙酮的响应几乎可以忽略不计，显示出较好的特异性〔图 5-4-3(f)〕。

四、声表面波气体传感器

（一）结构、原理及特性

声表面波（surface acoustic wave, SAW）是沿物体表面传播的一种弹性波。美国人怀特（R. M. White）和沃特莫尔（F. M. Voltmor）发明了能在压电材料表面激励声表面波的叉指换能器（interdigital transducer, IDT）之后，大大加速了 SAW 技术的发展。为了使 IDT 能够激发 SAW，SAW 器件必须使用压电材料作为基底，压电材料具有非常独特的特性，它可以实现压力与电场之间的物理量转换。常用的压电材料有铌酸锂、石英等。

IDT 是声表面波器件的核心，也是到目前为止唯一可实用的 SAW 换能器，可以实现声波和电能之间的相互转换，它的结构如图 5-4-4(a)所示。IDT 由若干淀积在压电衬底材料上的金属膜电极条组成。这些电极条相互交叉放置，两端由汇流条连在一起，其形状如同交叉平放的两排手指，故称为叉指换能器。利用压电材料的逆压电效应与正压电效应，叉指换能器既可以作为发射换能器，用来激励 SAW，又可作为接收换能器，用来接收 SAW。

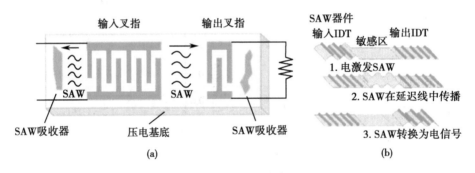

图 5-4-4 声表面波器件

（a）叉指换能器结构图；（b）声表面波器件的工作原理

SAW 器件的工作原理是：把一个换能器和频率源连接，作为发送端激发出 SAW，把频率电信号转换成声表面波机械信号，另外一个换能器作为接收端把机械信号重新转换成电信号，如图 5-4-4(b)所示。完成这种能量之间转换的 IDT 必须是成对的，整个 SAW 器件的功能是通过对在压电基片上传播的声信号进行各种处理，并利用声电换能器来完成的。

SAW 用于制作气体传感器的首次报道于 1979 年。使用单通道 SAW 延迟线振荡器，在沿延迟线的声表面波路径上覆盖一层选择性吸附薄膜，该薄膜对相应气体有特异性吸附作用，吸附了气体的薄膜会导致 SAW 振荡器频率的变化。通过改变涂敷膜的结构，各种 SAW 气体传感器不断涌现：如 NO_2 气体传感器，氢气传感器，有机气体传感器，水银蒸气传感器，二氧化硫气体传感器等。

声表面波传感器的结构一般有两种：延迟型和谐振型，它们的结构如图 5-4-5 所示。

（二）应用举例-硫化氢传感器

一种基于铜修饰的单壁碳纳米管的 SAW 传感器，实现了对 H_2S 的超灵敏（最低检测限为 5ppm）、快速（响应时间为 7 秒，恢复时间为 9 秒）和高特异性检测。SAW 传感器由铜纳米颗粒修饰的单壁碳纳米管薄膜（CuNP-SWCNT）、数字换能器（IDTs）和铌酸锂（$LiNbO_3$）压电基板组成。其中，CuNP-SWCNT 通过滴涂法均匀分布在压电基板上，数字换能器由铝片制成，主要是用于在压电基片上施加

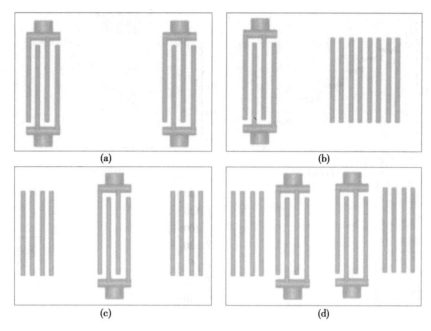

图 5-4-5　声表面波传感器的结构
（a）为延迟线型；（b）为反射延迟线；（c）为单端谐振器；（d）为双端谐振器

和接收电信号。

该传感器在室温下对不同浓度硫化氢检测的结果显示，其对 H_2S 的响应时间不超过 50 秒，可以实现对 H_2S 的快速检测〔图 5-4-6(a)〕。温度会影响 CuNP 的催化活性，如图 5-4-6(b)所示，CuNP 在 175℃下的催化活性最好，导致该传感器的频移强度随着温度的增加先增加后降低，且随着温度的增加，传感器的响应和恢复时间都明显缩短。

作为一个检测仪器，其特异性必须得到保证。如图 5-4-6(c)所示，该传感器对氢气（H_2）、乙醇（ethanol）和丙酮（acetone）的响应都很小，显示传感器具备在多种干扰物共存条件下特异性识别 H_2S 的能力。另外，潮湿环境也会对传感器响应的产生影响，当温度超过 100℃时，水开始蒸发，传感器的频移强度会逐渐增大〔图 5-4-6(d)〕。

五、光学型气体传感器

（一）结构、原理和特性

虽然光学在气体传感方面应用相对较晚，但是凭借其选择性好、响应速度快和稳定性好等优点，目前在气体传感检测领域已得到了很好的应用。而微机电系统（micro-electro-mechanic system，MEMS）的发展，使光学式气体传感器的小型化、便携化成为了可能。通过采用 MEMS 技术，红外气体传感系统的体积已经缩小到拇指大小左右，并且在稳定性、灵敏度、可靠性、使用寿命、响应恢复时间等方面相比传统的气体传感器都有显著的优势。其中最常用的光学型气体传感器是红外气体传感器。

红外气体传感器是基于气体对特定波长红外光有选择性的吸收：当气体分子吸收了特定波长的红外辐射，引起偶极矩的变化，产生分子振动和转动能级从基态到激发态的跃迁，并使相应的透射光强度减弱。目前，红外气体传感器的常用工作波段是 $1～25\mu m$。通过测量吸收前后红外光的强度随波长的变化，根据吸收峰的位置和形状可获得气体种类的信息，利用朗伯比尔定律可测定气体的浓度。

工业型的红外气体传感系统从物理上可分为分光型和非分光型两种。分光型红外检测系统主要由红外光源、调制器、分光系统、测量气室、光子探测器、光电转换系统和显示器等组成。其中分光系

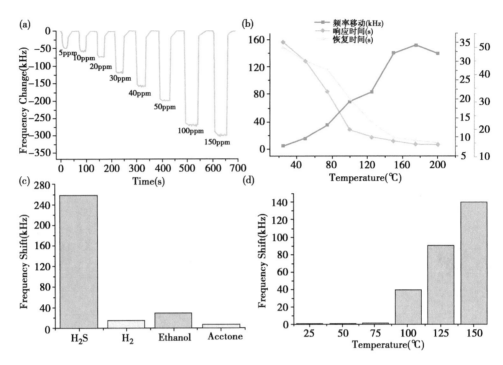

图 5-4-6 硫化氢传感器

（a）室温条件下传感器对不同 H_2S 浓度的测试结果；（b）传感器在不同温度的条件下对 300ppm H_2S 气体的响应曲线；（c）传感器的特异性实验结果；（d）传感器在不同温度条件下对 5ppm H_2S 13 000ppm H_2O 环境下的响应

统主要有滤光片、棱镜、干涉仪、反射光栅、透射光栅、声光调制滤光器和傅里叶变换等。非分光型红外气体传感器是指红外光源发射出的连续光谱全部通过含有多种气体的混合气体层，由于靶分子的浓度不同，导致吸收固定波长红外光的能量不同，进而引起系统热量发生变化。红外传感器将系统的热量变化转换成电信号或者力学信号，通过测量电信号或者力学信号的变化，完成对靶气体分子的检测。非分光型红外气体传感器通常会在红外检测器前固定安装有针对不同气体的窄带干涉滤光片及一种参考滤光片。通过使用固定有不同波长滤光片的红外传感器，可以实现对不同气体的测量。与其他气体传感系统类似，非分光型红外传感系统也有光源系统、光学滤波器、气室和探测器等。由于其结构简单，可靠性强，灵敏度高，非分光型红外气体传感器多用于工业现场检测。

（二）应用举例-便携式气体传感器

一种便携式气体分析仪〔图 5-4-7（a）〕，测量方法采用了单光源双光束非色散红外吸收法〔图 5-4-7（b）〕，通过向被测气体辐射连续波长的红外光并用波长选择检测器来选择指定波长，以此来测量气体对特定波长红外光辐射的吸收，从而可极其方便地实现 CO、CO_2、CH_4 及 O_2 等气体浓度的高精度、可靠分析。其对 CO_2 和 O_2 测量范围最大都可达体积分数 $0\%\sim25\%$，对 CO 和 CH_4 可分别达到 $0\sim5000$ppm 和 $0\sim2000$ppm。

六、接触燃烧式气体传感器

（一）结构、原理及特性

接触燃烧式气体传感器（contact combustion sensor，CCS）是基于强催化剂使气体在其表面燃烧时产生热量，导致贵金属电导随之变化的原理而设计的。因此，接触燃烧式气体传感器主要用于可燃性气体的检测，尤其是煤矿瓦斯的监测。

接触燃烧式气体传感器是利用催化燃烧的热效应原理，由检测元件和补偿元件配对构成测量电桥。检测元件表面一般会涂覆一层载体材料构成检测桥臂，而补偿元件未涂覆构成参比桥臂。在一

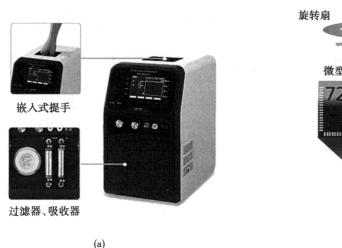
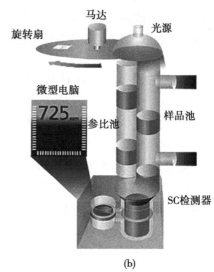

图 5-4-7　便携式气体传感器

（a）便携式气体分析仪；（b）分析仪光学系统结构示意图

定温度条件下,可燃性气体在检测元件载体表面及催化剂的作用下发生无焰燃烧,载体温度就升高,通过它内部的电阻也相应升高,从而使平衡电桥失去平衡,输出一个与可燃气体浓度成正比的电信号。通过测量内部电阻值的变化,根据比例关系可知可燃性气体的浓度大小。

接触燃烧式气体传感器的优点是应用面广、响应快、体积小、结构简单、稳定性好,缺点是选择性差。目前接触燃烧式气体传感器实现规模生产的有 H_2、LPG、CH_4 以及部分有机溶剂蒸气检测用产品,该类传感器市场上一般以各类报警器的形式出现较多。以用于甲烷、异丁烷、氢气检测的气体传感器 NAP-50A 为例,其对甲烷的检测灵敏度可达 50mV/vol%,对 3000ppm 的甲烷可在 5.2 秒内完成响应。

（二）应用举例

针对传统的催化燃烧式气体传感器因手工制作,造成配对难、一致性差、功耗高、不能互换等问题,基于硅 MEMS 技术设计了集成双桥催化燃烧式乙醇传感器用于气体检测。采用硅氧化-等离子体增强化学的气相沉积法-氧化工艺制作三明治结构的 SiO_2-Si_3N_2-SiO_2 微双桥结构载体,湿法腐蚀掉硅形成梁膜结构,减少热功耗。采用薄膜工艺制作铂膜敏感电阻,涂覆纳米 Al_2O_3-ZrO-ThO 形成载体,在敏感单元上浸渍 Pt-Pd 催化剂溶液,形成催化敏感桥臂,未涂覆催化剂载体构成参比单元,实现在微双桥上的芯片集成,制成传感器。

此催化燃烧式气体传感器是将敏感单元和参比单元集成在一个芯片上,由 2 个隔离的桥臂梁构成,每个桥臂梁上有一个相同电阻值的铂薄膜热敏电阻。通过外部电路对桥臂梁上的铂薄膜热敏电阻通电加热,使其达到 300~350℃的某一个恒定温度点,而此时铂电阻按照式(5-4-7)对应着一个电阻值:

$$R_t = R_0(1+\alpha t+\beta t^2) \tag{5-4-7}$$

式中:R_t——温度 t 时电阻值;

R_0——温度 0 时标称阻值;

α——铂加热敏感电阻的温度系数;

B——电阻的 2 次温度系数。

由于敏感单元和参比单元的铂薄膜热敏电阻值大小一致,所以,在任何一个相同恒定温度点下二者的电阻差值始终为零。但是,当传感器接触到可燃性气体如乙醇气体时,参比单元对其不敏感而使之桥臂梁上的铂薄膜热敏电阻始终保持恒定。而敏感单元部分在催化剂的作用下,乙醇等可燃气体与空气中的氧气在敏感单元表面发生氧化反应,其催化燃烧反应方程如式(5-4-8)所示

$$2\,C_xH_y+\left(2x+\frac{y}{2}\right)O_2\xrightarrow[\text{加热}]{\text{催化剂}}2xCO_2+yCO_2+yH_2O+Q \tag{5-4-8}$$

氧化反应产生的反应热(无焰催化燃烧热)使作为敏感材料的铂薄膜热敏电阻温度升高,电阻值相应增大。导致敏感单元和参比单元之间就会存在电阻差值,当环境中没有了乙醇等可燃气体,这个差值恢复到零,电阻差值的大小与可燃气体的浓度呈现一一对应关系。

传感器输出的对比数据显示,该传感器在40℃和85RH%(高温高湿)、25℃和30RH%(常温常湿)、-20℃(低温环境)条件下,环境条件变化产生的干扰,相比于常温常湿环境最大产生输出波动小于0.035V,相当于满量程2.0%,显示出极强的抗环境干扰能力。传感器的响应速度快:在体积分数4500×10⁻⁶的乙醇存在下,其90%的变化值时的响应恢复时间都在30秒以内。

七、气体传感器的生物医学中的应用

血气是指血液中所含的 O_2 和 CO_2 气体,血气分析是通过测定人体血液中的 H^+ 浓度和溶解在血液中的气体,来评价患者呼吸功能与酸碱平衡状态的一种手段。血气分析对临床疾病的诊断和治疗发挥着重要作用,适用于低氧血症、呼吸困难、呼吸衰竭、酸碱失衡的诊断等。血气分析仪(图5-4-8(a)所示)是通过电极对人体血液中的酸碱度(pH)、二氧化碳分压(pCO_2)以及氧分压(pO_2)进行定量测量的仪器,已成为危重患者监护室、手术室和急诊等部门必不可少的医疗设备。

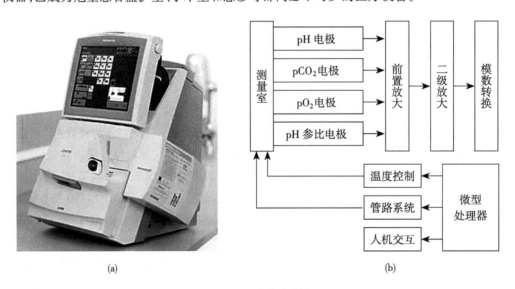

图 5-4-8　血气分析仪
(a)血气分析仪实物图;(b)血气分析仪结构框架图

血气分析仪结构框架如图5-4-8(b)所示,主要包括管路系统、电极系统和电路系统三大部分。管路系统是血气分析仪样品测量的通路,主要完成样品的自动定标、自动测量、自动冲洗等功能。电极系统主要由 pH 电极、pH 参比电极、pCO_2 电极和 pO_2 电极组成。其中,pH 电极是利用电位法原理测量溶液中 H^+ 的浓度,结合 pH 参比电极共同完成 pH 值的测量工作。pCO_2 电极是一个气敏电极,电极前端有一层半透薄膜,只允许 CO_2 气体分子通过。CO_2 与 pH 是比例关系,pCO_2 值是通过 pH 值的变化间接测量得到,因为溶液中的 CO_2 含量越高,生成的碳酸越多,从而溶液的 pH 值下降越快。pO_2 电极也是一个气敏电极,其电极前端为一层只允许 O_2 分子通过的半透膜。O_2 的测量是基于电解氧的原理

而实现,电极壳内有铂电极和银/氯化银电极浸泡于电解液中,通过在两个电极之间施加极化电压,进入电解液的 O_2 被电解,从而形成电解电流,此电解电流的大小与 pO_2 成比例。电路系统就是将电极测量的微弱信号进行放大、模数转换和滤波,并实现仪器的控制、显示和打印等功能。上述 pO_2 电极产生的微弱电解电流信号,通过电路系统的高输入阻抗、低噪声放大器进行采集放大,并转换为数字信号进行显示打印,从而实现 O_2 的检测。

第五节　湿度传感器

大气是由干空气和一定量的水蒸气混合而成的,我们称其为湿空气。干空气的成分主要是氮(78%)、氧(21%)、氩(0.93%)、二氧化碳(0.03%)及其他微量气体。在湿空气中水蒸气的含量虽少,但其变化却会对空气环境的干燥和潮湿程度产生重要的影响,且使湿空气的物理性质随之发生改变。人体中大部分组织都由水组成,环境的湿度对人体的影响较大,过干和过湿都会降低人体的舒适感,影响人体的健康。除此之外,适宜动物生长的空气湿度为 40%~55%RH,适宜植物生长的湿度为60%~85%RH,过干和过湿也会直接影响动植物的生长发育。因此,定性甚至定量检测环境中的湿度对于人体健康有着重要的意义。

一、湿度的概念

湿度是表示空气中水蒸气含量,即大气干燥程度的物理量。通常所说的湿度是指气体湿度,即大气中水蒸气的含量。常见的几种湿度量包括:

(一)绝对湿度

绝对湿度(absolute humidity,AH)是指单位体积空气中含有的水蒸气的质量,又称为水蒸气密度,其极值是饱和状态下的最高湿度,定义式如下:

$$\rho_v = m_v / v \tag{5-5-1}$$

式中:v——空气的总体积;

　　m_v——v 体积中水蒸气的质量;

　　ρ_v——绝对湿度。

绝对湿度通常使用化学湿度计检测。化学湿度计通常包含一系列的 U 形管,里面填充可以吸附水蒸气的干燥物质,在检测之前先称量干燥管的质量,然后将已知体积的空气通过 U 形管,水蒸气就吸附到了干燥物质中。干燥管的质量变化值就是吸附的水蒸气的质量,由于空气的体积是已知的,因此就能计算出绝对湿度值。

(二)相对湿度

相对湿度(relative humidity,RH)是绝对湿度和最高湿度的比值,指在相同压力和温度条件下,待测环境中水分子的物质的量与饱和水分子的物质的量的比,也就是被测环境中水蒸气分压与相同条件下的饱和水蒸气压的百分比:

$$\rho_r = \left(\frac{P_W}{P_N}\right)_t \times 100\% \tag{5-5-2}$$

式中:t——温度;

　　P_N——该温度下的饱和水蒸气压;

　　P_W——待测空气中的水蒸气分压;

　　ρ_r——相对湿度。

相对湿度一般使用干湿球湿度计检测,它是利用水蒸发要吸热降温,而蒸发的快慢(即降温的多少)是和当时空气的相对湿度有关这一原理制成的。其构造是用两支温度计,其一在球部用白纱布包好,将纱布另一端浸在水里,由毛细作用使纱布经常保持潮湿,用于测量大气的温度。如果空气中水蒸气量没有饱和,湿球的表面便不断地蒸发水气,并吸取汽化热,因此湿球的温度比干球要低。空气越干燥(即湿度越低),蒸发越快,不断地吸取气化热,使湿球温度降低,而与干球间的差增大。相反,当空气中的水蒸气量呈饱和状态时,水就不再蒸发,也不吸取气化热,湿球和干球所示的温度相等。使用时,应将干湿球湿度计放置于距地面 1.2~1.5 米的高处,读出干湿球的温度差,由该湿度计所附的对照表就可查出当时空气的相对湿度。

二、湿度的测量

传统的湿度测量方法主要有毛发湿度计、U 形干燥管和干湿球等,制作成本低,操作简单,使用方便。但同时也存在很多不足,比如测量效率低,达不到精确测量的要求等,导致传统方法不能在湿度测量要求高的环境(例如手术室、工作间、育儿箱和制药厂等)中使用。因此,可以精确测量湿度的湿度传感器应运而生。

湿度传感器可以把环境中不易检测到的湿度信号转换为容易定量检测的电信号、力学信号等。常见的湿度传感器有电阻式湿度传感器、电容式湿度传感器和压阻式湿度传感器,这类电量湿度传感器具有测量精度高、响应速度快等特点,可以满足很多领域的测量需求,因此得到了广泛的使用。针对于强电磁干扰和严重污染的环境,随着光纤技术的发展,目前又出现了一类光纤式湿度传感器,弥补了传统电量湿度传感器的不足。本节将主要介绍常见的电量湿度传感器和光纤式传感器。

三、电阻式湿度传感器

(一)结构、原理及特性

电阻式湿度传感器实现对湿度定性或者定量检测的原理是:在一定条件下,湿敏元件的阻抗值会随着所处环境湿度的变化而变化,通过测量阻抗的变化,即可得到待测环境的湿度信息。湿敏元件一般是在绝缘物上浸渍吸湿性物质,或者通过蒸发、涂覆等工艺制备一层金属、半导体、高分子薄膜和粉末状颗粒而制作的,在湿敏元件的吸湿和脱湿过程中,水分子分解出的 H^+ 离子的传导状态发生变化,从而使元件的电阻值随湿度而变化。

(二)应用举例

针对现有湿度传感器反应时间长,灵敏度低等不足,基于 N 型半导体二硫化钼的柔性湿度传感器应运而生。其利用二硫化钼与金之间的相互作用力远大于金与衬底之间的作用力,通过金剥离法,将二硫化钼样品从衬底上完整剥离下来,得到表面干净的二硫化钼场效应管〔图 5-5-1(a)和图 5-5-1(c)〕。金剥离方法不仅确保了二硫化钼表面的洁净度,还有效避免了加工过程中经过反应离子刻蚀后表面残胶对器件性能的影响,简化了加工过程。由于不存在表面残胶,超洁净的表面能够灵敏感知外界湿度变化,这就大大提高了二硫化钼湿度传感器的灵敏度。这种基于超洁净表面的二硫化钼样品加工得到的湿度传感器不仅在刚性基底上具有灵敏度高、响应时间和恢复时间短、使用寿命长、空间分辨率高等特性,在柔性衬底上也具有类似的结果,其性能基本不受施加应力的变化而改变〔图 5-5-1(b)和图 5-5-1(d)〕,为构建柔性湿度传感器,实现对生物医学领域湿度的即时监测提供了可能。

如图 5-5-2 所示,由于水分子的掺杂作用,随着湿度的增加,该湿度传感器的电流明显的降低,当相对湿度从 0% 变化至 35% 时,电阻有近 10^4 的增加,对应的迁移率和电流开关比也随着湿度的增加线性减小。该二硫化钼湿度传感器对水分子的吸附是纯粹的物理吸附,使得传感器可以很容易地进行脱吸附,这不但有效缩短了响应时间和恢复时间,还确保了传感器的可恢复性。测试结果证明该传感器的响应时间和恢复时间分别为 10 秒和 60 秒。经过一个月的测试后其初始电阻基本不发生变化,表明该二硫化钼湿度传感器具有较长的使用寿命。

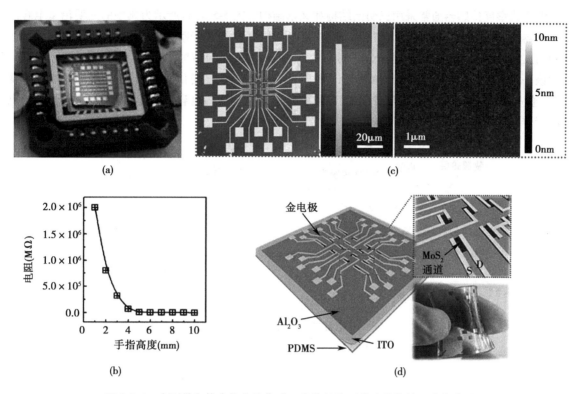

图 5-5-1 在刚性和软底物上的集成二硫化钼阵列构建非接触湿度传感器

（a）刚性二硫化钼湿度传感器的实物图；（b）手指靠近二硫化钼湿度传感器时，器件电阻随距离减小而指数增大；（c）氧化硅衬底上的二硫化钼场效应晶体管阵列光显图；（d）PDMS（软底物）二硫化钼传感器阵列的实物图

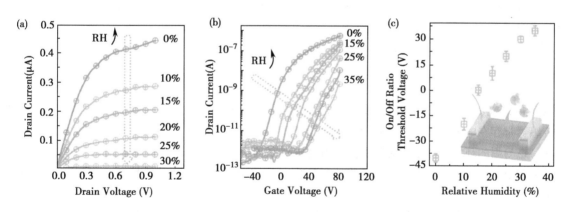

图 5-5-2 二硫化钼的柔性湿度传感器的性能测试

（a）随湿度的增加传感器输出特性曲线的变化；（b）传感器转移特性曲线随相对湿度增加的改变；（c）传感器阈值电压随着相对湿度增加而改变

四、电容式湿度传感器

电容式湿度传感器是当前商业化最为成功且应用最为广泛的一类湿度传感器。电容式湿度传感器主要以高分子湿敏电容器为基本感湿元件，测量准确度可达±2.5%。电容式湿度传感器主要由湿敏电容和转换电路两部分组成，可分为玻璃底衬、下电极、湿敏材料、上电极四部分，两个下电极与湿敏材料、上电极构成的两个电容成串联连接。其中，湿敏材料通常是高分子聚合物，它的介电常数随着环境的相对湿度变化而变化。当环境湿度发生变化时，湿敏元件的电容量随之发生改变，即当相对湿度增大时，湿敏元件电容量随之增大，反之减小（电容量通常在 48～56pF 间）。

电容式湿度传感器通常采用三明治结构和叉指结构。图 5-5-3(a)所示为典型的三明治型电容湿度传感器:在硅衬底上有一层金属作为电极,中间是一层高分子感应薄膜,感应薄膜之上是电极,形成所谓的三明治结构。电极之上是高分子材料的封装层,该三明治结构本质上就是一个平板电容器。不过该平板电容器的电容值由于湿敏高分子材料的存在而随湿度变化而变化:当外界的湿度发生变化时,感应薄膜的介电常数也会随着改变,导致整个平板电容器的电容值变化,这就是三明治结构电容湿度传感器的原理。

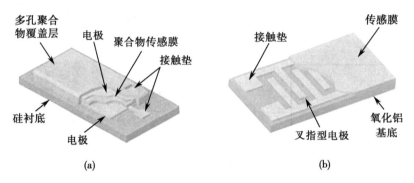

图 5-5-3 电容式湿度传感器的结构示意图

(a)三明治型电容式湿度传感器结构示意图;(b)叉指型电容式湿度传感器结构示意图

图 5-5-3(b)所示为典型的叉指型电容湿度传感器的示意图。传感器最下层是衬底,衬底之上是叉指型的电极材料,叉指电极横条状交错在一起,两组电极分别对应一个方块型的压焊块,叉指电极上方是湿度敏感层,湿度敏感材料覆盖在整个传感器表面,每对叉指电极之间的介质都是湿度敏感材料,这样,随着外界湿度的变化,各个叉指电极的电容都会变化,整个传感器的电容也会随之变化。相对三明治结构,叉指结构的湿度传感器电容值会小很多。

五、压阻式湿度传感器

当前主要的湿度传感器就是电容式和电阻式两种,电容式湿度传感器的优点是低功耗、低成本、灵敏度高、响应速度较快,电阻式湿度传感器的优点是灵敏度高、线性度好。但是,电容式和电阻式湿度传感器都存在电隔离性比较差的缺点,导致器件的长期稳定性和可靠性受到影响,因此也不适合用于在易燃易爆的环境下测量相对湿度。而利用压阻原理检测相对湿度的传感器结构,在结构上将机械元件和电元件分开,能提高传感器的长期稳定性和可靠性,也可以实现易燃易爆环境下湿度的测量。

常见的压阻式湿度传感器通常是在普通压阻式压力传感器结构膜上旋涂一层吸湿聚合物,聚合物吸收水汽分子后会发生膨胀,利用聚合物膨胀后产生的张应力使聚合物薄膜发生弯曲。以聚酰亚胺吸湿层为例,由于聚酰亚胺是由聚酰亚胺酸在高温下亚胺化形成的,从聚酰亚胺酸变化到聚酰亚胺的过程中,它的体积会缩小,而硅膜的体积是不变的,因此会使膜向下弯曲产生应力,此应力就是常温下聚酰亚胺层上的机械残余应力,也是相对湿度为零时的初始应力。当湿度增加时,聚酰亚胺吸湿发生膨胀,会减少薄膜向下弯曲的程度,导致不同应力的产生。图 5-5-4(a)为不同湿度下的传感器薄膜形变效果示意图。通过测量硅膜上的应力,即可得到相应的湿度变化。对应力的变化用四个联成惠斯通电桥形式的压阻进行测量,如图 5-5-4(b)所示。相比电容式和电阻式湿度传感器,压阻式湿度传感器因为固有的温漂问题,且结构和工艺比较复杂,所以其应用要比前两者少。

六、光纤式湿度传感器

常规的电子型湿度传感器具有测量精度高、响应速度快、信号易处理和控制等优势,具有一定的

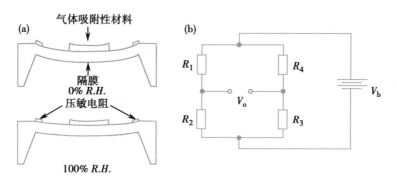

图 5-5-4　压阻式湿度传感器测量原理与测量电路示意图
（a）不同湿度下的传感器薄膜形变效果示意图；（b）传感器湿敏压阻连接方式

市场地位。但电子型湿度传感器也存在很多不足，例如长期工作稳定性差，湿滞回差大，不能在严重污染和强电磁干扰环境中工作，只能进行单点测量等。光纤式湿度传感器克服了电阻式湿度传感器的不足，具有灵敏度高、稳定性好、可进行多参量检测和集成化检测等优势，目前也逐渐为市场接受。

　　光纤式湿度传感器基本都是基于光纤表面涂覆亲水材料，当外界环境湿度变化时，亲水材料的物理性质或者折射率发生改变，会施加应力给光纤或者改变光纤内模式的有效折射率，导致传感器的光谱漂移。通过检测光谱漂移的情况，获得外界环境湿度变化的信息。根据测量原理的不同，光纤式湿度传感器可分为光纤传光式湿度传感器、光纤传感式湿度传感器和光纤光栅式湿度传感器。

　　光纤传光式湿度传感器的基本工作原理是：当不同湿度的空气与湿敏薄膜接触后，湿敏薄膜的光学参数会发生改变，通过测量湿敏薄膜光学参数的变化即可获得相应的湿度。以光纤传光式湿度传感器中较为典型的光敏薄膜式湿度传感器为例〔图 5-5-5（a）〕，光敏薄膜固定在两块带孔的塑料薄片之间，形成三明治式的光敏薄膜式湿度传感器，将此传感器固定在分光光度计的样品池架上，让光路通过光敏薄膜，再进行测量。其中传光光纤可采用普通的光纤，光敏薄膜可选用具有较强选择性和敏感性的结晶紫材料。当不同湿度的气体接触结晶紫薄膜时，随着结晶紫薄膜中含水量的增加，干燥的结晶紫薄膜中的磺酸基的酸性逐渐减弱，双质子结晶紫失去质子变为单质子或非质子形式，颜色也变为绿色，从而对 640nm 波长光的透射强度减弱。以波长 640nm 光作为检测光，根据信号光强的改变，由 Lamber-Beer 定律可测得相应的湿度。光敏薄膜式湿度传感器的测量范围为 30%～100%RH，测量精度为 5%RH，其结构简单，测量方便。

　　光纤传感式湿度传感器是以光纤作为敏感物质。先将单模光纤的中间部分拉制成锥形，且锥形的束腰直径保持一定距离不变（类似"哑铃形"），束腰处外包层采用静电自组装（electrostatic self-assembly，ESA）材料，光纤的锥形结构如图 5-5-5（b）所示，再在外包层外涂覆一层湿敏双层复合聚合物材料，其厚度为 t。光纤传感式湿度传感器的测量原理是：测量时将光输入光纤，光纤包层采用紫外光固化，其相关损耗只与温度有关，而光在锥形结构处的损耗还与外包层、涂覆层的厚度、湿度有关，通过光纤输出功率检测就可获得相应的湿度。光纤传感式湿度传感器结构紧凑，体积较小，系统更易小型化，适于现场测量。在输入光波长为 1550nm 时，其测量范围为 0%～90%RH，灵敏度为 0.03dB/%RH，在 26～65℃范围内有 1dB 的漂移（在 0～100℃范围内测得）。

　　相对光纤传感式湿度传感器，光纤光栅式湿度传感器的结构更加紧凑，并且可通过测量波长的变化来获得相应的湿度，其测量精度更高。光纤光栅式湿度传感器的典型结构如图 5-5-5（c）所示，由对温度、湿度敏感的光纤布拉格光栅 FBG1 与仅对温度敏感的 FBG2 串联构成，FBG1 的涂覆层为改性聚酰亚胺（PI）湿敏薄膜。温度和湿度的变化使 FBG 的布拉格反射波长 λ_{B1} 和 λ_{B2} 发生漂移，变化量分别为 $\Delta\lambda_1$ 和 $\Delta\lambda_2$，由此可计算出温度、湿度变化值。光纤光栅式湿度传感器测量精度高、测量速度快，可温度、湿度同时测量，耐高温、耐腐蚀。在 20～80℃，10%～90%RH 范围内，光纤光栅式湿度传感器的输出功率与温度、湿度变化呈线性关系。光纤光栅式湿度传感器的湿滞回差≤±1.5%，长期稳定性优

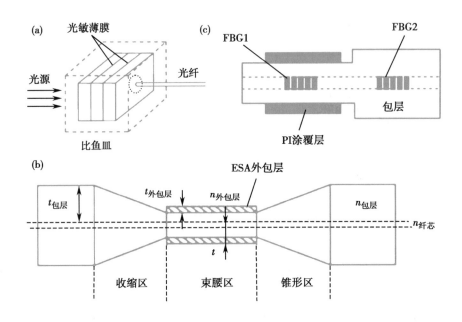

图 5-5-5　光纤式湿度传感器类型

（a）光纤传光式湿度传感器的典型结构；（b）光纤传感式湿度传感器的锥形结构；（c）光纤光栅式湿度传感器的结构

于电量湿度传感器,动态响应时间小于 15 秒,相对湿度和温度测量精度分别为±5%RH 和±0.2℃。

七、湿度传感器的生物医学中的应用

湿度传感器在生物医学方面应用较广,如在为新生儿提供一个空气洁净、温度和湿度适宜的生活环境的婴儿培养箱〔图 5-5-6（a）〕中就发挥了重要作用。婴儿培养箱的湿度发生与控制装置的原理图如图 5-5-6（b）。它由超声波雾化发生器、水箱、扇形气流调节器、水位控制阀、湿度传感器等构成。在水箱中设有气流通道,由气流入口水平至水箱的 1/2 ~ 1/3 处,垂直向下至底部。气流入口的气流由扇形气流调节器的扇叶控制;当湿度传感器检测到婴儿培养箱内的相对湿度值低于 50% 时,由计算机控制系统发出指令,驱动扇形气流调节器,促使气流经过气流入口和水箱中的水平通道以及垂直通道,携带超声波雾化发生器产生的水雾进入湿气流腔,最后经气流出口进入婴儿室。

装置中由水位控制阀给水槽注水,并将水位控制在水位线以下。若水槽的水量减少,则由于水位

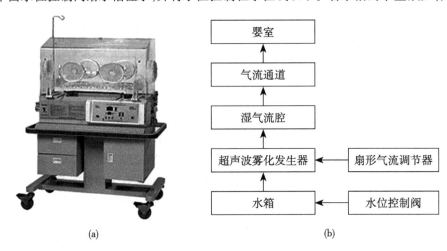

图 5-5-6　医用婴儿培养箱

（a）实物图；（b）湿度发生与控制器的原理图

控制阀浮子的重力作用而使水注入水槽中。超声波雾化发生器的雾量调节电位器的调节杆与扇形气流调节器的调节杆为齿轮连结而形成联动,且雾量调节电位器先于气流调节器关闭。当婴儿培养箱中湿度传感器的示值达到医嘱要求时,计算机控制扇形气流调节器可以使超声波雾化发生器关闭,也使扇形气流调节器的扇叶气流口关闭,气流由干燥空气气流口直接至气流出口进入婴儿室。这样婴儿培养箱内的湿度环境就得到了很好的控制。

（吴春生　易长青　万浩）

思考题

1. 消除液接电位可能方法有哪些?
2. 离子选择电极的检测下限由哪些因素决定?
3. ISFET 的结构与工作原理之间有何联系?
4. 气体传感器不同敏感原理之间有何区别和联系?
5. 绝对湿度和相对湿度的检测方法有何异同?

参考文献

1. 韩悦文,陈海燕,黄春雄 . 光纤技术在湿度传感器中的应用 . 光纤与电缆及其应用技术,2008,6:5-8.
2. 孙慧明,张筱朵,吴剑,等 . 基于 MEMS 工艺的压阻式湿度传感器的设计制作 . 传感技术学报,2008,21(5):769-772.
3. 张学记,鞠熄先,约瑟夫王 . 电化学与生物传感器——原理、设计及其在生物医学中的应用 . 张书圣,李雪梅,杨涛,译 . 北京:化学工业出版社,2009.
4. 左伯莉,刘国宏 . 化学传感器原理及应用 . 北京:清华大学出版社 . 2007.
5. Asad M,Sheikhi MH. Surface acoustic wave based H_2S gas sensors incorporating sensitive layers of single wall carbon nanotubes decorated with Cu nanoparticles. Sens Actua B Chem,2014,198(3):134-141.
6. Jiang G,Goledzinowski M,Comeau FJE,et al. Free-Standing Functionalized Graphene Oxide Solid Electrolytes in Electrochemical Gas Sensors. Adv Func Mater,2016,26(11):1729-1736.
7. Koley G,Liu J,Nomani W,et al. Miniaturized implantable pressure and oxygen sensors based on polydimethylsiloxane thin films. Mater Sci Eng C,2009,29:685-690.
8. Shawkat Ali, Arshad Hassan, Gul Hassan, et al. All-printed humidity sensor based on gmethyl-red/methyl-red composite with high sensitivity. Carbon,2016,105:23-32.
9. Wang Z,Huang L,Zhu X,et al. An Ultrasensitive Organic Semiconductor NO_2 Sensor Based on Crystalline TIPS-Pentacene Films. Adv Mater,2017,29(38),1703192.
10. Zhao J,Li N,Yu H,et al. Highly Sensitive MoS_2 Humidity Sensors Array for Noncontact Sensation. Adv Mater,2017,29(34),1702076.

第六章

生物量传感技术

　　生物传感器(biosensor)是一种利用生物活性物质选择性地识别和测定各种生物化学物质的传感器,其研究最早开始于20世纪60年代的酶电极。20世纪70年代中期开始先后出现了酶传感器、微生物传感器及免疫传感器、核酸传感器(以DNA传感器为代表),以后又相继出现了细胞传感器、组织传感器等传感器类型。生物传感器具有选择性好、测定速度快、灵敏度高等优点,已在生物医学研究、食品安全和环境检测等多个领域得到较好的应用。生物传感器是介于信息和生物技术之间的新兴学科,随着生物医学与微电子学、光电子学、微机电系统(microelectromechanical system,MEMS)等技术的不断发展,具有良好的发展与应用前景。

　　本章将酶传感器、免疫传感器、DNA传感器、受体及离子通道传感器,作为生物分子传感器进行统一介绍;在此基础上,对微生物细胞传感器、细胞代谢的测量、细胞阻抗的测量,以及细胞电生理的测量等细胞与组织传感器进行集中介绍;最后,我们将对(微阵列)生物芯片和纳米生物传感器进行介绍,重点突出了新型生物医学技术手段对生物传感器的推动和促进作用,并明确了其与传统生物传感器研究的区别与联系。

第一节　生物传感器概述

　　生物传感器一般由生物识别元件和信号转换单元组成,共同完成待测物的定量检测。利用生物材料进行分子识别,是生物传感器的重要特点。生物活性材料具有的高选择性和亲和性,决定了生物传感器对检测物质响应的特异性与灵敏性。

　　本节主要对生物传感器的基本概念、发展历史、组成与特性、主要识别元件,及其分类进行简要介绍。

一、生物传感器的概念与历史

(一)生物传感器的基本概念

　　1. 广义的生物传感器　简单讲,生物传感器是指一类能将生物响应转换为电信号的信息分析装置。生物传感器这一术语,也经常被用以描述测量物质浓度或其他具有生物学意义的参数,甚至哪怕其检测过程并不直接利用生物系统。即使这个十分广义的定义目前仍被一些学术期刊所使用,如著名的 *Biosensors and Bioelectronics*(生物传感器与生物电子学,Elsevier)杂志,但在本章我们将主要讨论与生物过程密切相关的狭义生物传感器类型。

　　2. 狭义的生物传感器　英国谢菲尔德大学原校长,*Biosensors and Bioelectronics* 杂志主编 Anthony P. F. Turner 教授,曾将生物传感器定义为一种精致的分析器件,它将一种生物的或生物衍生的生物活性敏感元件(biological sensing element)与相应的物理化学传感器(physicochemical transducer)相结合,用于产生与一种或一组待分析物相关的离散或连续的电信号。Turner 教授是生物传感器领域的国际知名专家,他的定义已被普遍用作生物传感器概念的经典诠释。

（二）生物传感器的研究历程

1. **催化代谢型生物传感器** 1956 年,被誉为生物传感器之父的 Leland C. Clark 教授(1918—2005,美国)发表了关于氧电极的具有划时代意义的论文,由此该氧电极以他的名字命名为 Clark 氧电极(Clark oxygen electrode)。1967 年,有人将葡萄糖氧化酶通过半透膜包覆在 Clark 氧电极的表面,设计了第一个酶电极-葡萄糖传感器,测定了溶液中葡萄糖的浓度,揭开了有机物无试剂分析(即无需对样品进行处理且分析迅速)的序幕,并由此将其推广用于体内其他生化物质的测量。从本领域整个研究历程看,葡萄糖传感器占据了生物传感器文献的绝大部分,并在商业化方面孕育了较多的成功应用。最早的生物传感器是催化型生物传感器(catalytic biosensor),该类传感器采用完整的生物酶、细胞组分、组织或整体的微生物同传感器相结合,通过电化学、光学及热学等不同转换技术,最终将生物催化响应转换为数字电信号进行测量。如果采用的是微生物,通过对其代谢的测量,达到生物催化的检测,也可称之为代谢型生物传感器(metabolic biosensor)。这类传感器也常被笼统地称为催化代谢型生物传感器。

2. **亲和型生物传感器** 2000 年,Turner 教授在 *Science* 中指出,第二代的生物传感器是亲和型生物传感器(affinity biosensors),它们与催化型生物传感器具有相似的测量理论,但增添了新的传感方式,如利用压电或电磁传感器,将机械形变、电压转化为可测质量或粘弹效应等。其主要代表是目前已获得良好开发、并被成功进行商业推广的石英晶体微天平(QCM)和表面等离子体共振(SPR)等现代生物传感技术。亲和型生物传感器能给出抗原-抗体的特异性结合、细胞受体与配体的相应结合、DNA 和 RNA 与其互补链序列配对等生物过程的实时信息。

生物传感器是快速发展的领域,其主要的推动力是医疗健康(health-care)产业。例如,西方国家约 6% 的人口患有糖尿病,我国在 2008 年公布的"中国糖尿病及代谢综合征流行病学调查"称,20 岁以上的人群中,糖尿病患病率已达 11%,另外还有 15% 的人血糖调节受损。若能快速、准确地进行葡萄糖检测,将使这部分人群直接受益。此外,生物传感器也受到食品质量、环境检测等领域的推动。无论在哪个领域,生物传感器的研发都是多学科交叉融合研究,涉及生物化学、物理化学、化学、电子科学及软件工程等多个学科门类。

（三）生物传感器的发展优势

生物传感器的迅速发展与它独特的功能和优点是分不开的,总体来说其优势主要表现在以下几个方面:

1. **特异性、敏感性高** 生物传感器利用生物元件的高特异性、高灵敏度等进行检测,如酶对作用底物的分析、抗原-抗体的特异性结合、受体与配体的结合、DNA 的互补杂交配对等,都是利用识别物与靶物质的高特异性和敏感性,所以具有较高精确度。

2. **反应速度快** 随着生物传感器的发展,越来越多的生物传感器都定位在直接测定分析物与敏感元件(即生物识别分子)的实时结合信息,快速完成对靶物质的检测分析。

3. **操作简便** 生物传感器主要是敏感元件和换能器整合在一起的有效检测系统,具有体积小、成本低、操作简单等优点,便于携带与现场检测,一般不需要样品前处理,避免了实验室的长时间、多步骤操作。

4. **可连续测量** 生物传感器可再生和再使用固定的生物识别元件,对待检样品可进行多次和连续测定,能实现连续检测和在线分析。

5. **高通量集成检测** 随着微纳米技术的发展和各种生物自组装技术的应用,生物传感器单元的密度越来越高,使得高通量检测成为一种趋势。另一方面,集成芯片的功能单元也趋于多样性,特别是一种生物检测中涉及的多种操作倾向于在同一张芯片上完成,这与芯片操作简单化的理念是一致的。

上述是生物传感器的共有优势,也可以理解为理想生物传感器的特点。针对不同的类型,生物传感器具有各自的特点。比如电化学传感器具有测定选择性好、灵敏度高、可在有色甚至浑浊溶液中进行测量、易于微型化等优点，缺点是常受到电活性物质的干扰；光学传感器响应速度快、信号变化受电子或磁性干扰小，缺点是价格往往比较昂贵；而压电生物传感器能够动态地评价亲和反应，但实验中需要对其传感器进行校准。其他，如使用寿命、稳定性、可靠性、批量生产等都是生物传感器研究、应用和产业化必须解决的重要问题。

二、生物传感器的组成与特性

（一）生物传感器的组成与原理

生物传感器一般由信号识别与信号检测两部分组成（图 6-1-1），它巧妙地利用了生物活性物质对特定物质所具有的选择性反应或者亲和力这一分子识别功能的特点，来进行信号特异识别；并利用不同物理

图 6-1-1　生物传感器的组成示意图

或化学变化等引起的信号转换，实现生物量的定量或定性测量。以上所述，可以看成是生物传感器最基本原理的一个概述。传感器是生物传感器的关键部分，负责对伴随上述生化反应产生的物理化学变化进行传感测量。

（二）生物传感器的识别元件

利用生物物质进行特异性分子识别是传感器技术发展史上的一个重大突破。图 6-1-2 给出了不同生物敏感识别元件和后续传感元件的简单列表。识别元件与传感元件的不同组合，可以构建出不同用途的生物传感器类型。理论上说，任何生物分子功能单位均可作为生物识别元件用以构建生物传感器，但是目前发展相对成熟的生物识别元件主要包括以下生物活性物质：酶、抗原/抗体、核酸、受体和离子通道，以至全细胞或组织。

（1）酶（enzymes）：即催化某种特异性化学反应的高分子物质。存在于微生物或组织切片中的酶，可直接或经纯化后使用。

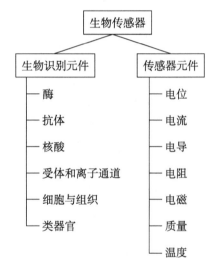

（2）抗体与抗原（antibodies and antigens）：抗原是诱发生物体的免疫反应并导致抗体产生的分子。抗体是一种 B 淋巴细胞产生的糖蛋白，能专一地识别诱发它们产生的抗原。

图 6-1-2　生物传感器的生物元件与传感元件

（3）核酸（nucleic acids）：是由许多核苷酸（胸腺嘧啶-腺嘌呤，胞嘧啶-鸟嘌呤）（adenine and thymine or cytosine and guanine）聚合成的生物大分子。

（4）细胞组分或全细胞（cellular structures or whole cells）：整个细胞或一些特殊的活性物质（如受体等），例如非催化性的受体蛋白、离子通道及细胞磷脂膜等，均可被用作生物传感器的生物识别元件。

（5）其他仿生识别分子，其识别是通过如受体、人工膜或模拟生物受体或离子通道等来实现生物传感器的设计。此类生物感受分子本章讨论较少。

（三）生物材料的固定化技术

生物元件和传感元件之间只有具备良好的耦合，生物分子的高选择性及信号之间的高效转换才有可能在生物传感器的设计中得以实现。从传统的传感器敏感元件角度看，生物活性物质无疑是该类传感器的敏感膜。所以，其关键问题在于如何将生物活性物质固定在各种传感器载体上，使之成为传感器的敏感膜，从而具备稳定、可重复使用、操作简单、使用方便、能直接进行底物分析等性能和特

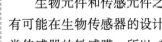

点,最终达到实用的目的。除了上述目的外,如何降低因非特异性吸附、反应等导致的检测噪音,也是生物材料固定化的重要目的之一。因此,生物材料在传感器器件表面的固定化被看作是生物传感器设计与研究中最关键的技术。

一般来说,生物识别元件和传感元件可通过图 6-1-3 所示的脂膜包埋(membrane entrapment)、物理吸附(physical adsorption)、基质吸附(matrix entrapment)及共价结合(covalent bonding)等途径进行耦合。脂膜包埋通常采用一个半透膜对生物识别元件与待测物进行隔离,而传感元件则与识别元件紧密贴近。物理吸附依赖于范德华力(Van der Waals forces)、疏水作用力(hydrophobic forces)、氢键(hydrogen bonds)及离子作用力(ionic forces)将生物材料贴附在传感器表面。基质吸附往往采用多孔材料在生物材料四周形成孔内镶嵌基质,并将其与传感器连接。共价结合则是利用可供生物材料连接的活性基团对传感器表面进行修饰,最终通过共价结合的方式将其固定在传感器表面。

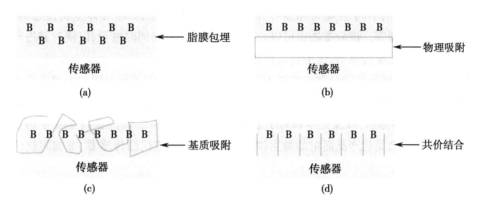

图 6-1-3 生物传感器的生物识别元件和传感元件的耦合方式
(a)脂膜包埋;(b)物理吸附;(c)基质吸附;(d)共价结合

上述几种生物识别元件和传感元件的耦合方式是对所有生物传感器类型的固定化技术的概括和简单示意,具体到各种不同的传感器类型或不同的传感器表面材料,则可能需要采用不同的固定技术。例如,在传统的酶传感器、微生物传感器研究中,夹心法、吸附法、包埋法、共价交联法等不同固定化方法已经建立;而在核酸传感器、免疫传感器的研究中,针对 DNA、抗原、抗体的分子自组装技术近年来得到了快速的发展;受体和离子通道的传感器构建,则更多依赖于以双层类脂膜构建的脂双分子层作为其主要的支撑体系;细胞和组织传感器的研究,则完全依赖于细胞的体外培养模式,尤其注重细胞在微器件表面的良好贴壁生长。

对于不同传感器类型的生物材料固定化技术,后续将进行介绍。其中,以酶的固定化技术最为详细,其他传感器类型则根据需要进行补充与说明。

（四）生物传感器的主要特性

生物传感器的主要特性包括特异性、敏感性、稳定性、重复性等。

1. 特异性与敏感性 特异性(specificity)和敏感性(sensitivity)是现有生物传感器具有的两个最重要的基本特性。传感器的特异性主要取决于生物识别元件的特性,因为是这些生物识别元件直接地同待测物进行生物化学作用。敏感性则同时取决于生物敏感元件及后续的传感元件,因为任何一个生物传感器都应该包含一个有效的生物分子-待检测物反应及紧接着的一个传感元件的高效信号转换程,两者之间紧密结合。

与化学传感器等其他传感器相比,生物传感器具有一个独特的优点,即生物优化的分子识别使得生物传感器通常都具有非常显著的特异性。例如,在抗原-抗体反应中,抗原是指能刺激人或动物机体产生相应抗体的物质,抗体可以以极高的特异性识别并结合到抗原上。目前实现的生物传感器所具有的特异性程度,以及在大多数情况下的测量敏感性,均远高于几乎所有的化学传感器。

2. 稳定性与重复性 生物传感器在通过复杂生物分子实现良好特异性及敏感性的同时,也导致了其不稳定性。换言之,即如何有效保持这些物质的生物活性。可以通过很多方案来限制或修饰生物敏感元件的结构以延长它们的寿命,保持其生物活性。所以,稳定性(stability)也是生物传感器设计中的一个重要问题,这将会直接影响到传感器的输出稳定性,以及检测结果的重复性(repeatability)。

三、生物传感器的分类

根据生物识别元件的不同,生物传感器可分为酶传感器、抗原/抗体传感器、核酸传感器、受体传感器、离子通道传感器、细胞传感器、组织传感器等多种类型。其中,抗原/抗体传感器的机制是其免疫识别功能,因而常被称为免疫传感器。核酸传感器中最常见的类型是 DNA 传感器,因而常被称为基因传感器,笼统地包含了 RNA 传感器或其他核酸传感器。

根据信号转换方式的不同,生物传感器可分为电化学生物传感器、半导体生物传感器、光电生物传感器、压电生物传感器等。该分类法也可以与生物识别元件分类同时进行,以便对其进行更为直接准确的描述,例如酶电化学传感器、压电免疫传感器等。

本章将采用生物识别元件的分类方法对不同类型的生物传感器进行介绍。为便于读者理解和篇幅安排,从生物分子传感器、细胞与组织传感器两大类型展开。生物分子类传感器主要包括酶传感器、免疫传感器、DNA 传感器,以及受体和离子通道传感器;细胞和组织传感器主要包括了近年来获得快速发展、并且均有商品化产品面世的微生物细胞传感器、细胞代谢传感器、细胞阻抗传感器和细胞外电位传感器等。

第二节　生物分子传感器

生物分子传感器是以酶、蛋白质、受体、抗原、抗体、核酸等生物活性物质为敏感与识别元件,将生物分子的相关信息通过物理、化学反应及相应的转换,以电信号形式输出的一种生物传感器。生物分子传感器具有高度选择性、敏感性和特异性,能在分子水平对物质进行快速、微量分析,因而被广泛应用于食品工业、环境保护、临床诊断、发酵工程等众多领域,为食品检验、环境监测、医疗检查、药物分析提供了一种有效的检测、监控方法与技术。

根据分子识别元件的不同,生物分子传感器可分为:酶传感器(enzyme sensor)、免疫传感器(immunosensor)、DNA 传感器、受体与离子通道传感器等;根据信号转换元件的不同,生物分子传感器可分为:生物电极(bioelectrode)传感器、半导体生物传感器(semiconductor biosensor)、光生物传感器(optical biosensor)、热生物传感器(calorimetric biosensor)、压电晶体生物传感器(piezoelectric biosensor)等。根据被测目标与分子识别元件的相互作用方式可分为生物亲和型生物传感器(affinity biosensor)、代谢型或催化型生物传感器。本节将以酶生物传感器、免疫传感器、DNA 传感器,以及受体和离子通道传感器为例分别从传感器的生物学基础、固定技术、测量原理及应用等方面进行介绍。

一、酶生物传感器

(一)酶的生物特性

酶(enzyme)是生物体内具有催化作用的一种多肽类蛋白质,它在催化过程中能大幅降低反应活化能,减小反应“能阈”,提高生化物质,即底物(substrate)的反应速率。

相比化学催化剂,酶的催化作用具有更高的专一性。当酶蛋白与底物分子接近时,受底物分子的诱导,其构象会发生有利于底物结合的变化,这种诱导契合的作用方式正体现了酶蛋白作用的专一性;酶与底物反应形成的酶底物分子复合物,在一定条件下重新生成新的产物,同时释放酶。此外,酶在反应中具有高度特异性与选择性,这是酶传感器研制的生物学基础。

（二）酶的固定化技术

酶生物传感器（enzyme biosensor）的敏感性主要由酶-底物复合物的产生过程及后续转化过程中的最大亲和力所决定。因此，酶的固定是该类传感器研制的关键环节。酶固定化的研究目前已有很大进展，主要包括基于载体的酶固定化技术、无载体酶固定技术和酶的定向固定化技术。

1. **基于载体的酶固定化技术**　分为传统载体和新型载体两类。传统载体的酶固定化技术包括吸附法、化学交联法、共价结合法和物理包埋法。

吸附法（adsorption）是最早采用的酶固定化方法，包括离子交换吸附和物理吸附。该方法通过酶的分子极性键、氢键、疏水键的作用把酶吸附到传感器表面的相应载体上，条件温和，不易破坏酶的构象，对酶的催化活性影响较小；但酶和载体之间相互作用弱，在高盐、高温和不当的 pH 环境下，酶很容易从载体上脱落并对催化产物产生污染。若能找到适当的载体、严格控制实验条件，吸附法不失为一种良好的酶固定化方法。

化学交联（cross-linking）主要利用双功能或多功能试剂的功能基团与蛋白质中的氨基、酚基等发生共价交联，使酶分子之间或酶分子与惰性载体之间发生共价结合，形成网状结构。交联法广泛用于酶膜和免疫分子膜的制备，且操作简单、结合牢固。但利用该法进行酶固定时需要严格控制 pH、谨慎调节交联剂的浓度。

共价结合（covalent bonding）是通过酶分子上非活性部位功能团与载体表面反应基团进行共价结合，从而实现不可逆的酶固定方法。结合方式包括：①先对载体有关基团进行活化，然后再与酶有关的基团发生耦联反应；②在载体上附着双功能试剂，然后将酶耦联上去。该固定法结合牢固，蛋白质分子不易脱落，载体不易被生物降解，使用寿命长；但条件苛刻，操作繁杂，酶活性可能因为发生化学修饰而降低，制备高活性的固定化酶比较困难。

物理包埋（physical entrapment）是将酶分子包埋并固定在高分子聚合物空隙中的一类方法。由于包埋过程一般不涉及化学修饰，因此对生物分子活性影响较小；膜的几何形状和孔隙大小可任意控制，底物分子可在膜中任意扩散，被包埋物也不易渗漏。但是由于过大的底物分子在凝胶网格内扩散比较困难，因此不适合大分子底物的测定。

利用传统载体法进行酶固定时酶的活性极易损失，为此可在传统载体基础上通过磁、辐射、超声波、纳米技术处理，或光耦联法、等离子体法、电化学聚合法等新型技术制备高活性的固定化酶。

2. **无载体的酶固定化技术**　利用载体进行酶固定时，聚合物载体的存在大大降低了酶与大分子底物的结合程度与反应能力。而对无载体的酶进行固定时受底物影响小，酶具有较高的催化活性和催化比表面积，比有载体固定化酶的活性高 10~1000 倍；对高温等极端条件或有机溶剂的耐受性强，稳定性好，占用空间小，可补充更多的酶。因此，无载体的酶固定化技术目前引起了研究者的广泛关注。

3. **酶的定向固定化技术**　传统的酶固定化过程中，由于酶分子的不恰当取向或化学损伤导致酶的活性大大降低，而定向固定化技术解决了传统方法中酶与载体的随意结合、酶的活性低、活性位点不能充分暴露等问题，成为酶固定化研究的热点。目前比较成熟的酶定向固定化技术有共价固定法、氨基酸置换法、抗体耦联法、疏水定向固定法和生物素-亲和素亲和法。

（1）共价固定法：酶分子表面存在很多可利用的化学基团，选择性地利用酶分子表面远离活性位点的特定稀有基团（如巯基）进行反应，使该基团与载体上另一基团共价交联以固定酶蛋白。利用此法固定的酶蛋白结合牢固、稳定性好，不能被离子或非离子去污剂清除。

（2）氨基酸置换法：利用基因定点突变技术在蛋白质分子表面合适位置置换一个氨基酸分子，通过该氨基酸残基特殊的侧链基团控制固定方向。该固定法效率高，催化活性好。

（3）抗体耦联法：大多数抗体具有足够的稳定性承受各种活化与耦联。抗体分子中有很多官能团可通过赖氨酸的 ε-氨基或末端氨基、天冬氨酸的 β-氨基、谷氨酸的 γ-氨基或末端羧基进行耦联。

（4）疏水定向固定法：细胞黏着分子（cell adhesion molecules，CAMs）是介导细胞与细胞、细胞与底物黏着,细胞发育和细胞信号发生的物质。CAMs 和其他细胞表面分子通过疏水作用固定在脂质膜(如磷脂膜)上,接触位点处的糖蛋白通过神经酰胺疏水固定在细胞表面。疏水定向固定法可很好地保持蛋白分子的结构、生理活性及天然构象,且其固定效率高,通过非共价键结合,其过程可逆,用去污剂可终止或消除固定反应。

(5)生物素-亲和素亲和法:生物素是存在于所有活细胞内但含量甚微的中性小分子辅酶,亲和素是含有四个相同亚基的四聚体,每个亚基有一个生物素的结合位点。生物素与亲和素相互有高度的专一性和极强的亲和力,因而成为受体研究、蛋白质分离、免疫分析、基因工程等研究的重要手段。

(三)酶生物传感器的检测原理及应用

酶生物传感器主要由分子识别元件(固定化酶膜)和信号转换器(基体电极)两部分构成。当酶膜对被测物质敏感并发生酶促反应时,产生的活性物质通过基体电极将反应中的化学信号转换为电信号输出。目前已被广泛用于医学的生化分析与临床检验,下面将以葡萄糖生物传感器、乳酸酶电极传感器的应用为例介绍酶生物传感器的检测原理。

1. 葡萄糖生物传感器　商业上最成功的生物传感器是基于安培法的葡萄糖传感器。历史上最早的葡萄糖生物传感器实验是由 Leland C. Clark 开始的,他们利用酶固定法与离子敏感氧电极技术结合,实现了对葡萄糖含量的测定,开创了酶传感器乃至生物传感器的先河。目前,也有研究利用电化学葡萄糖传感器通过对葡萄糖浓度的测量来评估癌细胞扩散的速率,为癌细胞及其生长的评估提供了一种诊断手段。

葡萄糖传感器基本上由酶膜和 Clark 氧电极或过氧化氢电极组成。如图 6-2-1 所示,在葡萄糖氧化酶(glucose oxidase,GOD)的作用下,葡萄糖($C_6H_{12}O_6$)发生氧化反应,消耗氧而生成葡萄糖酸内脂(gluconolactone,$C_6H_{10}O_6$)和过氧化氢(H_2O_2),此过程可用式 6-2-1 描述。还原态 GOD 经过反应后生成过氧化氢及氧化态 GOD,GOD 回到最初状态并可与更多的葡萄糖反应。葡萄糖浓度越高,消耗的氧就越多,生成的 H_2O_2 就越多。氧的消耗及过氧化氢的生成均可被铂电极所检测,这就是测量葡萄糖浓度的原理及方法。

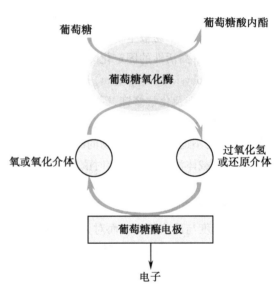

图 6-2-1　葡萄糖酶电极传感器的检测机制

$$C_6H_{12}O_6+O_2 \xrightarrow{\text{GOD}} C_6H_{10}O_6+H_2O_2$$

$$(6-2-1)$$

根据酶电极的氧化还原方式及是否使用电子转移媒介体,可将葡萄糖传感器分为氧电极葡萄糖传感器、过氧化氢电极葡萄糖传感器、介体型葡萄糖氧化酶传感器和直接电催化葡萄糖传感器。

(1)氧电极葡萄糖传感器:电流型葡萄糖氧化酶传感器若使用氧电极作为葡萄糖检测的换能元件,一般以铂电极(-0.6V)为阴极,Ag/AgCl 电极(+0.6V)为阳极,电极对氧的响应产生电流。利用此种电极测量葡萄糖的装置称为氧电极葡萄糖传感器,其反应过程如式(6-2-2)和式(6-2-3)所示。

$$2H^+ + O_2 + 2e^- \longrightarrow H_2O_2 \tag{6-2-2}$$

$$H_2O_2 + 2H^+ + 2e^- \longrightarrow 2H_2O \tag{6-2-3}$$

Clark 氧电极是使用最广泛的液相氧传感器,用以测定溶液中溶解氧的含量。其主要由一个阳极和一个阴极电极浸入溶液所构成。氧通过一个半透膜扩散进入电极表面,并在阳极减少,同时产生一个可测电流。酶促反应以及微生物呼吸链中的氧化磷酸化(oxidative phosphorylation)使得电子流入氧电极,从而被电极所测量。若用一个特氟龙(Teflon)膜将电极部分与反应腔隔离,使氧分子穿透并到达阴极,在那里电解消耗氧,产生的电流电位可被记录。根据此原理可对反应液中的氧活性进行测量。使用中可采用搅拌装置控制溶液中的溶解氧通过电极膜的速率,以确保电流与溶液中的氧活性成一定的比例。Clark 氧电极在免疫传感器、微生物传感器中同样得到了广泛的应用。

(2)过氧化氢电极葡萄糖传感器:在电流型葡萄糖氧化酶传感器中若以铂电极作为阳极、Ag/AgCl 电极为阴极,则电极就可对过氧化氢响应并产生电流,利用此种电极测量葡萄糖的装置称为过氧化氢电极葡萄糖传感器,其反应过程如式(6-2-4)所示。

$$H_2O_2 \longrightarrow H_2O + O_2 + 2e^- \tag{6-2-4}$$

过氧化氢电极传感器的主要优点是易于制备和便于小型化。但是,这种电极在工作时需要施加正电压,因而容易造成检测溶液中其他物质被电氧化,进而干扰检测电流。

(3)介体型葡萄糖氧化酶传感器:主要通过增加化学修饰层来扩大基体电极可测化学物质的范围并提高检测灵敏度。基体电极经修饰后相当于一个改进的信号转换器,这种修饰剂即为电子转移媒介体(mediator,简称介体),可促进电子传递、加速电极反应、降低工作电位、排除其他电活性物质的干扰。电流型酶电极多以分子氧作为生物氧化-还原反应的电子受体,当环境缺氧或氧分压不断变化时将会影响测量结果的准确性。因此,利用介体取代 O_2/H_2O_2 在酶反应和电极间进行电子传递的介体酶电极得到了快速的发展。

以二茂铁(ferrocene)及其衍生物为介体的葡萄糖传感器是一个非常成功的应用。将 GOD 固定在石墨电极上,以水不溶性二茂铁单羧酸为介体,在电极对葡萄糖的响应过程中,二茂铁离子作为 GOD 的氧化剂,并在酶反应与电极过程间迅速传递电子。介体酶电极仅用较低工作电压(0.22V)即可使介体氧化,有利于减少其他较低氧化-还原电势物质的干扰;由于二茂铁离子不与氧反应,故传感器对氧不敏感,可在缺氧或氧浓度易变的场合下使用;二茂铁离子与还原的 GOD 之间的电子传递快,因而电极响应速度快;二茂铁衍生物为水不溶性物质,可直接限制在电极表面,不必将介体投放到样品溶液中。

(4)直接电催化葡萄糖传感器:是指酶在电极上直接进行电催化,主要针对分子量较小的酶(如过氧化物酶)。其酶反应过程如式(6-2-5)所示,其电极反应过程如式(6-2-6)所示。

$$GOD_{ox} + glucose + H_2O \longrightarrow gluconolactone + GOD_{red} \tag{6-2-5}$$

$$GOD_{red} \longrightarrow GOD_{ox} + ne^- \tag{6-2-6}$$

由于分子结构的原因,使得酶与常规电极之间的直接电子传递较为困难,对于分子量较小的酶虽然能够直接进行电子传递,但是电子传递速率较慢。如果选择合适的试剂,将酶共价键合到化学修饰电极上,或将酶固定到多孔电聚合物修饰电极上,使酶氧化还原活性中心与电极接近,使得直接电子传递相对容易,从而实现酶的直接电化学检测。

2. 乳酸酶电极传感器　在酶生物分子传感器中,除了葡萄糖酶电极以外,乳酸酶电极传感器也得到了广泛应用。该类传感器一般为电流型酶传感器,采用乳酸氧化酶(lactate oxidase,LOD),可通过测定氧的消耗、CO_2 或 H_2O_2 的生成量来测定乳酸盐的含量,其反应过程如式(6-2-7)、式(6-2-8)所示。

$$CH_3CHOHCOO^- + O_2 \xrightarrow{LMD} CH_3COO^- + CO_2 + H_2O \tag{6-2-7}$$

$$CH_3CHOHCOO^- + O_2 \xrightarrow{LOD} CH_3COCOO^- + H_2O \tag{6-2-8}$$

通过 H_2O_2 生成量检测乳酸时,一般采用碳糊电极。由于 H_2O_2 在碳糊电极上难以氧化,反应时需要较高的工作电压。为了降低传感器的工作电压、增加响应电流，以及降低因血液中其他电化学活性物质（尿酸、抗坏血酸等）的氧化而产生干扰电流，可采用人工电子传递剂如铁氰化钾来代替氧。这种介体型乳酸传感器反应原理如式（6-2-9）至式（6-2-12）所示。乳酸在乳酸氧化酶的催化下变成丙酮酸（pyruvate），同时乳酸氧化酶夺得电子，由氧化态变为还原态〔式（6-2-9）〕；铁氰化钾（$K_3[Fe(CN)_6]$）从氧化酶夺取电子变为亚铁氰化钾（$K_4[Fe(CN)_6]$）〔式（6-2-10）〕。此时，亚铁氰化钾在工作电极上产生氧化电流〔式（6-2-11）〕，铁氰化钾在对电极产生还原电流〔式（6-2-12）〕。

$$\text{Lactate} + \text{LOD}_{ox} \longrightarrow \text{pyruvate} + \text{LOD}_{red} \tag{6-2-9}$$

$$\text{LOD}_{red} + [Fe(CN)_6]^{3-} \longrightarrow \text{LOD}_{ox} + [Fe(CN)_6]^{4-} \tag{6-2-10}$$

$$[Fe(CN)_6]^{4-} \longrightarrow [Fe(CN)_6]^{3-} + e^-（工作电极） \tag{6-2-11}$$

$$[Fe(CN)_6]^{3-} + e^- \longrightarrow [Fe(CN)_6]^{4-}（对电极） \tag{6-2-12}$$

二、免疫传感器

（一）免疫传感器的生物基础

抗体（antibody），是由机体 B 淋巴细胞和血浆中的细胞分泌产生，可对外界物质产生反应的一种血清蛋白。外界物质因其能引发机体免疫反应，因此被称为免疫原（immunogen），即抗原（antigen）。抗原-抗体反应（antigen-antibody reaction）具有极高亲合力和低的交叉反应，被认为具有很强的特异性。其相互作用的强度是由抗原决定簇和抗体结合位点的互补程度决定的。抗原抗体复合物（Ag-Ab complex）中的结合力主要是非共价力，比如静电作用、氢键、疏水键和范德华力等。

（二）抗原抗体的固定

免疫传感器（immunosensor）主要利用固定化抗体（或抗原）与其相应的抗原（或抗体）发生的特异性结合，使传感器上生化敏感膜的特性发生变化从而实现检测。如何将抗体、抗原固定在传感器的表面显得尤为重要。由于传感器表面材料各异，且与抗原或抗体的结合特性各不相同，因而需根据具体情况选择合适的固定法。在酶生物传感器的章节中介绍了固定生物识别元件的常用方法，抗体或抗原的固定可参考进行。此处主要对生物素-亲和素自组装膜法、戊二醛交联法、蛋白 A 共价连接等几种间接固定法进行介绍。

1. 生物素-亲和素自组装膜　在抗原、抗体间接固定法中，生物素-亲和素体系（biotin-avidin system，BAS）和自组装单层膜（self-assembled monolayer，SAM）主要通过硫醇、亲和素等物质在传感器表面和抗体之间建立连接。实践证明，通过化学反应共价结合的方式是载体表面固定抗体的最佳方法。自组装膜的活性官能团（如—COOH、—NH_2、—OH 等）在与生物分子耦联前必须被活化。

2. 戊二醛交联　晶体金属表面建立一层惰性疏水物质，主要是聚乙烯亚胺、3-氨丙基三乙氧基硅烷（(3-aminopropyl)triethoxysilane，APTES）和半胱氨酸，然后再用戊二醛（glutaraldehyde，GA）作为交联试剂与抗原或抗体结合。戊二醛是一个常用的双功能基试剂，很容易使蛋白质交联，这种交联是通过蛋白质中赖氨酸残基进行的。该法主要缺点是反应难以控制，形成的酶/蛋白质层蓬松、坚固性差，所需生物样品多。

3. 蛋白 A 共价连接　蛋白 A（protein A）是从 A 型金黄色葡萄球菌分离得到的一种细胞壁蛋白，其含有四个与免疫球蛋白分子可结晶片段（Fc 片段）高亲和力结合的位点。蛋白 A 分子与电极表面的金原子之间依靠分子间的作用力可以紧密地结合，又能和人及多种哺乳动物血清中 IgG 的可结晶片段（Fc 片段）结合，因此常被用于金电极上抗体的定向固定。这种结合方法能使抗体与抗原决定簇发生键合的活性中心所在的抗原结合片段（Fab 片段）裸露在修饰膜的外层而伸向流动相，从而使抗原结合位点远离固定相表面，易与待测物反应。并且可通过选择合适 pH 和离子强度以改变蛋白 A 与抗体的亲和能力，容易实现免疫传感器的再生。

（三）免疫传感器的基本原理及应用

免疫传感器是利用抗原与抗体之间存在特异性互补结构的特性而构建的一种新型生物传感器，由免疫识别（即传感器表面抗原-抗体的特异性反应）和信号转换（传感由特异性结合导致的光学的或电学的参数变化）两部分组成。由于免疫传感器具有分析灵敏度高、特异性强、使用简便等优点，目前已广泛应用到临床诊断、微生物检测、环境监测及食品分析等诸多领域。

免疫传感器的原理基础是免疫反应。具有高特异性和高灵敏度的抗原-抗体反应，已被广泛应用于包含抗体成分的诸多免疫测定（immunoassay）中。免疫测定虽已广泛用于临床分析，但其从样品的采集到结果的输出需要的时间过长，不适用于预警系统和过程控制。免疫传感器的出现部分地弥补了免疫测定的不足，它实质上是结合高特异性、高灵敏度的实验室免疫测定，制备更加简单的抗体诊断测试手段。

1. 电化学免疫传感器　是由免疫分子识别系统和电化学转换器组合而成，是一种将电化学分析与免疫测量相结合的技术。此类传感器以抗原/抗体作为分子识别元件，与电化学传感元件直接接触，通过传感元件把某种或者某类化学物质浓度信号转变为相应的电信号。依据检测信号的不同可分为电位型、电流型、电导型、电容型电化学免疫传感器。这类生物传感器具有响应速度快、灵敏度高、选择性强、操作简便等特点。

（1）直接型（非标记型）电化学免疫传感器：利用抗原或抗体在水溶液中两性解离和等电点的特性，将抗原或抗体固定在电极表面或膜上，当另一种与之结合形成复合物时，引起膜电荷密度的改变和离子迁移的变化，从而导致膜电位改变。

图 6-2-2 为抗原抗体固定的两种方案：一种是在膜的表面结合抗体（或抗原），用传感器测定抗原-抗体反应前后的膜电位；另一种是在金属电极的表面直接结合抗体（或抗原）作为感受器，测定与抗原-抗体反应相关电极的电位变化。

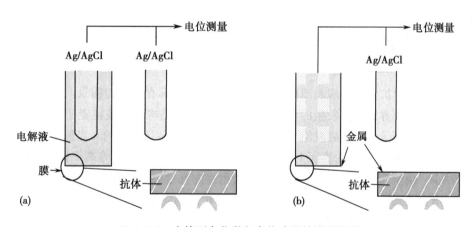

图 6-2-2　直接型电化学免疫传感器的测量原理
（a）固定抗体于膜表面的测定方法；（b）固定抗体于金属电极表面的测定方法

检测抗原时，抗体膜为感受器；反之，检测抗体时，抗原膜则成了感受器。当抗原膜或抗体膜与不同浓度的电解质溶液接触时，膜电位将受到膜的电荷密度、电介质浓度、浓度比和膜相离子的输送率等多种因素的影响。因此，当抗原或抗体膜表面发生抗原-抗体结合反应时，膜电位将会产生明显的变化。早期有研究利用此原理对人血清中的梅毒（*Treponema pallidum* antibody for syphilis）抗体、人血清白蛋白（human serum albumin，HAS）进行了测定，并完成了血清的鉴定。

非标记免疫电极的特点是不需要额外试剂、装置简单、操作容易、响应快，不足之处是样品需要量较大、灵敏度较低、非特异性吸附容易造成假阳性结果。

（2）间接型（标记型）电化学免疫传感器：固定化的抗原或抗体在与之相应的抗体或抗原结合时，自身的生物结构将发生变化，但这个变化比较小，不易被检测到。为使抗原抗体结合时产生比较明显的化学量改变,可借助于酶的化学放大作用。在免疫测定中,无论是夹心法还是竞争法,都是通过标记的酶催化其底物发生化学变化进行生物化学放大的,最终导致分子识别系统的环境产生比较大的改变。

酶标记型电化学传感器属于间接型免疫电化学传感器,这类研究将免疫的专一性和酶的灵敏性融为一体,所以可对低含量物进行检测。常见的标记酶有:辣根过氧化物酶、葡萄糖氧化酶、碱性磷酸酶和脲酶。无论是电位型还是电流型的酶标记免疫传感器,都可归结为是对还原型辅酶 I(NADH)、苯酚、O_2、H_2O_2 和 NH_3 等电活性物质的检测。

在电化学免疫传感器的研究中,与非标记免疫传感器相比,标记免疫传感器所需样品量少,一般只需要数微升至数十微升,灵敏度高,选择性好,可作为常规方法使用,目前更具实用性。这类传感器的不足是需加标记物,操作过程相对复杂。

2. **光学免疫传感器**　传统的化学分析技术如光谱分析(optical spectroscopy)、磁共振(nuclear magnetic resonance)、电化学测量(electrochemical measurements)很大程度上都还不能实现在背景噪声和其他非特异性干扰存在的情况下对微弱信号的检测。目前趋向于测量不同界面的相互作用参数,比如折射率(refractive index)、介电常数(dielectric constant)等以检测输出的变化。基于表面等离子体共振(surface plasmon resonance,SPR)的生物传感器系统的研制与开发,是分子传感器的一个重要突破,并被成功用于免疫传感器的研究(图 6-2-3)。

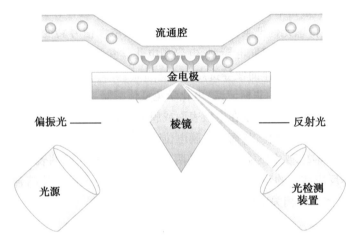

图 6-2-3　SPR 测量原理示意图

对于直接测量抗原抗体在溶液表面的相互作用,SPR 分析具有良好的前景。SPR 是一种当光束直接照射在金属与玻璃界面时所发生的等离子共振现象,通常是将玻璃棱镜置于金或银金属层之上进行构建的。表面等离子体是电磁波沿着金属和电介质间界面传播形成的。当偏振光以表面等离子体共振角(resonance angle)入射在界面上发生全反射时,若入射光被表面等离子体大量吸收,则界面反射光显著减少。由于 SPR 对金属表面电介质的折射率非常敏感,不同电介质其表面等离子体共振角不同。同种电介质,其附在金属表面的量不同,则 SPR 的响应强度不同。共振角对在分界面以上距离实际金属表面大约 1000nm 处的折射率和介电常数的变化敏感,且随着表面距离的增加,灵敏度成指数下降。将抗体固定于 SPR 表面,可以测得一个共振角的偏移,而一旦抗原与抗体特异性结合,则会有更大的改变。对典型的生物传感系统来说,这些结合引起的共振角的改变可将其表达为共振单位(resonance units,RU),其近似线性地正比于所结合抗原(或抗体)的浓度。

通过 SPR 技术构建的免疫传感器无需对分析物预先标记、样品用量少,能进行直接、实时、原位、在线监测,可分析抗原抗体分子间的相互作用、生物分子结合与解离的动力学过程、生物分子的结构和功能关系。随着 SPR 技术的不断发展及商业化,其被广泛应用于多种类型生物传感器的研究,如 DNA 传感器、酶传感器、细胞传感器等。SPR 型免疫传感器在应用中已体现出其独特的优势,但其所需仪器相对昂贵、成本高,对低分子量、低浓度样品的分析灵敏度不够高。

3. **压电免疫传感器**(piezoelectric sensor)　是利用某些电介质受力后可产生压电效应以及基于压电效应的质量-频率关系而研制的传感器。压电免疫传感器是利用压电晶体对质量变化的敏感性以及抗原抗体结合的特异性特点而形成的一种新型生物检测系统,常被称之为石英晶体微天平

（quartz crystal microbalance，QCM），可用于多种抗原或抗体的快速、定量检测及反应动力学研究。此类传感器克服了传统免疫检测费时、昂贵及需要标记等不足，在临床实验室诊断、病原微生物检测和食品安全监测等领域有着广泛的应用前景。

压电传感器频率变化和质量变化的量化关系用著名的 Sauerbrey 方程表示，见式（6-2-13）。

$$\Delta f = -\frac{2f^2}{\sqrt{\rho_q \mu_q}}\Delta m = -C_f \Delta m \qquad (6-2-13)$$

式中：Δf——单位面积下质量变化（Δm）引起的频率变化；

f——晶体的固有频率；

ρ_q——石英的密度；

μ_q——石英薄膜的剪切系数。

Sauerbrey 方程是 QCM 的理论基础，从方程中可看出，压电石英晶体谐振频率的改变与晶体表面质量负载的变化呈负相关。

图 6-2-4（a）为一种 QCM 的组装结构。该传感器将金电极放置于 AT 压电石英晶振薄片上下表面，利用在晶体共振时的辐射频率电压来激励晶体振动。利用图 6-2-4（b）所示的测试系统可检测到频率与电导的关系〔图 6-2-4（c）〕、晶体频率的变化情况〔图 6-2-4（d）〕。从测试结果看，QCM 的检测灵敏度很高，可用于微小质量变化的测量。有研究曾采用自组装固定抗体的方法，构建了用于检测大肠埃希菌 O157:H7 的免疫生物传感器。

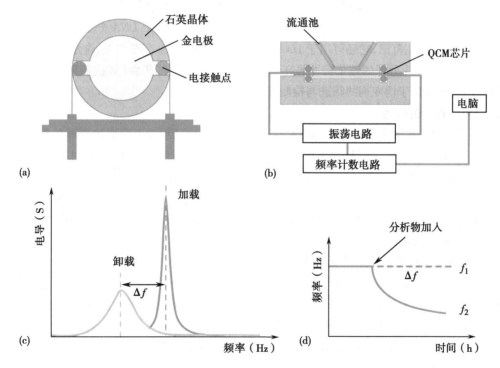

图 6-2-4 QCM 传感器

（a）QCM 的组装结构；（b）QCM 的测试系统；（c）QCM 检测的频率与电导关系图；（d）QCM 检测的晶体频率变化图

与常规酶联免疫反应检测法相比，QCM 检测无需标记，且假阳性反应低，因而被尝试用于柯萨奇病毒（coxsackie virus）、肝炎病毒（hepatitis virus）、疱疹病毒（herpes virus）、登革热病毒（dengue virus）及人类免疫缺陷病毒（human immune deficiency virus，HIV）等多种感染性疾病病毒的检测。但是，由于 QCM 传感器在液相中的灵敏度不如在气相中的高，且在液相中受 pH、黏度、离子浓度等众多因素的影响,可能会降低靶标物测量的准确性和精确度。如何有效地减少干扰、优化检测条件,提高检测的灵敏度、准确度,仍需不断地探索与研究。

三、DNA 传感器

随着人类基因组计划的实施与完善,通过基因检测等技术对人体、病毒和细菌核酸中特定碱基序列的检测,已经逐步在临床诊治、食品安全、法医鉴定和环境监测等领域开始发挥越来越重要的作用。大规模的基因分析要求使用更简便、迅速、廉价和微型化的检测装置。利用 DNA 双链的碱基互补配对原则发展起来的 DNA 传感技术近年来受到生物工作者的高度青睐。以 DNA 分子作为敏感元件,与电化学、SPR 和 QCM 等技术相结合,开发出无需标记、能给出实时基因结合信息的 DNA 传感器(DNA sensor),已成为现代生物分子传感器研究的重要内容之一。

(一)DNA 传感器的生物学基础

DNA 生物传感器的识别机制涉及脱氧核糖核酸(DNA)或者核糖核酸(RNA)的基因杂交。核酸(DNA、RNA)是生物体中最基本的遗传物质,也是遗传信息的复制、传递和储存的重要基础。近二十年来,以核酸作为生物识别元件的生物传感器和生物芯片(biochip)技术颇受人们的关注。腺嘌呤:胸腺嘧啶(A:T)和胞嘧啶:鸟嘌呤(C:G)在 DNA 中的互补配对是 DNA 生物传感器特异性识别的基础,此类传感器也经常被称作是基因传感器(gene sensor)。如果已知某一段 DNA 分子序列的组成,将双链 DNA(double stranded DNA,dsDNA)解成单链 DNA(single stranded DNA,ssDNA)作为探针(probe)固定在电极表面,按照碱基互补配对原则与探针 DNA 分子互补的序列杂交,其杂交过程及其产生的变化可以通过传感器转换成便于记录、分析的电信号、光信号或者声音等物理信号。

通过近年来的快速发展,DNA 传感器实际已经超出了完全借助于 DNA 分子杂交来对特定 DNA 序列(目的基因)的检测范围,它还可用于 DNA 的其他检测,如 DNA 存在与否、含量多少及片段大小;以电化学为代表的 DNA 分子的理化特性研究,甚至可用与研究某些药物(如抗癌药物、致癌剂等)与 DNA 的相互作用,或用于诱变剂的筛选与检测等。

(二)DNA 探针的固定

DNA 探针是以病原微生物 DNA 或 RNA 的特异性片段为模板,人工合成的带有放射性核素或生物素标记的单链 DNA 片段。单链 DNA 探针的固定是 DNA 传感器制备中的首要问题,探针的固化量和活性将直接影响传感器的灵敏度。为了使 DNA 探针能够比较牢固地固定在电极表面,往往需要借助于有效的物理、化学方法。就目前研究的 DNA 固定法而言,除了前文酶生物传感器和免疫传感器中介绍的生物元件最常用的几种固定法之外,利用导电化合物在电极表面的电聚合作用,即电聚合法也可用于 DNA 探针的固定。

(三)DNA 传感器的基本原理及应用

DNA 传感器由识别元件 DNA 和转换器两部分组成。识别元件主要用来感知样品中是否含有(或含有多少)待测物质,转换器件则将识别元件感知的信号转换为电流大小、频率变化、荧光强度、吸收光强度等信号。在待测物、识别元件以及转换器之间由一些生物、化学、生化、物理的作用过程彼此联系。从信息转换的角度区分,目前研发的 DNA 传感器主要包括电极电化学式、QCM 质量式以及 SPR 光学式等几种。

1. 电化学 DNA 传感器(图 6-2-5) 是利用固定在电化学电极表面已知序列的单链 DNA 与溶液中的互补序列的特异性识别杂交形成双链 DNA,通过能够识别单链、双链 DNA 的杂交指示剂的电化学反应信号的改变达到检测基因是否存在的目标。此外,互补序列 DNA 浓度的改变会引起指示剂嵌入后的响应信号的变化,这两种变换在一定范围内成线性关系,因而电化学 DNA 传感器还可用于检测基因的含量。

为了满足低浓度的检测,很多研究考虑利用酶及纳米粒子、量子点的放大效应来提高检测的灵敏度和选择性。

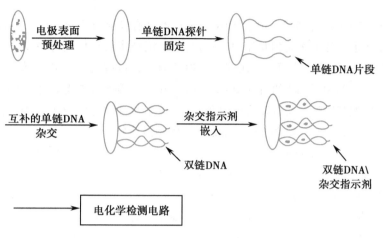

图 6-2-5　电化学 DNA 传感器的检测原理

2. 基于 QCM 核酸传感器　QCM 传感器的工作原理在本章的免疫传感器中已经提到,它对质量变化检测的灵敏度高,通常对电极上任何的负载和卸载都有响应,但对物质的具体性质却缺乏选择性。而 DNA 杂交反应的依据是碱基互补配对原理,只有全部或部分互补的 2 条链才能相互杂交,选择性较高。因此,将传统 QCM 检测和 DNA 杂交的优点相结合,可以构建成灵敏度高、特异性强的压电 DNA 传感器用于核酸的检测,即基于 QCM 的核酸传感器。图 6-2-6 为基于 QCM 的 DNA 传感器对特定 DNA 序列的测定原理。

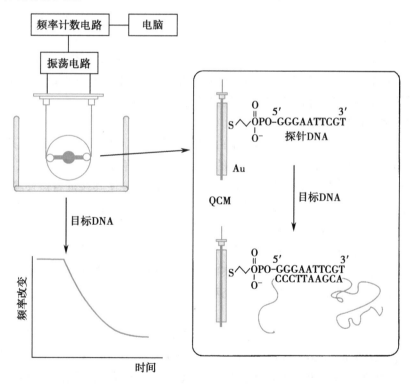

图 6-2-6　基于 QCM 的 DNA 传感器对特定 DNA 序列的测定原理

基于 QCM 的 DNA 传感器有很多成功的应用。例如,可利用硅烷法将葡萄球菌肠毒素 B(staphylococcal enterotoxin B,SEB)、大肠埃希菌 O157:H7 的单链 DNA 固化在 QCM 金电极的表面,构建出压电 DNA 传感器,快速检测上述病原体的基因。其中电极固化 DNA 探针的量可用蛋白质/核酸分析仪分析固化前后核酸的含量来确定,固化于压电晶体表面 ssDNA 的量可通过生物素标记 DNA 的磷酰酶显色的 DNA 斑点杂交来确定。研究证明,DNA 探针核酸片段长度相对较短的杂交效果好,再生重复使用次数较多。

3. 基于 SPR 的 DNA 传感器 由于 SPR 传感技术具有检测方便、快速、灵敏度高、样品无需标记、能实时动态监测生物分子之间相互作用、易与其他检测技术结合使用等特点,已被广泛用于免疫学、蛋白组学、核酸及药物筛选等领域的研究。1990 年有研究报道利用 SPR 传感技术检测出 $1mm^2$ 范围内 DNA 探针捕获了 $1×10^{-14}mol$ 的目标 DNA。此后,SPR 传感技术陆续被用于表征固体基质上的核酸杂交过程、研究单碱基错配杂交的动力学过程、分析核酸与其他生物分子的相互作用、测定基因序列等。关于 SPR 传感技术的相关检测机制详见免疫传感器部分。

与常规的核酸检测相比,DNA 传感器具有以下特点:①可进行液相杂交检测;②可进行 DNA 实时检测;③使活体内核酸的动态检测成为可能;④可进行 DNA 的多样品智能化检测;⑤结合 DNA 嵌合剂介入术和 PCR 技术,可提高检测灵敏度,实现对低浓度核酸的检测;⑥依据碱基互补原理设计的 DNA 传感器特异性极高;⑦不需要同位素等标记,避免了有害物质的污染。

当然,DNA 生物传感器也有需要改进的地方。如何在不损失或保证足够灵敏度的前提下缩短杂交时间、以微阵列杂交为主要特点的 DNA 芯片是未来 DNA 传感器研究的重点。

四、受体与离子通道传感器

(一)受体与离子通道传感器的基础

受体(receptor)是细胞表面或亚细胞组分中的一种生物大分子,它能够以化学构象的改变特异性地结合细胞膜蛋白,通过引发离子通道(ion channel)的开放或酶的分泌等作用触发细胞内一系列的生化反应。受体和离子通道是存在于细胞膜的天然生物传感单元,因而从受体和离子通道出发研究与发展生物分子传感器具有明显的优势,且很多离子通道和受体在纯化后能够重新表达于人工双层脂膜(bilayer lipid membrane,BLM),用于其功能或药理作用的分析。基于离体的受体与离子通道生物传感器(ion channel based biosensor)的研究有许多优势,但构建时涉及受体或离子通道的有效分离与纯化、离体受体蛋白的活性及功能稳定性等问题,也可采用单个细胞、细胞群或组织来制作细胞与组织传感器,使受体分子完整地保留在其天然环境中进行功能感受。

(二)脂双分子层支撑体系的建立

最早的受体与离子通道传感器主要用于蛋白质的检测,本质上和酶一样,因此可采用与酶传感器类似的方法来构建受体/离子通道传感器,受体的固定也可借鉴酶传感器类似的方式。但由于离体环境中不能保证受体的良好活性,为较好地保持受体的完整性、又能使其接近自然环境的固定化,可采用将受体或离子通道在类脂膜上镶嵌表达的方法进行构建。很多离子通道和受体在纯化后能够重新表达于人工双层脂膜(bilayer lipid membrane,BLM),用于其功能或药理作用的分析。

人工双层脂膜是根据生物膜系统的磷脂双分子层结构而设计的一种人工膜系统,具有类似细胞膜的兼容特性,提供了嵌入蛋白质、受体、生物膜碎片等多种生物组分的天然环境,是自然的传感器最基本的结构。因此,在基础医学、生物学的研究和生物传感器的研发中,人工双层脂膜受到了广泛关注。

图 6-2-7 所示为支撑受体和离子通道的类脂膜传感器平台的示意图。图 6-2-7(a)为亲水性支撑磷脂双层膜(supported lipid bilayer,SLB),通常采用一个亲水性半导体或氧化基底,直接用于组装脂质双分子层构成支撑磷脂双层膜。在电化学测量中,这一支撑相可直接用作工作电极。图 6-2-7(b)为栓系支撑的脂质双分子层(tethered supported lipid bilayer)。该方法将疏水性分子通过亲水性链共价连接至固相支撑的金工作电极表面,通常采用衍生脂类获得的共价连接作为栓系(tether)方法。图 6-2-7(c)为自由跨膜(free-spanning membrane)或黑脂膜的自组装膜(self-assembled membrane)传感阵列。脂膜支撑平台如果能很好结合微流控(microfluidics)技术,将方便对不同跨膜蛋白进行并行电压钳(parallel voltage clamp)测量。

基于上述支撑的脂质生物传感器系统,以其"吉欧姆阻抗封接"(Gigaohm seal),易实现单个离子

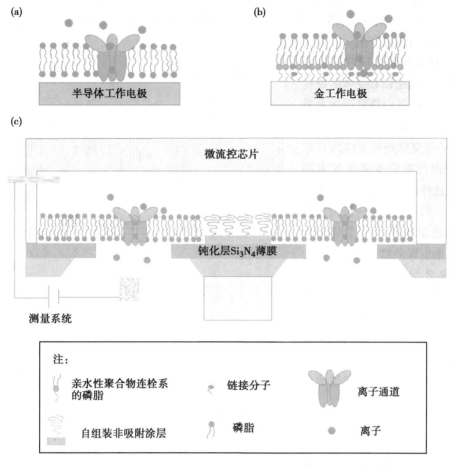

图 6-2-7　离子通道与受体的膜传感器平台示意图

（a）亲水性半导体或氧化基底支撑磷脂双层膜；（b）栓系支撑的脂质双分子层；

（c）自由跨膜或黑脂膜的自组装膜传感阵列

通道和离子转运体（transporter）的测量，最终可获得离子通道的敏感性；并且已获得了膜稳定性较高的高通量筛选性能。

　　双层类脂膜也可用于支撑固定核酸、抗体等生物分子，进而构建相应的生物分子传感器。此外，以脂膜分子为敏感元件进行相应的传感检测，本身也是一种生物传感器。这类脂膜分子生物传感器的一个最成功应用是日本九州大学的 Toko 教授研究建立的仿生电子舌（electronic tongue）系统。该研究通过对类脂膜的振荡电位分析，可有效区分酸、甜、苦、咸、鲜等不同的味道，并被有效用于矿泉水等多种饮料的检测和识别研究。

　　（三）受体与离子通道传感器的应用

　　1. **受体生物传感器**　　如前文所述，离体的受体生物传感器（receptor based biosensor）在灵敏度和选择性方面具有明显优势，然而这类传感器在膜受体的分离与纯化、离体受体分子的固定、受体传感信号的转换和放大方面存在许多困难，其发展受到了很大的局限性。采用类脂膜支撑体系开展的关于谷氨酸受体、多巴胺受体（dopamine receptor）等传感器的研究，为本类传感器的研究奠定了一定的基础。

　　2. **离子通道生物传感器**　　目前离子通道传感器的研究主要是采用短杆菌肽在脂双分子层上进行构建的。短杆菌肽 A（gramicidin A）是从布氏杆菌中提取的一种多肽，由 15 个疏水氨基酸交替排列组成，其主要生物学功能之一是形成选择性的跨膜离子通道，特别是单价离子通道，如 Na^+、NH_4^+ 和 K^+ 等易扩散离子，从而实现被动转运。随着脂双分子层的形成，短杆菌肽在脂双分子层中以二聚体的形式聚合形成离子通道,可以使膜的离子通透性急剧增大。由于短杆菌肽的嵌入,脂双分子层的介电特性会发生改变,因此膜电容也发生一定的变化。对嵌入短杆菌肽的脂双分子层施加一定的阶跃电位,可以观察到通道电流的产生。

3. 离子通道与受体耦联的生物传感器　在离子通道耦联受体的研究中,有研究者在G蛋白耦联受体克隆表达的基础上,采用六氨基乙酸(hexaglycine)等交联剂将受体的C末端与钾离子内向整流通道的N末端进行耦联。这种将受体蛋白与离子通道耦联的技术利于建立一种新型的生物分子传感检测技术,使得受体结合信息可通过电生理参数进行检测。此类受体被称之为电活性细胞受体(electrifying cell receptor),其耦联过程见图6-2-8。借助于脂双分子层的支撑,既保持了受体的生物活性,又能以离子通道的耦联模拟受体信号转导功能,可将刺激信号转化为细胞的动作电位,便于传感器检测。

4. 基于细胞传感器的受体与离子通道研究　采用整个细胞作为敏感元件的细胞传感器,同样可对其细胞膜天然表达的受体和离子通道进行研究,尤其是采用基因工程技术,对特定受体或离子通道在细胞膜表面进行特异性表达(或缺失),然后通过细胞传感器进行记录分析。此类细胞传感器针对某种具体受体进行特异表达或缺失,便于对具体受体进行功能研究。由于在具体受体的特异性研究方面具有良好的应用前景,该研究已逐步开始成为细胞传感器的一个新的研究热点,相关内容在后续细胞与组织传感器章节中也将有所涉及。

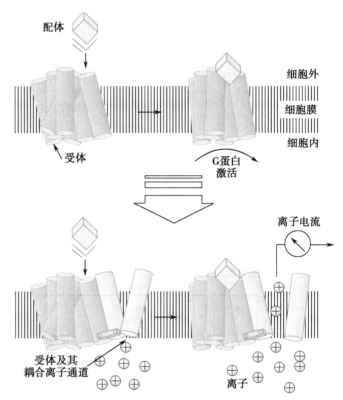

图 6-2-8　电活性细胞受体的耦联过程

总的来说,生物分子传感器能对多成分样本中的微量重要分析物提供低成本、高准确性和高特异性的定量分析,被广泛用于医学诊断、食品卫生、环境检测、安全生产和工业控制等多个领域。生物传感技术从其研究雏形到应用的商业化仍然是一个相对缓慢的过程,今后的工作重点:①提高生物分子的稳定性,即延长生物分子传感器的寿命,并试图获得响应的可逆性(response reversibility)以及研发出再生型传感器(regenerable sensor);②能够在复杂和充满干扰的环境中,如全血样本中,仍能保持良好的测试性能。

第三节　细胞与组织传感器

细胞和组织传感器是将整个细胞或组织作为敏感元件,利用细胞本身具有的对被分析物敏感的受体、离子通道和酶等作为感受被分析物的敏感元件,通过检测细胞的生理生化参数的变化获得细胞响应信号,用于反映被分析物的信息。采用细胞或组织作为敏感元件,有利于稳定保持敏感元件原有的功能结构和响应特性,与分子传感器相比可以获得更为理想的响应信号,而且具有反映被分析物的细胞生理效应的优势。细胞和组织传感器可以根据被分析物的不同选择不同类型的细胞和组织作为敏感元件,其来源主要包括原代培养、细胞系培养和胚胎干细胞诱导分化培养等途径。细胞和组织传感器在生物医学、药物开发、环境保护等领域获得了广泛的应用,展现出诱人的应用前景,已经成为生物传感器领域一个非常重要的分支。目前,细胞和组织传感与检测技术正逐步成熟,为细胞与组织的代谢检测、形态改变、电生理检测等细胞生理与病理研究提供了新的技术手段。本节将详细介绍基于细胞代谢、细胞阻抗和细胞电生理检测技术的生物传感器。

一、细胞代谢传感器

测量细胞代谢过程中细胞以及胞外微环境的相关参数,可以间接反映细胞的生理状态变化。细胞代谢检测技术主要依赖于外界刺激作用下细胞代谢发生的改变,通过传感器检测并转换成电信号输出。20世纪90年代,出现了一种基于光寻址电位传感器(light-addressable potentiometric sensor,LAPS)的细胞微生理计,用于检测由于细胞能量代谢引起的细胞外微环境的酸化。通过测量细胞外微环境的pH值变化,定量计算细胞质子排出速率,从而可以分析细胞的代谢率,即酸化率(rate of extracellular acidification,ECAR),这种方法对糖酵解和呼吸作用的代谢过程都适用。此外,用H^+离子敏场效应管(ion sensitive field effect transistor,ISFET)也可以测量细胞代谢率,利用氧电极传感器和CO_2传感器还可以测量细胞糖酵解过程中O_2的消耗量和CO_2的生成量。本节以LAPS为例对细胞代谢传感器进行介绍。

(一)细胞代谢微环境的检测

细胞生理状态的变化会引起细胞外微环境代谢物的相应变化,比如胞外微环境中离子、生物大分子的变化。其中胞外氢离子的变化引起的pH值改变是反映细胞生理状态变化的一项基本指标。细胞以葡萄糖作为碳源,通过细胞内糖酵解代谢为乳酸,或通过呼吸作用氧化为CO_2。乳酸和CO_2经被动扩散穿过细胞膜,在正常生理pH值条件下,这些弱酸大部分会被解离,产生氢离子并排出细胞外。氢离子还可通过易化或非易化扩散途径包括Na^+-H^+交换通道和质子泵等穿过细胞膜,最终使细胞外微环境发生酸化。

细胞外微环境酸化引起的pH值变化可以用LAPS检测,以反映细胞生理状态的改变。为此,首先需要将细胞培养在LAPS芯片表面加工出的小井样结构中,如图6-3-1所示。在LAPS芯片背面采用LED扫描,使

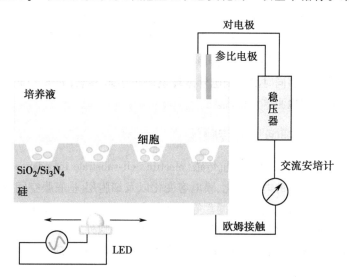

图 6-3-1　基于胞外 pH 值测量的细胞微生理计示意图

LAPS芯片的半导体层产生电子空穴对,在偏置电压作用下产生光生电流信号,根据这个信号可以计算出pH值。

(二)细胞微生理计测试原理

细胞微生理计的基本原理是利用氢离子敏感器件测量细胞的代谢引起的胞外pH值的变化,测量对象通常是少量活细胞,用于反映细胞对外界刺激的响应,包括细胞在毒素、药物、配体等外界刺激作用下引起的细胞代谢变化。

细胞为了维持自身的活性状态和发挥功能需要不断消耗能量,能量主要以腺嘌呤核苷三磷酸(adenosine triphosphate,ATP)的形式存在并不断得到补充。ATP主要来源于细胞对营养物质的分解代谢途径,包括有氧呼吸和糖酵解,这两个途径的最终代谢产物都是酸性物质,最终使细胞外的微环境发生酸化。如果细胞是处在一个体积足够小的封闭腔内,由细胞代谢引起的pH值的变化就可以

通过细胞微生理计检测出来,而且封闭腔的体积越小,测量到的 pH 值变化越大。细胞的新陈代谢率也可以通过 pH 值相对于时间的变化斜率计算出来。

酸化率可通过测定液流中介质短暂停留期间细胞代谢引起的 pH 值下降来确定,对于每个测量腔每秒测量的电压值线性相关于 pH 值。pH 变化率不但与代谢率 R 有关,在 dt 时间里产生了 dn 个氢离子,而且与腔体的体积 V 和它的 pH 缓冲能力 β_v 有关,pH 的变化率由下式计算:

$$dn/dpH = \beta_v V \tag{6-3-1}$$

当使用小的测量腔时,腔体的表面积(A)和它的缓冲能力必须要考虑:

$$dn/dpH = \beta_v V + \beta_\alpha A \tag{6-3-2}$$

根据这个公式,在微反应腔中的 pH 变化率是:

$$dpH/dt = R/(\beta_v V + \beta_a A) \tag{6-3-3}$$

(三)细胞微生理计的应用

细胞微生理计可以监测正常细胞或病变细胞在各种外界刺激作用下的微环境生理参数的变化,尤其是酸化率,不仅可以反映细胞功能和生理特性,还可用于药物作用的效果及其对细胞代谢的正负效应(激励或抑制)的评估,进行药物评价和药理探索。比如,根据酸化率这一指标,细胞微生理计可以应用于化疗药物对肿瘤细胞的药效评估,估算出药物的抗肿瘤效果,对药物的高通量评价和筛选具有重要意义。配体-受体研究表明,受体与其配体的结合可以引起细胞酸化率的变化。因此,细胞微生理计也可应用于配体-受体相互作用的细胞生物学研究,比如 G 蛋白偶联受体、具有催化活性的受体、配体门控离子通道的研究等。目前,细胞微生理计正朝着多参数、多功能、集成化的方向发展,使之不但能够同时测量细胞外微环境多种生理参数,如 K^+、Ca^{2+}、H^+ 离子,而且能与细胞阻抗单元和细胞电生理检测单元集成。

二、细胞阻抗传感器

基于细胞-基底阻抗传感(electric cell-substrate impedance sensing,ECIS)的细胞检测技术是一种通过测量细胞的电阻变化、膜电容变化以及细胞层-基底膜空间变化,反映细胞动态行为的技术,包括细胞的黏附、伸展、增殖、凋亡等生理与病理变化过程。通过微安级的电流测量,可以实时、量化监测贴壁细胞迁移过程中细胞形态的变化,研究细胞外基质与细胞增殖之间的关系。细胞阻抗传感器大大简化了细胞动态行为的研究,扩大了其应用范围,可应用于包括细胞对药物响应的药理与毒理研究在内的诸多领域。

(一)细胞阻抗的检测

细胞阻抗的检测首先需要将细胞培养在电极上,一般采用金电极。图 6-3-2(a)是 ECIS 细胞阻抗传感器的示意图,测试电路包括带有函数发生器的锁相放大器和相位敏感探测器,还有一个用于限制电流在 1mA 左右的电阻,在 4kHz 正弦波小信号下测量细胞与基底阻抗。如图 6-3-2(b),采用交流阻抗法测试时,使金属微电极表面通过微安级的电流,电极表面覆盖的细胞会影响电极传感器表面电子和离子的通过,影响电极和溶液间的离子环境,导致阻抗的升高,细胞越多阻抗增加越多。此外,细胞与电极的相互作用也会影响电阻,细胞与电极表面黏附越紧密伸展,阻抗增加越大。因此,细胞阻抗传感器可提供关于电极上细胞动态行为的重要信息,阻抗最终转换为细胞指数的值,可用于反映细胞生长、伸展、形态变化、死亡和贴壁程度等一系列生理状态。

早期的细胞阻抗传感器都是采用面积较小的微电极进行阻抗测量,其缺点是细胞不易分布在电极上,需要较高的细胞密度,而且由于电极面积占基底总面积的比例较小,容易造成实验组间较大的差异。基于叉指电极(interdigitated electrodes,IDEs)的细胞阻抗传感器,不但能覆盖基底的大部分面

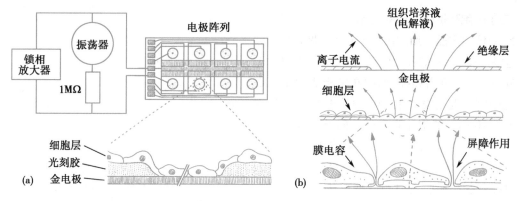

图 6-3-2 细胞阻抗传感的测量示意图及其检测原理

积,增加有效测量的细胞数目,而且能保证细胞以一定的概率分布在电极上,产生有效阻抗。

(二)细胞阻抗传感器的检测原理

1. **溶液与电极界面模型** 电极-电解液界面电化学系统可以用阻抗等效电路(Randle 方法)表示,其双电层结构相当于一个电容器,在电极电位变化时会充电或放电。如图 6-3-3 所示,其中 C_I 为界面电容;R_s 为扩展电阻;R_{ct} 为电荷转移阻,反映活化过程的特征。R_w、C_w 分别表示半无限扩散阻抗(Warburg)的阻性分量和容性分量,反映传质过程的特征。由 R_{ct} 和 Warburg 阻抗 Z_w 串联而成的法拉第阻抗 ZF,反映活化过程和传质过程的阻抗。

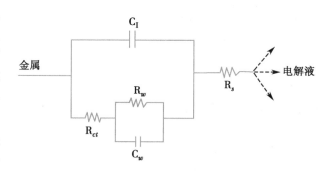

图 6-3-3 电极与溶液界面等效电路模型

2. **细胞与电极界面模型** 如图 6-3-4 所示,细胞阻抗传感器测量得到的总阻抗包含了电极阻抗 Z_e,细胞与电极钝化层之间的溶液封接阻抗 R_{seal},以及细胞膜电容 C_{m1} 和离子通道阻抗 R_{m1}。细胞上表面的细胞膜电容和离子通道阻抗分别用 C_{m2} 和 R_{m2} 表示。溶液电阻和对电极阻抗在图中没有标出。其中,封接阻抗 R_{seal} 是影响交流阻抗的主要因素,在数值上接近(或大于)细胞膜阻抗,可反映细胞膜特性的改变。

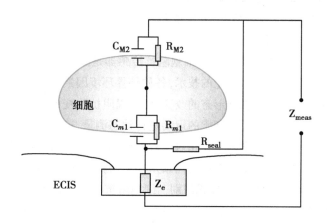

图 6-3-4 ECIS 的细胞电极阻抗示意图

3. **分块单元模型**(lump-element model,LEM) 是用电极阵列进行细胞培养前后阻抗分析的常用模型。如图 6-3-5(a),培养细胞前,电极阻抗主要包括电极表面的扩散阻抗 Z_w 和溶液电阻 R_s 两部分。如图 6-3-5(b),电极表面黏附细胞后,细胞膜一般有 15%~20% 表面与电极表面直接黏附接触,其余部分则与其相距 50~150nm,形成沟道电阻 R_{gap}。由细胞覆盖部分流经的电流 A_{cell} 就必须从细胞间隙的沟道电阻部分经过,最终使得 R_{gap} 与有细胞部分的阻抗并联,并与无细胞覆盖部分的阻抗串联。因此实际测得的阻抗值,主要分为 $Z(\omega)/(A-A_{cell})$ 和 $Z(\omega)/A_{cell}$ 两部分,并同时与溶液中的溶液电阻串联。

（三）细胞阻抗传感器的应用

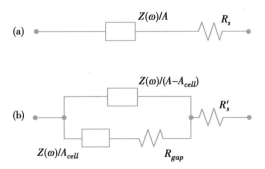

1. **阻抗谱扫描** 细胞阻抗测试时,调节系统参数使电极产生 $1\mu A$ 左右的电流,测量在 $10\sim10^6\,Hz$ 频率范围内的阻抗谱扫描,细胞在电极表面生长良好时,阻抗值的增加集中在 $10^2\sim10^5\,Hz$ 之间。低频(低于 $100Hz$)时,细胞黏附产生的阻抗主要归结为容抗,与频率成反比,但由于支路阻抗很大,使得总阻抗与未接种细胞时相比变化不大;随着频率升高,支路阻抗会不断降低,并且当升高至某一频率值时,支路阻抗小于沟道电阻,此时总阻抗值也随频率不

图 6-3-5 细胞阻抗测试的分块单元模型
（a）和（b）分别为细胞培养前后的电极阻抗分析

断降低,当总阻抗值与细胞黏附产生的阻抗值相差最大时,阻抗输出会发生明显改变。所以通过长时程的阻抗动态测量,可对细胞的生理状态进行定量评估。

2. **贴壁阻抗的分析** 如图 6-3-6,阻抗测试后一般可得到贴壁阻抗 R_b、电容 C_m 和贴壁间距 α 等指标。其中,R_b 表征细胞的贴壁性程度;α 说明了从细胞层下流过的漏电流大小,表征了细胞和电极的间距;C_m 表征了电极表面膜电容变化。所以,R_b 值与细胞贴壁性程度最相关,而 C_m 主要反映各种表面处理试剂对电极表面光滑程度、电荷吸附性的影响。

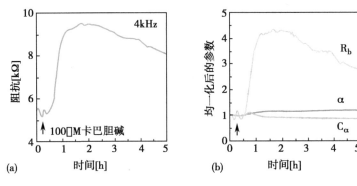

图 6-3-6 ECIS 测试的主要阻抗值指标

3. **细胞形态测量** 细胞阻抗传感器是测量由于细胞形态变化、细胞移动或者细胞间相互接触而引起细胞层电阻变化的技术,各种外界环境因素和理化因素只要能对细胞的代谢通路产生作用,通过细胞骨架导致细胞形态的改变,都能以阻抗改变的方式进行测试。阻抗检测技术理论上来说甚至能够在纳米尺度上对细胞的运动进行动态测量,这比传统显微镜观察方法有着更高的分辨率。但是,细胞迁移或形态学的变化相比比较缓慢,通常需要长时程测量才能出现细胞阻抗值的明显变化。而且,由于导致细胞形态改变的因素众多,进行精确的细胞响应分析有一定难度。

4. **药物作用的模式识别** 细胞阻抗传感器利用一定量体外培养的细胞,在传感器上对细胞活性状态变化进行检测,可实现快速、高通量的药物筛选。可定量和动态地检测细胞增殖和细胞毒性,用于检测细胞在药物作用下的增殖曲线,分析细胞增殖,用于评估药物作用的效果及其模式。基于细胞阻抗传感器的药效测试,对药物筛选和临床诊断具有重要价值,不仅可以通过细胞响应来评估药物对细胞的效用,而且可以确定药物响应的细胞特异性。

三、细胞电生理传感器

细胞电生理传感器是一种采用胞外微电极阵列(micro electrode array,MEA)监测细胞生物电活动的技术,与传统的膜片钳(patch clamp)技术相比,其最大优点是可以对细胞电生理信号的耦联和传导进行长期、实时、无损的测量。微电极阵列提供了高通量的数据采集通道,能高效获取由可兴奋细胞构成的细胞网络的电生理数据,已经成为细胞网络动力学长时程记录的一种强有力的工具。

（一）微电极阵列细胞传感器的基本原理

Hodgkin-Huxley（H-H）模型是描述神经元轴突膜电位与膜电流之间关系的一组微分方程组,其等效电路如图 6-3-7 所示。该方程组基于神经生理特性,能很好地重复动作电位的产生和传播,是可兴奋细胞的经典模型,具体表达如下:

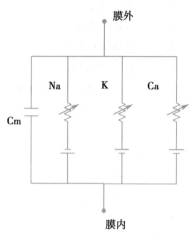

图 6-3-7　HH 模型等效电路图

$$c_m \frac{dv}{dt} = g_{Na}m^3h(v-v_{Na}) - g_K n^4(v-v_K) - g_1(v-v_1) + I_{ext}$$
$$(6\text{-}3\text{-}4)$$

$$\frac{dm}{dt} = \frac{m(v)-m}{\tau_m(v)} \qquad (6\text{-}3\text{-}5)$$

$$\frac{dh}{dt} = \frac{h(v)-h}{\tau_h(v)} \qquad (6\text{-}3\text{-}6)$$

$$\frac{dn}{dt} = \frac{n(v)-n}{\tau_n(v)} \qquad (6\text{-}3\text{-}7)$$

式中:I_{ext}——外加刺激信号;

　　　v——膜电压;

　　　c_m——膜电容;

　　　g_{Na}、g_K 和 g_1——为钠离子电流、钾离子电流和漏电流的电导最大值;

　　　m 和 h——钠离子电流的两个门控变量,n 为钾离子电流的门控变量;

　　　v_{Na}、v_K 和 v_1——分别为钠离子电流、钾离子电流和漏电流的逆转电位;

　　　$m(v)$、$h(v)$ 和 $n(v)$——分别为 m、n 和 h 的稳态值;

　　　$\tau_m(v)$、$\tau_h(v)$ 和 $\tau_n(v)$——相应的时间常数。

动作电位离子通道模型的构成包括:离子通道、离子泵和转运体电流(快速内向钠电流、与时间无关的钾电流、背景钠电流、背景钙电流、延迟整流钾电流、钙泵电流、钠-钾泵电流、钠-钙交换电流)。

以神经细胞膜为例,其总电流为 i_{men}

$$i_{men} = C_{men}\frac{dV_{men}}{dt} + \sum_i i_i \qquad (6\text{-}3\text{-}8)$$

式中:C_{men}——膜电容;

　　　V_{men}——膜电位;

　　　i_i——由离子 i 所造成的电流。

总的来说,每个通道的电流是

$$i_i = \alpha \overline{g_i}(V_{men} - E_i) \qquad (6\text{-}3\text{-}9)$$

式中:$\overline{g_i}$——信道的 i 离子的最大电导;

　　　E_i——平衡电位;

　　　α——一个没有单位的参数,根据通道不同表达有所不同。具体地说,α 是时间和膜电位的函数。

图 6-3-8 是用于胞外电位测量的微电极与细胞耦合的示意图,由于电极与溶液之间形成双电层,电极电位变化时,双电层电容会充电或放电,在与细胞耦合的情况下,细胞膜通道改变形成的离子流会使电极发生极化,形成电压差,即为细胞胞外电压。细胞-电极间隙形成封接电阻,用 R_{seal} 表示。被细胞覆盖部分的电极电流必须从侧面流过电阻间隙区域,总电流 I_{total} 用下式计算:

$$I_{total} = C_M[d(V_M - V_J)/dt] + \sum_i I_M^i = C_J\frac{dV_J}{dt} + \frac{V_J}{R_{seal}} \qquad (6\text{-}3\text{-}10)$$

式中：C_M——膜电容；

$\quad\quad V_M$——膜电压；

$\quad\quad V_J$——耦合层电压；

$\quad\quad I_M$——胞外各种离子和；

$\quad\quad C_J$——耦合层电容。

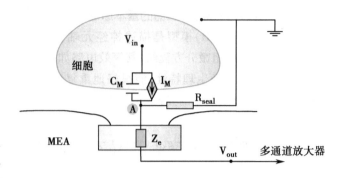

图 6-3-8 细胞-电极耦合的示意图

当 R_{seal} 较大时，表示细胞和器件间的漏电流比较小，有利于采集细胞电生理信号。设 V_J 为 A 点电压，当 R_{seal} 较小时，A 点电压将会有较大部分通过 R_{seal} 成为漏电流流入地而损失。因此，耦合层漏电流越小，检出信号与实际的胞外电位越接近。

（二）微电极阵列细胞传感器的应用

1. **体外培养的神经元网络** MEA 芯片可用于研究体外培养的神经元网络，能同时记录和刺激上百个神经元。在神经递质和神经毒素作用下，通过微电极记录胞外动作电位幅度、脉冲频率等电生理参数的变化，分析细胞的电生理效应，用于判断和评估神经递质和神经毒素的生理效应。

2. **脑片、视网膜的神经元网络** 来自组织切片的胞外电位可用 MEA 记录，比如可将脊椎动物的视网膜和海马组织切片培养于 MEA 芯片，对其突触侧支回路的电位信号进行长时程记录。但是，由于脑片通常需要通过冰冻切片法获得，使得脑片两侧的细胞很难保持原有的活性，对细胞和器件的耦合程度有很大的影响，难以获得理想的检测结果。

3. **细胞网络的信号转导过程** MEA 被成功用于研究胚胎心肌细胞单层的心肌脉冲传导。将鸡胚胎心肌细胞单层与 MEA 耦合，高通量记录的心肌细胞的动作电位。给予生长在某个电极上的细胞一定的电刺激，阵列中的各电极就会记录兴奋在细胞层中的传播情况，可以观察到不同微电极记录的脉冲尖峰有不同程度的延迟，两点之间距离越大，延迟的时间越长，与心肌兴奋波传播一致。此外，根据邻近微电极位点的记录，还可以估计出脉冲的传播速度，这也是 MEA 胞外记录系统的明显优势。

4. **用于药物安全性研究** 药物的心脏毒性常导致心室复极化延长，反映在心肌细胞动作电位时程的增加，心电图表现为 QT 间期延长，这是新药开发的主要安全性问题之一。心肌细胞动作电位的时程与电压敏感 Ca^{2+} 离子通道和 I_{Kr}（钾离子延迟通道电流）通道密切相关，MEA 可用于测量心肌细胞胞外电位对离子通道特性的影响，应用于评估药物的心脏毒性。

第四节 生物（微阵列）芯片

生物芯片（biochip）技术是 20 世纪 90 年代中期以来影响深远、意义重大的科技进步之一，是融合分子生物学、微电子学、微机械学、物理、化学和计算机科学为一体的高度交叉的全新微量分析技术。

最初的生物芯片主要目标是进行特定 DNA 的定量检测分析，所以一开始称为 DNA 芯片或基因芯片（DNA microarray 或 gene chip），如今该技术已经拓展到了蛋白、细胞、组织等领域，统称生物芯片。简单可以将生物芯片的使用和制备概括成三个步骤：芯片的制备，生物分子反应、信号的检测和分析。首先，采用光导原位合成或微量点样等方法，将大量生物大分子如核酸片段、多肽分子甚至组织切片、细胞等生物样品有序地固化于支持物的表面，组成密集二维分子阵列。其次，将处理好的待测生物样本与已标记的目标分子探针反应。最后，通过特定的仪器对杂交信号的强度进行快速、并行、高效地扫描、检测、收集，然后经计算机分析，建立生物学模型，实现样品的检测分析。在此基础上发展的微流控芯片（microfluidic chip），则是将生命科学研究过程中涉及的许多分析步骤集成在一块芯片上，使整个样品检测、分析过程连续化、集成化、微型化，实现 DNA、RNA、多肽、蛋白质及其他生物成分的高通量、实时检测与分析。

有研究者曾对生物微阵列芯片与微流控芯片技术进行过一个详细比较(表6-4-1)。从表6-4-1可看出二者是互补与相互融合、借鉴的关系,而非一方为主包容另一方的关系。微流控芯片可看作微阵列芯片的进样与试样前处理系统,而微阵列芯片可看作微流控芯片的专用传感器。

表 6-4-1   微流控芯片和生物微阵列芯片的比较

	微流控芯片	生物微阵列芯片
主要依托学科	分析化学、MEMS	生物学、MEMS
结构特征	微管道网络	微探针阵列
工作原理	微管道中流体控制	生物杂交为主
使用次数	重复使用数十至数千次	一般一次
前处理功能	多种技术供选择	基本无
集成化对象	全部化学分析功能	高密度杂交反应阵列
应用领域	全部分析领域	DNA 等专用生物领域
产业化程度	初始阶段	深度产业化

本节主要对传统的微阵列生物芯片进行系统介绍,并重点突出了生物芯片与生物传感器之间的促进与融合关系。

一、微阵列芯片与生物传感器

(一)生物芯片技术概述

生物芯片分类方法多种多样,按照其上固定的生物分子的不同可分为基因芯片、蛋白质芯片或肽芯片、细胞芯片、组织芯片、类器官芯片等;按照载体材料的不同可分为硅芯片、聚二甲基硅氧烷(polydimethylsiloxane,PDMS)芯片、玻璃芯片、陶瓷芯片、塑料芯片等;按照点样方式的不同又可分为原位合成芯片、微矩阵点样芯片等;按照功能和用途可分为诊断芯片、测序芯片、表达谱芯片、基因差异分析芯片等。

生物芯片的核心技术在于在有限的固相表面上印刻大量的生物分子阵列,芯片分析的实质是在面积不大的基片上有序地排列一系列可寻址的识别分子点阵,在相同的条件下进行结合或反应,结果用同位素法、化学荧光法、化学发光法或酶标法显示,然后用精密的扫描仪或电荷耦合元件(charge coupled device,CCD)摄像技术记录,最后利用计算机软件进行综合信息分析。

生物芯片的分析过程一般包括图6-4-1步骤,各步涉及的技术将在各类芯片技术中有所侧重地介绍。

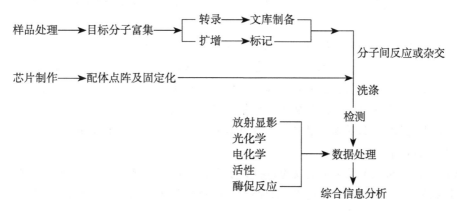

图 6-4-1   生物芯片分析过程

（二）生物芯片与生物传感器

生物传感器的主要特征是以生物材料为敏感元件，结合换能器将测量信息转化为可识别信号；而在生物（微阵列）芯片点阵中，每一个点阵实际上可看作传感器的一个敏感单元，其分析过程实际就是传感器组合的分析，因而生物芯片可看作是高通量的生物传感阵列。与传统生物传感器相比较，微阵列芯片的优势是在一小块芯片上可同时对多个分析物进行检测分析，极大提高了检测效率，且结果具有良好的一致性和对照性，所需的样品量和试剂量也大大减少。

生物芯片和生物传感器之间存在一定的区别：①识别元件不同：经典的生物传感器的分子识别元件是酶，如今生物传感器中研究和应用最广泛的依然是基于酶的传感器，其他生物材料如 DNA、抗原/抗体、微生物、动植物细胞、细胞器等也有应用；而生物芯片中应用最多、研究最成熟的是 DNA 芯片，其他如蛋白质芯片、组织芯片、细胞芯片、类器官芯片等处于发展之中；②在信号检测方面，生物传感器使用的方式有多种，如电化学检测、离子选择性电极、离子敏感的场效应管、热敏电阻、光电转换器件、声学装置等，且每种信号转换类型都有广泛的应用；而生物芯片最常用的检测方法是基于光学的检测，目前主要是荧光标记检测，然后再结合计算机软件进行图像处理与分析；③在应用领域方面，生物传感器的应用在生物领域，在农业、环境、海洋、食品等众多领域都有着广泛的应用；而生物芯片大多用在生物医药领域，进行 DNA、蛋白质、糖、细胞、组织等信息的检测和鉴定。

随着生物传感技术与生物芯片的共同发展，二者之间的界限越来越模糊，甚至难以严格区分，出现了学科融合现象。根据微阵列芯片的思想，新型生物传感器的阵列化研究已取得显著的成果，例如微电极阵列细胞传感器的多通道电生理记录。

二、基因芯片与蛋白质芯片

（一）基因芯片

基因芯片即 DNA 芯片，其原理是制备 DNA 寡聚核苷酸探针阵列，依据探针与靶基因核酸分子碱基互补配对的原则来检测样本中基因的变化。利用信息技术、微电子、精密机械和光电子等技术将 DNA 分子片段排列在支持物表面构成微点阵，当不同荧光染料标记处理后的样品分子与微点阵上的 DNA 分子孵育杂交后，形成不同颜色、不同强度的点阵，利用高通量成像采集分析数据，可一次获得数十万个基因的表达信息。现有芯片包括：SNP 芯片、基因表达谱芯片、miRNA 芯片、DNA 甲基化芯片等。由于信号的检测源于探针与靶基因之间的碱基互补配对原则，因此基因芯片的检测灵敏度和特异性受到很大的局限。此外，随着二代基因测序技术的快速发展，基因芯片应用受到很大冲击。不过，在特定领域，基因芯片在成本、使用方便程度等方面仍具有一定优势。此外，基因芯片在其发展中的很多技术仍然非常有用，比如 DNA 寡核苷酸原位合成技术是合成生物学的重要技术支撑，表面修饰减少非特异性吸附等方法和原理对蛋白芯片、细胞芯片等依然适用。

基因芯片的分析主要分为四个步骤：芯片点阵的构建、样品的制备、生物分子反应、信号的检测与分析。

1. **芯片点阵的构建** 目前制备芯片主要采用表面化学的方法处理载体，然后使探针分子按照特定的排列顺序排列在载体上。根据基因芯片载体上探针数量的多少，可以分为高密度基因芯片和中低密度基因芯片。目前高密度基因芯片的探针密度已经达到 100 万点，主要用于大规模基因表达谱和基因突变测定。中低密度基因芯片的探针数量从几十到几千，主要用于基因突变检测。根据探针制备及固定方法的不同可以将基因芯片分为互补脱氧核糖核酸（complementary DNA，cDNA）芯片和寡核苷酸芯片（oligo chip）。

cDNA 芯片是以 mRNA 反转录生成的 cDNA 为探针，利用共价交联或静电作用产生的非共价吸附将探针固定在载体上，根据碱基互补配对原理对目标 DNA 进行检测。合成后交联法是利用手工或自动点样装置将事先制备好的寡核苷酸或 cDNA 样品点在经过特殊处理的载体上，关键环节是载体表面的处理。核酸分子长度不同，处理的方法也不同。可以利用紫外线照射使之发生共价交联，也可以通过载体表面阳离子与 DNA 阴离子之间的静电作用力来固定探针分子,此外还有用氨基盐载体固定 DNA。

根据是否需要事先合成寡核苷酸,可以将基因芯片的制备方法分为两大类,一类是合成后微点样技术,制备方法与 cDNA 芯片类似,利用手工或自动点样装置将预先制备好的寡核苷酸探针点在经特殊处理的载体上即可,分为点接触法和喷墨法,主要用于诊断、检测病原体及制备其他特殊要求的中低密度芯片。另一类是原位合成(in-situ synthesis)技术。原位合成技术目前主要有光导化学合成法、喷印合成以及电化学合成方法等,适合于商品化、规模化的高密度基因芯片的制备。

微点样技术(micro spotting)是使用点样针的接触点样法,是一种广泛应用的微阵列制作方法。点样过程即通过点样仪及电脑控制的机器手,准确、快速地将不同探针样品定量点样于事先处理的载体上。点样针是点样仪的一个关键部位,主要有以下几种类型,且各有优缺点。裂缝针(split pin),针尖开叉,利用毛细现象蘸取液滴,经过一定数量的预点样后达到较均一的程度;毛细管针,点样时样点大小可以控制;实心针(solid pin),均一性高于一般的裂缝针;圈套针,均一性高,无需预点样,且样点的体积小。

原位光导合成法是固相 DNA 合成技术和光刻技术有机结合的方法,如图 6-4-2 所示。首先将支持物表面氨基化或羟基化,即在玻片表面铺上一层连接分子(linker),而后羟基上加光敏保护基团,用光敏保护基团将支持物表面的氨基保护起来,当光线(如紫外光)通过光刻掩模板(mask)照在支持物上时,有光线通过的部分,保护基团脱去,表面的氨基被活化。氨基活化后,加入一端连有光敏保护基团的单核苷酸,此单体分子即被连接到支持物表面的氨基上。利用光刻照射使得无光罩掩蔽区的光敏基团被外源光线选择性地激活,用另一个有光敏基团修饰的脱氧核苷酸取代,之后用光罩保护新的确定区域,再反复进行上述过程。合成只在那些脱去保护基团的地方发生,光照区域就是要合成的区域,该过程通过一系列掩蔽物来控制。

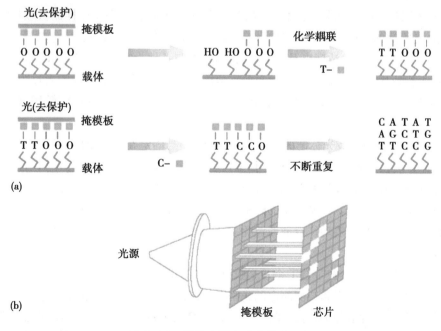

图 6-4-2 原位光导合成法原理示意图
(a)光导合成过程;(b)光去保护系统

喷印合成主要是通过机械的方法将传统 DNA 化学合成过程微型化。喷墨打印机在化学修饰的二氧化硅表面打印合成 DNA 的反应试剂小液滴。小液滴被限制在表面疏水材料修饰的图形中,从而形成高密度且相邻不混合的水滴阵列。小液滴的体积控制在 100 皮升,点阵直径在 100 微米左右。

两小时之内,可以合成 10 万个 25 个碱基长度的寡核苷酸点阵。这种方法可利用计算机设计要合成 DNA 序列文件,来直接开始合成,而不需要光刻掩模板。

电化学合成方法是基于硅半导体芯片,每个单元含有 1024 个独立可控的铂电极,电极的表面覆盖一层羟基聚合物。芯片用于杂交前需要进行点样后处理,包括再水合和快速干燥、紫外线交联、封闭和变性。一般来说,点样过程中不能使点内的 DNA 呈均匀分布,为了使 DNA 呈均匀分布,斑点(点样后很快干燥)要再水合并快速干燥。再水合不充分,则使得斑点形状不规则,降低总的杂交强度;水合过度则可能引起斑点扩散。芯片再水合和快速干燥后,要用紫外灯照射把 DNA 交联到载体上,这能增加稳定结合在各点上的可杂交 DNA 数量,特别是在样品 DNA 浓度低的情况下十分重要。在后处理工艺中,最关键的一步是封闭和变性,目的是将载玻片上剩余的赖氨酸自由氨基封闭,以降低它们结合标记 DNA 探针的能力,降低非特异性结合。

2. 样品的制备　生物样品往往是复杂的生物分子混合体,除少数特殊样品外,一般不能直接与芯片反应。因此,须将样品进行提取、扩增,获取其中 DNA、RNA 等核酸分子,并用荧光标记,以提高检测的灵敏度。

靶基因样品的制备方法将根据基因芯片的类型和所研究的对象(如 mRNA、DNA 等)来决定。对于大多数基因来说,mRNA 的表达水平通常与其蛋白质的水平相对应,因此,对细胞内 mRNA 表达水平的检测对于了解细胞的性质与状态十分重要。用基因芯片对细胞内大量基因的 mRNA 表达差异进行检测时,其靶基因的制备一般采用反转录聚合酶链反应(reverse transcription-polymerase chain reaction,RT-PCR)方法以胸腺嘧啶组成的核苷酸链作引物进行扩增。

样品标记时需要考虑激发波长、发射波长、荧光的定性或定量、荧光探针的光稳定性和漂白性、荧光探针的特异性和毒性以及使用的 pH 值条件等众多因素。在 PCR 扩增过程中,一般将对照样本 DNA 标记红色、待测样本 DNA 标记为绿色,然后同时与芯片探针孵育杂交,这样可通过采集芯片对应点红、黄、绿三种颜色的亮度来判断样本 DNA 的含量变化。

3. 核酸分子间分子配对反应　芯片上核酸分子之间的配对反应,即靶标样品核酸与探针之间发生选择性反应,是检测的关键环节。反应中影响异源杂交双链形成的因素较多,包括靶标浓度、探针浓度、杂交双方的序列组成、盐浓度以及温度等,其具体控制条件由芯片中基因片段的长短及芯片本身的用途而定。若是基因表达检测,反应时需要高盐浓度、低温和长时间,往往需要过夜;如果是检测是否有突变,因涉及单个碱基的错配,故往往需要在短时间(一般是几个小时)、低盐、高温条件下进行高特异性杂交。

4. 信号的检测与分析　荧光标记的目标 DNA 或 RNA 与固定在芯片上的探针杂交后,必须通过扫描仪将检测结果转换成相应的图像数据。扫描过程须注意以下问题:①因芯片扫描仪有极高的灵敏度和分辨率,所有操作必须在洁净环境中进行;②可能有较高的背景噪声;③芯片完成杂交和清洗后应立即扫描测定,防止荧光标记靶分子的降解;④由于有机械传动装置,仪器应放置在平稳坚固的平台上,并注意防止外源性的震动。目前商业化芯片扫描仪主要包括激光共聚焦芯片扫描仪和 CCD 芯片扫描仪两大类。

生物芯片在一块片基上集成了数十个乃至数万个点的识别分子,每个点相对应一个基因或一段核酸(DNA、RNA 或 cDNA)序列和杂交测定的光密度值,对于多色荧光染料标记的芯片还包括荧光强度的比例信息。同时,芯片制作的目的、条件及方法,样品的制备,杂交、清洗及检测条件等信息均与该芯片对应。可见,在生物芯片的制作、测定前后都有大量的信息需要处理,因此需要有一个专门的系统来处理分析这些数据。一个完整的芯片数据处理系统应该包括芯片图像分析和数据提取、芯片数据的统计学分析和生物学分析、芯片的数据库管理、芯片表达基因的国际互联网上检索和表达基因数据库分析和积累。例如,可以利用 DNA 芯片来分析成纤维细胞在血清蛋白刺激下,表达图谱的变化规律(图 6-4-3)。

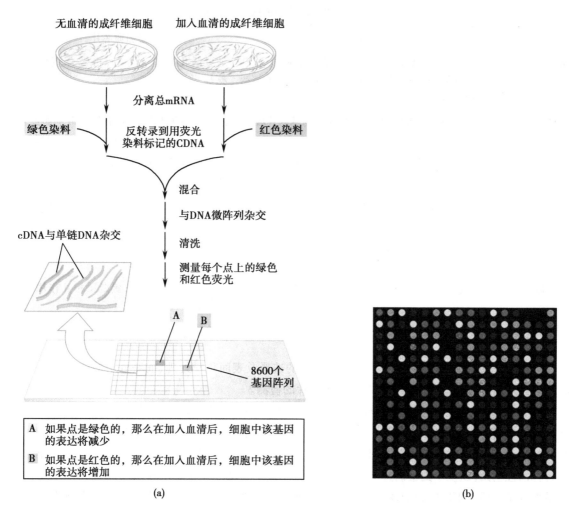

图 6-4-3 DNA 芯片分析成纤维细胞在血清蛋白刺激下表达图谱的变化规律

（二）蛋白芯片

基因是生物体遗传信息的载体,而生命活动的执行者、表现性状的体现者是蛋白质。几乎所有的生物化学反应均发生在复杂的蛋白质分子之间或者有蛋白质参与,所有的外在表现均由种类繁多的蛋白质决定。因此,对蛋白质进行检测与研究显得非常重要。传统检测蛋白质的方法如酶联免疫吸附测定(enzyme linked immunosorbent assay,ELISA)、放射免疫测定、蛋白质印迹等已成功应用在很多领域,但是它们因为操作繁杂、存在同位素污染危害、难于微型化等因素而不能提供足够的分析空间,蛋白质芯片却可轻松地解决上述问题。

蛋白芯片是由固定在不同种类支持介质上的抗原或抗体微阵列组成,阵列中固定分子的位置及其组成是已知的,用标记(荧光物质、酶或化学发光物质等)的抗体或抗原与芯片上的探针进行反应,然后通过特定的扫描装置进行检测。与基因芯片类似,蛋白芯片是将蛋白质点到固相物质表面,然后与待检测的组织或细胞进行"杂交",再通过自动化仪器分析得到结果。

1. **蛋白芯片的特点** 与基因芯片相比,蛋白芯片的检测方法基本相同,但是二者之间也存在着很大的差异,其比较详见表 6-4-2。

与传统蛋白质分析方法相比,蛋白芯片具有以下优点:①蛋白芯片上可实现成千上万个蛋白质样品的高通量平行分析,一次实验可提供大量数据;②有很高的信噪比;③所用样品量极少;④在整个基因组和蛋白质组水平将 DNA 序列与蛋白质产物直接联系起来。

表 6-4-2　基因芯片与蛋白芯片的比较

特性	基因芯片	蛋白质芯片
载体活化	通过活化羟基为氨基,键合核苷酸的磷酸,核苷酸也可经过修饰加上氨基或其他基团,再与活化载体的基团键合	通过活化羟基为醛基,再键合蛋白质的氨基
配基	主要是从 cDNA 文库中筛选相关的基因片段	来源于纯化蛋白质,或直接提取的组织液、血液、尿液等,也可以是原位合成的肽链
固定条件	合成后再固定于芯片,也可在固相载体上逐个原位合成,操作较复杂	须保证其活性及二级结构不变,技术要求较高
封闭液	用事先设计的预杂交液封闭,预杂交液的设计选择非常重要	用牛血清白蛋白(BSA)或特殊氨基酸封闭未结合的基团
结合反应原理	利用核苷酸碱基互补的原则结合	利用蛋白质分子相互作用的原理两两配对结合
应用方向	解决基因功能、基因调控及表达等相关问题	研究蛋白质的功能、蛋白质相互作用等相关问题
成熟度	技术成熟	尚在发展中

2. 蛋白芯片的制备　主要分以下步骤:载体的选择及表面化学处理、捕获分子的选择及固化、微阵列设计与制备、抗原或抗体的标记、蛋白质芯片的检测。

（1）载体的选择及表面化学处理:蛋白质芯片需要依照一定条件选择载体,并对载体进行表面化学处理。常用的载体有玻片、薄膜和金属片。一般载体连接的生物分子的量较少,需要对载体表面进行修饰活化,即载体的表面化学处理。这一过程采用不同的活化试剂,通过化学反应在载体表面键合上各种活性基团,以便于配基的共价结合,形成具有不同生物特异性的亲和载体,用以固定不同的生物活性分子。根据不同的目的及载体,可选择不同的表面处理方法。玻片常用戊二醛修饰法、聚赖氨酸修饰法、巯基修饰法、多糖修饰法等;金表面一般通过分子自组装技术固定抗体。除了连接生物分子外,载体表面修饰的另一个目的是减少非特异性修复。

（2）捕获分子的选择及固化:理想的捕获分子(capture molecule)应具有以下特点:对靶分子有高度特异性和亲和力;易进行生产和操作;具有可利用的大分子文库用来建立高度密集的微阵列。目前的捕获分子尚无任何一种完全符合上述特点。下面介绍几种常用的捕获分子。

1）抗体:是最常用的捕获分子,目前商品化且可用于蛋白芯片表面捕获的抗体有上千种。大多数抗体对相应靶分子有很高的亲和力和特异性。抗体通常通过多克隆抗体、单克隆抗体、噬菌体展示(phage-antibody display)文库方法获得。通过上述方法获得的抗体都需要纯化才能够应用于蛋白质芯片技术,而纯化后抗体的有效性问题又摆在研究者面前。

2）适配体(aptamers):是一种寡聚核苷酸,也可作为捕获分子用于蛋白质的连接,且具有很高的特异性和亲和力。这种寡聚核苷酸可用指数式富集法配体进化(systematic evolution of ligands by exponential enrichment,SELEX)程序进行分离获得。尽管适配体的分离是个非常复杂的过程,但 SELEX 方案已成功实现自动化。适配体还具有性质稳定、易于操作等特点,是非常有前景的捕获分子。

3）多肽与肽样寡聚体:多肽具有小分子和蛋白质的双重优势,在蛋白芯片制备中是另一种具有发展前景的捕获分子。通过生物学方法或人工合成方法,可以获得多种多样的肽文库;经过筛选,可以从建立的文库中分离出蛋白结合多肽。该方法的优点是,蛋白结合多肽一旦被鉴定,就可通过人工合成的方法进行大规模制备,且成本低,但这种方法通常会降低亲和力。

另一种正在尝试的捕获分子是肽样寡聚体(peptide-like oligomers)。这种材料具有蛋白酶抗性,比较稳定,人工合成时比肽的合成操作简单、成本低廉,但同样存在对靶蛋白亲和力低的问题。

4）小分子配体：制备最为有效的捕获分子方式是通过化学人工合成的方法获得小分子配体。小分子配体使蛋白连接配体的供应非常简便，且使标准化成为可能。小分子配体的缺陷也是亲和力较低。

（3）微阵列设计与制备：蛋白芯片可通过自动化机器制备，也可由手工方法进行设计操作。人工制作包括手工点样和免疫打点印迹两种方式。该法最为方便，但价格昂贵，且不能建立高密度的芯片，样品和捕获分子消耗大且敏感性较低。考虑到人工制备的固有缺陷，大多数研究者采用微阵列制备仪进行芯片制备，过程与基因芯片的制备类似。微阵列制备仪分直接接触式和非接触式两种。大多数直接接触微阵列制备仪以针为工具，通过直接接触将非常少量的蛋白质放置在固相载体表面，蛋白质的量可通过针的大小进行控制，但很难做到精确控制。非接触微阵列方法主要是点喷印方法和压电机器方法。喷印系统可在实验室使用并可快速产生一致的点，但问题是点样过程中的高温或剪切力易使储存的蛋白质发生变性或降解，导致生物活性的改变，难以精确控制蛋白的量，且喷点多种蛋白较难；而压电法能够做到将适量的蛋白质溶液不经接触挤压就点加到载体表面，无需加温操作，且可精确控制量的多少。

（4）抗原/抗体的标记

1）酶标记法：酶标记抗原（抗体）的方法分直接法和交联法。直接法只用于含糖基酶的标记物的制备，是用碘酸钠使得酶分子表面的多糖羟基氧化成醛基，醛基可以和抗原（抗体）中游离氨基反应生成 Schiff 碱，然后利用硼酸化钠终止反应，从而实现酶与抗原（抗体）的连接。交联法是通过双功能交联剂将酶与抗原（抗体）连接在一起。

2）荧光物标记：常用的荧光物质是 Cy3、Cy5。普通荧光标记有寿命短、本底干扰大、检测时无法将发射光中散射的激发光有效去掉等缺点。时间分辨荧光免疫分析（time-resolved fluoroimmunoassay，TRFIA）技术以镧系元素为标记物，利用波长分辨和时间分辨两种测量技术，有效克服了普通荧光标记的不足，提高了分析的灵敏度。

3）化学发光物质标记：常用的化学发光物质吖啶酯可共价结合于抗原（抗体）上，标记好的抗原（抗体）与对应物结合后，用发光启动试剂（$NaOH+H_2O_2$）与吖啶酯作用，从而产生可以检测的光信号。

（5）蛋白质芯片的检测：目前对于吸附到蛋白芯片表面的靶蛋白的检测主要有两种方式，一种是以质谱为基础的直接检测法，另一种是基于蛋白标记的光学检测法。基于质谱的直接检测法，如表面增强激光解析离子化飞行时间质谱技术，可以使吸附在芯片表面的靶蛋白离子化，在电场力的作用下飞行，通过检测离子的飞行时间计算出质量电荷比，用以分析蛋白质的分子量和相对含量。蛋白标记法与基因芯片的检测类似，样品中的蛋白质先用荧光物质或同位素标记，结合到芯片上的蛋白质就会发出特定的信号，用 CCD 照相技术及激光扫描系统对各反应点的荧光位置、荧光强弱等信号进行检测，即可获得相关生物信息。例如，图 6-4-4 是利用抗体芯片检测特定蛋白的例子。

蛋白芯片在实际应用中仍然面临着许多挑战，主要基于以下原因：蛋白质的脆弱性、目前尚无有效的蛋白质扩增系统、蛋白质的配体制备相对繁琐、蛋白质的结构复杂且存在多种变异体、蛋白质的表达存在着时空性等。

三、组织芯片、细胞芯片与芯片实验室

（一）组织芯片

组织芯片是新兴的生物高科技技术，它是将数十个乃至数千个不同个体的组织标本集成在一张固相载体上所形成的组织微阵列（tissue microarray）。组织芯片克服了传统病理学方法和基因芯片技术中的某些缺陷，使人类可有效利用成百上千份自然或处于疾病状态下的组织标本来研究特定基因及其所表达的蛋白质与疾病之间的相互关系，对于疾病的分子诊断、预后指标和治疗靶点的定位、抗体及药物的筛选等都具有重要的意义，为医学分子生物学提供了一种高通量、大样本、快速的分析工具。

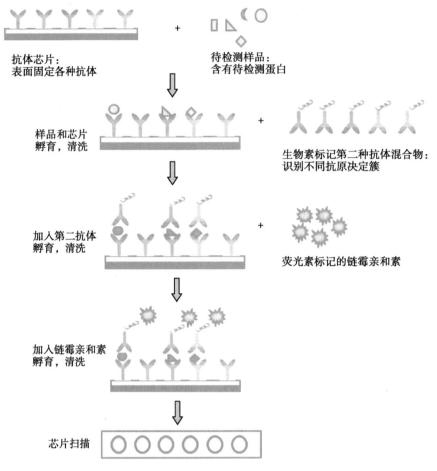

图 6-4-4 抗体蛋白芯片工作原理

组织芯片可用于苏木精-伊红(HE)染色、免疫组织化学(IHC)染色、原位杂交(ISH)、荧光原位杂交(FISH)、原位聚合酶链式反应(PCR)、原位反转录聚合酶链反应(RT-PCR)和寡核苷酸启动的原位 DNA 合成(PRINS)等。可广泛地与核酸、蛋白质、细胞、组织、微生物等技术相结合,在基因、转录和表达产物的生物学功能这三个水平上展开研究。组织芯片的广泛应用极大地促进了现代医药学、基因组学和蛋白组学研究的进一步发展。

1. 组织芯片的制备 组织芯片的设计思想与基因芯片、蛋白芯片不同。基因芯片和蛋白芯片都是为检测同一样本中的不同实验指标而设计的,而组织芯片是针对在原位检测不同样本中同一实验指标设计的,是将几十到几百个小组织样本以规则的阵列方式包埋于同一蜡块后,进行切片制作而成。每张玻片上可同时排列几十到几百例小组织样本,可同时进行同一实验指标的研究。图 6-4-5 是一种已经研制的人体正常组织芯片,包含 30 种从不同器官获取的组织样本,每个组织样本直径约为 1.5mm。

组织芯片的制备目前主要由机械化芯片制备仪来完成。制备仪包括操作平台、打孔采样装置及定位系统。打孔采样装

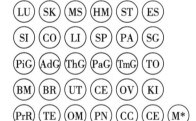

LU= 肺	TmG= 胸腺
SK= 皮肤	TO= 扁桃腺
MS= 肌肉,骨骼	BM= 骨髓
HM= 心肌	BR= 乳房
ST= 胃	UT= 子宫
ES= 食道	CE= 子宫颈
SI= 小肠	OV= 卵巢
CO= 结肠	KI= 肾
LI= 肝脏	PrG= 前列腺
SG= 唾液腺	TE= 睾丸
PiG= 脑下垂体	OM= 网膜
AdG= 肾上腺	PN= 外周神经
ThG= 甲状腺	CC= 大脑皮层
PaG= 甲状旁腺	CE= 小脑

图 6-4-5 人体正常组织芯片

置对供体蜡块进行采样,也可同时对受体蜡块进行打孔,孔径与采样直径相同,两者均可精确定位。定位系统可使穿刺针或受体蜡块线性移动,可制备出孔径、孔距、孔深完全相同的组织微阵列蜡块。通过切片辅助系统将其转移并固定到硅化、胶化玻片上即成为组织芯片。由于样本直径(0.2~2.0mm)不同,在一张45mm×25mm的玻片上可以排列40~2000个以上的组织标本。根据样本数的多少可将组织芯片分为低密度芯片(<200点)、中密度芯片(200~600点)和高密度芯片(>600点)。一般组织芯片的样本数在50~800个之间。根据研究目的不同,芯片还可分为肿瘤组织芯片、正常组织芯片、单一或复合、特定病理类型等数10种组织芯片。

2. 组织芯片的应用与优势 组织芯片技术问世以来,得到了生命科学基础研究、临床医学领域及医药工业界的广泛关注。

有研究人员首先用基因芯片技术检测肾癌细胞系CRL1933中5184种cDNA的表达,发现89种差异表达的基因中有一条是编码波形蛋白(Vimentin)的基因;然后用组织芯片技术和免疫组化方法检测532例肾癌组织中Vimentin的表达,发现51%透明细胞癌、61%乳头状癌表达呈阳性,仅4%的肾脏嫌色细胞癌和12%的嗜酸细胞癌中表达呈阳性,结果表明Vimentin的表达与患者预后密切相关,而与肿瘤的分期、分级无关,该结果与前人的报道相一致。由此认为,组织芯片技术和基因芯片技术结合将会在肿瘤生物学的研究中发挥巨大作用。

另有研究运用组织芯片和荧光原位杂交技术在1周内检测了17种肿瘤397例样本中 *CCND*1、*CMYC* 和 *ERBB* 等癌基因的表达,发现 *CCND*1 在乳腺癌、肺癌、头颈部肿瘤和膀胱肿瘤中表达,*ERBB*2 在膀胱癌、乳腺癌、结肠癌、胃癌、睾丸癌和肺癌中表达,*CMYC* 在乳腺癌、结肠癌、肾癌、肺癌、宫颈癌、膀胱癌、头颈部肿瘤和子宫内膜癌中表达;运用组织芯片技术和标准免疫组化方法研究645例各种乳腺癌组织标本,实验数据与传统病理切片结果也完全一致。

由于组织芯片技术可将几十甚至数百例组织样本同时包埋于同一蜡块,一次操作即可完成普通实验所需的几十次操作;实验条件也在最大程度上保持一致,减少因普通实验方法中分批、分次实验造成的因实验条件不同引起的实验误差,因此在分子生物学研究中具有以下优点:①可提高实验效率;②有助于减少实验误差;③便于设置实验对照;④有利于原始存档蜡块的保存。

(二)细胞芯片

在生物芯片领域,细胞芯片主要是指微阵列细胞芯片和基于微流控的细胞芯片。微阵列细胞芯片沿袭基因芯片、蛋白芯片的基本思想,以细胞为阵列中固定的生物分子,主要用于不同基因在细胞的表达情况、高通量药物筛选等研究;基于微流控的细胞芯片主要结合微机械加工工艺和传感检测技术,对细胞的电生理参数、代谢过程、胞内成分等进行测量。与传统的细胞检测实验相比较,微阵列细胞芯片的优势体现在高通量、高性能的分析;而微流控细胞芯片则可实现细胞的多种参数同步测量,提高了检测效率。

随着微纳米生物技术的不断发展,细胞芯片的研究开始拓展到材料表面的修饰和微纳结构加工对细胞分化、凋亡等的影响,比如有报道神经芯片、肌肉细胞芯片等。这些对高通量研究细胞生理功能起到了极大的推动作用。

1. 微阵列细胞芯片 从细胞组装到发育成有功能性的组织,其生长微环境起关键作用。因此,利用微加工技术,特别是软光刻技术(soft lithography)、自组装单分子层(self-assembled monolayer,SAM)方法等,可以将不同材料制备成各种图形,研究材料和其结构等细胞生长微环境对细胞的影响,这仍然是当前研究的一个热点。

例如,最为激动人心的一项研究是尝试把神经细胞整合在集成电路上。虽然在单个神经细胞与微型芯片的整合研究上,进展还不大。但在人体试验中,这方面的研究还是取得一些成就。通过微电极将人的大脑与计算机相连结,可实现大脑直接简单地操控计算机。如果二者能实现细胞水平上的整合,即脑神经信号与微电子信号的耦合和转化,那么人脑思维直接操纵计算机的那一天就为期不远了。

此外,分离、纯化生物分子与细胞等操作是生物集成化芯片的重要组成部分,已取得令人鼓舞的成绩。例如,利用光电芯片来分离细胞的报道,通过制备的微型芯片有望替代传统的流式细胞仪。结合 MEMS 技术和生物技术,可制备出了肌肉细胞驱动的微型机器人,并准确测量单个肌肉细胞的收缩力。

为解析基因组功能、鉴定具有某种特征的基因产物,发展高通量技术来转染数千个基因、同时分析所获数千个表型是必需的。有报道一种廉价、灵活的细胞微阵列系统,即细胞微芯片(cell microarray),用于哺乳动物细胞中基因过量表达的高通量分析。

随着 RNAi、CRISPR 等技术的快速发展,高效、大规模沉默或者过表达特定 mRNA 或者蛋白变得非常简单。将这些技术整合应用到细胞芯片领域,可以高效解析特定细胞表型相关的信号调控通路、寻找新致病的关键基因等具有重要的意义。微阵列型细胞芯片主要优势在于能够进行高通量的细胞学研究。例如,自组装细胞芯片技术具有良好的平行性,孔与孔之间交叉污染极少,可以有效地保证实验准确性。利用这些技术,对细胞自噬、凋亡、衰老等一系列重要细胞表型进行了筛选,发现一些全新的重要关键调控基因。

与传统平板培养相比,细胞芯片可在更小的面积上表达基因组的所有基因,能节省大量昂贵试剂及细胞用量,减少重复性操作及操作误差;可通过图像上亮点的坐标确定所表达的 cDNA 成分;细胞芯片还可结合微流控灌流和进样技术进行高通量、快速、准确、定量的毒理分析;细胞芯片能够追踪干细胞的分化过程,量化特定干细胞标志物,产生含有可溶性小分子的局部微环境,这些有助于高通量细胞筛选器件的开发、快速有效地鉴定一些小分子在干细胞分化过程中的作用、深入对干细胞的研究、推进基于干细胞的康复治疗发展。

微阵列细胞芯片的制备与基因芯片、蛋白芯片的类似。下面以用于 cDNA 表达的细胞芯片为例简要介绍其制备过程。如图 6-4-6,用点样仪将 cDNA 质粒按一定排列点在处理好的载玻片表面,然后将转染试剂加在玻片上,进行细胞培养。如此,在特定位置上的细胞就被转染上特定的 cDNA,其他非转染细胞以背景信号存在。cDNA 的表达影响了载体细胞的特性,因此可通过活细胞实时成像检测细胞的信息以此鉴定所表达的 cDNA,也可将细胞固定后用免疫荧光、化学荧光、原位杂交或放射自显影等方式进行检测。

2. 微流控细胞芯片　微流控细胞芯片在细胞的代谢机制、细胞内生物电化学信号识别传导机制、细胞内环境的稳定性等方面的研究具有很大的优势。如图 6-4-7,此类细胞芯片充分运用显微、纳米技术及几何学、力学、电磁学的原理,在芯片上实现细胞的捕获、固定、平衡、运输、刺激、培养等精细操作,经微化学分析法,完成对细胞样品的高通量、多参数、连续原位信号检测和细胞组分的理化分析等研究。目前的微流控细胞芯片至少可完成如下三个功能:①实现对细胞的精确控制,直接获得与细胞相关的大量功能信息;②完成对细胞的特征化修饰;③实现细胞与内外环境的交流和联系。

微流控细胞芯片的制备工艺与微流控芯片相同,只是细胞芯片的表面一般需经特定的修饰与设计,以更好地适应细胞的生长和分化。

3. 类器官芯片　微纳米技术和干细胞技术的发展,促使人源类器官芯片的诞生和发展,这对新药研发领域具有重要的意义。新药研发和试验是一个漫长且耗资巨大的过程,利用动物模型进行药效和安全性评价,还有很多缺陷。为此,科学家们一直尝试开发类器官芯片,甚至"芯片仿真人体器官系统(human organ-on-a-chip systems)"。希望这个系统也许会代替动物试验,同时减少人体试验所需要的步骤和时间。特别是,结合平面转换技术(in-plane switching,iPS)可以利用患者的细胞来制备类器官,更能体现精准个体化诊疗的优势。

一种复杂度更高的芯片仿真肺部器官,可以模拟具有呼吸功能的肺部。通过用薄膜隔开了硅树脂芯片上的槽道,使其构成了两个隔室。在每个隔室中放入了两种不同类型的肺部细胞:一种可以与薄膜顶部空气完成气体交换,另一种可以与隔室底部血液完成气体交换(图 6-4-8)。

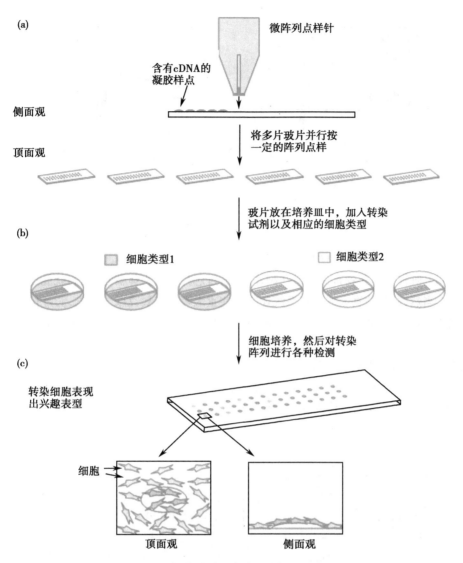

图 6-4-6 微阵列细胞芯片的制备与分析

（a）点样；（b）加入转染试剂，进行细胞培养；（c）对转染后的细胞进行分析

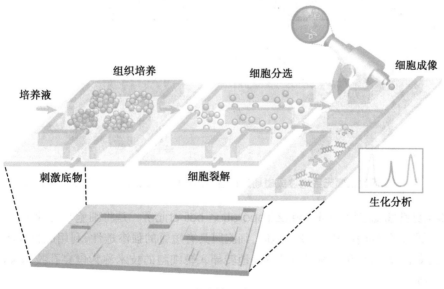

图 6-4-7 微流控细胞芯片示意图

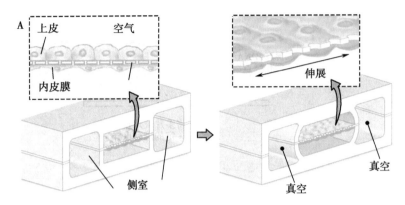

图 6-4-8 芯片仿真肺部器官

目前,大量的类器官芯片已被报道,如免疫器官芯片、血栓的芯片、仿真肝芯片、仿真脑芯片等。特别是血栓和肝脏损害是药物常见的潜在副作用,通过芯片仿真人体器官,我们就能更早地发现药物的潜在危害。当然,芯片仿真人体器官系统还有一些重大障碍需要克服。首先,芯片仿真人体器官的复杂度终究比不过人体真实器官,而且该系统也无法模拟真实器官被人体内其他不相邻器官干扰影响的状态。

4. 可植入或便携式微纳米芯片 充分发挥微纳米系统精准时空控制和检测的优势,将不同种类细胞直接整合在微纳米系统上,用于细胞分离、操纵、信号监测,体外高通量药物筛选,药效评估等,可以是便携式,也可以直接植入体内,比如神经芯片用于大脑信号监测,可编程药物释放的胰岛素微芯片等。有一种通过低频无线电波或磁场远程遥控的遗传编码系统,可以实现遥控血糖释放(图 6-4-9)。

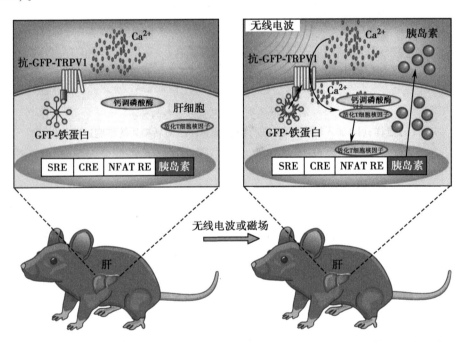

图 6-4-9 通过低频无线电波或磁场远程遥控的遗传编码系统,实现了遥控血糖释放

5. 微量电穿孔细胞芯片(microelectroporation cell chip) 是将细胞与芯片上的集成电路相结合的微型装置。当给细胞一定的阈电压时,细胞膜具有短暂的强渗透性,利用此特性将外源 DNA、RNA、蛋白质、多肽、氨基酸和药物试剂等精确地转导入靶细胞的技术称为电穿孔技术。该技术能直接用于基因治疗。

（三）芯片实验室

芯片实验室(lab on a chip)也称为微全分析系统(micro total analysis system，μTAS)或微流控芯片，是指把生物和化学等领域中所涉及的样品制备、生物与化学反应、分离检测等基本操作单元集成或基本集成在一块厘米见方的芯片上，用以完成不同的生物或化学反应过程，并对其产物进行分析，是基因芯片技术和蛋白质芯片技术进一步完善并向整个生化分析系统领域拓展的结果，是生物芯片技术发展的最高阶段。由于芯片实验室是利用微加工技术浓缩整个实验室所需的设备，化验、检测、显示等都在一块芯片上完成，因此成本相对低廉、使用很方便。

芯片实验室的两大核心技术是其制作和分离检测技术。具体内容在本章微流控分析芯片中已有介绍，这里不再赘述。图 6-4-10 是一个以集成电路的方式在硅片上完成的芯片实验室示意图，它将临床检验科里血液氧分压(P_{O_2})、二氧化碳分压(P_{CO_2})、pH 的检测集成到一个芯片上，并配有液体的进口和微流控通道。芯片中的导体部分由标准的硅制作技术完成，有用于 P_{O_2} 检测的安培型传感器和用于 P_{CO_2}、pH 检测的电位型传感器。聚丙烯酰胺和聚硅氯烷聚合层分别作为内部电解质和气体渗透膜，由光聚合方法沉积而成。

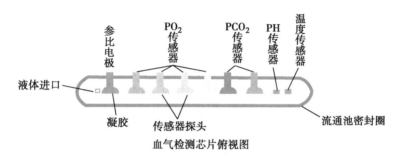

图 6-4-10　集成了 P_{O_2} 和 pH 传感检测的芯片实验室

芯片实验室的应用涉及核酸、蛋白、多肽的分析，临床检验及疾病诊断，药物筛选，细胞和离子的监测，环境监测等。在核酸分析中，芯片实验室已经能对寡核苷酸片段、DNA 限制性片段、RNA 核糖体等进行分离及分析研究，能够进行基因分型，对各种遗传病相关的基因进行快速鉴定，市场上已有成熟的芯片 PCR、芯片 mRNA 电泳等产品销售。芯片实验室在即时检测(point-of-care test)有着广阔的应用前景，可对血液、唾液、尿液等生物样本进行快速检验。在环境监测方面，芯片实验室也表现出良好的应用前景，可对水源、土壤、空气进行检测。结合细胞培养，芯片实验室还可用于药物的筛选，这种芯片集药物浓度梯度生成、芯片细胞培养、细胞受激、标记和洗涤等操作于一体，可在一次实验中获得多个参数，不仅操作简单、节省试剂，更易满足高通量的要求，具有传统药物筛选无法比拟的优越性。

四、生物芯片的发展

生物芯片技术作为新一代生物传感技术的出现，给生命科学和医学领域的研究带来一场革命。它的发展既借鉴了生物传感器的某些思想和技术，同时也为生物传感器开拓了新的发展方向，在生物医学领域得到广泛的关注。

（一）电学生物芯片

由于 DNA 的杂交和蛋白质的交联会引起电极电性能的变化，对这种变化进行检测的电学生物芯片近年来得到了深入的研究与发展。在电生物芯片阵列的制备中，更加关注的是无标记电学 DNA 和蛋白质传感技术。相比放射和荧光标记技术，电学生物芯片在识别分子间的相互作用方面具有许多优势。它是一种安全、廉价、灵敏的检测技术，没有繁杂的规则与要求，所需样品量少，是一种微型化的便携式装置。

（二）生物芯片的应用前景

目前生物芯片的发展日趋成熟,在短短十几年的时间内在生物学、医学、农业、环保、食品等领域取得了丰硕的成果,且有许多产品已商业化,如基因突变与基因多态性分析、基因表达谱的分析、遗传病的基因筛选、病原体的检测和诊断、高通量药物筛选、药理分析等。但是,该技术目前仍然存在许多问题亟待解决与改进,如芯片检测的特异性、重复性、灵敏度、定量化、芯片产品质量的标准化、数据处理及实验操作的标准化、芯片的稳定性等;此外,在提高信号检测的灵敏度、高度集成化样品的制备、检测仪器的研发以及微型化方面还不是太理想。在今后的发展中,生物芯片将会围绕这些问题展开研究,以提高芯片的特异性、简化性、准确性,实现集成化、智能可控化、微型化和便携化等,使得该技术更够更好地为人类服务。

阵列化的思想、高通量检测的优势以及新型传感器分析技术的集成,将会使得生物芯片得到飞跃式发展及快速商业化,在带来巨大财富价值的同时,改变生命科学的研究方式、革新医学诊断和治疗手段,为生命科学的发展及人类的健康做出重要贡献。

（席建忠 吴春生 陈庆梅）

思考题

1. 举例说明基于纳米技术的 SPR,QCM 传感器在生物分子检测中有什么具体的应用。
2. 特异性和灵敏度是生物芯片的两大特征,如何量化表征特异性和灵敏度? 请比较分析常规 Western blot、ELISA 和蛋白芯片的特异性和灵敏度。
3. 请比较分析二代高通量测序和基因芯片各自的优劣势。
4. 阐述葡萄糖生物传感器的工作原理。
5. 阐述光导寡核苷酸原位合成步骤。

参考文献

1. 郭立泉,王红宇. 酶的固定化技术的研究进展. 吉林工商学院学报,2008,24(5):83-87.
2. Mohy MY,Bencivenga U,Rossi S,et al. Characterization the activity of penicillin Gacylase immobilized onto nylon membranes grafted with different acrylic monomers by means of radiation. Journal of Molecular Catalysis B:Enzymatic, 2000:233-244.
3. 王文序,蔡谨,袁骏. 葡萄糖氧化酶在等离子体改性膜上的固定化. 浙江大学学报,1997,31(3):399-404.
4. Huang W,Wang JQ,Bhattacharyya D,et al. Improving the activity of immobilized subtilisin by site-direted attachment to surfaces. Annal Chem,1997,69(22):4601-4607.
5. Wang P,Liu QJ. Cell based Biosensor:Principle and Application. Artech House Publishers,USA. 2009.
6. Lodish H,Berk A,Kaiser C,et al. Molecular Cell Biology. 7th ed. W. H. Freeman and Company,2013.
7. El-Ali J,Sorger P,Jensen K. Cells on chips. Nature,2006,442:403-411.
8. Esch E,Bahinski A,Huh D. Organs-on-chips at the frontiers of drug discovery. Nature Reviews:Drug Discovery,2015, 14:248-260.
9. Unger M,Chou H-P,Thorsen T,et al. ,Monolithic Microfabricated Valves and Pumps by Multilayer Soft Lithography. Science,2000,288:113-116.
10. Xi J,Schmidt J,Montemagno C. Self-assembled microdevices driven by muscle,Nature Materials 2005 4:181-184.
11. Chiou P,Ohta A & Wu M,Massively parallel manipulation of single cells and microparticles using optical images,Nature 2005 436:370-372.
12. Huh D,Matthews B,Mammoto A,et al. Reconstituting Organ-Level Lung Functions on a Chip. Science,2010,328: 1662-1668.

第七章　新型生物医学传感技术

　　随着现代技术的创新发展,生物医学传感器新品种和类型在不断地更新发展,当前技术水平下的传感技术正朝着微(小)型化、数字化、智能化、多功能化、系统化和网络化方向发展。随着纳米技术、3D打印技术、微电子机械系统技术以及信息理论及数据分析算法的迅速发展,未来的生物医学传感技术必将变得更加高精度、高可靠、微型化、综合化、多功能化、智能化和系统化。新的医学技术的发展和临床需求的增强对医用传感器提出了越来越高的要求,是医用传感器技术发展的强大动力,而现代科学技术的快速发展和应用则提供了坚实的技术支撑。医用传感技术在医学科学研究和临床诊断治疗应用中发挥着越来越重要的作用。

第一节　纳米生物医学传感技术

一、纳米传感器的概念和发展

　　纳米技术(nanotechnology)是在1~100nm尺度上研究材料的物质结构和性质的多学科交叉前沿技术。应用于生命科学中的纳米材料可称之为纳米生物材料(nano-biomaterials),它是指由具有纳米量级的超微结构组成的、生物相容性良好的功能材料。由于纳米材料结构上的特殊性,使纳米生物材料具有一些独特的效应,主要表现为小尺寸效应和表面或界面效应。纳米材料与相同组成的微米材料在性质上有非常显著的差异,它有其特殊的生物学效应,可以应用于多个方面。如纳米金属的毒性低,传感特性和弹性模量接近生物组织,使其具有良好的生物相容性,细胞可在其表面生长,并可修复病变组织;纳米微粒在癌症的检测与治疗、细胞和蛋白质的分离、基因治疗、靶向和缓释控药物等方面也可发挥重要作用。

　　如今,纳米材料也为生物传感器的开发和研制提供了一个崭新的途径,纳米材料的结合和利用已为生物传感器的发展带来了不少新的契机。本节将在对纳米特性进行概要介绍的基础上,对几类纳米材料在生物传感方面的应用进行介绍。

(一)纳米生物材料

　　美国著名物理学家、诺贝尔奖获得者Richard Feyman很早就提出,当物质的尺度减小到与一些基本的物理数值相当的时候,会对这样结构的材料的性质产生重大的影响。纳米科学的出现和发展,验证了他的预言。在纳米材料的发展初期,纳米材料是指纳米颗粒和由它们构成的纳米薄膜和固体,如图7-1-1所示。现在广义的纳米材料是指在三维空间中至少有一维处于纳米尺度范围,或由它们作为基本单元构成的材料。

　　对于一个直径1mm的圆点,表面原子占总体积的比例只有1%,而当直径变为10nm时这一比例则是25%,到1nm时则是100%,即此时所有的原子都分布在表面上。原子之间的作用力以及非等价原子(under-coordinated atoms)比例的变化是决定纳米材料与其本体材料特性不同的原因,新的物理和化学性质因此出现在这样的体系中。

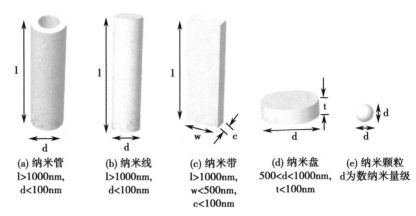

图 7-1-1　具有独特维度取向的各种纳米结构

（l 为长度，d 为直径，w 为宽度，c 为深度，t 为厚度）

纳米颗粒（nano-particle）通常大于 1nm，是生物医学领域应用最广的纳米材料，也是目前研究得最多的纳米材料之一。实现对纳米颗粒的尺寸大小、粒度分布、形状、表面修饰的控制，及其在光电化学中的应用，是纳米颗粒研究的重点之一。这种介于微观与宏观之间的一类新的物质层次，出现了许多独特的性质。

1. 尺寸效应　由于颗粒尺寸变小引起的宏观物理性质的变化，称为小尺寸效应。对纳米颗粒而言，尺寸变小的同时，其比表面积亦显著增加，表面原子的电子能级离散、能隙变宽，晶格改变，表面原子密度减小，从而产生一系列新的性质。例如，特殊的光学性质，所有的金属在超微颗粒状态都呈黑色，尺寸越小，颜色越黑，对光的反射率可低于 1%；特殊的热学性质，超细颗粒的熔点显著降低，小于 10nm 量级时尤为明显。

2. 量子尺寸效应　介于原子、分子与大块固体之间的纳米颗粒，将大块材料中连续的能带分裂成分立的能级，能级间的间距随颗粒尺寸减小而增大。当热能、电场能或磁能比平均的能级间距还小时，就会呈现一系列与宏观物质截然不同的反常特性。

3. 表面效应　纳米粒子表面原子数与总原子数之比随粒径的变小而急剧增大后，所引起的性质上的变化。球形颗粒的表面积与直径的平方成正比，体积与直径的立方成正比，故其表面积/体积之比（即比表面积）与直径成反比。随着球形颗粒直径变小，其比表面积将会显著增大，使之具有很高的表面化学活性。表面效应主要表现为熔点降低，比热增大等。

4. 宏观量子隧道效应　隧道效应是基本的量子现象之一，即当微观粒子的总能量小于势垒高度时，该粒子仍能穿越这势垒。近年来，人们发现一些宏观量如微颗粒的磁化强度、量子相干器件中的磁通量及电荷等也具有隧道效应，它们可以穿越宏观系统的势垒而产生变化，故称之为宏观的量子隧道效应。

5. 体积效应　由于纳米颗粒体积极小，所包含的原子数很少，因此，许多与界面状态有关的诸如吸附、催化、扩散、烧结等物理、化学性质将与大颗粒传统材料的特性显著不同，就不能用通常有无限个原子的块状物质的性质加以说明。

（二）纳米生物材料与生物传感器的构建

纳米材料不仅因结构变化对性质产生影响，而且由于这类材料与生物分子在尺度上接近也产生一定效应。在生命科学应用中，不但可以利用纳米材料的功能特性，即物理性质的改变，也可以利用其结构效应，如对生物分子反应、识别空间位阻的降低等。

在纳米尺度上将生物学与材料科学结合，将对于很多科学技术领域产生革命性的影响。纳米尺度对于生物学而言非常相关，因为大的生物分子如蛋白质、DNA 以及很多重要的亚细胞结构的尺度，都主要在 1~1000nm 的范围之内，如图 7-1-2 所示。

近期在纳米结构材料上的研究，已经挖掘了这类材料巨大的潜力，以开发具有独特功能的新器件

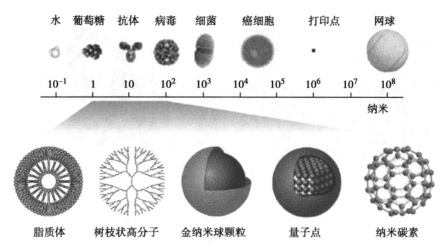

图 7-1-2　不同种类生物分子及纳米结构材料的尺度分布

及构成传感器。这些纳米材料具有生物相容性好,化学性质稳定,在一些化学成分出现时会发生电学等特性的改变。它们在尺度上与生物分子接近,使之成为化学-生物传感器的敏感物质。未来的若干年内,材料物理及化学的发展将使生物分子及组织的光学、磁学、电学的传感方式发生巨大的变化。在纳米尺度上控制物质状态的方法将产生新型生物传感器。这样的新系统将使活细胞中的单个分子测试成为可能,也可以集成化地平行测试多个信号,以及同时处理多个不同的反应。一些基于纳米技术的传感器平台可以直接实现生物及化学物质的电学测试,不需要标记。这一平台采用功能化的纳米颗粒、纳米管或纳米线等纳米材料,高灵敏和特异地与被测分子结合,可以测试包括 DNA、RNA、蛋白质、离子、小分子、细胞及 pH 值等多种成分。因此,纳米结构在生物传感器中应用非常广泛,具有不同的特性及特殊用途,下面将就不同纳米结构生物传感器分别进行介绍。

(三)纳米颗粒的制备和修饰

除了纳米颗粒的特性,其组成成分对于它们的适用性也是非常重要的,如成分决定了纳米探针与被分析物的兼容性和匹配性,也决定了检测精度能达到什么级别。最常见的用来制备纳米颗粒的原材料是金、硅和半导体(如 CdSe、ZnS、CdS)等。

纳米金是指金的微小颗粒,通常在水溶液中以胶体金的形态存在(图 7-1-3),图 7-1-3(a)与图 7-1-3(b)分别为直径 18nm 与 70nm 的纳米颗粒。目前最经典的制备胶体金的方法是柠檬酸钠还原法。根据还原剂的种类和浓度的不同,可以在实验室条件下制备出不同粒径的胶体金,且方法简单、原料廉价。胶体金在 510~550nm 可见光谱范围内有一吸收峰,吸收波长随金颗粒直径增大而增加。当粒径从小到大时,表观颜色依次呈现出淡橙黄色、葡萄酒红色、深红色和蓝紫色变化。胶体金的性质主要取决于金颗粒的直径及其表面特性。由于其直径在 1~100nm 之间,而大多数重要的生物分子(如蛋白质、核酸等)的尺寸都在这一尺度内,因此可以利用纳米金作探针进入生物组织内部,探测生物分子的生理功能,进而在分子水平上揭示生命过程。当然,纳米金颗粒独特的颜色变化,也是其应用于生物化学的重要基础。

硅是一种在生物分析中被广泛采用的材料,如生物传感器、生物芯片等。它可以通过多种加工技术合成,用来制备纳米颗粒、透明薄膜以及固体平面材料。硅纳米颗粒的制备有两种经典的途径,一种是倒转微乳化法,主要是用来合成染料掺杂硅颗粒和超小磁性硅颗粒;另一种是 Stöber 方法,用于制备纯硅颗粒和有机染料掺杂硅颗粒。合成硅颗粒的特征是通过尺度、光学或者磁学特性来描述的。可用透射电镜或扫描电镜来确定纯硅颗粒的粒径,一般直径在 60~100nm 之间。染料掺杂硅颗粒中的染料分子可以是双吡啶钌、罗丹明、四甲基右旋糖苷以及荧光素右旋糖苷等,这种硅颗粒的大小和光学特性是决定其用途的最主要因素。磁性硅颗粒包括 Fe_3O_4/SiO_2 和 Fe_2O_3/SiO_2 两种,其直径大约在 2~3nm,接近超顺磁性物质,可见大小和磁学特性将决定磁性硅颗粒的最佳合成条件。

量子点(quantum dots,QDs)是一种半导体晶体材料的纳米颗粒,直径在 10nm 以内,较普通细胞

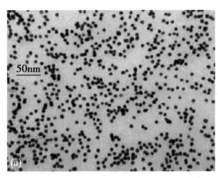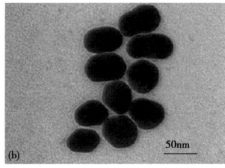

图 7-1-3　金纳米颗粒电镜照片

（a）直径 18nm 的纳米颗粒；（b）直径 70nm 的纳米颗粒

的体积小数千倍，具有吸收波长范围宽和发射波长范围窄的特性，不同材料的量子点还会发出不同的荧光。用做量子点的材料有硒化镉（CdSe）、硫化锌（ZnS）、砷化铟（InAs）等，在近几年的研究中硒化镉最受重视。量子点的合成途径有多种，从传统荧光标记的量子点到用作测量各向异性的拉长"纳米杆"都有应用。较经典的是"由下向上"的一步法反应，即同一容器中无机物的化学转化与纳米结晶过程。

（四）纳米颗粒的生物传感应用

纳米颗粒在传感器方面的应用十分广泛，例如：纳米金颗粒具有很好的催化活性、很强的表面增强共振、表面张力以及非线性光学性质，可用作结构和功能单元来构建传感器，其多层膜的形成拓展了纳米微粒的性质和应用，其生物效应可以提高生物传感器的灵敏度。纳米金颗粒可以作为 DNA 传感器的表面修饰物，来增强其灵敏度。如把纳米金颗粒引入敏感膜制备中，则生化传感器灵敏度等性能有极大的提高。

采用金纳米-DNA 探针识别靶基因的研究表明，纳米技术能对 DNA 传感器的灵敏度、稳定性及专一性发挥起着重要作用。光学免疫生物传感器中使用纳米金颗粒来增强间接荧光基团的荧光性，将纳米金在离荧光基团合适的距离处固定安置后可以有效地增强荧光效应。如果将纳米金颗粒与生物相容性溶剂结合，可以将光纤生物传感器的信号扩大数十倍，以及将一些心脏损伤标记物精确定量到 10^{-13}mol/L 水平。用纳米金颗粒增强 DNA 传感器灵敏度的实验也已开展，除用纳米金作为放大器外，用纳米金修饰于石英晶体微天平（QCM）传感器表面，发现在 QCM 体系中 DNA 检测的灵敏度可以超过 10^{-16}mol/L，大大高于一般的没有用纳米金修饰过的 QCM 传感器，其检测机制见图 7-1-4。纳米金粒子将加强定向吸附抗体片段应用于免疫传感平台，其策略也是借助 QCM 作为换能器，以纳米金粒子为基础，定向吸附抗体片段。这种纳米金粒子增强固定化技术，有望作为适合于固相测定以及亲和色谱法的各种免疫传感平台。实验表明，该方法具有高灵敏度、快应答率以及良好的操作稳定性能。

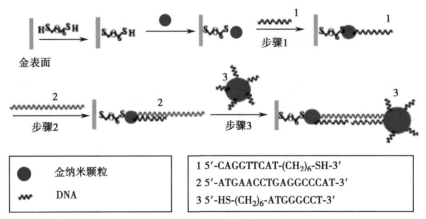

图 7-1-4　纳米金放大的 QCM-DNA 检测机制图

同时,用小于10nm金颗粒进行固定化酶的研究,表明金纳米颗粒可以显著提高葡萄糖氧化酶(glucose oxidase,GOD)酶电极的响应灵敏度和使用寿命。亲水Au、疏水Au纳米颗粒均具较好的导电性,可作为电极表面与GOD分子间的电子传递介质,改善电极的电子传递过程。研究还发现,采用SiO_2和金或铂组成的复合纳米颗粒,与这三种纳米颗粒单独使用相比,可以大幅度提高葡萄糖传感器的电流响应。

在用于细菌检测的生物传感器中,纳米颗粒给细菌富集和分离、信号放大等环节带来新的突破和提高。采用生物修饰的纳米颗粒,通过荧光信号为基础的免疫试验,可以快速、准确地检测出单个细菌。细菌众多的表面抗原可供抗体修饰的纳米颗粒识别与结合,纳米颗粒起到极强的信号放大作用,所以每一个细菌表面将结合数以千计的纳米颗粒,从而提供极强的荧光信号(图7-1-5)。这种方法可在15分钟内检测到单个大肠埃希菌。

在利用QCM检测大肠埃希菌O157:H7的DNA的过程中,

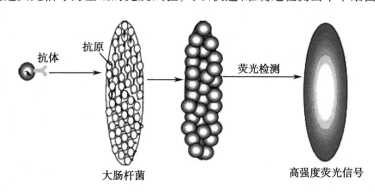

图7-1-5 纳米荧光增强的单个细菌检测机制图

由于电极表面固定的探针和目标DNA杂交后,由被捕获的细菌DNA所引起的QCM频率改变太小(小于1Hz),所以需引入Fe_3O_4纳米颗粒,使其结合到目标DNA链上,通过纳米粒子的质量改变来放大信号。该纳米颗粒放大的QCM-DNA传感器能检测到$2.67×10^2$CFU/ml的大肠埃希菌,其中发现从$2.67×10^2$CFU/ml到$2.67×10^6$CFU/ml浓度范围内,频率的改变和浓度对数值之间成线性关系。由此可设计基于叉指微电极阵列的阻抗生物传感器用于大肠埃希菌O157:H7的快速检测。生物素标记的特异性抗体和链霉亲和素包被的磁性纳米颗粒结合,被用来从碎牛肉汁样本中分离和富集细菌。该微电极阵列能检测到$8.0×10^5$CFU/ml浓度的细菌,从样本制备到结果检出所需的时间约为35分钟。

二、微纳传感器的组成与特性

(一)纳米孔的特性

通常,纳米孔(nanopore)材料可分成体纳米孔材料和纳米孔膜两种,常见材料有碳、硅、硅酸盐、金属氧化物、高分子材料等。以阳极氧化法制备的氧化铝纳米孔膜作为模板材料组装与设计的纳米结构材料与功能器件,是当今纳米材料研究领域的一个热点。这种纳米孔膜具有耐高温、绝缘性好、孔洞分布均匀有序,且大小可控等优点。除了具有材料本身的特性,特殊的纳米孔结构使其具有其他特性:

(1)高比表面积,可控的孔径尺寸、形态、分布,扩展了材料表面的化学特性。在特定温度、压力等条件下具有良好穿透性和选择性的纳米孔材料,还可以用于气体的选择性分离。纳米孔材料的高比表面积性质使得其可以在较小的体积里面容纳或者吸附较多的生物化学物质,所以可以用于催化反应中作为催化剂载体以及反应平台。

(2)因为纳米孔材料具有较大的内部空间,也可能被用于气体或者液体的装载和储存,但是目前还处于初步的研究阶段。

(3)纳米材料膜上的纳米孔直径和生物单分子相匹配,因此纳米膜材料也可用于药物传输及生物包囊纳米薄膜,作为外壳薄膜来转运大分子药物到体内,并在DNA测序、单分子分析等领域也有快速发展。

（二）纳米孔的制备

在利用纳米孔膜作为模板合成其他纳米有序结构方面,模板的孔径和长度在一定程度上决定了纳米材料的尺寸,进而会决定纳米材料的性质和功能,所以根据需要制备不同孔径和厚度的氧化铝纳米孔模板是纳米材料制备中的关键一步。

铝的阳极氧化始于 20 世纪 20 年代,当时主要用于制造电解电容。几十年来,许多科学家对铝阳极氧化膜的性质、微观结构及其生长机制进行了深入而广泛的研究。现在铝的阳极氧化主要在硫酸、磷酸和草酸等酸性电解质中进行,特别是硫酸阳极氧化以其成本低、氧化膜透明度高、耐蚀耐磨性好、易于染色和电解着色而被广泛应用。

如图 7-1-6 所示,多孔阳极氧化铝膜(porous aluminium oxide film)具有十分独特的、呈现出自组织的高度有序纳米孔阵列结构,形成许多六角形的微孔,这些微孔垂直于铝基体且微孔直径非常小,根据不同的氧化条件,微孔直径大约在 $10\sim500\,\mathrm{nm}$ 之间。微孔的密度非常大,大致在 $10^{13}\sim10^{14}$ 个/m^2 之间,而且多孔氧化铝膜的微孔直径等参数是随着阳极氧化条件的变化而变化。但是多孔氧化铝膜却始终保持着其固定的形状和结构特征,因此,多孔氧化铝膜相对于聚合物而言能经受更高的温度,具有更加稳定、绝缘性好、孔洞分布均匀、孔密度高等优点。

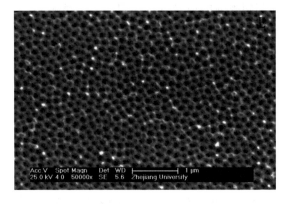

图 7-1-6　多孔阳极氧化铝膜扫描电镜照片

（三）纳米孔的生物传感应用

近年来,由于湿度传感器和氨传感器在食品质量检测和气象研究方面的重要性,这些传感器的发展和研制引起了人们的关注。如在具有不同纳米孔径的氧化铝薄膜的一面上,通过掩膜蒸镀法印制出 Au 电极,而以阳极氧化铝多孔膜为敏感介质,制成了湿度传感器和氨气体传感器。器件对氨和湿度的响应行为强烈依赖于膜孔尺寸和工作频率。在 5kHz 频率下,当平均孔径为 13.6nm 的传感器分别在氨和氩气中工作时,其阻抗变化提高两个数量级;而在同样频率下,相同的传感器在 20% ~ 90% 的相对湿度环境中,阻抗变化可提高三个数量级,显示了较好的敏感特性。

由于纳米孔膜良好的理化性质和结构特性,其在生物检测领域的应用也逐渐受到重视。一种用于检测 DNA 杂交的纳米孔膜传感器如图 7-1-7 所示,其将氨基修饰的 DNA 探针修饰在纳米孔孔壁上,探针与目标互补 DNA 杂交后,杂交体会对孔道中的离子电流起到阻碍作用使得电极阻抗增加,并且证明了杂交对离子电流的阻碍与膜孔的孔径大小有关,孔径为 20nm 时有电流阻碍现象发生,而为 200nm 的时候 DNA 杂交复合体则失去阻碍电流的作用。图中主要显示了 20nm 膜面对工作电极,

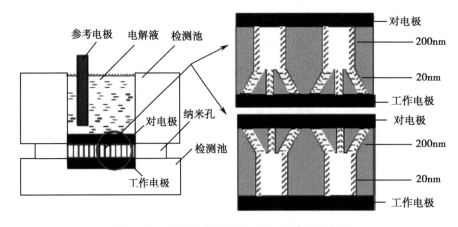

图 7-1-7　基于纳米孔膜的 DNA 传感器示意图

以及 200nm 膜面对工作电极。由此设计了基于纳米孔膜传感器检测大肠埃希菌 O157：H7 的 DNA 分子传感器。

采用纳米孔膜，当单个核苷酸分子在电场的驱动下，穿越尺寸匹配的纳米孔，引起缓冲液离子流的阻塞并改变离子电流的大小。如在绝缘硅（silicon-on-insulator，SIO）纳米孔膜上通过测量通道的电流大小来确定特定 DNA 链的移动，发现和通道内部附着的 DNA 完全匹配的 DNA 能更快速地移动，并且穿过孔的数量也更大（图 7-1-8）。DNA 通过链霉亲和素-生物素连接在磁珠上，通过电场力 F_E 和磁珠的磁场力 F_M 相互作用，使 DNA 拖曳出孔，且可控制速度。

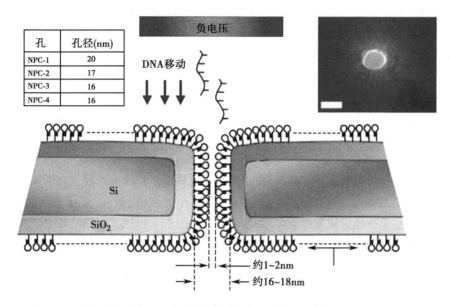

孔	孔径(nm)
NPC-1	20
NPC-2	17
NPC-3	16
NPC-4	16

图 7-1-8　DNA 分子通过功能化的固体硅纳米孔通道（nanopore channels, NPCs），HPL-DNA 分子修饰的 NPCs

同时，纳米孔也可用于受体与离子通道传感器的研究。双层类脂膜是根据细胞膜的磷脂双分子层结构设计的一种人工膜系统，能将受体、离子通道等多种生物分子嵌入其中进行固定的同时保持其生物活性。采用纳米孔结构支撑的双层类脂膜有利于研究受体与配体在膜界面上的相互作用过程。一般可采用以 Ti 为过渡层在纳米孔表面溅射 Au，再通过硫醇分子的巯基，在 Au 表面以自组装方式形成磷脂双分子层结构。然后将受体与离子通道在类脂膜上进行耦联，通过相应的电信号记录对其配体传感的电生理特性进行研究。采用纳米孔阵列结构多孔膜为载体进行研究，这样便于脂膜两侧离子的穿透，容易实现受体耦联离子通道的电流特性测量，并具有较好的稳定性。

另外，由于制备技术成熟，纳米孔材料也广泛被当作模板用来生长纳米线或者纳米柱。纳米结构特殊的形貌及材料的良好生物兼容性，也可用于细胞生长、增殖及组织工程和生物移植等领域。

（四）纳米管与纳米线的特性

一维纳米材料具有很高的表观比例（两个方向上的尺度限制），因此面积-体积比很大，德拜长度（等离子体中任一电荷的电场所能作用的距离）与材料尺度接近，这些性质使之对表面化学过程具有很高的敏感性。这种尺度限制效应也使其具有禁带宽度可调控、光学增益高、响应速度快等特点。

一维纳米材料之所以引起人们的极大关注，是由于它为很多介观物理研究提供了手段，另外在纳米器件的制备上也提供了材料基础。一维纳米材料可以应用于研究电子、热传递及机械性质对维度及尺度减小（量子束缚）的依赖性，并被期望在纳米维度上制备电子、光电子、电化学及电子机械装置等方面作为连接件和功能单元扮演重要角色。

一些金属纳米线在直径达到一定尺度后会成为半导体。有人提出这是由于量子束缚，使导带和价带反向移动，扩展了禁带宽度的结果。还有一些金属在纳米线形态时出现电子传导的弹道效应（ballistic effect）。半导体材料在纳米线形态下有些仍保持原有导电特性（如 17.6nm 厚 GaN 纳米线），有些则成为绝缘体(如 15nm 厚的 Si 纳米线)。此外纳米线还有很多重要的光电性质,如场发射、表面等离子体共振、光电导和光开关特性等。一维纳米材料的热学性能和机械性能也有很多不同于块体材料的特点,在此不多赘述。

一维纳米材料很多独特的性质,使之作为传感器敏感材料得到广泛研究。这些性质包括以下几个方面:

(1) 一维纳米材料具有大的表面-体积比,这就意味着很大比例的原子或分子在材料表面,参与表面反应。

(2) 大部分半导体氧化物纳米线的德拜长度在很宽的温度范围和掺杂程度下与半径相当,意味着其电学特性将强烈地受表面过程影响。由此可知,纳米线的电导可随表面过程在完全绝缘态和高电导状态变化,可以很大程度上提高测试的灵敏度。

(3) 对于氧化物半导体纳米线而言,化学配比更明确,晶型更完整,较之多颗粒氧化物传感器在稳定性上有很大提高。

(4) 纳米线可以容易地构建场效应管(FET)器件,使之有可能与现有的器件制备技术兼容。而三端 FET 器件的构造,可以调控能带中费米能级的位置,进而通过电学方法影响和控制表面过程。

(五)纳米管与纳米线的制备

一维纳米材料的生长机制还是结晶过程,主要包括成核和生长两个过程。当固体的构造组件(原子、离子或分子)浓度足够高,它们通过均相成核,聚集成小的簇(或核)。连续的组件供应可以长成更大的结构。这个生长过程应该是可逆的,并且速率可以控制。根据其合成的环境,一维纳米材料的制备方法可大致分为气相沉积和液相沉积,期间可分别发生相应的物理和化学变化。多种材料的一维纳米结构已经通过不同方法合成。包括单质及化合物材料,如碳纳米管(carbon nanotube)、硅纳米线(silicon nanowire)、锡纳米线、GaN 纳米线,及各类金属氧化物的一维纳米结构。目前,碳纳米管、硅纳米线是科技研究的两个热点,如图 7-1-9 所示。图 7-1-9(a)中,1 为扶手椅形(armchair)碳纳米管,2 为锯齿形(zigzag)碳纳米管;3 为手性(chiral)碳纳米管。

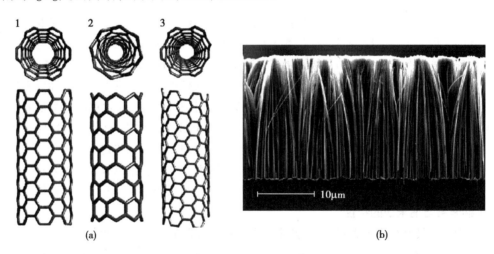

(a)　　　　　　　　　　　　　　　(b)

图 7-1-9　碳纳米管与硅纳米线

电弧放电法是制作碳纳米管的主要方法,最早在 1991 年,日本电子显微镜专家饭岛澄男在高分辨透射电子显微镜下检验石墨电弧设备中产生的球状碳分子时,意外发现了由管状的同轴纳米管组成的碳分子,即碳纳米管。它主要由呈六边形排列的碳原子构成数层到数十层的同轴圆管,层与层之间保持固定的距离,约为 0.34nm,直径一般为 2~20nm。由于其独特的结构,碳纳米管的研究具有重大的理论意义和潜在的应用价值。例如:其独特的结构是理想的一维模型材料,巨大的长径比使其有望用作坚韧的碳纤维,其强度为钢的 100 倍,重量则只有钢的 1/6;同时它还有望用作分子导线、纳米半导体材料、催化剂载体、分子吸收剂和近场发射材料等。

由于碳纳米管具有半导体属性及金属属性是由其卷曲方向决定的,而制备碳纳米管时其卷曲方向很难得到有效控制,因而很难制备出完全意义上的半导体属性或金属属性碳纳米管,从而限制了碳纳米管在电子器件中的应用。一维纳米硅材料具有稳定的半导体性质并且能与现代半导体技术相兼容,这就决定了硅纳米材料在微电子领域具有更好的实用价值。最初采用光刻技术以及扫描隧道显微镜方法制备了硅纳米线,但产量很小,制约了实际应用,直到 1998 年采用光烧技术成功大量制得硅纳米线后,硅纳米线的研究取得了很快发展。此后,分别采用化学气相沉积(CVD)、热气相沉积和有机溶剂生长等方法,也都成功的制备了硅纳米线。

(六)碳纳米管生物传感器

纳米碳管是由碳原子形成的石墨烯片层卷成的无缝、中空的罐体,其径向直径为 1.4nm 至 60nm 之间,轴向长度则为几微米甚至 1 厘米以上。根据管壁中碳原子的层数可分为单壁碳纳米管(single-walled nanotube,SWNT)和多壁碳纳米管(multi-walled nanotube,MWNT)。作为一个一维纳米材料,碳纳米管具有良好的力学性能,有较好的韧性和较强的抗压能力,有利于构建生物化学传感器。碳纳米管的管壁中存在着大量的拓扑缺陷,具有更大的反应活性,并兼具金属和半导体导电性。这些独特的性能使碳纳米管可发展成不同类型的纳米级生物电极和传感器。

在酶传感器中,碳纳米管可将酶层固定于电极,并增加固定的酶分子,减少表面污染,增强响应信号和灵敏度,降低检测限(图 7-1-10)。采用碳纳米管阵列结合包络葡萄糖氧化酶的多聚物,以及非电镀沉积的金纳米管结合共价连接的葡萄糖氧化酶。碳纳米管用于葡萄糖传感器的制备,获得 10 倍的信号增长。但这类应用更多的是增加了酶的承载量,碳纳米管的其他特性的表现不明显或不明确。可以将碳纳米管与特氟龙(Teflon)混合构成复合电极,碳纳米管在其中起到导电作用,这样的三维结构可以将酶固定在其中,电子传递更快,在较低的电压条件下实现葡萄糖等的电流法测试。同时,在酶传感器的研究中由于人工电子中介体的使用,尽管实现了低电位条件下的测试,减少了其他电化学活性物质的干扰,但其稳定性和毒性使之在体内的使用无法实现,也无法满足工业上在线及连续测试的要求。通过碳纳米管的直接测量,则可以避免电子中介体的使用,这也将是采用纳米碳管进行葡萄糖测试的优势所在。

在金基底表面上催化剂 EDC (1-ethyl-3-(3-dimethylaminopropyl) carbodiimide hydrochloride)的作用下和碳纳米管结合,然后在 EDC 作用

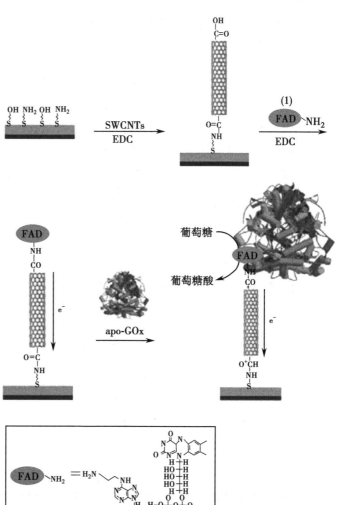
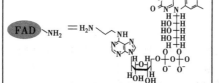

图 7-1-10　单壁碳纳米管(SWCNTs)修饰葡萄糖氧化酶的过程

下,碳纳米管和辅酶 FAD(flavin adenine dinucleotide)结合,并构成活性中心,活性中心上发生反应时

的电子转移通过碳纳米管被金电极检测到。

另外,在免疫传感器中,结合电化学分析方法,基于碳纳米管的免疫传感器能低成本,快速、便捷地进行检测。将抗 Ig(anti-immunoglobulin G)抗体和 IgG 结合固定于碳纳米管阵列,采用电化学阻抗谱无标记地检测抗原-抗体的结合情况,并可通过改变测试参数来提高检测的灵敏度。此外,碳纳米管-DNA 和碳纳米管-RNA 复合物,也正在越来越多地应用于基因诊断的在体实验。

传感器是碳纳米管材料可能利用的最有前途的领域之一,羧基化后的碳纳米管容易实现酶、抗体和 DNA 等生物分子的固定。通过各种模式制作成具有特定功能的生物器件,可用于药物的传递和细胞病理学的研究。利用碳纳米管的螺旋结构还便于对手性药物分子进行拆分。缺点是,目前由于碳纳米管的制备工艺复杂,以及难以得到较纯净的碳纳米管,给科研工作带来了一定的困难,也不利于碳纳米管在产业化上的应用。相信随着制备和纯化工艺的改进,碳纳米管必将为生物传感器的发展开创更广阔的前景。

(七)硅纳米线生物传感器

硅纳米线是新型一维纳米材料,其线体直径是 10nm 左右,内晶核是单晶硅,外层有 SiO_2 包覆层。掺杂硅纳米线比碳纳米管等纳米材料有更好的场发射性能,在平板显示技术中有比碳纳米管更好的应用价值,具有优良的电子传输性能及稳定的半导体属性等。晶体管是制备纳米电子器件的基础元件,利用掺杂硅纳米线可以制备性能优良的场效应晶体管(FET)。哈佛大学崔屹等人研究了由直径为 10~20nm 的硅纳米线制成的 FET。透过源-漏接触、热退火和表面纯化工艺研究,结果表明其导电性能比目前块状硅 FET 要好得多。

如图 7-1-11 所示,利用一维纳米材料电传导特性受表面电场调制(即场效应)的特性,采用硅纳米线实现生物素与亲和素识别反应的测试,可以对 10pM 浓度的亲和素做出响应,在一定程度上验证了该方法在生物传感器上应用的可能,这样的构造也可以对 pH 值变化作出响应。研究表明,硅纳米线 FET,可实时和定量将发生在其表面的化学键合转换成纳米线的电导率变化,并以此用于检测 pH 值以及 pM 浓度的抗生物素蛋白、Ca^{2+} 等生化物质。今后还可以发展应用到阵列扫描和在体诊断中。

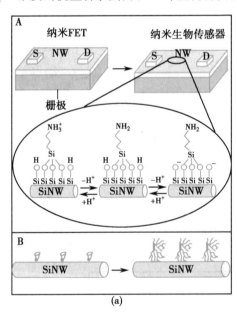
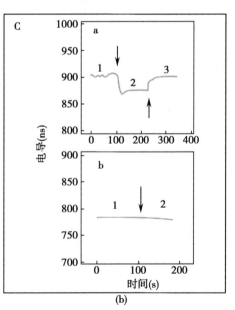

图 7-1-11 一维纳米材料电传导特性应用

(A)检测 pH 值的纳米线生物传感器:纳米线 FET 转换成纳米线传感器的示意图。纳米线分别与源、漏电极(S 和 D)接触,用于测量电导。电导的变化反映了 pH 值的改变状态;
(B)蛋白质结合的实时检测:生物素修饰的硅纳米线 SiNW(左)和抗生物素蛋白结合到硅纳米线表面(右);(C)Ca^{2+} 离子的实时检测:(a)经修饰的硅纳米线的时间-电导图,区域 1、3 代表缓冲液,区域 2 代表加入 Ca^{2+} 溶液;(b)未经修饰的硅纳米线的时间-电导图,区域 1、2 与(a)中相同(箭头标记处为溶液改变时)

研究能快速、直接地分析小分子物质和蛋白质大分子特异性结合的微型仪器,对于发现和筛选新药分子有实质性的意义。一种硅纳米线场效应晶体管装置在酪氨酸蛋白激酶(Abl)的介导下,它能高度敏感、免标记地直接检测到 ATP 以及 ATP 的小分子阻断剂(Gleevec),因此能成为药物开发的一项技术平台。

图 7-1-12 是利用纳米线的场效应晶体管检测装置,能直接、实时地从样本中检测到单个流行性感冒病毒 A 颗粒,而且用两种抗体修饰的纳米线装置能平行检测出相应的流行性感冒病毒和腺病毒。本研究提示,如果这种装置具有大规模区分能力的话,就有可能在单个病毒水平上同时检测到多种不同的病毒侵袭。

总之,借鉴现有的硅基材料研究基础,以及制备纳米传感器已有研究成果,可以采用硅纳米线合成高灵敏度、实时检测、具有自修复能力的纳米传感器。但是现阶段硅纳米传感器的研究还处在一个起步阶段,对其化学、生物物质的各种特性还有待进一步深入研究。无论如何,硅纳米线使得新型纳米传感器及其他生物传感电子器件的设计成为了可能。

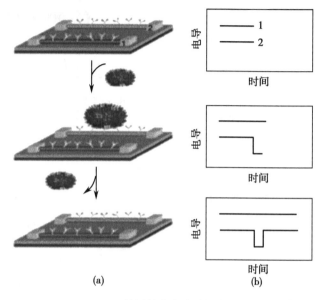

图 7-1-12 检测单个病毒的纳米线装置

(a)两种纳米线装置(1 和 2),分别被不同的抗体修饰;(b)单个病毒与纳米线 2 上的抗体特异结合产生了电导改变,当病毒从表面脱离,电导又回复到基线水平

(八)复合型纳米生物传感器芯片

传统的生物芯片有其局限性,如不能很好地固定 DNA、样品的需要量大、荧光标记不可直接读出和敏感度低等。将纳米技术应用到生物芯片上后,将极大改善这些局限性,它可采用自组装的方法来固定样品,样本需要量少但敏感性能大大提高,结合微电子技术容易获得高量产且成本低。例如,目前 DNA 微阵列的制作和读出都必须微型化,以满足"芯片实验室"的需要,并且需有高选择性和高灵敏度。同时,寡核苷酸阵列的制作以及后续的杂交检测都有较高的仪器设备要求,荧光标记物也比较昂贵,这是一般实验室条件无法达到的。因此,建立和发展高效、快速、低成本的 DNA 序列测定新方法显得尤为重要。

纳米颗粒的 DNA 阵列技术改善了荧光标记阵列的局限性,是一种新的可望广泛应用的 DNA 检测方法。在任何异源 DNA 微阵列的检测中,目标 DNA 链均需要被标记,以便信号的观察,标记目标 DNA 的方法见图 7-1-13。除了纳米金用于 DNA 检测和 DNA 微阵列外,RuBpy-硅颗粒也能用于痕量 DNA 检测,其基于"三明治"机制,能检测 pM 浓度以下的靶序列。

如图 7-1-14 所示,量子点等纳米技术也可用于一些新型基因微阵列芯片的研究之中,提高其检测灵敏度。量子点本身就是荧光标记物,与生物大分子共价结合后,也能实现超敏感的生物检测。然而,配位键的性质能显著影响量子点的光物理特性,所以限制了它在这方面的应用。微小 RNA(miR-NAs)是一种高度进化保守的小的未编码 RNA,在动植物细胞内发挥着重要的调节作用,它能剪切 mRNAs 或是抑制其转录。错误调节的 miRNAs 会导致多种人类疾病,探明 miRNAs 的表达情况对于研究 miRNAs 的生物功能十分重要。大多数的研究小组采用的是 Northern 杂交和 miRNA 克隆的方法来分析。一种新型的 miRNA 微阵列在试验中,目标 miRNA 的 3'末端先被生物素标记,然后与固定在玻片上的互补寡核苷酸 DNA 进行杂交,再加入抗生物素修饰的量子点,最后检测结合在 miRNA 上的量子点的荧光强度;也可以加入纳米金探针,经银沉淀加强后检测。相比 Northern 杂交等方法,该途

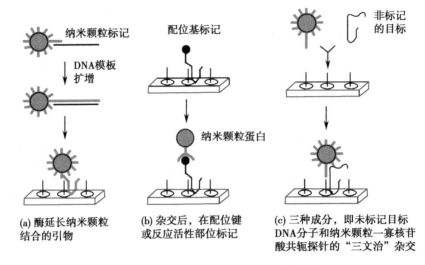

(a) 酶延长纳米颗粒结合的引物　**(b) 杂交后，在配位键或反应活性部位标记**　**(c) 三种成分，即未标记目标DNA分子和纳米颗粒—寡核苷酸共轭探针的"三文治"杂交**

图 7-1-13　标记目标 DNA 和纳米颗粒的方法

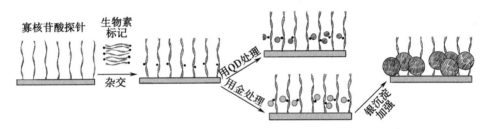

图 7-1-14　QD 或纳米金探针标记-银加强为基础的 miRNA 微阵列

径增强了检测效率,同时灵敏度也大大提高。

　　采用纳米材料,有效结合生物芯片、生物传感器的样品处理、信号采集检测等技术方法,制备出能够进行集成式、体外或在体检测的新型生物传感器检测芯片是生物传感器研究与开发的趋势之一。

（九）纳米技术的发展与前景

　　纳米材料和纳米加工技术加速推动了新型纳米传感器的发展,为深层次地从细胞水平和分子水平认识生物系统和研究生物学提供了一个基本的研究手段和研究平台。由于发展的时间有限,纳米传感器的研究和应用仍有许多工作需要进行。纳米材料本身特性和不同材料结构所展示的纳米效应,目前的研究仍有不足。在纳米传感器芯片制作中,需易于操作和分析,并且向多功能、集成化发展,使纳米传感器成为小型、低成本的诊断或分析平台。对生物系统模块的纳米级别认识仍有许多问题亟待解决,如细胞内部的能量供给和转换等,组织重生的机制,细胞中有机和无机材料在纳米量级上的结构组成了细胞,以及已知最复杂的结构,即大脑和人体。要更好理解生物科学和生物技术中牵涉到的反应过程,纳米技术也起到了重要的作用。

　　生物系统的结构和功能在纳米量级上的研究取得进展,这极大促进了纳米技术在生物学、生物技术、药学和健康科学方面的研究。纳米科学和生物系统的研究使得信息技术科学和认知科学得到了结合,也开辟和促进了一些全新的科学技术平台的发展,比如基因组制药学、生物系统芯片、再生药物学、神经科学、神经形态工程学以及食品科学等。在纳米技术这一个新领域中,一个重要的挑战就是如何让神经科学家、医学科学家和纳米生物科学家更好地在一起沟通、工作和研究,使纳米技术和生物、医学能更好融合。在所有上述领域的发展中,纳米技术正在且都将快速发展,逐步孕育着生物医学传感技术的革命。

三、微纳传感技术及其应用

　　体硅微加工技术的出现促进了 MEMS 的快速发展和应用。该技术主要用于加工硅衬底或硅衬底顶部的微机械部件,可制作出梁、膜片、槽、孔、弹簧、齿轮、悬浮件及其他各种复杂的微机械结构。这些微机械结构已经成功用于大量微传感器和微执行器中。

(一)微纳传感技术

常用的制作微型传感器的技术包括传统机械加工、硅基微加工和LIGA(德文光刻、电铸以及塑铸的缩写)三种:①传统机械加工技术,利用大机器制造小机器,再利用小机器制造微机器。可加工一些在特殊场合应用的微型机械装置,如微型机械手、微型工作台等。其实现方法可由传统精密加工(金刚石车床、微型钻床、微型磨床等)改进发展或由特种加工技术(激光加工、离子束加工等)衍生开发。②硅基微加工技术,包含表面微加工技术(surface micromachining)和体微加工技术(bulk micromachining)。其利用化学腐蚀或集成电路工艺技术对硅材料进行加工,形成硅基微型传感器器件。与传统集成电路(IC)工艺兼容,可以实现微机械与微电子的系统集成,且适合于批量生产,已成为目前微纳传感器制作的主流技术。③LIGA技术,可以加工各种金属、塑料和陶瓷等材料,可以得到高深宽比的精细结构,是一种比较重要的微传感器加工技术。

1. **超精密加工及特种加工**　由加工工具本身的形状或运动轨迹来决定微型器件的形状。可加工三维的微型器件和形状复杂、精度高的微结构。其主要缺点是加工精度、装配方法以及与电子元器件和电路加工的兼容性不够好。主要有以下几种超精密加工技术应用于微机电系统或微型传感器的制作:微钻孔、微细磨削、微铣削、研磨抛光、微细电火花、微细电解和高能束加工。

2. **表面微加工技术**　以硅片作为基片,通过沉淀与光刻形成多层薄膜图形,再把下面的牺牲层经刻蚀去除,保留上面的结构图形的加工方法。其与体加工技术的不同之处在于不会对基片本身进行加工,而是在基片上沉积薄膜,然后有选择地保留或去除以形成所需的图形。图7-1-15为其基本工艺过程。

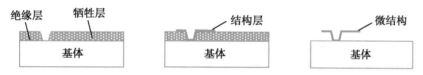

绝缘层　牺牲层　　　　　结构层　　　　　微结构

基体　　　　　基体　　　　　基体

图 7-1-15　表面微加工技术的基本工艺过程

薄膜生成技术和表面牺牲层技术是表面微加工的关键技术。薄膜(多晶硅、氧化硅和氮化硅等)为微器件提供敏感元件、电接触、结构层、掩模层和牺牲层。常采用物理气相沉淀和化学气相沉积工艺在衬底材料上制作薄膜。物理气相沉淀利用真空镀膜法和溅射成膜法使另一种物质在衬底材料表面上成膜;化学气相沉积则是让气体与衬底材料本身在加热表面上进行化学反应,生成另一种物质在表面成膜。

真空镀膜法是一种十分成熟的薄膜制作技术,在MEMS中,可以用蒸发铝合金来制作电极或直接在敏感元件上制作薄膜。该方法所需设备简单、成膜速度快,但形成的膜强度低,难以制作化合物膜。溅射成膜法包括直流溅射和射频溅射两种方式,直流溅射只能溅射金属膜,射频溅射不仅可用于制作金属膜,而且还可制作介质膜、压阻膜、压电膜和半导体膜等,因而应用相当广泛。

化学气相沉积法利用高温条件下的分解、氧化、还原及置换等化学反应而在衬底表面成膜,包含常压、低压和等离子强化化学气相沉积三种方法。其制作过程为:让含有特定沉积材料的化合物升华为气体,使其与另一种气体或化合物在高温条件下进行反应,生成固态的淀积物,最后沉积在高温衬底表面成膜。该方法可制作出多种用途的微电子机械器件薄膜,如介质膜、半导体膜等。

表面牺牲层技术先在衬底上沉积牺牲层材料,利用光刻刻蚀成一定的图形,然后沉积作为机械结构的材料并光刻出所需要的图形,然后再将支撑结构层的牺牲层材料腐蚀掉,最终形成悬浮的可动的微机械结构部件。常用的结构材料有多晶硅、单晶硅、氮化硅、氧化硅和金属等,常用的牺牲层材料主要有氧化硅、多晶硅和光刻胶。利用此技术可以制作出多种活动的微结构,如微悬臂梁及悬臂块等。

表面加工技术充分利用现有集成电路制作工艺,因此易于将微结构与集成电路集成于一块基片上,开发出各种集成化、数字化和智能化传感器件。表面加工技术不受硅晶片厚度的限制,薄膜材料的选择范围大,适合于复杂形状器件的制作,但其需要在基底上构造材料层,掩模设计和制作复杂,必须腐蚀掉牺牲层,因而其耗时且成本高,并且实际操作中需要解决层间黏附、界面应力和静态阻力等问题。

3. 体微加工技术　是为制作微三维结构发展起来的,其按照设计图在硅片或其他材料基底上有选择地去除一部分基底材料,形成三维微机械结构。它出现于 20 世纪 60 年代,是最早在实际生产中得到应用,且是应用最为广泛的微加工技术,亦是最为成熟的 MEMS 技术,已广泛应用于制作硅微加速度传感器、微流体传感器、微墨水喷嘴和微阀等。腐蚀是体微机械加工的关键技术,其工艺由湿法各项同性腐蚀、湿法各项异性腐蚀、等离子体各项同性腐蚀、反应离子腐蚀(RIE)、自停止腐蚀技术工艺中的一种或几种组成。

(1) 各向同性腐蚀及定向湿法腐蚀:其利用湿法腐蚀剂对半导体材料不同晶面腐蚀速度的差异实现微结构的制作,例如在金刚石和闪锌矿晶格材料中,(111)面要比(100)面更为紧密,任何腐蚀剂作用于(111)面的腐蚀速率比(100)面都会减慢,相同时间(111)面被腐蚀的量就会更少,常见用于单晶硅的各种湿法腐蚀剂的各向异性腐蚀性能如表 7-1-1。

表 7-1-1　各种湿法腐蚀剂对单晶硅的各向异性腐蚀性能

腐蚀剂	温度(℃)	腐蚀速度($\mu m/h$)		
		硅(100)	硅(110)	硅(111)
$KOH:H_2O$	80	84	126	0.21
KOH	75	25~42	39~66	0.5
EDP	110	51	57	1.25
$N_2H_4H_2O$	118	176	99	11
NH_4OH	75	24	8	1

图 7-1-16 为通过作为掩模的带有图形的二氧化硅对(100)取向硅的定向腐蚀,通过腐蚀得到精确的 V 型槽,其边缘为(111)面,与(100)面所成角度约55°。如果采取短时间腐蚀,或者很大的掩模窗,可以制作出 U 型槽,其底部表面的宽度 w 可由式(7-1-1)给出:

$$w = w_0 - 2h\coth(55°) \quad 或者 \quad w = w_0 - 1.4h \tag{7-1-1}$$

式中 w_0 为硅片表面窗口的宽度,h 为腐蚀深度。如果应用(110)取向硅,将形成如图 7-1-16 中所示的那种侧面带有(111)面的垂直壁的槽。

(2) 腐蚀停止技术:制作三维微机械结构需要相应的化学腐蚀剂具有选择性和方向性。通过掺杂质可使腐蚀工艺具有选择性,重掺杂区腐蚀较慢,甚至停止电化学腐蚀。这种湿法(或干法)腐蚀慢下来(或停止)的现象称为腐蚀停止。通过掺杂选择腐蚀和偏压腐蚀可以形成停止区。制作硅片时可利用硼重掺杂薄层的腐蚀停止现象,通过外延生长或者将硼扩散或注入到轻掺杂的衬底中形成薄层。此停止效应是氢氧化钾、氢氧化钠、乙二胺邻苯二酚和肼(联氨)等腐蚀液的共有特征。

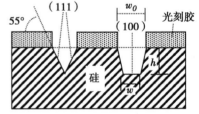

图 7-1-16　(100)取向单晶硅的各向异性腐蚀

4. LIGA 技术　首先利用同步辐射 X 线光刻技术刻出所需的图形,然后利用电铸方法制作出与光刻图形相反的金属模具,再利用微塑铸制备微结构。该技术有效弥补了表面微机械加工技术的不足。LIGA 技术主要包括 X 线掩模板制作、X 线深度光刻技术和微电铸技术三个主要工艺。X 线掩模板必须能够有选择地透过与遮挡 X 线,一般采用 $100\mu mBe$ 或镀有 $10\mu mAu$ 的 $2\mu mTi$ 片。X 线深度光刻可制作数百微米深的结构,采用同步辐射的高强度 X 线可大幅度缩短曝光时间。X 线光刻胶一般采用聚甲基丙烯酸甲酯(polymethyl methacrylate,PMMA)基聚合物。微电铸是将显影后的光刻胶空隙用电镀铸入各种金属(Ni、Cu 和 FeNi 合金等)。如果在微电铸时制作微塑铸模具,即可重复批量制作出相同的微器件。LIGA 典型工艺流程如图7-1-17 所示。

采用 LIGA 技术制作的三维微结构器件具有较大的深宽比和精细的结构,侧壁陡峭、表面平整,可制作任意截面形状图形结构,微结构尺寸可达几百上千微米。该技术可加工金属、有机高分子、玻璃和陶瓷等多种材料。可采用微复制工艺进行微器件的大批量生产。综上,LIGA 技术是 MEMS 研究和应用中的一种重要微细加工工艺,具有不可替代性。

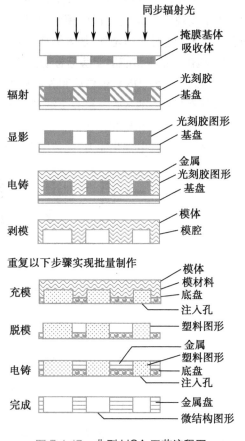

图 7-1-17　典型 LIGA 工艺流程图

(二)典型微纳传感器应用实例

1. 电容式微压力传感器　为双层平行板结构,其上极板为几微米厚的薄膜,常用材料为硅、氮化硅、聚合物、金属或陶瓷薄膜;下极板以硅、玻璃或其他绝缘性材料为衬底,表面覆有一层几百纳米的绝缘层。当上极板膜承受不同载荷时,其弯曲程度不同,使得电容大小发生变化。电容式微压力传感器的工作方式有非接触式和接触式,如图 7-1-18 所示。对于非接触式电容微传感器,载荷变化引起传感器上极板膜弯曲度变化,使得微电容两极板间的间距发生变化,最终导致传感器电容变化,其动态范围受到一定限制;接触式电容微传感器在载荷很大时,传感器上极板膜受压后弯曲达到与绝缘薄膜相接触,随着载荷的进一步

增大,接触面积增大,进而使得传感器电容发生变化,其动态范围比非接触式大得多,具有良好的过载保护特性。通过适当选择膜片的尺寸、厚度和电极间距等器件参数,可以提高传感器的灵敏度和线性范围。此类传感器可以用于血压、呼吸、脉搏等生理参数的便携式和移动式监测。

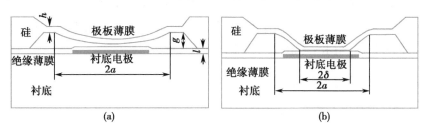

图 7-1-18　电容式微压力传感器原理图
(a)非接触式;(b)接触式

2. 基于纳米管的 ISFET 型 pH 传感器　场效应管(FET)传感器具有普通三极管的结构,源极和漏极构建在半导体通道上,栅极用来调节通道的导通特性。FET 纳米传感器的半导体通道由纳米材料(如碳纳米管、ZnS/Si 纳米管等)组成,特异性识别元件(配体、受体或探针)被固定于半导体通道表面,实现对待测物分子的高度特异性识别。ZnS/SiO₂核/壳纳米管 FET 具有可再生特性,将金属电极和电解液作为栅极,胺类和羧基功能化的 ZnS/Si 纳米管的电导率-pH 值呈现线性关系,因此可由其来构建 pH 传感器。用标准工艺制作具有背栅结构的 FET 装置,纳米管用气-液-固生长法合成。通过标准的光刻技术和溅射过程,制作间隔为 5~20μm 的平行电极,构建纳米管 FET。所制作的 ZnS/Si 纳米管与电极接触,将 ZnS/Si 纳米管从硅衬底转移到预先定型的 Au/Ti 电极上。为了稳固地连接 Au/

Ti 金属电极和 ZnS 核,采用聚焦离子束显微镜在两端剪切纳米管,使 ZnS 核暴露出来,然后将 Pt 混合物沉积在末端,使 ZnS 核和 Au/Ti 电极连接。然后进行等离子处理,去除 ZnS/Si 纳米管的表面污染物。为了实现传感器的选择性,用生物素 $C_{10}H_{16}N_2O_3S$ 对纳米管的硅壳进行功能化修饰,结果显示修饰后的纳米管电导迅速增加,加入链霉亲和素溶液电导值不变。

3. 电化学纳米传感器疾病标志物检测　电化学纳米传感器在生物医学中主要应用于葡萄糖、多巴胺、胆固醇、尿酸、DNA、蛋白质和肿瘤标志物等的检测。一种多层复合功能膜使用多层自组装技术在修饰有硫堇的碳纳米管上组装金纳米粒子,并在此基础上结合葡萄糖脱氢酶构建了如图 7-1-19 所示的 NADH 和葡萄糖电化学传感器。碳纳米管和金纳米粒子的结合增强了硫堇的光伏效应,同时增加了传感器的生物电催化能力,此传感器的检测灵敏度较传统方式制作的传感器提高了 7 倍。

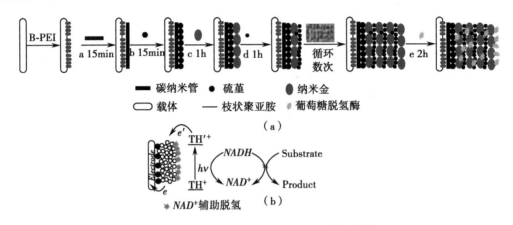

图 7-1-19　多层自组装电化学纳米传感器修饰
(a)ITO 电极表面修饰原理图;(b)光照射时传感器反应原理示意图

神经递质多巴胺的分泌异常可能导致帕金森症、精神分裂症、妥瑞综合征、多动症及脑垂体瘤等。利用多壁碳纳米管、氢氧化镍纳米颗粒和 Nafion 的促电子转移和协同催化作用可制作成一种复合镀膜玻璃电极,该电极对多巴胺的检测具有极好的灵敏度、稳定性和重复性,在人血清环境下对多巴胺的回收率为 95.00%~101.67%。并可将氧化石墨烯滴涂在玻碳电极表面应用于多巴胺的检测。经修饰的电极增强了响应电化学信号,同时完全抑制了测定过程中的干扰物质(抗坏血酸)的影响,在 1.0~15.0μM 的浓度范围内,多巴胺的氧化峰电流与其浓度呈现出良好的线性关系。将银纳米粒子修饰的氧化还原石墨烯(AgNPs/rGO)复合物涂覆于玻碳电极上,以实现多巴胺、抗坏血酸、尿酸和色氨酸四种物质的同时检测,结果呈现出区分度很高的氧化峰。

四、微纳生物传感器的发展与应用

微纳生物传感器即是指在微米或纳米尺度的生物传感器。它将生物分子的灵敏性和特异性与纳米尺度的物理/化学换能器的功能性相结合,将理化和生物物质的纳米现象整合在一起,提高了生物传感器的响应性和灵敏度等特性。常见纳米生物传感器包含电化学微纳传感器、场效应微纳传感器、机械微纳传感器、光学微纳传感器和磁微纳传感器等五大类。随着微纳技术、生物技术、微电子及微加工技术的发展,越来越多的微纳生物传感器应用于生物医学工程领域,实现各种疾病标志物的灵敏和快速检测。

(一)核酸适配体修饰的纳米材料用于肿瘤细胞和活体的分析检测

在肿瘤细胞和活体检测技术中,一些核酸适配体常受限于其较弱的亲和能力。纳米颗粒比表面积大,表面能组装多个核酸适配体分子与肿瘤细胞表面多个靶分子结合,因此可以通过多个核酸适配体与靶分子的协同效应有效增强核酸适配体与肿瘤细胞的结合能力,改善核酸适配体的亲和能力。金纳米材料(如金纳米粒子和金纳米棒)具有合成容易、独特的光学性质和良好的生物兼容性等优点,在肿瘤细胞和活体检测方面应用广泛。基于该原理,可在金纳米棒(12nm×56nm)表面组装核酸适配体,构建多价核酸适配体金纳米探针进行肿瘤细胞检测。实验结果表明,每个金纳米棒表面能负载约80个sgc8核酸适配体,而且与单个核酸适配体相比,多价核酸适配体金纳米探针与靶细胞的亲和力提高了26倍,与靶细胞结合后可产生高达300倍的荧光信号。由于核酸适配体容易修饰于多种纳米材料表面,其多价效应可望作为一种通用方法增加核酸适配体的亲和力,促进核酸适配体在肿瘤细胞检测中的应用。

电子运动空间尺度的减小和导带电子的相干振荡赋予金纳米粒子一个重要光学特征——局域表面等离子体共振(localized surface plasmon resonance,LSPR)效应,即入射光与纳米金表面等离子体发生共振,金纳米颗粒吸收与共振频率相同波长的光,从而形成特征吸收光谱。金纳米粒子的等离子共振带与粒子间距相关。当胶体金相互接近时,它们的吸收光谱和散射发生变化,溶液颜色由红色向紫色、蓝色或灰色转变,甚至发生聚沉。金纳米粒子已被广泛应用于蛋白质、小分子和金属离子的可视化检测。基于此,一种核酸适配体功能化金纳米探针可用于肿瘤细胞的可视化检测。当靶细胞CEM存在时,核酸适配体sgc8和靶细胞结合,导致胶体金聚集,溶液颜色由红变紫;对照组细胞不能导致胶体金聚集而使溶液颜色发生变化。其检测操作简单,不需要昂贵的仪器,肉眼既能检测到1000个细胞引起的响应变化,检测限可低至90个细胞。利用相同的原理,一种基于核酸适配体功能化胶体金的试纸条检测技术可用于肿瘤细胞检测,其原理如图7-1-20。该方法能凭肉眼检测到4000个细胞引起的试纸条变化,通过便携式纸条检测器能检测低至800个细胞。

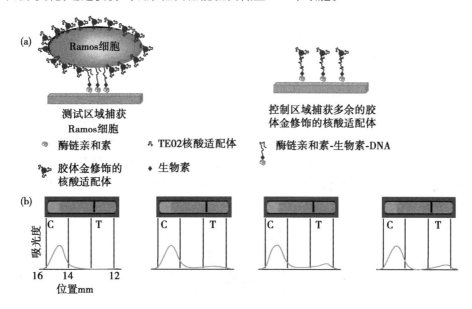

图7-1-20 基于核酸适配体功能化的胶体金试纸条的肿瘤细胞检测技术

(a)检测Ramos细胞示意图;(b)试纸条对不同细胞响应后的光学图(从左至右):0个Ramos细胞;$8×10^4$个CCL细胞;$8×10^4$个Ramos细胞;$8×10^4$个CCL细胞和$8×10^4$个Ramos细胞

(二)应用于肿瘤检测的量子点标记生物探针

以纳米材料为示踪单元构建生物探针并应用于生物检测是纳米材料在生物医学领域的重要应用之一。由于纳米材料尺寸小、比较面积大且电子被局限于极小的空间内,因此而呈现出独特的理化性质,是一种用于构建生物探针的良好敏感材料。其中半导体荧光量子点由于其独特的荧光性质,自1998年被Alivisatos课题组和Nie课题组分别应用于生物标记以来,半导体荧光量子点引起了广泛关注。迄今,量子点已在生物分子、复合物检测、生物合成、成像及动态示踪等领域展现出了巨大的潜力。

1. 量子点的合成与表面化学性质 根据反应溶剂不同,量子点合成方法分为水相合成和有机合成。水相合成常选用 Cd 和 Zn 等作为阳离子源,Na_2SeO_3 和 Na_2TeO_3 作为 Se/Te 源,巯基乙酸、巯基丙酸和谷胱甘肽等巯基或含硫化合物作为稳定剂和 S 源,通过共沉淀法、水热法、微波辅助水热合成法、光辅助合成法和超声辅助合成法等方法在水溶液中合成量子点,所得量子点表面配体主要是巯基化合物。其具有操作简单、成本低和无须后续水溶化修饰的优点,但获得的量子点量子产率低、粒径分布较宽、荧光半峰宽较宽及荧光稳定性和胶体稳定性均较差。CdSe 量子点主要在三辛基膦和三辛基氧膦等有机溶剂中和高温无水无氧条件下制备而成。此法制备的量子点荧光量子产率高、单分散性好。合成使用的有机溶剂通常具有很高的沸点,并常带有较长的烷基链,会在量子点表面形成一层紧密的配体层,如图 7-1-21,对量子点具有很好的保护作用,同时也使量子点在油相中具有较好的单分散性。如要将其应用于水相体系的生物体系,须得先对其表面进行亲水性修饰。借助细胞中的天然反应途径,通过精心调控,在活细胞中合成出多种不同颜色的 CdSe 量子点。

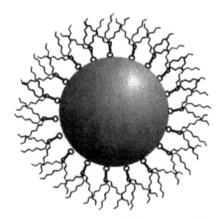

图 7-1-21　油相合成量子点及其表面疏水配体(TOPO)

2. 量子点水溶性化修饰　为了在生物体系直接利用在有机相制备的具有极好荧光性能的疏水性量子点,油相量子点的水溶性化是构建该类型量子点标记生物探针的关键之一。量子点水溶化修饰不仅可以使其分散于水相,免受外界环境干扰,同时也为量子点提供了活性功能位点,便于实现其对生物靶向分子的标记。常采用配体交换法和疏水包覆法实现量子点水溶化。

(1)配体交换法:一般利用一端带巯基,另一端带亲水功能基团的双功能分子取代油相量子点表面原有配体(三辛基氧膦和十八胺等),使量子点表面带有氨基、羧基或其他亲水基团,实现量子点水溶性化。常采用单巯基分子修饰量子点、鳌合法修饰量子点和量子点硅烷化修饰三种来实现。

(2)疏水包覆法:该法采用双极性分子来包裹量子点实现量子点的水溶性化修饰。双极性分子的疏水部分同量子点表面配体间发生疏水相互作用而锚定在量子点表面,其亲水部分则露在外表面为量子点提供水溶性。通过疏水包埋法将单颗油相量子点包埋在聚乙二醇衍生化磷脂酰乙醇胺(PEG-PE)和卵磷脂(PC)混合物组成的胶束疏水腔内,实现了量子点的水溶性化修饰,如图 7-1-22。该修饰方法最大限度保留了量子点原有表面配体,对发光晶体表面结构改变小,因此对量子点荧光性质相对影响小,所得到的水溶性量子点具有荧光强和单分散性好等优点。双极性聚合物可通过多条烷基链的疏水相互作用来包裹量

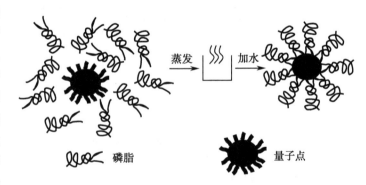

蒸发　加水

磷脂　　量子点

图 7-1-22　聚乙醇衍生化磷脂酰乙醇胺和卵磷脂的共混合物修饰量子点

子点,因此大为提高了量子点的稳定性而得到广泛应用。如何获得有机层薄、粒径分布均匀、荧光强、稳定性好且易于进一步标记生物分子的量子点的水溶性化修饰技术是量子点应用中的关键技术之一。

3. 生物探针构建常用靶向单元及标记　常采用靶向小分子、核酸、多肽和抗体来构建生物探针中的靶向单元,也可直接将表面带有靶向识别分子的病毒和细胞等生命体作为靶向单元构建生物探针。这些靶向单元一般不包含示踪信号单元,不能被跟踪和识别。基于量子点标记的生物探针构建是将荧光量子点标记到这些具有靶向性的生物分子上,从而得到兼具靶向识别和信号示踪功能的复

合体。常用的生物靶向性材料及其标记策略如下：

（1）氨基酸、多肽和蛋白质及其标记：由氨基酸组成的抗体和多肽是肿瘤探针中最常用的靶向单元，主要通过对其氨基酸侧链的功能基团的化学偶联进行标记。除侧链上具有活性功能基团的天然氨基酸可以被标记外，蛋白质或肽链的 C 端羧基和 N 端氨基也可进行标记。天冬氨酸、谷氨酸、赖氨酸、精氨酸、组氨酸和酪氨酸的侧链具有反应活性较高的官能基团，可方便对其进行标记。

（2）核酸及其标记：核酸靶向性主要来源于其碱基互补配对能力和三级结构的特异性，如核酸适配体（aptamer），一种利用三维空间结构特异结合靶物质（蛋白质和核酸等）的寡聚核苷酸。相对于蛋白质，核酸具有合成简便、廉价和稳定性好等优点，因此基于核酸构建的探针在医学检测和诊断等领域具有很大的应用潜力。核酸标记主要有非共价键合法、碱基修饰法和末端标记法等三种方法。非共价键合法主要利用染料分子通过静电和嵌入等相互作用实现对核酸的标记。静电相互作用主要是利用核酸分子骨架上磷酸的负电荷直接与带正电荷的分子相互作用；嵌入相互作用则是将具有疏水性平面结构的染料分子嵌入到 DNA 碱基对之间的疏水区域，实现对 DNA 的标记。碱基修饰法是在核酸合成过程中引入带有功能基团或染料的人工碱基实现对核酸的标记。此法对核酸的配对能力会产生影响。末端标记法则是在核酸固相合成过程中在核酸的 5' 端或 3' 端引入染料或可供偶联的功能基团。此法为常采用的纳米生物探针构建方法。由于固相核酸合成技术成熟，容易获得末端带各种功能基团的商品化多聚核苷酸，根据末端的功能基团，选择适当的化学偶联剂，容易将不同多聚核苷酸偶联到量子点表面，构建出检测不同生化物质的生物探针。

4. **量子点标记的生物探针构建**　构建基于量子点标记的生物探针的关键是在不损失量子点和靶向分析功能的前提下将两者结合在一起。常用量子点修饰及其标记生物靶向分子方法有螯合法（多糖功能化量子点）、静电吸附法（DNA 功能化量子点）、配体交换法（核酸的标记）、共价偶联法（抗体、链霉亲和素等蛋白质及其他小分子）等，各种标记方法的优缺点及应用范围如表 7-1-2。

表 7-1-2　量子点对生物靶向分子的常见标记方法

标记方法	作用方式	优点	缺点
配位取代	巯基和氨基等与金属元素间的配位键	操作简单	容易脱落
静电作用	正负电荷相互吸引	操作简单	不稳定，容易团聚，适用范围窄
共价偶联	共价键（包括酰胺键）	操作复杂、适用范围广	很难定量偶联
亲和自组装	生物分子亲和性（氢键、静电相互作用和疏水作用）	操作复杂、可定向标记	粒径相对较大，不稳定

5. **量子点标记的生物探针应用于肿瘤检测**　肿瘤早期诊断是其防控的主要途径之一。肿瘤检测和诊断主要基于肿瘤标志物——体内反映肿瘤存在和生长的生化物质，主要有胚胎抗原、自身天然抗原、糖类抗原、细胞角质蛋白、肿瘤相关的酶、激素以及某些癌基因等。通过对血清、组织或细胞中肿瘤标志物的检测可以实现对肿瘤的早期检测诊断，也有助于探寻癌症的侵袭转移机制，同时对肿瘤的个体化用药具有指导意义。

（1）乳腺癌检测：使用 CdSe/ZnS 量子点偶联羊抗鼠 IgG 或链霉亲和素可用于识别乳腺癌细胞表面的肿瘤标志物-人表皮生长因子受体 2（human epidermal growth factor receptor-2，HER2）分子及显示细胞的微管蛋白，实现了基于量子点的双色成像。在相同激发强度下，荧光染料 Alexa488 在数分钟内就出现了严重的光漂白，而量子点则仍然保持了良好的发光强度。采用 5 种不同发射波长的量子点分别可检测 5 种人乳腺癌细胞肿瘤标志物（ER、MTOR、PR、EGFR 和 HER2），并可分析对不同的肿瘤标志物在不同癌细胞在的表达量。

（2）卵巢癌检测：利用最大波长为 605nm 的量子点可构建探针并分别检测固定细胞、组织切片和异种移植细胞中的卵巢癌肿瘤标志物 CA-125。与传统有机荧光染料相比，量子点标记的生物探针具有很好的特异性和更高的亮度,并可在 100mW 的 488nm 激光持续照射 1 小时后仍能保持较好的光稳定性。

此外,量子点可用于脑胶质瘤、皮肤癌、肝癌、淋巴癌、胰腺癌和前列腺癌等不同癌症的诊断与研究。大量研究结果表明,量子点相对于传统染料标记物具有更灵敏、更经济的优点,在癌症早期诊断中具有巨大的应用潜力。同时,基于量子点标记的生物探针在肿瘤转移和异质性研究等领域也有诱人的应用前景。

6. 荧光纳米生物传感技术应用　荧光纳米生物传感器以酶、抗体、抗原、核酸、脂质体、细胞和微生物等为功能识别单元,以荧光为检测信号,可用于检测细胞内多种生化物质。荧光纳米粒子的应用克服了传统荧光标记方法效率不高、荧光强度低、背景噪声大及易发生光漂白现象等缺陷,增强了传感器的荧光信号、大大提高了传感器检测灵敏度,在生物医学领域有着广泛的应用前景,主要用于对蛋白质(酶)、核酸和其他生物分子进行检测。

(1) 蛋白质分析:体内某些生物标记蛋白或不规则蛋白的浓度变化往往表征着某种疾病的状态,但由于蛋白质结构的多样性和复杂性,对蛋白质的检测相对较难。近年来,基于荧光纳米分析传感技术来检测或标记蛋白质得到了广泛应用。一种无标记的荧光纳米生物传感器可用于对蛋白酶的高灵敏度和选择性检测。用蛋白将 AuNCs 进行包裹,防止其在空气中被氧化。当有靶蛋白酶存在时,对应的蛋白被水解,AuNCs 裸露出来而被氧化,从而使得体系荧光强度降低。前列腺特异抗原(prostate specific antigen,PSA)是乳腺癌的一种潜在的生物标志物。有学者采用共轭了蛋白质的 AuNPs 构建了一种局部表面等离子体耦合荧光光纤生物传感器,结合局部表面等离子技术的夹心免疫测定法进行了女性血清中 PSA 含量的测定。可利用负载染料分子的金纳米粒子为基底构建一种超灵敏探针,如图 7-1-23。利用此探针进行了人体血清中 PSA 含量的测定,检测限达到了 0.032pg/ml,相对于传统荧光探针,其检测限低两个数量级,有利于相关疾病的早期检测和诊断。

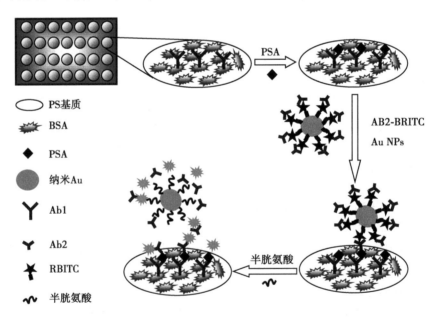

图 7-1-23　金纳米粒子为基底的 PSA 检测探针构建

(2) 核酸检测:微小 RNA(miRNA)是控制转录后基因表达的重要小型 RNA,特定 miRNA 的异常表达与许多疾病相关,因此开发 miRNA 检测生物传感器对疾病的检测和诊断具有十分重要的意义。一种基于 miRNA 的纳米 GO 传感器能定量监测生物细胞中目标 miRNA 的异常表达情况。将纳米氧化石墨烯与荧光染料结合,用其对肽核酸(PNA)进行标记,修饰于传感器表面,当有目标 miRNA 存在时,则发生链杂交而离开石墨烯,从而恢复荧光信号。其检测限可达到 1pM,并且能同时检测三个不同的 miRNA。一种基于 GO 荧光淬灭和等温链置换聚合酶反应的生物传感技术可高灵敏地检测 miR-

NA。其检测原理是:结合了荧光染料分子的 miRNA 在大片段 DNA 聚合酶作用下会产生 DNA-miRNA 双螺旋结构,从而削弱其与 GO 的作用,减弱荧光。其检测限在 2.1fM 左右,且能与多个探针同时作用。采用分子信标法,利用汞离子可以淬灭量子点的荧光特性,以胸腺嘧啶含量丰富寡核苷酸为分析模型,CdTe/ZnS 为荧光探针分子,汞离子为荧光淬灭物构建了一种新型生物传感器。汞离子与 DNA 上的两个胸腺嘧啶(T)结合形成一个类似发夹的结构,杂交的两条 DNA 释放出汞离子使量子点发生荧光淬灭,其检测限可达到 25nM。常见用于核酸分析的荧光纳米传感器如表 7-1-3。

表 7-1-3 常见核酸分析荧光纳米传感器

荧光剂	分析物	检测限	传感模式
Dye	RNA	1pM	Turn-on
Dye	RNA	2.1fM	Turn-on
AgNCs	单核苷酸	—	Turn-on
AgNCs	DNA	10nM	Turn-on
CdTe/ZnS	寡核苷酸	25nM	Turn-off
AgNCs	DNA	0.5-2.5nM	Turn-on
上转换 NPs	DNA	0.036nM	Turn-on
AgNCs	RNA	—	Turn-off
Dye	dsDNA	260pM	Turn-on
Dye	寡核苷酸	—	Turn-on

第二节 穿戴式生物医学传感技术

随着智能设备的普遍应用,可穿戴设备也得到长足的发展。可穿戴设备是一种可以安装在人、动物和物品上,并能感知、传递和处理信息的计算设备,可穿戴医疗设备可以通过传感器采集人体的生理数据,并将数据无线传输至中央处理器,中央处理器再将数据发送至医疗中心,以便医生进行全面、专业、及时的分析和治疗。传感器是可穿戴设备的核心器件,可穿戴设备中的传感器是人类感官的延伸,增强了人类"第六感"功能。健康预警、病情监控——借助可穿戴技术,医生可以提高诊断水平,家人也可以与患者进行更好的沟通。以检测血压为代表的可穿戴医疗设备,与专业医疗机构合作,长期对数以千万的用户身体数据进行追踪和监测,分析提炼出医学诊断模型,预测和塑造用户的健康发展状况,为用户提供个体化心血管专项贴身医疗及健康管理方案,同时也帮助家人关怀亲人的健康状况。随着生物科技的发展,以及传感器小微型化与智能化方向的发展,可穿戴设备也许将会进化成植入人体的智能设备。

一、穿戴式传感器的现状

目前,可穿戴设备在国际上尚无较准确和完备的定义,国际公认的可穿戴设备定义认为,可穿戴设备具有如下特征:具有可移动性、可穿戴性、可持续性、简单操作性、可交互性。可穿戴设备是一种将计算机"穿戴"在人体上的由传感器、驱动器、显示器和计算机元素组成的物理世界,通过无线网络连接为人们提供一个有趣的数字世界,使我们的生活变得更加舒适和便利。

而所谓的可穿戴式设备(wearable devices)是指把传感器、无线通信、多媒体等技术嵌入人们眼镜、手表、手环、服饰及鞋袜等日常穿戴中,可以用紧体的佩戴方式测量各项体征。可穿戴医疗设备不但可以随时随地监测血糖、血压、心率、血氧含量、体温、呼吸频率等人体健康指标,还可用于各种疾病的治疗。

目前市场上主要的可穿戴医疗设备形态各异,主要包括:智能眼镜、智能手表、智能腕带、智能跑鞋、智能戒指、智能臂环、智能腰带、智能头盔、智能纽扣等。可穿戴医疗设备是一个高速发展的市场,它与智能手机、互联网以及快速扩大的老年人市场具有同样的增长步调。智能可穿戴设备的兴起也催生出更大的移动医疗市场,人们开始注重疾病暴发前的预防,不论患者在哪里,借助有线或无线方式连接的可穿戴医疗设备,相关医务人员都可以监测其生命体征进行疾病防控。

可穿戴医疗设备也就是预期用于治疗或诊断疾病的可穿戴设备。在未来的几年里,将影响到医学诊断和治疗的根本途径,如同健身可穿戴设备已经影响到我们的健康。现有的医疗器械都针对临床疾病的诊断或治疗,而健康保健用设备向你提供的则是人体一般生理信息,这些信息有助于你关注各种健康问题,目前常见的关注内容只有几个,例如活动程度、睡眠和心率。如果把两种理念结合起来,构想一个总的健康检测系统,它既可以收集在医学上相关的可用于多种目的的多种多样维持生命的统计数据,又可以监测全面健康状况。

在这个系统中,检测人体生物信息的传感器技术起到至关重要的作用,穿戴式传感器系统能够实时地检测个体生命参数,这有两个方面的意义:①微观方面,实时测定疾病标志参数,并通过手机等发射装置将数据发送到医疗数据中心,有利于患者居家监护、个体化医疗和远程医疗;②宏观方面,随着大数据、云计算、物联网等技术与互联网的跨界融合,新技术与新商业模式使疾病的预防、诊断、治疗与控制进入智能化时代。生物传感及生理传感系统与手机联通作为智能终端,将成为健康医疗大数据不可取代的数据源。通过接受、存储、管理和处理分析这些数据,可以对公众健康状况、疾病发生规律进行归纳分析,从而提供更好的疾病防控策略。

随着生物科技的发展,以及传感器小微型化与智能化方向的发展,可穿戴设备也许将会进化成植入人体的智能设备。在各种令人耳目一新的可穿戴式设备中,都有一个关键装置——传感器。它可以感受外界情况的变化,比如冷暖、快慢,并做出相应的反应,就像我们的皮肤一样,如图 7-2-1 所示。

但有研究表明,目前这些穿戴设备与用户的"蜜月期"一般只能维持六个月,无法形成有效的用户"黏性",这一时间点过后,大约有三分之一的此类设备就会被束之高阁。穿戴式传感技术的突破将提高穿戴设备的舒适性和有价值的核心应用,解决智能穿戴设备的瓶颈问题。

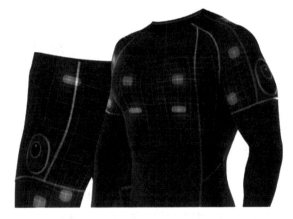

图 7-2-1　具有穿戴设备的衣服

二、穿戴式传感技术和需求

可穿戴设备的主要应用领域包括:以血糖、血压和心率监测为代表的医疗领域,以运动监测为代表的保健领域,以信息娱乐为代表的消费领域,以数据采集和显示为代表的工业和军事领域。传感器技术在穿戴式医疗设备中应用要解决许多问题,如:多传感器融合;选择具有良好生物兼容性的传感器材料;低功耗下具有高灵敏度等。检测和输出无限接近人类的感觉和动作的信息的技术将愈发重要,在手表和眼镜中嵌入传感器及摄像元件等 MEMS 器件的可穿戴产品、组合使用多个传感器的传感器融合用途、通过互联网连接传感器检测到的各种信息等用途在未来会有很大发展空间。目前从运动检测、环境感知、压力测试,MEMS 解决方案已经渗透到人们生活的方方面面。随着可穿戴设备的发展,未来传感器要致力于更加小型化,也需加快集成,MEMS 技术会越来越主导局面,比如地磁传感器就需要和加速度传感器集成。

在本节中我们主要介绍可穿戴设备中的传感器的分类、需求和典型柔性传感器。可穿戴设备中的传感器根据功能可以分为以下几类：

（1）运动参数传感器包括加速度传感器、陀螺仪、地磁传感器或者电子罗盘传感器、大气压传感器（通过测量大气压力可以计算出海拔高度）等。这些传感器主要实现的功能有运动探测、导航、娱乐、人机交互等，其中电子罗盘传感器可以用于测量方向，实现或辅助导航。生命在于运动，运动是生命中不可或缺的重要组成部分。因此，通过运动传感器随时随地测量、记录和分析人体的活动情况具有重大价值，用户可以知道跑步步数、游泳圈数、骑车距离、能量消耗和睡眠时间，甚至分析睡眠质量等。

（2）人体生理参数传感器包括血糖传感器、血压传感器、心电传感器、肌电传感器、体温传感器、脑电波传感器等，这些传感器主要实现的功能包括健康和医疗监控、娱乐等。借助可穿戴技术中应用的这些传感器，可以实现健康预警、病情监控等，医生可以借此提高诊断水平，家人也可以与患者进行更好的沟通。

（3）环境参数传感器包括温湿度传感器、气体传感器、pH 传感器、紫外线传感器、环境光传感器、颗粒物传感器或者说粉尘传感器、气压传感器、麦克风等，这传感器主要实现环境监测、天气预报、健康提醒等功能。当今世界，人们经常会处于一些对健康有威胁的环境中，比如空气/水污染、噪音/光污染、电磁辐射、极端气候等。更可怕的是，很多时候我们处于这样的环境中却浑然不知，如 PM2.5 污染，从而引发各种慢性疾病。利用此类的传感器的穿戴产品可以实现环境监控，守护健康，让我们减少或减轻恶劣环境的影响。

表 7-2-1 中列出了一些最常见的疾病和它们的症状，这些是一个较完整的健康监测平台需要完成具备的功能。

表 7-2-1 常见需要长期监测疾病一览表

疾病	主要症状
焦虑症	心率和血压改变
老年痴呆症	情绪波动,失忆
关节炎	关节痛,减少运动
房颤/心脏病发作	心率,血压变化
躁郁症	情绪波动,失眠
癌症	多重复合
普通感冒/流行性感冒	咳嗽,打喷嚏,出汗,体温改变
糖尿病	失水,呼吸快速,血糖改变
中暑/低体温症	呼吸、体温、皮肤状况改变
高血压/低血压	血压改变
不眠症	失眠
怀孕	心率改变
帕金森症	颤抖
睡眠性呼吸暂停	血氧饱和度下降,失眠
紧张	血压与心率改变
卒中	血压与心率改变

在上述需要长期监测的疾病的所有症状中，可以实现检测并量化这些症状的传感器的名称见表 7-2-2。

表 7-2-2　表中所有疾病症状以及传感器一览表

所有症状	传感器
模式改变	SpO_2
血糖	血糖监测仪
咳嗽/打喷嚏	六轴加速度计
高血压或低血压	血压监测仪
心率改变	心率监测仪
运动改变	六轴加速度计
失忆	不清
睡眠形态	六轴加速度计
发汗	皮肤温度计
皮肤温度	皮肤温度监测仪
睡眠形态改变	心率监测仪和六轴加速度计

*注:情绪波动有它自己的症状:生命体征的改变,这里没有列出

　　从表 7-2-2 可以看出通过这些传感器的测量数据的分析,可用于检测和量化症状,并且至少可以辅助诊断许多常见疾病的状态。

　　在穿戴式传感器的应用中,MEMS 传感器发挥了重要作用,MEMS 传感器主要应用在运动健康数据方面。关于 MEMS 传感器的详细内容将在本章第五节进行详细介绍。而在穿戴设备中,柔性传感器由于具有良好的人体适应性,因此在穿戴医疗设备中得到广泛应用,发挥了越来越重要的作用。

　　柔性传感器(图 7-2-2)是主要基于柔性材料(flexible materials)和柔性电路(flexible circuits)技术制造的新型传感器,其最大的优点是很薄、柔软而富有弹性,适用于纤维载体,和人体皮肤接触很舒适,又不产生不适感,人体甚至感觉不到它的存在,结合生物相容性材料其可直接植入人体进行检测相关数据,这种传感器对于医疗传感器技术来说是一个革命性的突破,它可以让未来的传感器和人体完美结合。

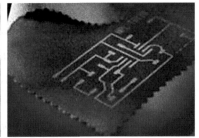

图 7-2-2　柔性传感器用于智能织物、电子文身

(一)柔性可穿戴电子传感器机械力信号转换

　　有效地将外部刺激转换为电信号是柔性可穿戴电子传感器监测身体健康状况的关键技术。柔性可穿戴电子传感器的信号转换机制主要分为压阻、电容和压电三大部分(图 7-2-3)。

　　(1)压阻传感器:可以将外力转换成电阻的变化(与施加压力的平方根成正比),进而可以方便地用电学测试系统间接探测外力变化。而导电物质间导电路径的变化是获得压阻传感信号的常见机制。由于其简单的设备和信号读出机制,这类传感器得到广泛应用。有科学家发展了一种简单实用的高灵敏压阻传感器,其在弹性基底上构筑了金纳米线薄层和电极阵列。这种器件具有 13~50 000Pa 宽的检测范围。为了增强灵敏性,实现对接触力的扫描,还有科学家利用具有锥状微结构的压阻传感器制备了一种可以向大脑传递触觉信息的电子皮肤。

　　(2)电容传感器:电容是衡量平行板间容纳电荷能力的物理量。传统的电容传感器通过改变正对面积 s 和平行板间距 d 来探测不同的力,例如压力、剪切力等。电容式传感器的主要优势在于其对

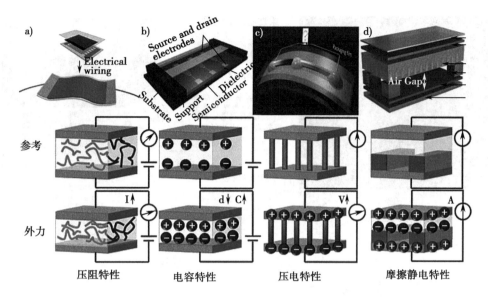

图 7-2-3　柔性可穿戴电子传感器四种信号传导机制和器件的示意图

力的敏感性强,可以实现低能耗检测微小的静态力。有科学家在弹性基底上制备了电容型透明可拉伸的碳纳米管传感器,对压力和拉力同时有响应。

（3）压电传感器:压电材料是指在机械压力下可以产生电荷的特殊材料。这种压电特性是由存在的电偶极矩导致的。电偶极矩的获得是靠取向的非中心对称晶体结构变形,或者孔中持续存在电荷的多孔驻极体。压电系数是衡量压电材料能量转换效率的物理量,压电系数越高,能量转换的效率就越高。高灵敏,快速响应和高压电系数的压电材料被广泛应用于将压力转换为电信号的传感器。压电无机物是典型的高压电系数,低柔性的材料;而压电聚合物正好相反。为了探索高压电系数的柔性压力传感器,人们尝试了一系列方法,包括在柔性基底上构筑压电无机薄膜,使用压电聚合物或无机/聚合物复合物和构筑稳定的压电驻极体。最近,具有良好压电特性和机械稳定性的纳米线和纳米带吸引了国际上对集成高分辨感知阵列传感器的浓厚兴趣。

（二）柔性可穿戴设备的常用材料

（1）柔性基底:为了满足柔性电子器件轻薄、透明、柔性和拉伸性好、绝缘耐腐蚀等性质的要求,方便易得、化学性质稳定、透明和热稳定性好的聚二甲基硅氧烷（PDMS）成为了人们的首选,尤其在紫外光下黏附区和非黏附区分明的特性使其表面可以很容易地黏附电子材料。目前,通常有两种策略来实现可穿戴传感器的拉伸性（图 7-2-4）。第一种方法是在柔性基底上直接键合低杨氏模量的薄导电材料。第二种方法是使用本身可拉伸的导体组装器件。通常是由导电物质混合到弹性基体中制备。有人制备了可拉伸的有机发光二极管有源矩阵。含氟共聚物的高弹膜中均匀分散着可印刷的弹性导体,如单壁碳纳米管。用离子液体法制备的细长碳纳米管,其拉伸性高达 100%,导电性高达 100S/cm。几何图案和器件设计方面,网状结构被用来进一步增强拉伸性和适应性。还有人提出把电学性能优异的刚性传统无机材料黏附在弹性基底表面。将无机半导体（包括电子元件和连接电路）组装在可拉伸的器件上。与众不同的是,高杨氏模量机械平面层的张力是可以忽略的,而复杂的波浪结构吸收了基底压缩-舒张过程中产生的大部分拉伸应变。这种岛-桥设计首次显著提高了传感器的可拉伸性;这种设计中,刚性大的活动模块作为浮动的岛屿,刚性小的连线充当拉桥。可变形连接部分的非共面结构,包括直带和蛇纹,可以让传感器经历复杂的形变,比如旋转和扭曲。

（2）金属材料:一般为金银铜等导体材料,主要用于电极和导线。对于现代印刷工艺而言,导电材料多选用导电纳米油墨,包括纳米颗粒和纳米线等。金属的纳米粒子除了具有良好的导电性外,还可以烧结成薄膜或导线。人们发展了一种电路,通过静电纺丝技术大规模生产银纳米颗粒覆盖的橡胶纤维的电路。在 100%拉力下,导电性达到 2200S/cm。

（3）无机半导体材料:以 ZnO 和 ZnS 为代表的无机半导体材料由于其出色的压电特性,在可穿戴

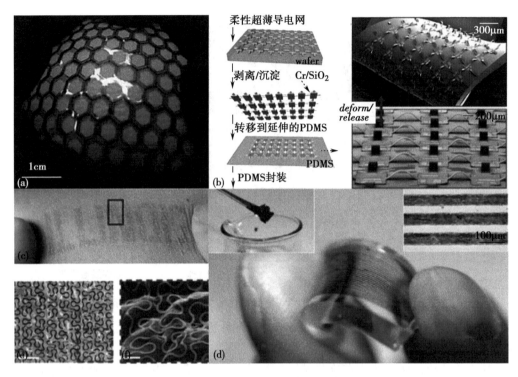

图 7-2-4　实现可拉伸性的不同策略

柔性电子传感器领域显示出了广阔的应用前景。一种基于直接将机械能转换为光学信号的柔性压力传感器被开发出来（图 7-2-5）。这种矩阵利用了 ZnS:Mn 颗粒的力致发光性质。力致发光的核心是压电效应引发的光子发射。压电 ZnS 的电子能带在压力作用下产生压伏效应而产生倾斜,这样可以促进 Mn^{2+} 的激发,接下来的去激发过程发射出黄光（580nm 左右）。一种快速响应（响应时间小于 10 毫秒）的传感器就是由这种力致发光转换过程所得到,通过自上而下的光刻工艺,其空间分辨率可达 100μm 这种传感器可以记录单点滑移的动态压力,其可以用于辨别签名者笔迹和通过实时获得发射

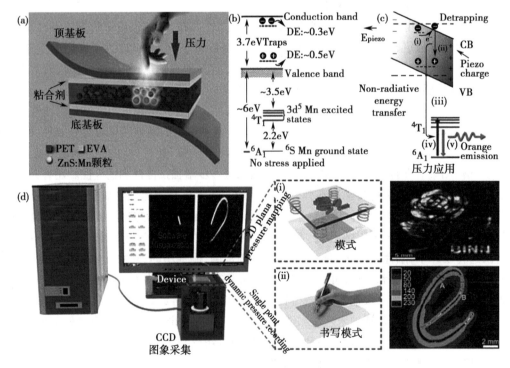

图 7-2-5　基于力致发光的压力扫描

强度曲线来扫描二维平面压力分布。所有的这些特点使得无机半导体材料成为未来快速响应和高分辨压力传感器材料领域最有潜力的候选者之一。

（4）有机材料：典型的场效应晶体管是由源极、漏极、栅极、介电层和半导体层五部分构成。根据多数载流子的类型可以分为 P 型（空穴）场效应晶体管和 N 型（电子）场效应晶体管。传统上用于场效应晶体管研究 P 型聚合物材料主要是噻吩类聚合物，其中最为成功的例子便是聚（3-己基噻吩）体系。萘四酰亚二胺和菲四酰亚二胺显示了良好的 N 型场效应性能，是研究最为广泛的 N 型半导体材料，被广泛应用于小分子 N 型场效应晶体管当中。通常晶体管参数有载流子迁移率、运行电压和开/关电流比等。与无机半导体结构相比，有机场效应晶体管具有柔性高和制备成本低的优点，但也有载流子迁移率低和操作电压大的缺点。近来有科学家设计了一种具有更高噪声限度的逻辑电路。通过优化掺杂厚度或浓度，基于 N 型和 P 型碳纳米管晶体管的设计可用来调节阈值电压。

为了满足更多的应用，人们亟需发展一种检测压力范围广，响应速度快的矩阵策略。科学家在硅片上集成了一种新型高压敏感的有机晶体管，其具有微结构的可压缩栅电介质（图 7-2-6）。相比于无

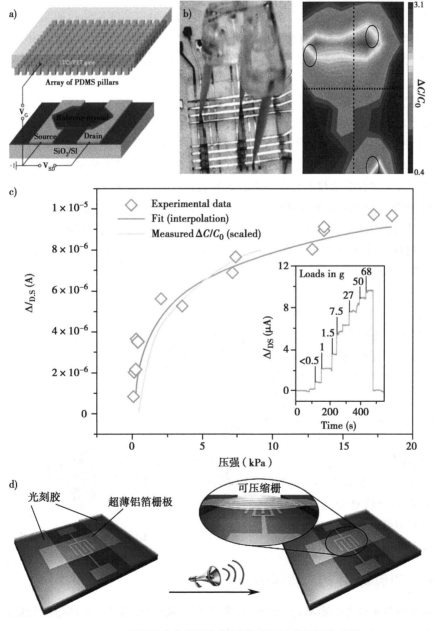

图 7-2-6 基于栅介电层几何设计的高灵敏的矩阵传感器

结构或其他微结构的膜,具有锥状结构的 PDMS 层电容式传感器极大地提高了压力敏感性。原因是 PDMS 层和有机半导体间空隙的提高使得介电常数降低。在此基础上,进一步在塑料基底上发展了柔性的压敏矩阵。这种基于微结构橡胶的矩阵具有反应迅速和高压敏感性的特点,其可以精确的扫描静态压力分布和监测健康。尽管如此,该类器件还是存在介电层的弹性极限问题,超高灵敏度压力传感器件(大于等于 $100kPa^{-1}$)难以实现。柔性悬浮栅有机薄膜晶体管可有效避免了介电层弹性极限问题并使得器件的压力传感特性取决于栅极的机械性质。基于该原理,可构建灵敏度高达 $192kPa^{-1}$ 的压力传感器。此外,该类器件展现了非常优异的柔韧性、稳定性和低电压操作特性,相应的器件阵列成功应用于人体脉搏的检测和微小物体的运动追踪,在人工智能和可穿戴健康监测方面显示了非常好的应用前景。

(5)碳材料:柔性可穿戴电子传感器常用的碳材料有碳纳米管和石墨烯等。碳纳米管具有结晶度高、导电性好、比表面积大、微孔大小可通过合成工艺加以控制,比表面利用率可达 100% 的特点。石墨烯具有轻薄透明,导电导热性好等特点。在传感技术、移动通讯、信息技术和电在碳纳米管的应用上,可利用多臂碳纳米管和银复合并通过印刷方式得到导电聚合物传感器,在 140% 的拉伸下,导电性仍然高达 20S/cm。在碳纳米管和石墨烯的综合应用上,一种可高度拉伸的透明场效应晶体管结合了石墨烯/单壁碳纳米管电极和具有褶皱的无机介电层单壁碳纳米管网格通道。由于存在褶皱的氧化铝介电层,在超过一千次 20% 幅度的拉伸-舒张循环下,没有漏极电流变化,显示出了很好的可持续性。

(三)柔性电子传感器的印刷制造

与传统自上而下的光刻技术相比,印刷电子技术拥有弯曲与拉伸性好、可以在柔性基底大规模制备、加工设备简单、成本低和污染小等优点。有研究者通过调控墨水、基材等打印条件,成功制备了一系列特殊结构和图案:利用"咖啡环"现象制备线宽可达 $5\mu m$ 的金属纳米粒子图案;提出了一种通过控制液膜破裂实现了多种纳米粒子大面积精确组装的普适方法,这种新型图案化技术可以简便地进行纳米粒子微、纳米尺度图案的精确组装,可以通过"印刷"方式大面积制备纳米粒子组装的精细图案和功能器件,乃至实现单个纳米粒子的组装与图案化;通过喷墨打印技术构筑微米尺度的电极图案作为"模板",控制纳米材料的组装过程成功制备了最高精度可达 30nm 的图案,并实现了柔性电路的应用。这种新型的图案化技术非常简便地实现了功能纳米材料的微纳米精确图案化组装,在过程中完全避免了传统的光刻工艺,这种"全增材制造"的方法通过"先打印,再印刷"的方式,能够大面积制备纳米材料组装的精细图案和功能器件;利用特殊图案化硅柱阵列为模板制备了周期与振幅可控的曲线阵列,真空蒸镀上金电极,得到对微小形变有稳定电阻变化的传感器芯片,如图 7-2-7 所示。

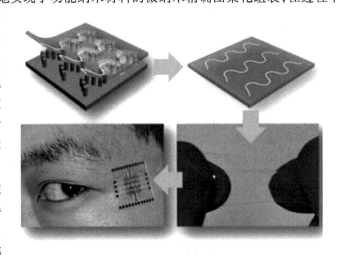

图 7-2-7　印刷电子的精细图案化控制

柔性传感器还包括了多功能的柔性集成传感器。面向可穿戴设备的传感器往往需要实现对多个信号的同时探测,因此开发构建新型低功耗的多功能传感器是可穿戴设备发展的必然要求。

三、穿戴式传感技术的应用实例

随着物理传感器的成熟和商品化,体温、脉搏、血压、呼吸频率等基本生理指标的穿戴式传感器系统已经开始普及,这些生理指标均可进行直接测定。

（一）MEMS 运动传感器

运动传感器运动控制传感器主要实现的功能有运动探测、导航、娱乐、人机交互等,其中电子罗盘传感器可以用于测量方向,实现或辅助导航。生命在于运动,运动是生命中不可或缺的重要组成部分。因此,通过运动传感器随时随地测量、记录和分析人体的活动情况具有重大价值,用户可以知道跑步步数、游泳圈数、骑车距离、能量消耗和睡眠时间,甚至分析睡眠质量等。

通过运动传感器随时随地测量、记录和分析人体的活动情况,用户可以知道跑步步数、游泳圈数、骑车距离、能量消耗和睡眠时间等,同时还能导航、娱乐、人机交互等,如图 7-2-8 所示。

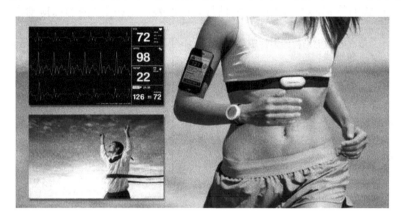

图 7-2-8 运动传感器的应用

以可穿戴式人体运动捕捉系统功能例,为了能够实时捕捉人体运动,需设计了一套可穿戴式人体运动捕捉系统。它通过分布在人身体上的惯性测量单元来获取人体实时姿态信息,每个惯性测量单元由微型 MEMS 三轴陀螺仪、MEMS 三轴加速度计、MEMS 三轴磁力计和微控制单元(microcontroller unit,MCU)组成,MCU 获得各传感器数据并利用基于四元数的扩展 Kalman 滤波解算出对应部位姿态角,通过 CAN(controller area network)总线和 Bluetooth 模块将数据实时上传至计算机,计算机通过 VC++和 OpenGL 程序驱动虚拟人体运动,实现实时人体运动再现。

运动传感器需要实现的功能包括对 3 种不同类型惯性器件传感数据的采集、姿态角计算和有线通信。运动传感器主要包括 5 个部分:MCU、加速度传感器、陀螺仪传感器、磁力计和 CAN 接口。MCU 包括同步串行通信总线(I^2C)、异步接收发送器(UART)、按键等模块,它控制节点的一系列操作。节点由有线供电,MCU 控制 3 种传感器的数据采集、姿态角解算和 CAN 收发。硬件系统框图如图 7-2-9 所示。

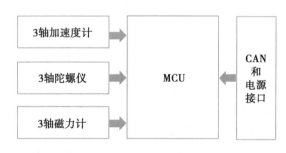

图 7-2-9 MEMS 传感器硬件系统

（二）柔性传感器

由于具有良好的性能在医用可穿戴传感器将得到广泛应用,柔性可穿戴传感器除了具有压力传感功能,还具有现实和潜在应用的多种功能,体温和脉搏检测、表情识别和运动监测等。

1. 温度检测 人体皮肤对温度的感知帮助人们维持体内外的热量平衡。电子皮肤的概念最早由 Rogers 等提出,由多功能二极管、无线功率线圈和射频发生器等部件组成。这样的表皮电子对温度和热导率的变化非常敏感,可以评价人体生理特征的变化,比如皮肤含水量、组织热导率、血流量状态和伤口修复过程。为了提高空间分辨率、信噪比和响应速度,有源矩阵设计成为了最优选择之一。一种温度传感器有源矩阵包含了单壁碳纳米管薄膜晶体管的可拉伸聚苯胺纳米纤维,其展示了 1.0%/℃ 的高电阻灵敏性,在 15~45℃ 范围内得到了 1.8 秒的响应时间,在双向拉伸 30% 下依然保持稳定。

2. 脉搏检测 可穿戴个人健康监护系统被广泛认为是下一代健康监护技术的核心解决方案。

监护设备不断地感知、获取、分析和存储大量人体日常活动中的生理数据,为人体的健康状况提供必要的、准确的和长期的评估和反馈。在脉搏监测领域,可穿戴传感器具有以下应用优势:①在不影响人体运动状态的前提下长时间的采集人体日常心电数据,实时地传输至监护终端进行分析处理;②数据通过无线电波进行传输,免除了复杂的连线。可以黏附在皮肤表面的电学矩阵在非植入健康监测方面具有明显优势,而且超轻超薄,利于携带。一种基于微毛结构的柔性压力传感器如图 7-2-10 所示,该传感器对信号的放大作用很强。通过传感器与不规则表皮的有效接触最大化,观察到了大约 12 倍的信噪比增强。另外,这种 PDMS 的微毛结构表面层提供了生物兼容性的非植入皮肤共形附着。最后,这种便携式的传感器可以无线传输信号,即使微弱的深层颈内静脉搏动也可以获取到。

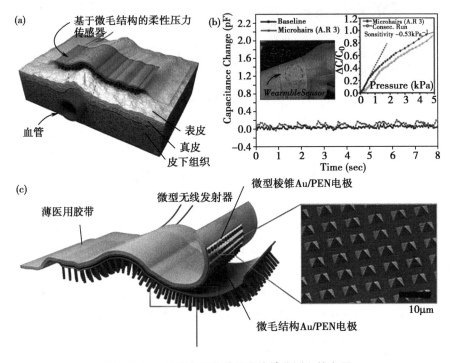

图 7-2-10　柔性电子传感器在脉搏监测上的应用

3. 运动状态监测　在能与人体交互的诊疗电学设备中,监控人体运动的应力传感器备受瞩目。监测人体运动的策略可以分为两种:一种是监测大范围运动,另一种是监测像呼吸,吞咽和说话过程中胸和颈的细微运动。适用于这两种策略的传感器必须具备好的拉伸性和高灵敏度,而传统的基于金属和半导体的应力传感器不能胜任。所以,具备好的拉伸性和高灵敏度的柔性可穿戴电子传感器在运动监测领域至关重要。通过干纺的方法可制备高度取向性的碳纳米管纤维弹性应力传感器。因为其在柔性基底上制备,结果得到了超过 900% 的拉紧程度,具有高灵敏度、快速响应和好的持久性。高弹性的应变仪在不同体系中具有巨大应用潜力,如人体运动和可穿戴传感器。还有其他研究者制备了定向排列的单壁碳纳米管薄膜。当拉伸时,碳纳米管破裂成岛-桥-间隙结构,形变可以达到 280%(是传统金属拉力计的 50 倍)。将这种传感器组装在长袜、绷带和手套上,可以监测不同类型的动作,比如移动、打字、呼吸和讲话等。

实际应用方面,柔性可穿戴电子传感器还需要实现新型传感原理、多功能集成、复杂环境分析等科学问题上的重大进展,以及制备工艺、材料合成与器件整合等技术上的突破。首先,亟需新材料和新信号转换机制来拓展压力扫描的范围,不断满足不同场合的需要;其次,发展低能耗和自驱动的可穿戴传感器,电池微型化技术也亟待升级,信息交互的过程是高耗能的,要延长设备一次充电的工作时间;再次,提高可穿戴传感器的性能,包括灵敏度、响应时间、检测范围、集成度和多分析等,提高便携性,降低可穿戴传感器的制造成本;接下来,发展无线传输技术,与移动终端结合,建立统一的云服务,实现数据实时传输、分析与反馈。另外,应拓宽可穿戴传感器的功能,特别是在医疗领域,健康监测、药物释放、假体技术等。随着科学技术的发展,特别是纳米材料和纳米技术的研究不断深入,可穿戴传感器也展现出更为广阔的应用前景。

（三）生物传感器

目前,体温、脉搏、血压、呼吸频率等生理指标的穿戴式传感器系统已经开始普及。这些指标均可通过物理传感器进行直接测定。而生物传感器的测定对象都在体内,如何实现穿戴式无创测定成为主要挑战。人体生化、免疫等参数和疾病标志物的测定一般要采集血液。对于一些需要日常监控的代谢指标如血糖等,每日采血是一个不小的心理负担和生理负担,大多数患者因对采血的恐惧而放弃日常监控。可穿戴式高灵敏生物传感器组成的检测技术能够有效地减少患者的痛苦,但这些目前测定技术仍然在探索中。

1. **人工胰岛系统（the artificial pancreas system）** 是一种创新动态监测设备,如图 7-2-11 所示,系统包含一个葡萄糖传感器和胰岛素泵,通过算法并参考葡萄糖水平来控制胰岛素注射量。该系统解决了普通的智能血糖仪存在的实际精准度不够高和没法提供连续型数据的问题。产品的工作原理是葡萄糖感受器由生物传感器分子以及两个可以发射不同的发射颜色荧光团组成,利用荧光共振能量转移效应,这种生物传感器将改变其绑定的葡萄糖分子荧光发射。在特定时刻生物传感器分子的百分比是由葡萄糖浓度决定的,因此葡萄糖浓度可以从发射两个颜色之间的比率测量出来。然后通过通信模块将测量数据传输到智能手机等终端设备上,通过 APP 显示可读数据。

微型植入传感器

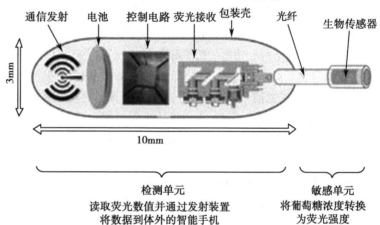

检测单元
读取荧光数值并通过发射装置
将数据到体外的智能手机

敏感单元
将葡萄糖浓度转换
为荧光强度

图 7-2-11 人工胰岛系统

2. **检测血糖的柔性传感器** 一种柔性传感器能够可靠地定量检测人汗液中的葡萄糖,如图 7-2-12 所示。将基于聚合物的织物材料整合在葡萄糖传感器中,这种材料经过修饰可以捕获有效地放大反应信号的葡萄糖氧化酶分子,相对于以前典型的血糖测试仪器,这种生物传感器只有一英寸长,整个检测过程只需要 1 微升汗液即可,并且是一种无创的检测方式,同时这种技术还有效解决了来自其他化合物干扰和 pH 值的变动对检测带来的影响。

3. **检测血糖的隐形眼镜** 检测血糖水平的隐形眼镜可以帮助糖尿病患者更好地管理自己的健康。如图 7-2-13 所示,该隐形眼镜的主要原理是通过在镜片里植入一个生物传感器检测泪液中血糖

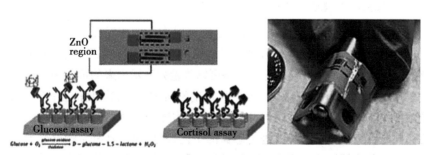

图 7-2-12 血糖检测柔性传感器

图 7-2-13 检测血糖的隐形眼镜

含量,经过一个电路处理数据,并利用天线将数据传输到另一个小型设备,最后发送到具有蓝牙的终端上,用户可以基于 App 分析自己的数据。

第三节　仿生生物医学传感技术

生物经过数百万年的演化,进化出能够高效感受环境中物理、化学及生物信号的感知系统,具有很多优异的特性。其中有些特性非常值得人工装置模拟和效仿。人们模仿生物系统感受外界信号的机制,比如视觉、听觉、触觉、嗅觉和味觉信号的感知机制,开发出用于检测特定外界信号的仿生传感器,在生物医学、工农业生产和日常生活中具有非常重要的应用。目前,仿生生物医学传感技术已经成为一个热门的前沿领域,不仅为新型传感器的开发提供有效途径,也为拓展传感器的实际应用带来新的契机。本节在仿生生物医学传感技术简要介绍的基础上,对几类典型的仿生传感器及其应用分别介绍。

一、仿生传感技术的概念和历史

(一)仿生传感技术的概念

生物系统是一个经过数百万年进化过程的复杂动态系统,要行使正常的功能和作用,不仅需要内部各模块的相互作用和配合,而且需要与外部环境保持物质、能量和信息的交流。生物系统进化出了一系列具有特定结构和功能的组织和器官,用于感受环境中的各种物理、化学及生物信号。常见的五种感受器官包括眼睛、耳朵、皮肤、鼻子和舌头,分别用于感受环境中的光学信号、听觉信号、触觉信号、气体信号和味觉信号。这些生物感受系统具有优异的感知特性,包括响应速度快、灵敏度高、特异性好、集成度高等优点。因此,人们模仿生物系统对外界信号的感知机制,开发了用于检测特定外界信号的仿生传感器,比如人工眼、人工耳、人工皮肤、人工鼻和人工舌,目标是模拟生物感受系统的某些优异特性,使其能够高效地检测特定的目标信号。图 7-3-1 是用于康复治疗的人工嗅觉和人工味觉装置的设计理念。这些人工装置可以应用于感受器官疾病的诊断和康复治疗以及食品工业、环境保护和公共安全等领域,具有非常重要的科学意义和实际应用价值。

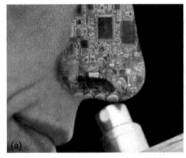

图 7-3-1　康复治疗人工装置的设计理念
(a)人工嗅觉装置;(b)人工味觉装置

基于生物感知原理设计的仿生传感器一般采用功能性的生物材料作为敏感元件,比如组织、细胞、酶、DNA 分子等,结合不同的二级换能器,辅之以信号调理等电路构建的系统或装置,能够将敏感元件感受到的待测物的响应信号按照一定规律转换为外周电路可以测量并显示出来的可以被人们利用的有用信号。目前,仿生生物医学传感技术已经成为一个热门的前沿研究领域,其目标是开发可以部分甚至完全替代生物感受器官功能的新型仿生传感器,通过研究生物感受系统感知外界信号的机制以及利用生物敏感材料的优异感受特性来设计和改进传感器的工艺,使传感器具有生物感受器官某些优异的功能和特性。在生物医学等领域的应用中,不但可以利用生物敏感材料的特定的结构和功能特性,也可以利用其敏感机制,如对待测物的识别机制、响应信号产生机制等,这些对于开发新型仿生传感器以及提高传感器的响应特性及其性能优化均具有重要意义。

（二）仿生传感技术的发展历史

仿生学是 20 世纪 60 年代兴起的一门综合性交叉学科,通过科学的方法研究生物系统内部各部分相互作用、与外部环境的物质、能量和信息交流的基本原理和知识,再利用工程学的技术和手段,对生物系统的运行过程和机制进行模拟,用于改善和创造新型人工装置。自然界为仿生学提供了丰富的样本,通过模仿天然生物系统的各种机制来为人类的技术进步和科学发展服务是仿生学永恒的主题,也是仿生传感技术的发展方向。

近年来,随着人类生活质量的不断提高和生物医学研究的不断深入,人们揭示了大量生物学机制,为开发新型仿生传感器提供了良好的机遇。同时,随着微纳米加工、机电一体化、自动化等新兴技术的快速发展,仿生传感技术也获得了很大进步,人们研制了各种具有感受外界信号功能、用于损伤修复的人工装置。首先获得快速发展的是检测和识别物理量的仿生传感器,包括人工视觉、人工听觉和人工触觉方面的研究,这些研究具有非常广阔的应用前景,目前已经出现不少成功应用的产品,比如人工耳蜗就是一个典型代表。此外,随着社会的不断进步,人们对环境中化学信号的检测需求越来越大,这推动了对生物系统化学信号感受机制的研究。嗅觉和味觉机制方面的研究进展使人们对探索和模仿动物及人类的嗅觉和味觉功能在技术上有了可能。同时,随着生物医学领域对体味、体液快速分析检测和环境中微量、痕量物质检测需求的快速增长,人们对电子鼻和电子舌这类快速检测和分析仪器的需求也日益增长,大大促进了仿生嗅觉和味觉传感器的发展。比如近年来出现的嗅觉和味觉集成微阵列芯片,使我们有可能在细胞和分子水平上研究嗅觉和味觉的感受和神经传导机制及其损伤后的修复过程,为嗅觉和味觉的功能损伤修复和人工鼻与人工舌的开发打下基础。

近期在功能性生物敏感材料方面的研究进展为开发具有独特功能的仿生器件及传感器提供了基础。生物敏感材料具有灵敏度高、响应速度快、生物相容性好等优点,使之成为非常适合用于构建仿生器件和传感器以提高传感器的性能。部分基于生物敏感材料的仿生传感器平台可以直接实现生物及化学物质的免标记检测。利用生物敏感材料结合生物感受机制研制新型仿生传感器,这将使生物系统的部分优异特性在人工装置和系统中获得继承和发展,为开发新型仿生传感器提供了新的途径。

二、视觉、听觉与触觉仿生传感

视觉是生物感受外界物理信号的重要感觉系统,可以感受一定波长范围内的电磁波信号。眼睛是视觉的感受器官,当眼球或者视网膜受到不可逆的损害或者发生无法修复的病变后,可能使眼睛丧失感光功能,严重影响生活质量甚至威胁到生存。目前尚缺乏有效的方法使受损的眼睛完全恢复感官功能,但在这个方向上不断取得了一些显著的突破和进展。比如人工视网膜技术为视觉损伤的修复提供了新的途径,将微电极阵列植入眼球后部,代替受损的感光神经元感受电磁波的功能,将电磁波传递的视觉信息转换成电脉冲信号,并通过植入的微电极阵列将电脉冲信号耦合到视觉的输入神经,最终通过视神经把视觉感受信息传到高级中枢的视皮层,使患者能部分恢复视觉功能。人们还开发了一种人工视网膜系统,该系统的组成主要包括一个固定在眼镜上的照相机和一个被称为双负荷的装置(图 7-3-2)。照相机用于捕获视觉的图像信息,双负荷装置负责将图像信息变换为数字信息,再通过激光将数字信息传递到视网膜植入物上,通过可贴附的微电极阵列将激光脉冲转换成电信号。这些电信号将通过微电极刺激邻近的,并与视觉的输入神经纤维相连接的神经节细胞,将这些信息通过视神经传递到视皮层,使患者恢复部分图像感知能力。

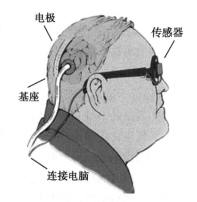

图 7-3-2　人工视网膜系统示意图

耳朵是生物感受外界声波信号的重要器官,能将空气振动所携带的声音信号转换成神经信号,再通过听觉神经传给大脑的听觉中枢,获得听觉的感知。耳朵中的传音、感音器官或者听神经和各级中枢由于发生病变等各种原因造成功能障碍而产生的不同程度的听力减退称为耳聋。根据听力减退的程度,耳聋可分为轻度、中度、重度和全聋。根据功能障碍的类型又可分为传导性耳聋和感音神经性耳聋。目前,对于重度感音神经性耳聋的治疗通常是选配适当的助听器来恢复其听觉功能。由于大多数全聋患者的病变主要位于内耳的听觉感受器部分,而听神经多是完好的,具有部分残余的听力。助听器的基本作用是将外界声音的音量通过放大器进行适当放大,再利用患者残余的听力感受放大后的外界声音信号,助听器对没有残余听力的全聋患者没有明显的效果。如图 7-3-3 所示,人工耳蜗则是通过在内耳植入微电极,代替内耳受损部分的功能,用于接受外界的声音信号并转换成电刺激信号,再通过植入内耳的微电极刺激邻近的听觉输入神经,使患者重新获得听觉,与助听器相比具有更强的辅助替代功能。但是,由于人工耳蜗采用电刺激产生的听觉,与内耳产生的天然刺激还是有差别的,因此植入人工耳蜗的患者听到的声音与自然声是不同的,需要经过适当的言语训练才能理解别人的讲话。

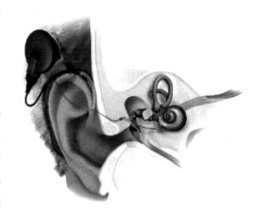

图 7-3-3　人工耳蜗示意图

　　触觉是一种可感受接触、滑动、压觉等多种机械刺激的总称。生物的触觉感受器大多是分布式非均匀遍布全身的。比如人的皮肤就有大量触觉感受器遍布于人的体表,触觉感受器是一种位于表皮的游离神经末梢,能感受温度、痛觉、触觉等多种感觉。许多动物和昆虫的毛发也具有感受外界物理信号的能力,包括方向、平衡、速度、声音和压力等。目前,生物触觉感受的机制正在被科学家们模仿应用于人工触觉感受器的研制。例如,利用高性能的玻璃和多晶硅基底,由光刻技术制作了一种类似头发的触觉传感器,由大量人工触觉感受器组成的大型阵列被应用于空间探测器上。目前,人工触觉感受器阵列进一步发展面临的一个重大挑战是感受器阵列产生的数据量太大。仿生传感技术为解决这一难题提供了新的途径,科学家研究和模仿了人类自身触觉系统的工作机制。结果表明,人的每个手指大约有 20 根神经,加上错综复杂的表皮纹理,能够产生海量的传感数据,其数据的量多到大脑都难以处理。但是,由于皮肤是有弹性的,这种特性使得皮肤具有类似低通滤波器的功能,能过滤掉一些不重要的细枝末节,大大减少了传感的数据量,使大脑的数据处理任务变得简化可行。一种具有伸缩性的低分子有机物压制而成的薄膜材料覆盖到机器人的表面,以此来模仿生物触觉的感受和数据处理机制,将这种人造电子皮肤覆盖在机器人的指尖上,可以使机器人具有类似人一样灵敏的触觉。

三、嗅觉与味觉仿生传感技术

(一)嗅觉仿生传感技术

　　生物的嗅觉系统能识别和分辨大量不同的气味分子,在生物感知外界化学信号的过程中发挥了极其重要的作用。图 7-3-4 所示为生物嗅觉系统的组成结构。嗅觉感受器是位于嗅黏膜上皮的嗅神经元,气体分子进入鼻腔后到达嗅黏膜上皮,上面分布了很多含有嗅觉受体蛋白的嗅神经元的纤毛。嗅觉受体蛋白是一种 G 蛋白偶联受体,能转导气味分子携带的化学信号,通过细胞内第二信使的作用激活一系列生物化学级联反应,最终使嗅神经元细胞产生动作电位,将气味分子的化学信号转换成嗅神经元的动作电位信号。嗅神经元再通过轴突把动作电位信号传导到位于大脑前端的嗅球,经过初步的加工、修饰和处理后,通过嗅球的输出神经元的轴突投射传导到皮层的嗅觉高级中枢,在那里嗅觉信号被解码以分辨不同的气味,最终形成对气味的感知。

　　人们通过模仿生物嗅觉系统感受外界化学信号的机制,利用来自生物嗅觉系统的敏感材料作为敏感元件,比如嗅觉受体蛋白、嗅神经元以及嗅觉神经黏膜等,结合不同的二级换能器,包括质量敏感型器件、场效应器件、微电极、表面等离子体共振技术等,开发出多种仿生嗅觉传感器,如图 7-3-5 所示。

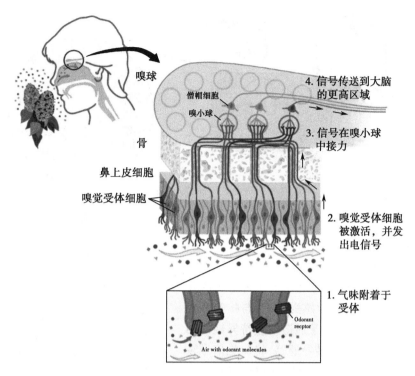

图 7-3-4　生物嗅觉系统的组成结构及信号转导示意图

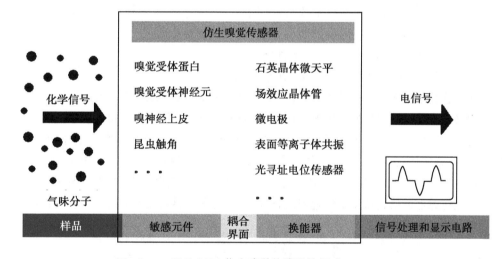

图 7-3-5　仿生嗅觉传感器的组成

　　研究者从牛蛙提取出嗅觉受体蛋白并固定在石英晶体微天平（quartz crystal microbalance, QCM）的金电极表面作为敏感元件,构建了用于检测气味分子的仿生嗅觉受体传感器,能对不同的气味分子形成典型的指纹图。基于光寻址电位传感器（light addressable potentiometric sensor, LAPS）独特的单细胞检测性能,以嗅神经元作为敏感元件,开发出可以用于特异性气味分子检测和嗅觉信号转导机制研究的仿生细胞传感器（图 7-3-6）。一种仿生传感器以科罗拉多马铃薯甲虫的触角作为嗅觉感受器,利用场效应器件（field effect devices, FEDs）作为二级换能器,用于检测植物在受损害后发出的标志性挥发物顺-3-己烯醇,为植物保护提供了一种有效工具。由于采用了生物嗅觉来源的敏感材料,仿生嗅觉传感器具有了某些与生物嗅觉系统类似的特性,比如灵敏度高、响应速度快、选择性好。未来的仿生嗅觉传感器将朝着实时动态、多参数、高通量的方向发展,微型化、集成化和智能化则是未来仿生传感器发展的主要趋势。

（二）味觉仿生传感技术

　　味觉主要分为酸、甜、苦、咸和鲜五种基本味觉。食物的各种味道是由这五种基本味觉组合而成。

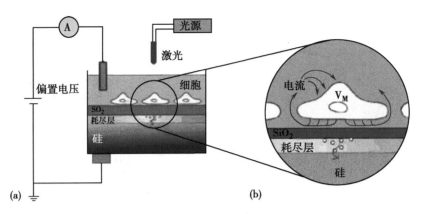

图 7-3-6　基于嗅觉受体细胞的仿生传感器的示意图

味觉感受器是位于舌上皮的味蕾,其组成结构如图 7-3-7 所示,味蕾含有能够感受不同味觉信号的味觉感受细胞。味觉物质溶解于唾液后,通过味蕾在舌上皮的开孔(即味孔)到达并作用于味觉感受细胞,与味觉感受细胞顶端微纤毛上的受体或离子通道发生特异性的相互作用,进而激活细胞内信号转导通路,将味觉信号转换成细胞响应信号,产生神经递质的释放或细胞动作电位的变化,再通过神经纤维传导到味觉高级中枢,使味觉信号获得进一步处理和整合,最终形成味觉感知。

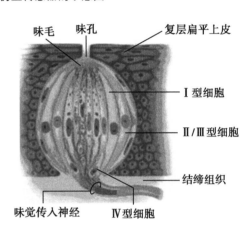

图 7-3-7　味蕾的结构示意图

　　人们利用来自生物味觉系统的敏感材料,比如味蕾、味觉感受细胞和味觉受体蛋白等,结合不同的二级换能器开发了多种仿生味觉传感器。比如,在细胞水平上,利用味觉感受细胞的化学信号识别特性,结合光寻址电位传感器,开发出一种仿生味觉细胞传感器,成功记录到苦味物质引发的细胞响应信号,并通过主成分分析的方法可以将不同的苦味物质区分开。在受体分子水平上,利用苦味受体蛋白作为敏感元件,结合石英晶体微天平作为二级换能器,采用自组装膜的方法捕获和固定苦味受体蛋白,开发了一种可以检测特异性苦味物质的仿生味觉受体传感器(图 7-3-8)。在过去的二十年中,随着微加工技术的快速进步以及味觉传导机制研究的不断进展,仿生味觉传感器的研究获得了快速发展,逐渐成为化学传感器大家族的一个重要组成部分。

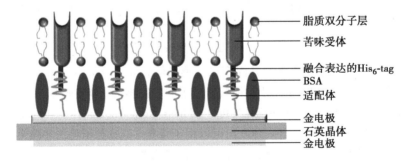

图 7-3-8　基于苦味受体蛋白的仿生传感器示意图

四、仿生传感技术应用:电子鼻与电子舌

(一)电子鼻及其应用

　　1989 年北大西洋公约组织对电子鼻的定义:电子鼻是由多个性能彼此交叉的气敏传感器和适当的模式识别方法组成的具有识别单一和复杂气味能力的装置。1964 年,Wilkens 和 Hartman 利用气体分子在电极上的氧化还原反应对嗅觉系统进行了电子模拟,由此诞生了第一个"电子鼻"。从 20 世纪

80 年代开始,电子鼻技术不断发展。1982 年,Persaud 和 Dodd 研究了模仿哺乳动物嗅觉系统的结构和机制,对几种有机挥发气体进行分析,他们用 3 个商品化的 SnO_2 气体传感器对戊基醋酸酯、乙醇、乙醚、戊酸、柠檬油、等有机挥发气体进行了分类分析,开创了电子鼻研究的先河。1984 年,Zaromb 和 Stetter 首先探讨了应用传感器阵列的理论基础,并将阵列传感器用于检测易燃和有毒气体。而 1988 年,英国 Warwick 大学的 Gardner 第一次提出了"电子鼻"这个术语。1990 年举行的第一届电子鼻国际学术会议是关于电子鼻的第一次专题会议。目前电子鼻仪器越来越朝着小型化、智能化的方向发展,且电子鼻的应用十分广泛,包括食品检测行业、酿酒业、化妆品行业、疾病诊断、爆炸物探测、毒品与违禁药物检测、空气质量监测、微生物的鉴别、药物的分类与判别等。

　　1. 电子鼻气体传感器阵列的构造　通常来说,构成检测阵列的气敏传感器不需要对某种特定气体具有很强的选择性,但是需要对多种检测气体呈现一定的广谱特性,从而使构成的检测阵列对多种检测气体具有交叉敏感特性。如电子鼻仪器 CN e-Nose Ⅱ,主要目的是用于肺癌早期诊断,组成传感器阵列的是 8 个金属氧化物半导体(metal oxide semiconductor,MOS)气体传感器与 1 个电化学传感器。前人的研究结果表明,肺癌患者的呼出气体中包含有许多能够作为肺癌标志物的挥发性有机化合物(volatile organic compounds,VOCs),通过检测这些 VOCs 我们就可以得到相应的诊断结果。CN e-Nose Ⅱ 呼吸检测电子鼻实物如图 7-3-9 所示。

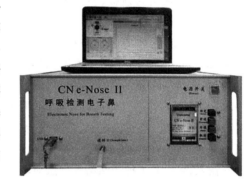

图 7-3-9　CN e-Nose Ⅱ 呼吸检测电子鼻

　　CN e-Nose Ⅱ 采用了 8 个 MOS 气体传感器和 1 个电化学气体传感器构成了检测阵列,表 7-3-1 所示为组成检测阵列的各个传感器的响应特性与相关参数。

表 7-3-1　CN e-Nose Ⅱ 中传感器阵列的特性参数表

传感器阵列	敏感气体	检测范围(ppm)	备注
传感器 1	丙酮、乙醇、苯、正己烷、异丁烷、一氧化碳、甲烷	50~5000	对有机溶剂高度灵敏,对各种可燃气体如一氧化碳具有敏感性
传感器 2	氢气、异丁烷、乙醇、甲烷、一氧化碳	500~10 000	对甲烷,丙烷和丁烷有很高的灵敏度,因此非常适合用于天然气和液化石油气的监测
传感器 3	氢气、乙醇、异丁烷、一氧化碳、甲烷	1~100	对空气中低浓度的氢气、一氧化碳等污染物具有很高的灵敏度
传感器 4	甲苯	1~30	对低浓度的恶臭气体具有高灵敏度,如办公室和家中废物产生的氨和硫化氢等
	硫化氢	0.1~3	
	氨气	1~30	
	乙醇	1~30	
	氢气	1~30	
传感器 5	乙醇、苯、正己烷、液化石油气、甲烷	0.1~10mg/L	建议使用 200ppm 的乙醇标准气校准传感器;适合用于机动车驾驶人员及其他严禁酒后作业人员的现场检测
传感器 6	乙醇	100~200	建议使用 1000ppm 氢气或 1000ppm 丁烷对传感器进行标定
	氢气	300~5000	
	甲烷	5000~20 000	
	丁烷	300~5000	

传感器阵列	敏感气体	检测范围(ppm)	备注
传感器7	液化石油气 LPG、液化天然气 LNG、丁烷、丙烷	100~10 000	建议使用1000ppm的天然气或丁烷校准传感器；优良的抗乙醇、烟雾干扰的能力
传感器8	氨气	0~100	3电极电化学传感器，特异性高，只对氨气响应

同时，设计了新型的 MOS 传感器阵列气室封装结构，如图7-3-10所示，采用聚四氟乙烯材料，所示黑色箭头示意为样本气体的进口与出口，封装结构包含5块聚四氟乙烯板，从上到下依次为顶板、腔体板、多孔安装板、电路板与底板。

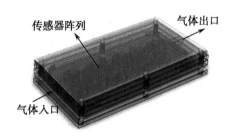

图 7-3-10　传感器阵列与封装气室

2. 声表面波气体传感器阵列　一种基于声表面波（surface acoustic wave, SAW）气体传感器虚拟阵列的电子鼻，结构如图7-3-11所示。仪器的总体检测流程如下：使用 Tenax 吸附管对样本气体进行富集；再用 N_2 作为载气将样本气体吹入到毛细管柱中进行分离；当 VOCs 从毛细管中分离出来之后，因冷凝会被吸附到 SAW 气体传感器表面，从而使 SAW 气体传感器的频率发生变化；VOCs 的浓度不同，会使 SAW 传感器的频率产生的变化不同，以传感器的频率变化为特征输入，采用人工神经网络等方法对输入信号进行模式识别，进而得出诊断结果。

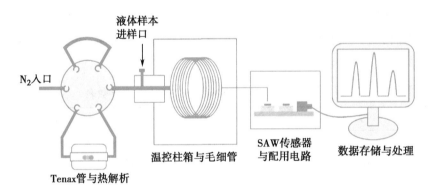

图 7-3-11　基于 SAW 气体传感器虚拟阵列的电子鼻仪器系统

SAW 气体传感器振荡电路输出为射频信号，真正希望测得的信号是传感器对被测物的频率响应变化值。因此，使用差频检测方法来检测传感器对被测物的频率响应。SAW 气体传感器的检测方法如图7-3-12所示，对 SAW 气体传感器振荡电路的输出频率信号和一个参数已知的振荡电路的输出频率信号进行混频处理。参考振荡电路的参数是已知的，因此差频信号可以作为表征传感器响应的检测信号。

3. 模式识别　人工神经网络（artificial neural network, ANN）是模式识别的经典算法，是一种模仿生物神经网络的结构和功能的数学模型或计算模型，用于对函数进行估计或近似。ANN 可以避免气体传感器交叉响应带来的非线性等问题，并且在一定程度上抑制气体传感器的温度漂移和噪声，有助于提高气体检测精度。

BP（back propagation）算法是一种常用的 ANN 算法。BP 算法使用误差梯度下降方法，实现网络的实际输出与期望输出的误差最小化。学习过程由正向传播和反向传播两个过程组成。基本的 BP 网络拓扑结构如图7-3-13所示。

其中，O_{ip}^m 表示第 m 层第 i 单元对于第 p 模式的输出。其中，$m=0$ 表示输入层，$m=1,2,\cdots,M$ 表示隐层，$m=M+1$ 表示输出层。$p=1,2,\cdots,R$，θ_i^m 表示第 m 层第 i 单元的阈值，W_{ij}^m 表示第 m 层第 i 单元与

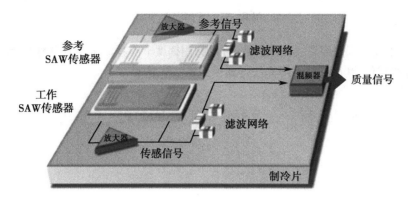

图 7-3-12　SAW 气体传感器检测方法

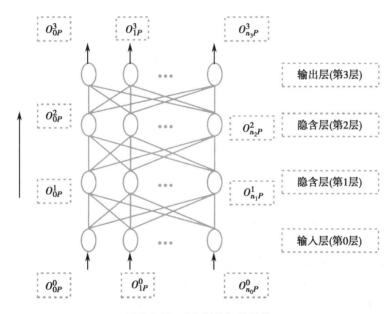

图 7-3-13　BP 网络拓扑结构

第 $m-1$ 层第 j 单元之间的连接权值, s 表示神经元激活函数。

（1）输入正向传播：在前传过程中，对于输入模式 p，第 m 层第 i 单元的输出为：

$$O_{ip}^m = s\left(\sum_j W_{ij}^m O_{jp}^{m-1} \right) \tag{7-3-1}$$

为扩大输出单元的值域，有时可以选择输出层为线性元，这时对于输出单元：

$$O_{ip}^{m+1} = \sum_j W_{ij}^{m+1} O_{jp}^m \tag{7-3-2}$$

（2）误差反向传播：对于第 p 模式对，将误差函数定义为：

$$E_P(W) = \frac{1}{2} \sum_i \left(T_{ip} - O_{ip}^{m+1} \right) \tag{7-3-3}$$

T_{ip} 为期望输出，则模式训练集上的全局误差函数为：

$$E(W) = \sum_P E_P(W) \tag{7-3-4}$$

现在，逼近问题可归结为一个无约束优化问题：寻求 W，使得全局误差函数 E 为最小：

$$\forall\, W, \min\{E(W)\} \tag{7-3-5}$$

显然,E 是每个连接权值的连续可微函数,可以利用梯度下降算法来对权值作出调整。对于从隐层到输出层的连接权值,利用梯度下降算法得到:

$$\Delta W_{ij}^{m+1} = -\eta\,\frac{\partial E_P}{\partial W_{ij}^{m+1}} = \eta(T_{ip} - O_{ip}^{m+1})\,s'(h_{ip}^m)\,O_{jp}^m = \eta\delta_{ip}^{m+1}O_{jp}^m \tag{7-3-6}$$

$$\delta_{ip}^{m+1} = (T_{ip} - O_{ip}^{m+1})\,s'(h_{ip}^m) \tag{7-3-7}$$

设定输出层为线性,则:

$$\Delta W_{ij}^{m+1} = -\eta\,\frac{\partial E_P}{\partial W_{ij}^{m+1}} = \eta(T_{ip} - O_{ip}^{m+1})\,O_{jp}^m = \eta\delta_{ip}^{m+1}O_{jp}^m \tag{7-3-8}$$

$$\delta_{ip}^{m+1} = T_{ip} - O_{ip}^{m+1} \tag{7-3-9}$$

对于其他连接权值,类推得到:

$$\Delta W_{ij}^{m+1} = -\eta\,\frac{\partial E_P}{\partial W_{ij}^m} = -\eta\,\frac{\partial E_P}{\partial O_{ip}^m}\frac{\partial O_{ip}^m}{\partial W_{ij}^m} = \eta\Big(\sum_k W_{ik}^{m+1}\delta_{kp}^{m+1}\Big)s'(h_{ip}^m)\,O_{jp}^{m-1} = \eta\delta_{ip}^m O_{jp}^{m-1} \tag{7-3-10}$$

$$\delta_{ip}^m = \Big(\sum_k W_{ik}^{m+1}\delta_{kp}^{m+1}\Big)s'(h_{ip}^m) \tag{7-3-11}$$

$$h_{ip}^m = \sum_k W_{ik}^m O_{kp}^{m-1} \tag{7-3-12}$$

为对于第 p 个模式,第 m 层第 i 单元的净输入。以上是常用的权值更新方式:每输入一个模式,则更新所有不同层之间的连接权值。

但是 BP 算法也有一些缺点:BP 神经网络的学习速度较慢。由于 BP 算法采用梯度下降法,而它所要优化的目标函数又比较复杂,所以导致 BP 算法的效率较低;BP 神经网络可能会训练失败。BP 算法为一种局部搜索的优化方法,但它要解决的问题为求解复杂非线性函数的全局极值,故算法很有可能陷入局部极值。

(二)电子舌及其应用

电子舌(electronic tongue,e-Tongue),又为人工智能味觉系统,是一种以交互传感阵列为基础,感测未知液体样品的特征响应信号,以专家系统识别及模拟识别处理的手段,对样品进行定量定性分析的一种智能检测分析技术。电子舌主要由传感器阵列,信号处理和模式识别系统组成,具有操作简单、快速检测等优点。与电子鼻测试的气体不同,电子舌的检测样品为液体。电子舌的起步是于1985年的日本 Toko K 课题组利用传感器阵列检测样品味觉,而第一次正式提出电子舌这个名称是在1995年,俄罗斯 Legin A 课题小组利用非特异性传感器组成阵列,形成新型电子舌系统。世界上第一家推出电子舌系统的为法国阿尔法-莫斯(Alpha M.O.S)公司,通过类脂材料修饰多种敏感材料构建敏感电极组成传感器阵列,这种传感器可以定性定量的测试样品的味觉感知。该公司也是世界上电子舌系统市场化最成功的公司,应用于食品分析、环境分析、化工、医药等领域。

1. 电子舌系统原理

(1)设计原理:生物体是利用在舌头上不同位置的味蕾,液体中不同味觉物质化为不同的味觉信号,产生电位变化通过神经传输到大脑的味觉中枢,大脑对采集的不同信号进行信号处理,形成酸、甜、苦、辣等不同的味觉感受,并由此辨别出不同的物质。

电子舌是通过模仿生物的味觉感受机制而形成的分析系统,如图7-3-14所示。在电子舌系统中,传感器阵列即为感受器,代替了舌头的功能,阵列中不同的传感器即为舌头上不同区域的味蕾,形成信号传输到计算机中,计算机代替生物系统的脑功能,通过软件分析和处理,或者与已有的数据进行

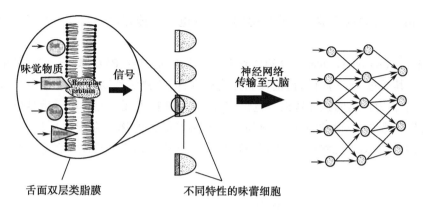

图 7-3-14 生物体感受味觉的机制

比对,从而鉴别出不同的物质,最后给出各种物质的感官信息。

(2)数学建模:电子舌原来的设计模型来自传统的多传感器多组分分析化学。这种特定的传感器阵列的多分量分析可以用下面的数学公式表示:假设一个解包含 N 个分量,每个分量的浓度分别为 $C_1,C_2,\cdots,C_N$,利用具有 M 个传感器的电子舌系统测量,每个传感器都能感应所有的分量,第 i 个传感器感应的信号强度为 $P_i(1<i<M)$。这样,M 传感器阵列就可以得到如下的方程:

$$P_1 = A_{1,1}C_1 + A_{1,2}C_2 + \cdots + A_{1,N}C_N$$
$$P_2 = A_{2,1}C_1 + A_{2,2}C_2 + \cdots + A_{2,N}C_N$$
$$\cdots\cdots \tag{7-3-13}$$
$$P_M = A_{M,1}C_1 + A_{M,2}C_2 + \cdots + A_{M,N}C_N$$

A_{ij} 是第 i 个传感器响应强度信号和第 j 个分量之间的比例常数。只要 $M \geq N$,即可以通过矩阵计算求解每个溶液中的组分浓度。

电子舌系统在技术上与传统的多传感器多组分分析技术相比,最大的区别在于将味觉感受器的交互感应与传统的传感器阵列多组分分析相结合,使用选择性不高且交互感应的传感器,而不是传统的高选择性传感器来组成传感器阵列。因此,方程中的系数 A_{ij} 成为与第 j 个分量相关的非线性函数。在这种情况下,求解方程时,需要使用非线性模式识别方法,如人工神经网络。在训练电子舌后建立自学专家数据库,然后再计算。

2. 电子舌系统结构特点 根据电子舌的定义和原理,总结可得电子舌的以下特点:①电子舌的结构可分为三大部分:传感器阵列、自学专家数据库和模式识别系统。传感器阵列即为人体中舌头,自学专家数据库就像一个人体的记忆系统,模式识别系统就像一个人体的脑计算方法;②其样品为液体;③收集的信号是溶液的整体响应强度,具有一定的特性;④可以通过对采集的原始信号进行数学处理来定量测量不同样品;⑤电子舌所测量的并非为生物系统的味觉。由于上述的五个特点,电子舌作为一种新型的分析检测手段与传统的分析化学思想有一定的差异。电子舌并不是检测特定的某样具体的化合物的浓度,而是检测信号的总体强度,包括多个传感器的信号;电子舌不是检测被测物体的化学成分和每个成分的浓度和检测限大小,而是反映物体的整体的特征差异,并进行识别。

3. 电子舌系统构建技术

(1)硫属玻璃传感器阵列:硫属玻璃薄膜传感器是薄膜传感器的一种,属于固态的离子选择性电极,在检测方面的应用已经有 30 多年的历史,尤其是重金属离子检测,如 $GeS-GeS_2-Ag_2S$、$Ag_2S-As_2S_3$、$Ge-Sb-Se-Ag$、$AgI-Sb_2S_3$ 等多种硫属玻璃传感器,但此类传感器都是非特异性传感器。通过各种硫属玻璃传感器对不同浓度的重金属离子和氢离子进行检测,记录大量的数据后,灵敏度高、具有一定选择性但选择性不是特别强的传感器可被选入传感器阵列(图 7-3-15),并构建出电子舌阵列系统。以硫属玻璃薄膜传感器为主的电子舌在食品区分辨识及品质评定和各种环境的水质污染评价有着很广泛而出色的应用,并使得硫属玻璃薄膜传感器构成的电子舌传感器阵列成为电子舌领域重要的一部分。

(2)聚氯乙烯(polyvinyl chloride,PVC)薄膜传感器阵列:基于 PVC 薄膜传感器的电子舌系统如图 7-3-16 所示,其通过 Ag/AgCl 参比电极和开路电位,把各种活性物质修饰的 PVC 薄膜和各种味觉物质之间的亲和力作用的强度转换为电位信号,然后进行表征。此类电子舌传感器一般仅由几个电极组成,分别感受不同类群的味觉物质。该传感器最大的优点在于数据量比较少,能够更容易地把检测结果与检测味觉物质的特性直接对应,以雷达图的方式反映待测味觉物质本身的感官性质特征。

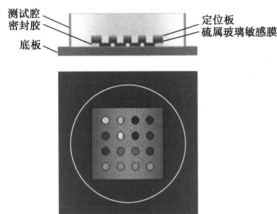

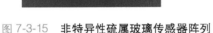

图 7-3-15 非特异性硫属玻璃传感器阵列

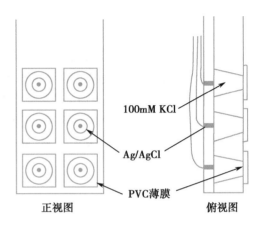

图 7-3-16 多通道 PVC 薄膜传感器

(3)非修饰贵金属电极传感器阵列:一种使用 5 种的贵金属裸电极(金、铱、钯、铂、铼、铑)构建的传感器阵列如图 7-3-17 所示,各电极间具有交互敏感的效果,使用极谱法中常用的常规脉冲伏安法采集各个电极的电流响应值。再通过数学建模提取有效的特征值,以及一系列模式识别的处理,构建出了由多个非修饰贵金属电极传感器组成的电子舌系统。该系统在环境检测、微生物发酵以及食品品质监控中有广泛的应用。非修饰贵金属电极是这类电子舌系统最大的优点。由于不需要修饰,这类传感器阵列很容易构建。并且具有非常好的稳定性和长的使用寿命,而这些特性是修饰电极所不具备的。但是相对的这类传感器在特异性和灵敏度上是有欠缺的,未来的研究重点也会在这两点上,或可以增加传感器的种类,或对现有的传感器进行上述两个性能的改进。另外由于特

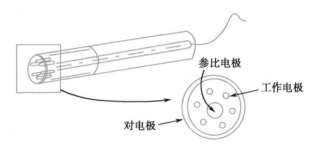

图 7-3-17 非修饰贵金属电极传感器阵列

殊的激发信号,该电子舌系统后端的数据量相当巨大,因此在分析数据时,给后端的模式识别带来一定的困难。所以,这类电子舌系统后端的研究重点集中在优化建模和算法,从而更好地获得特征值,对被测物质进行表征。

4. 仿生电子舌味觉芯片 一种仿生味蕾为对离子敏感的聚合物微球,利用光化学原理来检测被测溶液的离子成分。这种仿生电子舌味觉芯片能对溶液中的多种被分析物进行同时的定量检测。由于该味觉芯片的集成度较高,现场、实时、快速检测也可以实现。将该芯片固定在一微机械加工平台上,用蓝色发光二极管照射芯片上的微球,通过位于机械加工平台下的电荷耦合元件(charge-coupled device,CCD)采集荧光信号的变化。

在此基础上,利用硅微加工技术可制作微结构味觉芯片并对信号识别技术进行发展,实现了多种离子的自动识别。该芯片是经过深刻蚀的硅片和两层石英玻璃键合而成的。反应腔中包含

微沟道和微井,微井中的聚合物微球作为仿生味蕾可以吸附了敏感物质。待测溶液通过蠕动泵进入反应腔体中,与吸附在微球表面的敏感的聚合物发生反应,使微球的颜色发生变化。而微球的图像通过显微镜被 CCD 记录,微球上特定区域的 RGB 值被提取作为味觉传感器的输出值。采用主成分分析法(principal component analysis,PCA)对得到的数据进行处理,实现了对溶液成分的定性分析和定量测量。

第四节　微流控分析芯片

一、微流控芯片概述

微全分析系统(micro total analysis systems,μTAS)是 20 世纪 90 年代提出并得以迅速发展的一个全新的跨学科研究领域。它以微机电系统(micro-electro-mechanical system,MEMS)技术为基础,通过分析化学、计算机、电子学、材料科学、生物学和医学等多学科的交叉融合,将化学分析系统从试样处理、分析到检测的全流程实现整体的微型化、集成化与便携化。微全分析系统能够最大程度地将分析实验室的功能在以芯片为典型代表的便携式分析设备上实现,因此也被通俗地称为芯片实验室(lab-on-a-chip)。这一技术能够显著提高分析速度、简化操作流程和降低检测费用,为实现分析实验室的"家庭化""个人化"创造了有利条件,特别是近年来随着现场快速检验(point-of-care testing,POCT)领域的快速发展,微全分析系统已经成为了当前分析检测仪器的重要发展方向。

微全分析系统主要分为芯片式与非芯片式两大类。其中,芯片式微全分析系统又可依据芯片结构及工作机制分为微流控芯片(microfluidic chip)和微阵列芯片(microarray chip)。微阵列芯片以高密度微阵列为特征,其发展契机主要来自于现代遗传学的杂交测序技术,在发展早期,微阵列芯片有时被通俗称为生物芯片(biochip)。微流控芯片则以各种微管道网络结构为特征,微管道网络主要基于MEMS 加工技术设计制备,结合芯片上所集成的微型化样品制备、反应、分析等基本操作单元,在一块微米尺度芯片上自动完成生物、化学、医学等领域分析过程所涉及的进样、稀释、加试剂、反应、分离、检测等操作环节,实现整个化学或生化实验室的功能。

作为微全分析系统的重点发展领域,微流控芯片较传统的检测分析手段有着显著的优势:①微流控芯片通过 MEMS 技术将生物、化学、医学分析全过程集成到一块微芯片上,其尺度较传统分析设备而言具有极大的优势;②微流控芯片内集成的微尺度的反应单元和功能模块可将珍贵试样和试剂消耗量降低至微升甚至纳升级水平,显著减少了分析测试费用,并能够在一定程度上减少环境污染;③试样的反应和分析速度也得以成十倍上百倍地提高,结合微流控芯片上高密度集成功能模块这一优势,微流控芯片可以在几分钟甚至更短的时间内进行上百个样品的高通量同步分析;④微流控芯片的功能集成化和体积微型化,为开发基于微流控芯片的便携式检测设备创造了有力条件,这使得它在化学工业过程控制、环境监测、食品安全、法医鉴定、生命科学研究等众多领域有着巨大的发展潜力;⑤微流控芯片具备物料消耗低,批量生产后成本低廉,使用安全便捷,检测通量高等特点,有望实现普及应用。

总体而言,微流控芯片技术目前尚处于发展阶段,研究热点多集中于分离、检测体系方面,还有很多重要技术需要突破;同时,微流控芯片的产业化应用也处于起步阶段,应用范围未能完全打开,行业整体规模较小。但其独特的液体流动可控性、分析过程高度集成性、低试样或试剂消耗、高通量快速同步分析等优点,为其实现微全分析系统的终极目标——芯片实验室,奠定了坚实基础;当前快速发展的现场快速检验需求也为微流控芯片提供了广阔的应用空间。

二、微流控芯片设计与加工

(一)微流控芯片设计

微流控芯片主要借助能够容纳液体的微通道、反应室及相应功能结构单元完成分析检测,由于上述结构通常为微米尺度,使得流体呈现出与宏观尺度不同的流通特性。例如微流控芯片因为尺度微小,会导致面体比增加,雷诺数变小,表面张力、热交换等表面作用增强,边缘效应增大等;同时,当尺度进一步降低至亚微米甚至纳米级时,某些特性可能还会发生进一步改变。因此,在微流控芯片设计过程中,需要结合流体力学知识及实际分析检测过程中微流体进样、流动、混合、分离等环节,利用理论分析、计算机辅助模拟和实验验证等方法,研究分析物在微流控芯片内部的流动状态、压力分配、浓度分布等信息,最终获得芯片设计方案。具体而言,微流控芯片设计要尽量满足如下要求:①微流控芯片内死体积尽量小;②试样反应和储存时,不能挥发掉和随意流动;③液体混合要均匀;④流体对信号采集干扰小;⑤能够有效避免交叉感染;⑥废液和芯片能够妥善处理;⑦体积小,便于与功能单元及配套模块整体集成,制备工艺简易成熟、成本低廉。

早期微流控芯片主要根据相似性和比例来进行设计。一种方法是利用无量纲参数来考虑相似性;另一种方法是把已知系统的规模按照比例缩小。近年来,计算机辅助模拟成为了微流控芯片设计过程中一种广泛使用的重要辅助手段。对于复杂的生化检测分析,需要复杂的流路设计和电动力学控制,开展计算机模拟仿真,可以对流场(如混合、流体运送、细胞分类和生物分子的分离)、电场、热力场等在内的复杂多物理场进行耦合分析,获得相对准确的过程模拟和结果预测分析,优化设计参数,缩短微流控芯片及整体检测系统的研发周期与成本,显著提高研发效率。

(二)微流控芯片材料

合适的材料选择对于微流控芯片的结构设计、制备工艺流程及系统集成均具有重要影响。微流控芯片的材料选择具有多样化特点,可根据具体需求选择适宜的材料方案,但需满足如下因素:①与介质之间有良好的生物相容性及化学惰性;②良好的电绝缘性和散热性;③良好的光学性能;④良好的可修饰性,便于固载生物大分子等后续处理;⑤简易稳定的工艺流程及低廉的制备成本。

目前用于制作微流控分析芯片的材料主要有硅材料、玻璃、石英、高分子聚合物材料。其中高分子聚合物材料又可分为刚性材料和弹性材料,刚性材料包括聚碳酸酯(polycarbonate,PC)、聚苯乙烯(polystyrene,PS)和聚甲基丙烯酸甲酯(polymethyl methacrylate,PMMA)等,弹性材料则以聚二甲基硅氧烷(polydimethylsiloxane,PDMS)为典型代表。每种材料都各有优缺点,相应的加工工艺也略有差别,见表7-4-1。

表7-4-1　微流控芯片不同基底材料的优缺点比较

材料种类	优点	缺点
单晶硅	良好的化学惰性和热稳定性;可使用集成电路的成熟工艺加工及批量化生产,获得高精度的二维和三维结构	易碎、价格偏高、不透光;电绝缘性能差;表面化学行为较复杂;成型和键合较难
玻璃和石英	良好的电渗性质和极佳的光学特性,尤其适合于采用紫外分光光度法检测的微流控芯片制备;可使用刻蚀和光刻技术进行加工;可使用化学方法进行表面改性	相对价格较高,尤其是石英;难以得到深宽比大的通道;成型和键合较难
高分子聚合物材料(刚性)	种类多、加工成型方便、原材料价格较低,成本低廉;能透过可见光与紫外光;可用化学方法进行表面改性;可通过铸造成型、激光烧蚀等方法得到深宽比大的通道	不耐高温;导热系数低;表面需要改性
PDMS	能重复可逆变形不发生永性破坏;成本低廉,可用模塑法高保真地批量制备微流控芯片;良好的化学惰性,无毒,生物相容性佳;易与多种材料在室温条件键合	不耐高温;导热系数低;表面改性方法有待进一步研究

近年来,一些新的材料也被应用微流控芯片领域。如光敏玻璃,它能够在紫外线照射下发生变质,在热处理效应下发生结晶化(陶瓷化)后用氢氟酸蚀刻结晶化部分,可实现高深宽比加工,获得20～30μm的微细图案。这种玻璃可以使用紫外线激光器进行无掩模隧道结构(横孔)等复杂的立体

结构加工,在微流控芯片领域具有巨大应用潜力。

纸基微流控芯片(paper-based microfluidic analytical devices,μPADs)是一种新兴的微流控芯片平台。该技术采用纸张替代硅、高分子聚合物等材料制备芯片,通过物理或化学方法构建样品的微流路结构及检测区,液体在纸质介质中可以依靠毛细作用力流动,无需外接驱动装置即可完成样品的流动控制与检测分析,能够有效缩小系统体积。具备造价低、成本低廉、加工简便、便于存储运输等优势;纸基微流控芯片已经成为一次性、低成本、快速检测的新型检测手段,在床边检测、食品质量、环境监测等领域具有广泛应用前景。

此外,在微流控芯片制备中,常常需要制备微电极等结构,微电极的材料通常选择金、铂等贵金属材料,导电性能优良,具有良好的化学惰性和生物相容性;微电极一般选择剥离或光刻-湿法蚀刻工艺制备。

（三）微流控芯片加工技术

微流控芯片上所集成的基本功能单元通常在微米尺度,其制作加工流程对环境要求很高。一个一微米的污染物颗粒落在芯片的重要部位可能导致芯片报废,无法实现其预定功能。微流控芯片加工流程涉及的环境控制因素包括:空气湿度、环境温度、空气和制备流程所使用各种介质的颗粒密度。通常而言,微流控芯片的制作在洁净室内进行,洁净室技术与微流控芯片制作的成败密切相关。

微流控芯片的加工技术起源于半导体加工技术,具体的加工方法随使用芯片的基质不同而异,方式十分丰富,特别是复杂三维微结构体的制备几乎涉及了各种现代加工技术。如硅芯片、玻璃芯片、石英芯片的加工多采用紫外光刻技术和腐蚀。高分子聚合物芯片则通常采用热压法、模塑法、软刻蚀(包括微接触印刷法、毛细微模塑法、转移微模塑法、微复制模塑法)、注塑法、激光烧结法、LIGA 技术等制备所需结构。纸基微流控芯片的加工可以通过喷蜡打印、激光切割、印刷、绘图、喷墨打印、印章压印等物理方法在纸上构造出疏水区域,从而使待分析流体按照设定的亲水通道流动,实现各种生化分析;化学工艺主要是指通过光刻、紫外固化、等离子刻蚀等构造出微流道,实现分析样品的流动控制。

3D 打印也是一种重要的微流控芯片新兴加工方法,该技术可以直接打印制作微流控芯片,也可以制备 PDMS 微流控芯片倒模所需模具。3D 打印微流控芯片加工方法可以分为微立体光刻技术、熔融沉积成型技术以及喷墨打印技术三类。与前文所述微流控芯片加工方法相比较,通过 3D 打印制备微流控芯片可以显著简化微流控芯片制备流程,可在芯片设计完成后直接打印制备芯片或其模具,加工周期可以缩短至小时水平;3D 打印技术的材料选择性灵活,除聚合物材料外,还可以直接打印金属、生物材料,用户可以从加工成本、材料成本、加工精度、材料的生物相容性等方面综合考虑材料方案,从而满足微流控芯片功能集成化需求;3D 打印技术成本低廉,可以降低微流控芯片研发的技术门槛和加工成本,有力推动微流控芯片的广泛应用,近年来在生物医学检测领域得到了快速发展。总体而言,基于 3D 打印的微流控芯片加工技术必将成为最为重要的微流控芯片加工技术手段之一。

微流控芯片的封装在芯片整体制作过程中也是十分重要的一个环节,特别是考虑到微流控芯片的高度功能集成化以及内部微流路通道的流动控制等因素,在具体封装过程中要根据芯片预定功能综合考虑电路、流路、气路、光路等功能单元需求,设计相应的封装方案,以达到预定需求。在进行封接操作时,需进行严格的表面清洗和处理,以保证芯片上各微结构和功能单元的完整性和有效性。对于玻璃和硅材料,常用的封接技术有热键合、阳极键合和低温粘接等。高分子材料可根据材料性质选择不同的封接方法,如热压法、光催化粘合剂粘合法、等离子氧化封接法和紫外照射法等。

需要特别指出的是,为了改善微通道的物理和化学特性,通道表面通常需要根据其实际用途进行表面修饰。如在基于电渗流驱动的芯片系统中,通常通过改变通道内壁表面电荷密度和极性,改变电渗流的大小和方向,如图 7-4-1 所示;也可以通过对通道表面进行化学修饰改变其亲疏水性获得不同的流动控制效果。

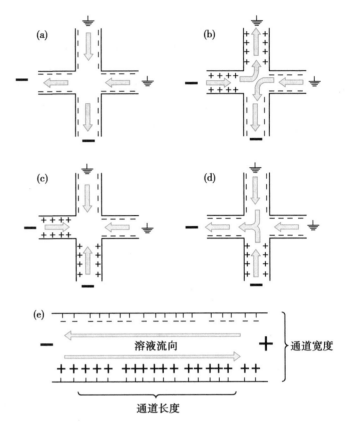

图 7-4-1 通过对微通道的表面改性实现复杂液流控制

(a)、(b)、(c)、(d)分别为在同一电压下,利用通道电荷极性控制技术实现的不同液流的流动状态;(e)同一通道内实现流向相反的微流控操作(俯视图)

三、微流控芯片控制与检测技术

(一)微流体的驱动与控制技术

微流体的驱动及控制是整个微流控芯片操作的基础及核心,自微流控芯片技术诞生以来,驱动与控制技术一直是微流控芯片基础研究领域的重点,涌现了大量的新技术、新方法。

1. **微流体的驱动** 是指通过外力的作用驱动微流控芯片内的液体,主要分为机械驱动和非机械驱动两大类。机械驱动主要是利用自身机械部件的运动实现流体的驱动,如压电微泵、气动微泵、离心力驱动系统等;非机械驱动的特点是无需活动的机械部件系统即可完成流体驱动,如电渗驱动、电流动力驱动、重力驱动、热毛细作用微泵、磁流体动力微泵等。微流控芯片对于驱动系统的要求主要体现在:①微小体积及良好的可集成性;②良好稳定的流速性能;③易于操作控制及清洗;④液体类型适应性好,耐腐蚀,寿命长。在上述多种类型的微流体驱动方式中,电渗驱动、微泵驱动和离心力驱动的应用较为广泛。

电渗驱动的原理是微流体在微通道内壁的固定电荷作用下做定向移动。可以通过调节外界电场强度、环境温度、通道表面改性等因素,控制电渗流即微流体的迁移速度和运行方式,进而完成较为复杂的混合、反应和分离操作。其优点是无需机械部件,构架简单、操作方便,但也存在影响因素多、稳定性相对较差,且仅适用于电解质溶液驱动等弊端。电渗不仅可直接驱动带电流体,还可以基于该效应构建电渗泵。其具体结构及工作原理为:通过光刻技术将一对电极集成于微流控芯片上,在密闭的环境内,即可形成电渗泵驱动系统;工作时,在两电极上加载电压,两电极间将产生电渗流,推动电极以外的通道内液体,实现泵驱动功能。

离心力驱动则是依靠芯片旋转时所受离心力完成微通道内液体的驱动,其流动方式及流速主要依赖芯片旋转速度和通道结构设计来进行控制。其优点是整体系统简单,流速稳定可控,便于同步操作多个单元实现高通量分析检测;但缺点在于高速旋转过程中的流体检测难于实现。

2. **微流体的控制** 作为微流控芯片的操作核心,微流体的控制在进样、混合、反应、分离等过程均是在可控流体的运动中完成。微流体控制技术主要包括微型阀控制、微通道构型控制、微通道表面修饰改性控制;层流效应和分子扩散效应也在微流体控制中起着十分重要的作用。微型阀作为微流体控制的核心器件,一直得到广泛的研究和关注。微型阀的种类多样,但从原理上讲,微型阀均是通过相应部件控制微通道的开启和闭合完成微流体的控制。理想的微型阀应具备以下特征:低功耗、低泄漏、快速响应、高线性操作、良好适应性。根据微型阀是否需要外加激励源可以将微型阀分为无源阀和有源阀。

有源阀需要借助外界致动力来控制阀的开启和关闭操作,因此也被称为主动阀;常用的致动机制包括气动、压电、电磁、形状记忆合金等。无源阀则不需要外界致动力,仅利用流体自身流向或压力变化即可完成微阀的开启或关闭控制。双晶片单向阀是无源阀的典型代表,它由两个晶片相连组成,在单侧入口处有一悬臂梁结构;当液体正向流动(即从左侧入口流入)时,悬臂梁受到向下的压力发生下向形变,阀门开启;当液体反向流动(即从右侧入口流入)时,悬臂梁受到向上的压力与上部晶片结合,关闭通道;如图 7-4-2 所示。双晶片单向阀在往复式微泵结构中得到了广泛应用,常用来控制微流体流动方向。

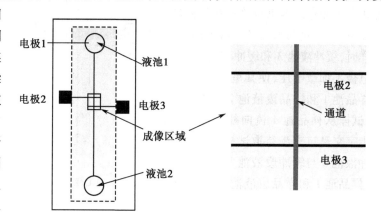

图 7-4-2 双晶片单向阀示意图

电渗效应也常常用于控制微通道内流动控制。相较于微型阀而言,它操作灵活,可以通过控制微通道网络中不同节点电压实现微流体流速和流向控制,在复杂微通道网络的混合、反应和分离操作中得到了广泛应用;此外,通过微通道表面的物理或化学改性,也能够改变通道内壁的电荷密度和极性,从到达到微流体的控制。但如前文所述,基于电渗效应的微流体控制稳定性常受到电压、温度、化学组分等因素影响。

(二)进样与样品前处理技术

将试样引入微流控芯片是整个分析检测流程的第一步,试样通常是液体形态存在的液态或气态物质,固态试样需液体化处理后进样。通常情况下,试样以手工或自动方式加入微流控芯片上的井式储存池中(样品池),随后将池内试样导入微通道内进行后续预处理或直接进行分离分析。

在当前微流控芯片试样引入研究中,单一试样引入相对成熟,可采用手动或自动方式引入待测试样。单一试样的多次重复测定也可以借助自动连续测量方式得以实现。但不同试样品的连续测定相对复杂,多采用间歇式手动或自动方式多次开展重复操作,但存在步骤繁琐、效率较低、通量有限等问题。一次性引入多个试样的方案可以在一定程度解决这一问题,通过单一芯片上集成多个样品池(图 7-4-3)或多个分析单元,在分析测定前一次性引入多个试样,可实现对不同试样的测定。但这一方法存在试样测定数量受芯片上集成样品池或分析单元数量限制的弊端,换样操作不够灵活,难以进行在线过程监测;同时,完成一次测量后如需继续使用芯片也存在试样更换问题。

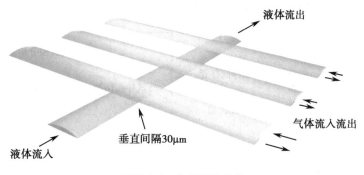

图 7-4-3 多样品池芯片

此外,试样一般容易以连续样品流方式引入样品处理微通道,如果需要以样品区带的形式进入微通道,通常在芯片内设置一条与样品处理微通道垂直相交的辅助通道,利用单通道辅助进样方法(又称为十字交叉型进样)获得样品区带。其具体实现流程为:①上样,指试样从储液池进入辅助通道,并充满十字交叉口;②取样,指采用完全电动力、完全压力或压力电动等三种方式将十字交叉口处的样品引入样品处理通道。进样策略又各自不同,如完全电动进样可以采用简单进样、悬浮进样、门进样、T 形进样等方式实现操作。本书以简单进样做简要介绍,其实现过程如图 7-4-4 所示:上样时,缓冲液池 3 和缓冲液废液池 4 中电极不加载电压,使其呈现悬浮态;在样品池 1 和样品废液池 2 间加载电场,试样从样品池 1 流向样品废液池 2,十字交叉口充满待取试样;取样时,缓冲液池 3 与缓冲废液池 4 间施加电场,样品池 1 和样品废液池 2 悬浮,十字交叉口处的试样将在电场力驱动下进入分离通道,完成进样。

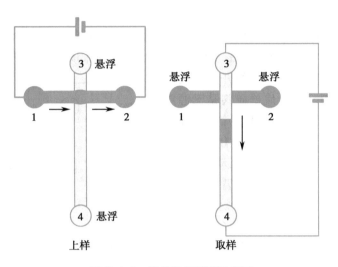

图 7-4-4 简单进样原理示意图
1. 样品池;2. 样品废液池;3. 缓冲液池;4. 缓冲液废液池

微流控芯片的分析检测样本多为含复杂基质的生物样品,在检测之前,通常需要经过预分离、预富集、稀释等一系列预处理和反应步骤后,才能进行后续的检测。预分离主要是借助固相萃取、液液萃取、多相层流、过滤等方法实现分离过滤等处理;预富集则是通过电泳、电聚焦等操作实现试样的富集。需要说明的是,液液萃取、固相萃取兼具富集功能,故分离与富集不能截然分开。过滤法主要是利用不同尺度、形状的微型过滤器结构,利用尺度效应实现物质的分离过滤功能(图 7-4-5)。多相层流分离在小分子、离子与大分子、微粒之间的分离研究中得到了广泛应用。通过结合适当的检测方式,该方法可以在分离的同时实现直接检测。如在 H^+、Na^+ 等离子、小分子检测中,试样可以与试剂溶液(如酸碱指示剂、荧光标记试剂、抗体等)分别泵入 T-传感器系统的独立进样口,并在主通道内形成稳定的两相,待检 H^+、Na^+ 等离子、小分子会快速扩散进入试剂,在界面会发生反应形成颜色变化,从而达到待测组分的定量测量目的。固相萃取是采用选择性吸附、选择性洗脱的方式对样品进行分离、富集和纯化,其操作简单、分离纯度较高,目前在实际样品中 DNA 的分离纯化中得到了广泛应用。液液萃取则是利用物质在两种互不相溶(或微溶)的溶剂中溶解度或分配系数的不同分离混合物。就微流控芯片而言,该方法可以调节两种互不相溶的溶剂流动相流量,形成超薄的有机膜实现分离和富集功能,其优势在于分离选择性、速率和富集率。

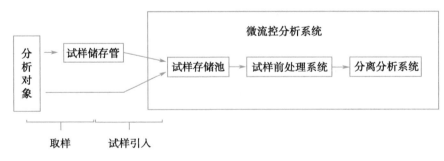

图 7-4-5 微过滤器结构及过滤过程示意图

(三)微混合、微反应和微分离技术

微混合器和微反应器是微流控芯片的重要组成单元,反应是实现生化检测的基础,混合在多数条件下是物质在反应前发生接触的必经过程。微分离则是近年来微流控芯片领域发展最快、成熟度最高的技术单元。

1. 微混合技术 在微流控芯片中,微米尺度的通道中流体混合主要是基于层流混合,分子扩散效应明显。为了提高混合效率,通常情况下通过拉伸流体等处理提高流体接触面积,或利用微通道几何交叉结构设计达到液流拆分、高效混合的目的。微混合器可分为主动式和被动式两种：主动式混合器在磁力、电场力等外力作用下产生混合效果；被动式混合器则利用几何结构或流体特性实现混合；在实际混合过程中，多为多种机制协同作用下实现混合。一般而言，微混合器应具备如下特点：混合效率高、速度快、能耗低、均匀度好、控制性好、传质传热性好、体积小、易于集成。目前，这一技术在微流控芯片上化学合成、乳状液制备、高通量筛选、核酸测序、生化分析等领域已经得到了应用，前景广阔。

2. 微反应技术 是利用微流控芯片内部反应单元的微尺度效应来优化化学反应过程，体现微反应技术的器件，即微反应器。基于微米量级的微型化学反应单元线性尺度小、物理量梯度高、表面积/体积比大、低雷诺数层流等特征，可以显著缩短反应时间、降低样品消耗；还可以通过并行单元方式实现规模放大、快速高通量筛选和柔性生产等。

微液滴技术是近年来在微流控芯片上发展起来的一种操纵微小体积液体的新技术，是一个在微观尺度上进行生物化学研究的重要平台，可以分为通道液滴和"数字"液滴两大类型。通道液滴形成的基本过程是：将两种互不相溶的液体（如水和油），分别作为连续相和分散相，分散相以微小体积单元分散于连续相中形成液滴在通道内运动。微流控芯片上能够大量快速地产生尺寸均匀且可控的微液滴，见图7-4-6。"数字"液滴通过驱动电路的开闭使得微流控芯片上液滴动态表面张力失衡，继而实现对液滴运动方向和运动过程的控制；不同电极启停，可实现液滴的产生、分裂和融合等，进而实现液滴的振荡混合、稀释、反应和存储等功能。微液滴体积极小（$10^{-15} \sim 10^{-9}$ L），作为微反应器，具有样品消耗量少、比表面积大、反应时间短、混合迅速且充分、通量高、大小均匀、体系封闭、内部稳定等优点，近年来在细胞分析、药物运输和释放、病毒检测、颗粒材料合成和聚合酶链反应（polymerase chain reaction, PCR）等领域得到了广泛应用。

3. 微分离技术 早期的微流控芯片某种意义上就是一种微分离器件，其早期主要应用即是研究玻璃芯片上的电泳过程，和硅片上的液相分离过程及影响因素。通过多年的发展，芯片上微分离技术不断成熟，与其他功能单元的集成性不断完善，使得微流控芯片的检测领域不断扩展。在形式多样的微分离技术中，芯片上电泳是典型代表。

毛细管电泳（capillary electrophoresis, CE）芯片研究始于20世纪80年代，借助微加工技术在单晶硅片上制备了首款毛细管电泳芯片，具备较好的分离性能；后续通过结构改进、高通量并行集成等手段，研制了一系列的电泳芯片（图7-4-7），并成功将其应用于DNA检测、氨基酸检测、蛋白质检测、细胞检测、药物筛选等领域。随着技术的不断进步，电泳芯片与微反应器等功能单元的整合集成，使其功能不断拓展，典型应用案例是其与PCR扩增技术的结合，使得一块芯片上能够完成PCR和CE分析；目前的研究水平允许在微流控芯片整合集成细胞裂解、DNA萃取等功能模块，结合荧光检测等技术，可以实现单细胞基因表达集成分析。

图7-4-6 液滴制备微流控芯片及液滴形成原理

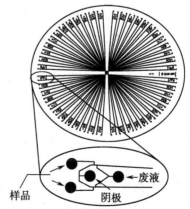

图7-4-7 电泳芯片的结构简图

（四）检测技术

微流控芯片检测器是分析检测待测样品组分及浓度的核心部件，其总体性能直接决定芯片系统的检出限、测量范围、准确度、检测速度等关键指标。由于芯片上待检测物质存在体积微小、检测区域小、反应速率快等特殊性,较传统分析检测系统而言,微流控分析检测系统要求检测器具备更高的检测灵敏度和信噪比,更快的响应速度;同时,考虑到微流控芯片多功能单元高度集成化的发展趋势,检测器应尽可能微型化,且能够良好地整合集成于芯片上;成本也应尽量低廉,便于其推广应用。

迄今为止,微流控芯片已有十几种检测技术问世,其中激光诱导荧光(laser induced fluorescence,LIF)、化学发光、紫外吸收等光学检测器是其主流检测手段。LIF 是目前微流控芯片分析系统中最灵敏的检测方法之一,也是目前大多数微流体芯片所采用的检测手段,检测限可达 $10^{-9} \sim 10^{-13}$ mol/L。由于微流控芯片待检对象尺度微小,为获得更高灵敏度的荧光检测,目前多采用共聚焦型检测器。化学发光是指物质在进行某些特殊的化学反应过程中伴随的一种光辐射现象。化学发光检测方法可借助检测发光强度测定被测物含量。微流控芯片能够利用微加工技术制备零死体积的柱后反应器,可解决常规毛细管电泳与化学发光检测器接口复杂,易引入死体积和湍流现象等弊端。因此,化学发光检测器与微流控芯片的整合能够构建本底低、灵敏度高、线性范围宽、选择性高的检测系统。电化学发光是化学发光与电化学检测结合的产物,其原理为通过进行电化学反应,在电极表面产生参与电化学发光的活性物质,在电极附近反应发光并被收集。目前应用最为广泛的是三联吡啶钌反应体系,其优点在于灵敏度高、可控制反应程度、适用性广。

电化学检测是目前应用最为广泛,与微流控芯片集成度最好的一种分析检测方法。具有灵敏度高、特异性好、结构简单、体积小、成本低,便于在微流控芯片上集成制备等优点。微流控芯片上电化学检测可根据检测原理分为安培法、电导法和电势法三种主要检测方式,复合式电化学检测法也有应用。安培法通过检测待测物质在工作电极上发生氧化还原反应过程中产生的电流,实现待测物的浓度检测。该方法操作简便、背景噪声电流小,但它要求被测物质具有电化学活性,检测通用性较差。电导检测法是根据检测主体溶液与被测物区带溶液电导率的差别而进行定量的检测方法。这一检测方法对检测物限制小,唯一要求是背景电解质溶液的电导率必须与被测物的电导率有所差别,且差别越大,灵敏度越高,无需具有生色基团、荧光基团或者电化学活性基团,是一种通用检测方法。电势检测法是利用半透膜两侧因不同的离子活度产生的电势差而实现检测的方式,该检测方法基于离子选择性膜,具有一定的专一性。

四、微流控芯片的应用

微流控芯片以其高灵敏度、平行高通量、快速性等特点,已经在生物医学领域研究中得到了广泛关注,在核酸分析、肿瘤细胞检测、临床检验等多方面得到了应用。

(一)核酸研究

迄今为止,核酸研究仍是微流控芯片应用最为广泛的领域之一,由于承袭了毛细管电泳特征,微流控芯片实验室自出现之初就在核酸研究领域呈现出极强的功能,其应用范围已由简单核苷酸序列的分离分析过渡到复杂的遗传学分析和基因诊断等方面。目前核酸测序已经发展到以单分子测序和纳米孔测序为标志的单细胞测序技术,其中以基于纳米孔的 DNA 测序方法成本最低、最具竞争力。基于纳米孔的单分子 DNA 测序方法主要起源于库尔特计数和单通道电流记录两种技术的结合,它借助电泳技术驱动单个分子通过纳米孔,由于碱基形状大小不同,引起纳米孔内电阻的变化量不同,若在纳米孔两端保持一个恒定电压,则通过纳米孔的电流也会不同,通过测定不同碱基的特征电流,就可以识别出通过纳米孔的 DNA 分子上的碱基排列,从而实现高通量检测(图 7-4-8)。目前,已有相关产品投入市场,能够实现对长链基因的测序,测序速度快,并具备数据实时监

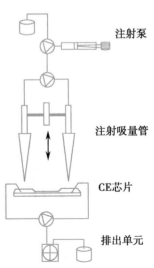

图 7-4-8　基于纳米孔的单分子 DNA 测序示意图

控等功能。2014年,单细胞测序被 *Nature Methods* 杂志选为年度最重要的方法学进展。微流控芯片技术在单细胞精确操控的突出优势,使其成为单细胞测序的重要手段,可以在微流控芯片上实现稳定的单细胞捕获、样品前处理、高质量的测序等。但单细胞测序这一技术还处在研究的初级阶段,面临着极大的挑战。

(二)液体活检

肿瘤的早期诊断及个体化之治疗是目前的临床热点研究领域,以循环肿瘤细胞(circulating tumor cells,CTCs)、外泌体等为代表的液体活检技术为上述研究提供了新的思路与技术手段。微流控芯片技术以其高通量、高灵敏度和低样本消耗等特征使其成为了液体活检的重要平台。本书就微流控芯片上 CTCs 检测做简要介绍。

循环肿瘤细胞是近年来发现的一种新的肿瘤检测靶标,可以为恶性肿瘤的早期诊断、疗效检测与预后、个性化方案制订及肿瘤转移等生物学机制研究提供重要依据和信息。CTCs 检测面临的最大挑战是从数量巨大的外周血细胞中富集鉴定出极为稀有的 CTCs,微流控芯片能够对极微量样本进行精确检测分析这一特点恰好能够满足 CTCs 检测的技术需求。基于微流控芯片的 CTCs 分选检测主要基于以下三种类型:①基于微流控芯片高比表面积优势,利用抗原抗体特异性结合进行捕获筛选,如基于表面修饰上皮细胞黏附因子(epithelial cell adhesion molecule,EpCAM)等(图 7-4-9);②基于细胞的尺度、变形能力、流动特性、电学性能等物理学特性差异实现分选,如借助微孔、微过滤网、微柱实现过滤捕获,或者基于确定性侧向位移(deterministic lateral displacement,DLD)效应实现分选,以及基于介电电泳效应,利用不同类型细胞的介电特性差异,实现循环肿瘤细胞的分选;③利用免疫磁珠与 CTCs 结合后,在磁场作用下实现目标细胞的捕获分选。此外,为了进一步提高捕获识别概率,纳米线、拓扑结构优化、新型核酸适配体探针等技术也被广泛应用于微流控芯片上以提高 CTCs 检出率。

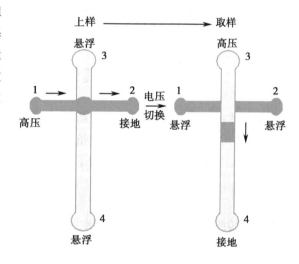

图 7-4-9　基于 EpCAM 特异性结合实现 CTCs 分选方法示意图

(三)临床检验

临床检验领域也是微流控芯片的重要应用领域,微流控芯片监测技术能够帮助医务人员快速掌握大量的疾病诊断信息,及时制订正确的治疗措施,并显著降低检验人员工作强度。2003年严重急性呼吸综合征(severe acute respiratory syndrome,SARS)大规模暴发,在缺乏有效药物和疫苗的情况下,建立一种快速、非侵入式的病毒检测方法对传染病的诊断和控制具有极为重要的意义。研究人员在微流控芯片上集成 PCR 和电泳分离系统,采用 LIF 检测体系,实现了对病毒基因的扩增、分离和快速检测,其检测阳性率高达 94.4%(17/18),显著高于传统方法的 66.67%(12/18),且检测时间大大缩短。这也显示微流控芯片在病毒检测与传染病防控领域具有广阔的应用前景。

需要特别说明的是,随着医疗费用、医疗服务模式的不断发展,POCT 成为了临床检验的重要发展方向。已经被广泛引用于医院、诊所及患者家庭,可以便捷、快速地完成绝大多数临床指标的现场检测。早期的 POCT 产品主要以干化学试纸检测血糖,后期以免疫层析为代表的技术推动了心脏标志物检测等领域的发展;而微流控芯片的体积微型化和功能高度集成化为 POCT 向小型化、智能化、集成化发展注入了新的活力。目前已经有基于微流控芯片的 POCT 核酸检测芯片系统面世,通过集成核酸提取、PCR 扩增、毛细管电泳等功能模块,可以开展 HIV 病毒、致病菌等检测;基于蛋白检测的 POCT 是目前的重点发展方向,已有相关产品实现市场应用;而基于微流控芯片的细胞分离和分型计数 POCT 设备也有报道。

(四)可穿戴式微流控芯片系统

近年来快速发展的可穿戴式设备,已经借助智能手环等平台实现了心率、睡眠状态、运动信息、体温、血压等物理指标的测量。但上述物理指标对于全面监测人体健康仍显不足,通过结合可穿戴技术和微流控芯片技术,采集分析可便利获取的汗液、泪液、唾液、组织液等体液样本,借助纸基微流控芯片等平台,通过电化学检测、显色-图像分析等检测技术,可实现血糖、pH 值、乳酸、离子浓度等指标的检测,为生命体征监测提供重要信息。同时,上述可穿戴式微流控芯片系统还可通过蓝牙等无线传输技术,与计算机系统连接,实现数据的收集与分析。但就目前发展程度而言,可穿戴式微流控芯片还处在初级发展阶段,更多是实验室水平的研究,距离大规模商业化应用还有很长距离;同时,在检测的长期性、持久性,用户佩戴体验舒适性、美观性,以及检测手段的多样性、可靠性等方面还有待突破。

除上述应用外,微流控芯片在细胞裂解、计数、凋亡检测、单细胞分析、细胞间作用研究等领域均已得到广泛研究与应用。同时,该技术以其高通量、大规模、平行化等特点在化学合成、新药筛选和开发得到了广泛关注,越来越多的化工、制药公司开始采用微流控芯片技术寻找催化剂和药物靶标,查验合成路线和药物的毒副作用。随着微流控芯片技术的不断成熟与进步,微流控芯片在生物医学、新药物的合成与筛选、食品检验检疫、环境监测、刑事科学、军事医学和航天科学等研究领域具有广阔的应用前景。

第五节　其他新型生物医学传感技术

随着技术的进步,科学家正在开发新的更小巧、柔软、智能的医疗设备。由于能与人体很好地融为一体,这些柔软又有弹性的设备在被植入或使用后,人的外观没有任何异样。从 MEMS 到能让瘫痪患者重新站起来的长期植入装置,使用了大量的新技术,下面主要简要介绍几种新型的传感技术。

一、MEMS 传感技术

MEMS 传感器是在微电子技术基础上发展起来的多学科交叉的前沿研究领域。经过四十多年的发展,已成为世界瞩目的重大科技领域之一。它涉及电子、机械、材料、物理学、化学、生物学、医学等多种学科与技术,具有广阔的应用前景。可穿戴医疗设备的快速发展与 MEMS 传感器有着密切关系,MEMS 传感器的应用使医疗设备朝着便携性、低成本等方向发展,使更多的医疗器械成为家庭常备的快速消费品,MEMS 传感器在汽车电子以及运动方面也有一定的应用,科技的发展,给人们生活带来更多便利。

MEMS 传感器的优势很多,首要的优势就是体积小、重量轻,这是设备实现便携的必要前提,而低成本、低功耗、高性价比则是各类应用 MEMS 传感器的医疗设备得以普及的重要助推因素。

在医疗设备的很多细分领域都得以应用,例如现在医院常用的胎儿心率检测设备是超声多普勒胎心监护仪,这种设备不仅价格昂贵,相应的检测剂还可能对胎儿有一定的不利影响,而应用了 MEMS 传感器的无创胎心检测不仅精准度高,且价格便宜,也没有检测剂副作用的问题,特别适合家庭普及,孕妇也可以通过这种设备进行自检。MEMS 传感器的应用让医疗设备加速走入千家万户,是医疗器械行业发展的一大助力。

(一)微机电系统简介

早在 20 世纪 60 年代,在硅集成电路制造技术发明不久,研究人员就想利用这些制造技术和硅良好的机械特性,制造微型机械部件,如微传感器、微执行器等。如果把微电子器件同微机械部件做在同一块硅片上,就是微机电系统(MEMS),在欧洲也被称为微系统技术,或在日本被称为微机械。

图 7-5-1 是一个典型的 MEMS 传感器示意图。由传感器、信息处理单元、执行器和通信/接口单元组成。其输入是物理信号,通过传感器转换为电信号,经过信号处理(模拟的和/或数字的)后,由执

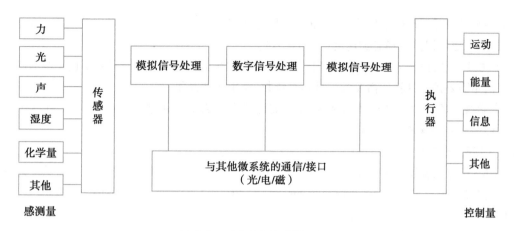

图 7-5-1　MEMS 传感器示意图

行器与外界作用。每一个微系统可以采用数字或模拟信号(电、光、磁等物理量)与其他微系统进行通信。

早在 1959 年就有科学家提出微型机械的设想,但直到 1962 年才有出现属于微机械范畴的产品——硅微型压力传感器。尺寸为 50 ~ 500 微米的齿轮、齿轮泵、气动蜗轮及联结件等微型结构相继问世。1987 年出现了转子直径为 60 微米和 100 微米的硅微型静电电机,如图 7-5-2 所示,显示出利用硅微加工工艺制作微小可动结构并与集成电路兼容制造微小系统的潜力,在国际上引起轰动,同时也标志微电子机械系统的诞生。

图 7-5-2　世界第一个微静电马达

MEMS 器件可以完成许多宏观器件同样的任务,同时还有很多独特的优势:

(1) 微型化:MEMS 采用常见的机械零件和工具所对应微观模拟元件,它们可以包含通道、孔、悬臂、膜、腔以及其他结构。MEMS 器件体积小,重量轻,耗能低,惯性小,谐振频率高,响应时间短。MEMS 系统与一般的机械系统相比,不仅体积缩小,而且在力学原理和运动学原理,材料特性、加工、测量和控制等方面都将发生变化。在 MEMS 系统中,所有的几何变形是如此之小(分子级),以至于结构内应力与应变之间的线性关系(虎克定律)已不存在。MEMS 器件中摩擦表面的摩擦力主要是由于表面之间的分子相互作用力引起的,而不是由于载荷压力引起。

(2) 批量生产:MEMS 器件加工技术并非机械式,而采用类似于集成电路批处理式的微制造技术。批量制造能显著降低大规模生产的成本,提高产品本身性能、可靠性外,还可以减少工艺步骤总数。MEMS 采用硅微加工工艺在一片硅片上可同时制造成百上千个微型机电装置或完整的 MEMS。使 MEMS 生产具有极高的自动化程度,批量生产可大大降低生产成本,而且地球表层硅的含量丰富,因此 MEMS 产品在经济性方面更具竞争力。

(3) 集成化:MEMS 可以把不同功能、不同敏感方向或制动方向的多个传感器或微机电系统元件执行器集成于一体,或形成微传感器阵列和微执行器阵列。甚至把多种功能的器件集成在一起,形成复杂的微系统。微传感器、微执行器和微电子器件的集成可制造出高可靠性和稳定性的微型机电系统。易于集成是 MEMS 技术的另一个优点。因为它们采用与专用集成电路(application specific integrated circuit,ASIC)制造相似的制造流程,MEMS 结构可以更容易地与微电子集成。将 MEMS 与 CMOS 结构集成在一个真正的一体化器件中。如果 MEMS 需要专门的电子电路 IC 进行采样或驱动,还可以简化工艺将分别制造好 MEMS 和 IC 粘在同一个封装内。MEMS 和 ASIC 采用相似的工艺,因此易于集成。一种单轴/双轴加速度传感器将所有功能集成单个芯片中,具有完整的高精度、低功耗性能,提供经过信号调理的电压输出,其满量程加速度测量范围为±1.7g,既可以测量瞬态加速度(例如冲击振动),也可以测量稳态加速度(例如重力)。

(4)方便扩展:由于 MEMS 技术采用模块设计,因此在增加系统容量时只需要直接增加器件与系统数量,而不需要预先计算所需要的器件与系统数,使用非常方便。

(5)学科交叉:集中了当今科学技术发展的许多尖端成果。通过微型化、集成化可以探索新原理、新功能的元件和系统,将开辟一个新技术领域。

(二)MEMS 应用

1. 电容式微机械超声换能器 近年来基于 MEMS 技术的快速发展,基于表面微加工工艺制作的电容式微机械超声换能器(capacitive micromachined ultrasonic transducer,CMUT)具有结构简单、自身噪声低、高机电耦合系数、高分辨率、高灵敏度、宽频带、与介质阻抗匹配性好等优势,从被提出以后就得到广大科研人员的关注,其在医疗成像等领域有着广泛的应用前景。

电容式微机械超声换能器(CMUT)是利用 MEMS 微加工技术在硅衬底上制作的平行板电容器,是一种基于静电能量转换机制的超声换能器,利用电容器的弹性薄板来实现超声波的发射和检测。CMUT 除了具有微加工技术批量制造的特点之外,还有易于实现高密度的换能器面阵的特点。具有重复性和阵元一致性好的优势,还具备与人体组织和水介质声阻抗匹配好、宽频带、灵敏度、器件与电路集成等方面的优势。CMUT 单元规律性排列构建的面阵,通过动态采集 CMUT 功能单元之间的应变差异,用 CMUT 阵列传感器制作医学成像系统在推断病变的硬度、大小、形状、活动度、组织均质性等方面具有非常大的优势,国内已有相应公司在此领域取得较好的进展。

CMUT 换能器的工作原理:CMUT 换能器结构是一个平行板电容器,一个典型的 CMUT 器件结构如图 7-5-3 所示。该结构由上极板、下极板、绝缘层、薄膜和空腔构成平行板电容器,均由 MEMS 微加工工艺完成。上极板为可振动薄膜,主要是氮化硅(Si_3N_4)或硅(Si)上淀积铝(Al)膜制作而成,下极板通常在高掺杂 Si 沉底上淀积 Al 膜制作而成,且两者之间形成欧姆接触,下极板固定不可动,就形成一个具有振动薄膜的电容式微超声传感器。如果空气隙被密封,该传感器可以应用于液体环境中。

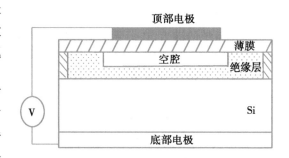

图 7-5-3 CMUT 传感器结构示意图

CMUT 传感器可用于发射和接收超声波,工作原理如图 7-5-4 所示。无论在发射超声波模式还是接收超声波模式,都施加一个直流(direct current,DC)偏置电压。在发射超声波模式下,施加交流(alternating current,AC)电压叠加到 DC 电压上,且 DC 电压大于 AC 电压。AC 电压使上极板和下极板产生变化的静电吸引力,推动上电极膜片振动而发出声音。在接收超声波模式下,施加了 DC 偏置电压的 CMUT 换能器,上极板膜片向下弯曲并保持静止不动,入射超声波到达上极板膜片,引起膜片振动,空腔间隙发生变化,从而电容发生变化,最终导致电荷的流入与流出,检测电荷的流入和流出情况而

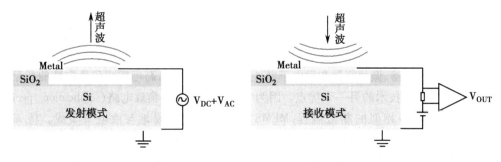

图 7-5-4 CMUT 传感器用于超声发射/接收工作原理示意图

达到检测入射超声波的目的。

　　CMUT 传感器阵列的典型应用为利用物理学的应力-应变原理实现的组织弹性成像过程-在相同外力作用下,器官内某种组织弹性系数较大者(较硬的),引起的应变较小;反之,弹性系数较小者(较软的),引起的应变较大。换句话讲,即比较软的正常组织变形程度会超过较硬的肿瘤组织。

　　触诊成像就是利用 CMUT 单元规律性排列构建的面阵,通过动态采集 CMUT 功能单元之间的应变差异,推断病变的硬度、大小、形状、活动度、组织均质性,肿瘤或其他病变与周围正常组织间弹性系数的不同,在相同的应力下产生不同的应变,载以彩色编码的形式显示病变的组织弹性。

　　2. MEMS 在可穿戴/植入式领域的应用　　可穿戴/植入式 MEMS 属于目前发展非常迅速的物联网的重要部分,主要功能是通过一种更便携、快速、友好的方式(目前大部分精度达不到大型外置仪器的水平)直接向用户提供信息,其主要应用如图 7-5-5 所示。

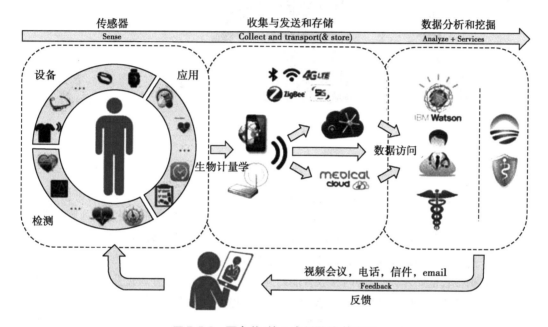

图 7-5-5　可穿戴/植入式 MEMS 的应用

　　该领域最重要的有三大块:消费、健康及工业,我们在此主要讨论更受关注的前两者。消费领域的产品包含健身手环和智能手表等。健康领域,即医疗领域,主要包括诊断,治疗,监测和护理,比如助听、指标检测(如血压、血糖水平),体态监测。

　　MEMS 几乎可以实现人体所有感官功能,包括视觉、听觉、味觉、嗅觉、触觉等,各类健康指标可通过结合 MEMS 与生物化学进行监测。MEMS 的采样精度,速度,适用性都可以达到较高水平,同时由于其体积优势可直接植入人体,是医疗辅助设备中关键的组成部分。

　　传统大型医疗器械优势明显,精度高,但价格昂贵,普及难度较大,且一般一台设备只完成单一功能。相比之下,某些医疗目标可以通过 MEMS 技术,利用其体积小的优势,深入接触测量目标,在达到一定的精度下,降低成本,完成多重功能的整合。

　　目前 MEMS 项目的应用,主要是通过 MEMS 传感器对体内某些指标进行测量,同时 MEMS 执行器(actuator)可直接作用于器官或病变组织进行更直接的治疗,同时系统可以通过 MEMS 能量收集器进行无线供电,多组单元可以通过 MEMS 通信器进行信息传输。

　　MEMS 医疗前景广阔,如图 7-5-6 所示,可以检测许多人体信息,但离成熟运用还有较长的距离,尤其考虑到技术难度、可靠性、人体安全等。

　　3. MEMS 医学应用:智能尘埃(smart dust)　　智能尘埃是一种能够以无线传输方式传递信息的微型电子机械传感器,可以在几毫米宽度范围内进行温度、振动、湿度、化学成分、磁场等参数的测量。这种传感器功耗极低,由一种全新的系统和无线电频率通信系统组成。

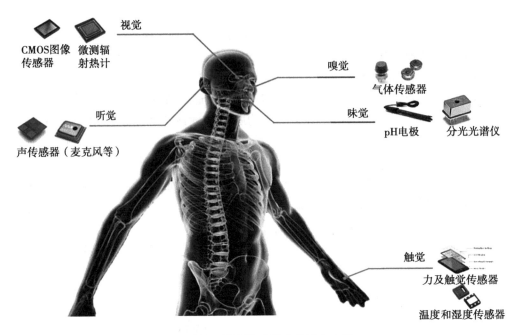

图 7-5-6　MEMS 实现人体感官功能

二、体内可降解的传感器

体内可降解传感器(ingestible sensors)是近几年流行的新型传感器,是一种利用可生物降解的电子器件材料制成的微型传感器。整个传感器工作系统由智能手机、智能药丸以及其他附属器件组成,这种可降解的传感器附着在智能药丸内部,一般利用药丸本身和消化道液体的相互作用供能,传感器将检测的相关数据通过通信模块传输给智能手机或者其他终端。

患者体表携带智能贴片,它会随时接收智能药丸发来的预警信息,并通过蓝牙发送给智能手机端App,将信息提供给医生、患者或者是患者看护者,以提醒患者按时吃药。

如图 7-5-7 所示为一款智能药丸的工作原理:患者服用药丸后,药丸会到达人体胃部,药丸内传感器中的电极从胃酸中获得电力,并由传感器往外发射信号。配合贴在皮肤上的智能贴片,传感器可以测量各种生理参数,如心率、呼吸、身体角度、活动情况以及睡眠模式,这些参数会发送至相关联的手机 App 上。

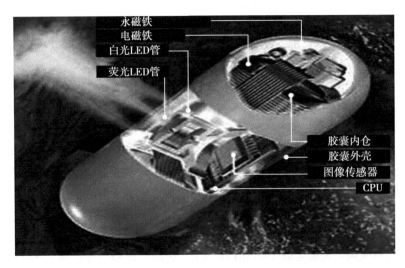

图 7-5-7　智能药丸工作原理示意图

结肠癌是导致患者死亡的主要癌症之一,全世界内发病率很高。目前结肠癌的主要诊断是通过肠镜进行检查,相信有过检查经历的人都会觉得肠镜检查是一个极其痛苦的过程,并且成本很高。现在患者不需要进行肠镜检查就可以诊断出是否患有结肠癌。有一款镶嵌了一个微小可以消化的摄像头的智能药丸,整个药丸和普通药丸差不多,并且在消化道内不会给患者带来任何不适。整个诊断系统由智能药丸、智能贴片以及智能终端组成。患者吞下药丸后,微型摄像头就会以每秒 4 到 35 帧的频率拍摄彩照,同时启动内置的 LED 灯辅助拍照,然后通过通信模块将数据传输到智能手机以供医疗分析。

三、微创及无创传感技术

生物医学传感器包括血糖传感器、血压传感器、心电传感器、肌电传感器、体温传感器、脑电波传感器等,这些传感器主要实现的功能包括健康和医疗监控、娱乐等,应用的需求最好是微创和无创。

例如由血压传感器构成的可穿戴医疗设备,可以对用户身体数据进行追踪和监测,分析提炼出医学诊断模型,预测和塑造用户的健康发展状况,为用户提供个体化心血管专项贴身医疗及健康管理方案,同时也帮助家人关怀亲人的健康状况。

血压监测仪主要采用示波法和振荡法,都是通过传感器来检测人体动脉血管壁震动引起的袖带压力微小变化,来无创测量血压。最常用的方法是振荡法,其基本原理是利用捆绑在手臂上的袖带,通过充气泵向袖带充气,以阻断血管中脉动的传播,达到一定压力(一般为 124～316kPa)后开始放气,当气压到一定程度,血流就能通过血管,且有一定量振荡波,逐渐放气,振荡波愈来愈大,再放气。由于袖带与手臂的接触越来越松,因此,压力传感器所检测到的压力及波动则越来越小,压力传感器就能实时检测到袖带内的压力及波动。而振荡波通过气管传播到机器里的压力传感器,经过相应的放大、滤波电路、模拟/数字信号转换、中央处理器控制等处理环节,将通过袖带传递到气路中的脉动信号和压力信号转换成数字信号,然后经过进一步处理,得出血压的收缩压、舒张压、平均压等数据。这种动态血压监测仪可通过蓝牙、USB 连接到移动设备上,将数据上传至医护人员,平时被使用者穿在外面,提供 24 小时的血压监控。该技术已经非常成熟,能够得到临床认可。

此外,通过脑电、心电等传感器感知人类情绪变化的可穿戴设备能够实现娱乐互动。如意念猫耳朵采用了先进的脑电芯片,该芯片可以读取人的脑电波。不同模式的脑电波代表人所处的情绪和状态也是不同的。芯片会将代表人情绪状态的脑电信号转化成猫耳朵可以识别的数字信号,从而执行相应的指令,完成不同的动作。比如当人处于专注状态时,它就会高高立起,放松时,它则会耷拉下来。

通过可穿戴设备,人脑的脑电波可能被破译,人脑通过直接连通电脑,获得更强大的智能。通过"人脑电脑交互技术",未来可以打造一个系统,在用户无需讲话或手动输入的情况下,解码一个人的内心想法,并即时传输到电脑或手机上。目前破译脑电波主要通过植入芯片等侵入式方式完成,未来有望以可穿戴设备的形式来破译大脑皮层的神经信号。

四、多参数、多功能化传感技术

人体是一个复杂的生命体,常规预防和生病后的检查身体,靠一、两个项目很难确定病理,需要系统全面采集人体的血压、血糖、血氧、脉搏、体温、心电等数据信息,才能够准确判断病理,多参数、多功能传感技术的发展,为智能穿戴医疗设备创造了极佳的条件。随着 3D 打印、MEMS、纳米技术在传感器研发的应用,越来越多的多参数、多功能传感技术接近实用化。

科学家创造了一个纳米级别的"模孔蛋白",这种碳纳米管能在体内用于运输药物,作为新型的生物传感器和 DNA 测序的应用基础。研究人员还计划开发一次性的无线可穿戴贴片传感器,面积只有药膏般大小,能和智能手机整合进行糖尿病、肥胖症和相关疾病的监控。下面简要介绍几种多参数、多功能传感器的实例。

1. **集成传感功能的器官芯片**　如图 7-5-8 所示为一种新的 3D 打印技术,可打印具有集成传感功能的器官芯片。将柔性应变传感器与人体组织微架构集成,并开发出 6 种不同的“油墨”,然后利用 3D 打印技术,通过一种单一、连续的制造过程,打印出心脏芯片。这个芯片上有众多“小井”,每个“小井”中有独立的组织和集成传感器。利用这种芯片,能够研究多种类器官组织。

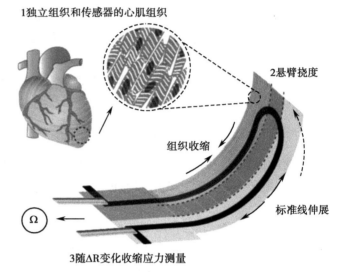

图 7-5-8　类器官芯片示意图

(图中标注:1独立组织和传感器的心肌组织; 2悬臂挠度; 组织收缩; 标准线伸展; 3随ΔR变化收缩应力测量; Ω)

2. **新型纳米传感器“电子鼻”**
卵巢癌是女性生殖器官常见的恶性肿瘤之一,发病率仅次于子宫颈癌和子宫癌。但由于卵巢癌的早期症状不典型,术前卵巢癌诊断相当困难。通常的检测方法包括盆腔检查、放射免疫法或超声检查,但这些方法要么是侵入性检查,要么价格昂贵,医生一般只会建议高危患者进行检查,但这样无疑会降低这一癌症的早期诊断率并影响患者存活率。如图 7-5-9 所示为一种覆盖金纳米颗粒的柔性薄膜,能够根据妇女的呼吸判断她是否患有卵巢癌。这种可弯曲装置像纸一样薄,收集能力是以前呼吸传感器的几倍,非侵入性且足够便宜,有望作为更加经济有效的方法用于卵巢癌的普遍筛查。该传感器的主要原理是:研究发现卵巢癌患者呼出的气体中含有特殊成分的物质,根据这个事实研究团队选择能够与卵巢癌相关的挥发性有机物质发生反应的芳香性配体,与金纳米粒子和柔性条状聚酰亚胺薄膜形成集成的交叉反应感应阵列。当有卵巢癌的患者呼出的气体经过金纳米粒子,其中的特异性挥发性有机物会与阵列上的配体反应,引起可检测的电阻变化,通过测试,这种传感器准确率达到了 82%。

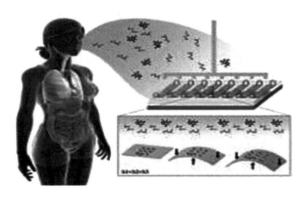

图 7-5-9　纳米电子鼻系统示意图

3. **生物印章和智能文身**　这种类似于创可贴的智能文身也被称为生物印章,包含柔性电路,能以无线的方式供电,具有足够的弹性,能跟随皮肤一起拉伸变形,如图 7-5-10 所示。这些无线智能文身能解决目前临床上面临的许多问题,具有很多潜在应用。智能文身是一种极具未来气息的传感器通过检测汗液、唾液和泪液的方式,能提供有价值的健康和医疗信息。如可持续检测血糖水平的文身贴以及在口腔中检测尿酸的柔性检测装置,可代替指血或静脉抽血检测获得数据,对糖尿病和痛风患者至关重要。

4. **纳米药物贴片**　携带一天药量的纳米药物贴片包含数据存储、诊断工具以及药物在内,具有柔性和延展性。这种皮肤贴片能够检测出帕金森病独特的抖动模式,并将收集到的数据存储起来备用,如图 7-5-11 所示。当检测到帕金森病特有的抖动模式时,其内置的热量和温度传感器能自动释放出定量药物进行治疗。

笔记

图 7-5-10　生物印章示意图

图 7-5-11　纳米药物贴片示意图

五、植入式传感技术及人体电子化

可植入传感器或嵌入式传感器(embedded sensors)是近几年出现的一种新型传感器,具有体积小、重量轻、具有生物相容性等特征,一般要求功率要特别小,能自己供电,同时利用无线技术传送信息。这种传感器是一种入侵式传感器,需要植入人体内部,所以一般利用了和人体相容的新材料技术、MEMS 技术,以及柔性电路技术等。

可植入传感器的核心价值在于在某些领域克服非植入式用户黏性较差的问题,减少用户佩戴使用的负担,无需养成佩戴使用习惯。目前可植入传感器主要应用领域包括大脑控制、心力衰竭监控、血糖监控等领域,未来将应用于癌症等领域。

可植入式传感器的技术难点在于如何解决人体排异性问题以及数据安全收集和传送、供电等技术。一般的可植入式传感器要求生物相容、自我供电以及无线传输,有些传感器应用一段时间后需要从人体取出,目前也出现了可在体内自然降解的传感器。传感器收集人体相关数据通过无线传输到智能手机或者其他终端,提供给患者或者医生。

1. **"神经尘埃"**　神经尘埃(neural dust)是一种只有沙砾大小的传感器,这种传感器可以植入神经、肌肉和器官并监测电信号。其特点是:微型、超声波供能(无电池)以及无线。

如图 7-5-12 所示,神经尘埃传感器主要构造是整个传感器表面由一层薄膜包裹,薄膜是手术用的

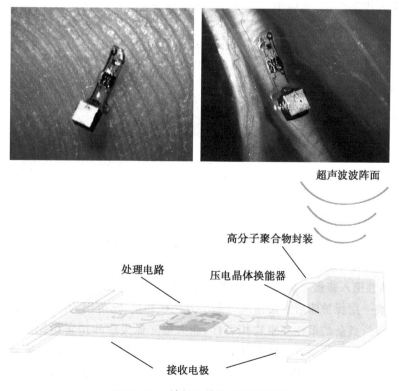

图 7-5-12　神经尘埃传感器示意图

树脂材料。压电式晶体可以将体外超声波转变成电力,给微型晶体管供能,而微型晶体管内的传感器负责搜集神经和肌肉组织的信号,以超声波的形式将数据信息反馈给体外接收器。当前的可植入电极几年后会降解,避免身体的排斥反应,而且不需要额外供能。

目前,该技术已通过老鼠体内实验,证实神经尘埃传感器可以应用于周围神经系统,如可以用来控制膀胱和控制食欲。神经尘埃传感器的终极目标是缩小到 50 微米,可满足大脑和中枢神经系统的要求。未来这种传感器将用于人机接口、控制假肢、机械臂等。

2. 智能凝胶　一种长度为 3~5mm、直径 500 微米的植入式传感器"智能凝胶",可完整集成在身体组织内(该凝胶类似于隐形眼镜材料),克服了阻碍生物传感器在身体内长期使用的最大障碍——生物体对外来物质的排斥反应,在人体植入时间可长达 2 年。

如图 7-5-13 所示,该传感器根据生物标记物的浓度等比例地发光,从而达到检测标定的目的。使用一个光扫描器附着在皮肤表面,可与手机应用通信,提供被检测对象的实时数据。目前可用于检测氧气、葡萄糖、乳糖、尿素和离子等在内的多种生物标记物。

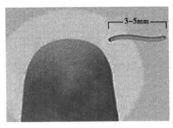

图 7-5-13　植入式智能凝胶示意图

3. 监测血糖浓度的可植入纳米传感器　糖尿病是全世界范围内最常见的慢性病之一,以往的检测方法是通过血液分析来检测血糖浓度,患者每次检测血糖都得取血样,而且不能做到连续检测。如图 7-5-14 所示,一种新型的纳米传感器可以连续检测血糖浓度,通过微创方式将传感器植入皮下组织,然后手持或可穿戴成像设备将传感器检测发送的信号扫描成像,即可分析血液中的血糖浓度。

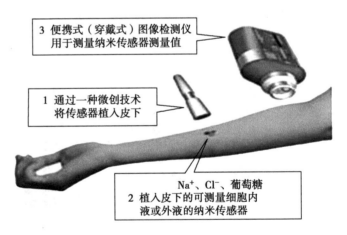

图 7-5-14　植入式连续检测血糖浓度的纳米传感器示意图

4. 注射式大脑监测系统　尽管目前已有监测癫痫和脑损伤患者的植入技术,但这些设备较硬和尖锐,对长期监测来说是一个挑战。大脑监测与刺激需要的是与大脑互动,但没有任何机械应力和载荷的装置。图 7-5-15 所示,一种注射式大脑监测系统,结构非常小,可以通过注射器直接注射到脑组织中。注射后,注射式大脑监测系统会自行工作,监测大脑活动,刺激组织,甚至与神经元相互作用。

5. e-Dura 柔性植入装置　如图 7-5-16 所示,一种名为 e-Dura 用于治疗脊髓损伤的植入物。这种装置可在包裹一层保护膜后直接植入脊髓下方。在那里,它可以为康复期间的患者提供电和化学刺激。该装置所具备的柔性和生物相容性,能大幅降低炎症和损害组织的可能性,这意味着它可以植入很长的时间。将该设备植入瘫痪小鼠体内,经过数周训练后,小鼠恢复了行走能力。e-Dura 是目前为数不多的几种能够长期植入的柔性刺激装置。这表明可植入式柔性器件有望应用于临床治疗。

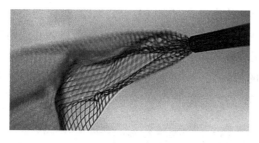

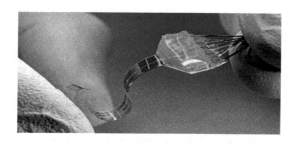

图 7-5-15 注射式大脑监测系统　　　　　图 7-5-16 e-Dura 柔性刺激装置

与此同时,复制人类的触觉技术也正在越来越成熟。能感知压力和温度并具有自愈功能的人造皮肤包含触觉传感器阵列,能够识别出握手时的力度。

6. 纳米智能线监测人体功能　人体器官和组织是三维的多层生物结构,常见的医学传感器是刚性的,无法很好地监测皮肤等软组织。纳米智能线传感器可以无缝植入人体,并且能在体外接收到实时监控信息。它不会引发感染或机体免疫反应,在嵌入人体后不影响组织的正常功能,如肌肉的拉伸性。

这些纳米智能线可以是有机材料,也可以是无机材料,这些纳米智能线可以具有生物活性,也可以是惰性的,纳米智能线还可以被设计成具有某些物理化学特性的医学传感器。它通常采用多样性的碳纳米管制作。因为碳纳米管的导电性是可以定制的,碳纳米管正逐渐成为新一代传感器和晶体管的基体材料。此外,碳纳米管还可以监测 DNA 和蛋白质单分子。有机纳米聚苯胺同样有广泛应用,它最显著的特性就是其导电性取决于环境的酸碱度。

碳纳米管和硅涂层的柔性橡胶纤维制成的传感智能线,可以检测物理应力。当这种传感智能线受到拉伸时,导电性发生改变。因此,能够在机体外部可以检测到这种变化。把这种传感智能线植入人体,就可以用来监测伤口愈合和肌肉拉伤状况。当有异常应变发生时,说明伤口在缓慢愈合或者装置放置不当。可以及时提醒医生和患者做出相应调整。

如图 7-5-17 所示,为一种智能细线传感器,将一根线头涂覆碳纳米管和聚苯胺纳米纤维,另一根涂覆银和氯化银,检测两根线头间的电流强度可以检测组织酸度,这是判断伤口是否受感染的重要依据。

葡萄糖氧化酶跟葡萄糖反应会产生电信号,因此涂覆葡萄糖氧化酶的传感线头就可以监测人体血糖水平。同样的道理,在导电线头中涂覆其他一些纳米材料还可以监测血液中的钠、钾含量,它们是血液代谢的标志物。

除了感应能力,很多材料的智能传感线还有一个有用特性:芯吸。它可以利用毛细效应疏导液体,将细胞间隙的液体输运到体内各处的传感智能线。传感智能线将检测到的信息传送到皮肤外表的一个装有纽扣电池和天线的弹性装置。如图 7-5-18 所示,该装置将信号放大并且数字化,最后将信号无线传输给智能手机等设备。医生就可以持续地对患者的健康状况进行远程监控。

图 7-5-17 智能细线传感器　　　　　图 7-5-18 带有发射器的传感智能线系统

这种集成化的无线监控系统有很多优势。它可以实时收集数据,为医生提供了更准确的参考信息。另外,它还降低了医疗成本,方便了患者。

传感智能线有很广泛的应用前景。例如,糖尿病患者的伤口具有难以愈合的风险,这可能会导致感染,甚至截肢。用传感智能线缝合则可以让医生在早期就发现问题,并及时做出反应以防止病情进一步恶化。传感智能线还可以做成绷带、伤口敷料甚至医院床单,它可以在病情失控前就发出预警。

7. 无线心脏传感器 心力衰竭是老年人最常见的疾病之一,如果能够随时监测患者的心脏收缩、心脏舒张以及平均肺动脉压等监测数据,调整患者的治疗方案,可以减少了心衰患者的住院时间。

如图 7-5-19 所示,是一种新型用于心衰患者的无线、植入式血流动力学监测系统包括一个永久植入肺动脉的传感器/监控器,一个经静脉导管用于传送和放置传感器,电子系统用于获取和处理来自传感器的信号,并将肺动脉压力测量值传送到一个安全的数据库。

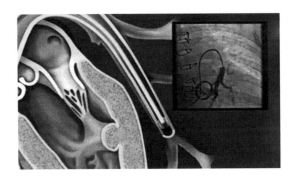

遵照程序,患者在家里无线监测其肺动脉压力,数据立即传送到安全的数据库,供医生可通过网站实时监测。结果显示,应用无线植入器进行远程血流动力学监测,以指导心衰治疗,

图 7-5-19 无线、植入式血流动力学监测系统

可有效降低慢性心衰患者(CHF)术后 18 个月的心衰住院率。

8. 脑细胞发光传感器 新型的生物发光传感器可以通过对荧光素酶的基因改造,追踪大脑中大型神经网络的内部互动情况。长期以来,科学家只能依靠电信号记录神经元的活动。该方式虽然能起到很好的检测效果,但却只能用于少量神经元。生物发光传感器可以使用光学技术,同时记录数百个神经元的活动。把发光现象和光遗传学相结合,可以通过光来控制活体组织中的细胞,尤其是神经元细胞——这将成为研究大脑活动的有效手段。

如图 7-5-20 所示是一种新型细胞发光传感器,将发光感应器嫁接在可以感染神经元的病毒上,随着病毒进入了神经元细胞内部。然后选择钙离子作为神经元活动的信号标志。钙离子参与神经元的活化过程,神经元外钙含量高,细胞内部含量低,但是在神经元受到来自"邻居(另一个神经元)"的刺激时,细胞内钙含量短暂达到尖峰水平。感应器遇到钙离子会发光,传感器通过增亮和变暗来响应钙浓度的变化。感应器对一群神经元能同样起到检测作用。

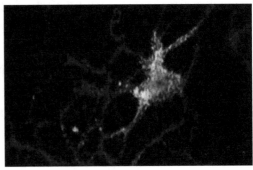

图 7-5-20 细胞发光传感器

9. 人体电子化 从可穿戴、柔性材料,到长期植入式、3D 打印、可消化传感器等技术,都在试图进行更好的人体融合,以便更好实现实时获取人体数据。

创新传感器与人体组织的深度结合,将我们身体的一部分进行电子化。这种概念现在多见于假肢、器官替代物等应用,这些代替器械可以让肢体或者感官重获功能,甚至于恢复至正常水平。除了仿生的假肢,还可以在人体内植入射频识别(radio frequency identification,RFID)芯片。

人的四肢、视觉或者听觉的能力将借助这类技术被增强。除了设计柔性传感器、植入嵌入传感器,生物传感器,纳米传感器相关技术等,还涉及诸如智能人工器官、仿生传感器,脑分子监测等概念

笔记

的前沿领域。传感器因其处在采集数据的最前端,在医疗健康领域一直是个重要角色。结合新材料、纳米技术、生物技术,以及供电技术、新型通讯技术等相关传感器领域的相关技术发展,催生了一批以创新传感技术为核心的医疗健康新兴产品与服务模式。新型的医疗传感器具有更灵敏、微型化、便捷、成本低、无创或微创、互联性等优点,为人类医学的进步发展做出了不可磨灭的贡献。

（沙宪政　王平　吴春生　刘盛平　胡宁）

思考题

1. 常用的制作微型传感器的技术包括哪些？

2. 常见的人体感受器官包括哪些？

3. 简述微纳技术在医学传感器研发和应用中的作用。

4. 阐述微纳传感技术在医学检测和疾病早期诊断中的应用现状。

5. 举例说明柔性传感器的优点及发展趋势。

6. 举例说明微流控芯片上电化学检测会受到哪些因素的影响。

参考文献

1. 陈令新,王莎莎,周娜．纳米分析方法与技术．北京：科学出版社,2015.

2. 庞代文,将兴宇,黄卫华．纳米生物检测．北京：科学出版社,2014.

3. V. K. 康纳,著．纳米传感器．张文栋,译．北京：科学出版社,2014.

4. 朱利安 W,加德纳,维贾伊 K,著．微传感器 MEMS 与智能器件．范茂军,鲁德双,刘光辉,等,译．北京：中国计量出版社,2007.

5. Michael J,著．智能传感器：医疗、健康和环境的关键应用．胡宁,译．北京：机械工业出版社,2016.

6. 王平．仿生传感技术的研究进展．中国医疗器械杂志,2004,28(4)：235-238.

7. P Wang,QJ Liu,Wu CS,et al. 2015,Bioinspired Smell and Taste Sensors. Springer,Germany.

8. CS Wu,LP Du,L Zou,et al. A biomimetic bitter al receptor-based biosensor with high efficiency immobilization and purification using self-assembled aptamers. Analyst,2013,138：5989-5994.

9. Wu CS,Chen P,Yu H,et al. A novel biomimetic olfactory-based biosensor for single olfactory sensory neuron monitoring. Biosensors and Bioelectronics,2009,24：1498-1502.

10. 林秉承,秦建华．微流控芯片实验室．北京：科学出版社,2006.

11. Thorsen T,Maerkl SJ,Quake SR. Microfluidic large-scale integration. SCIENCE,2002,298：580-584.

中英文名词对照索引